U0181038

科学新视角丛书

新知识　新理念　新未来

身处快速发展且变化莫测的大变革时代，我们比以往更需要新知识、新理念，以厘清发展的内在逻辑，在面对全新的未来时多一分敬畏和自信。

国家实验室
美国体制中的科学（1947—1974）

［美］彼得·J.维斯特维克　著

钟　扬　黄艳燕　顾卓雅　陈科元　原　野　马跃维　译

上海科学技术出版社

图书在版编目（CIP）数据

国家实验室：美国体制中的科学：1947-1974 /
（美）彼得·J. 维斯特维克（Peter J. Westwick）著；
钟扬等译. -- 上海：上海科学技术出版社，2023.1（2024.7重印）
书名原文：The National Labs: Science in an
American System, 1947-1974
ISBN 978-7-5478-5911-7

Ⅰ. ①国… Ⅱ. ①彼… ②钟… Ⅲ. ①实验室—研究
—美国—1947-1974 Ⅳ. ①N33

中国版本图书馆CIP数据核字(2022)第210334号

The National Labs: Science in an American System, 1947-1974 by Peter J. Westwick
Copyright © 2003 by the President and Fellows of Harvard College
Originally published by Harvard University Press in the United States of America

上海市版权局著作权合同登记号　图字：09-2018-158 号

国家实验室
美国体制中的科学（1947—1974）

［美］彼得·J. 维斯特维克　著
钟　扬　黄艳燕　顾卓雅　陈科元　原　野　马跃维　译

上海世纪出版（集团）有限公司
上海科学技术出版社 出版、发行
（上海市闵行区号景路 159 弄 A 座 9F-10F）
邮政编码201101　www.sstp.cn
江阴金马印刷有限公司印刷
开本 787×1092　1/16　印张 29.75
字数 350千字
2023年1月第1版　2024年7月第3次印刷
ISBN 978-7-5478-5911-7 / N·252
定价：99.00元

本书如有缺页、错装或坏损等严重质量问题，请向印刷厂联系调换

献给美狄西亚

推荐序

国家实验室制度起源于二战前后，主要围绕国家使命，进行基础性和战略性科研任务，通过多学科交叉协作，解决事关国家安全和经济社会发展全局的重大科技问题，是体现国家意志、实现国家使命、代表国家水平的战略科技力量。美国阿贡、洛斯阿拉莫斯、劳伦斯伯克利实验室和德国亥姆霍兹研究中心等，均是此类实验室。

目前，国家实验室已经发展成为大科学时代通行的科研组织模式，虽然各国发展模式不一，但都在国家创新体系中占据核心地位。我国科技部曾进行国际科技发展的对比研究，结果显示：国家实验室代表一国战略创新的最高水平，是抢占国际科技前沿制高点的主力军，也往往是重大创新成果的诞生地，其影响力和成效成为评估一国综合国力的重要因素。

作为国家实验室制度的发源地，美国目前拥有全球最为完善的国家实验室体系，其具有巨大影响力。本书系统描述了美国国家实验室的起源、发展，以及存在的争议和问题，使我们能更深入地了解其定位、职能和管理经验。由于国情和起点不同，我们不可能照搬照抄，但其运行机制和成功的管理经验，还是非常值得我们研究和借鉴的。

我国的国家实验室建设起源于 20 世纪 80—90 年代，原国家计委先后批准成立了国家同步辐射实验室、北京正负电子对撞机国家实验室、兰州重离子加速器国家实验室等。进入 21 世纪，科技部也进行了筹建国家实验室的探索。经过若干年探索，虽然已初见成效，但与当前我国建设科技强国的战略需求仍有较大差距。

我国科技创新已经步入以跟踪为主转向跟踪和并跑、领跑并存的新阶段，亟须以国家目标和战略需求为导向，瞄准国际科技前沿，在一些重点领域组建一批体量更大、学科交叉融合、综合集成的国家实验室，优化配置人财物资源，组织具有重大突破、引领作用的协同攻关，形成代表国家水平、受国际同行认可、在国际上拥有话语权和影响力的重要战略创新力量。

在美国国家实验室体系中，隶属于联邦政府能源部的 17 家国家实验室是其中的典型代表。这些实验室的共同特点是依托大科学装置，围绕重大前沿科技问题开展多学科综合性研究、完成国家任务。形成这种以大科学装置为核心的国家实验室结构，既有历史渊源，也与大科学装置交叉融合能力强这一特点紧密相关。某种意义上讲，基于大科学装置的多学科研究机构是"天然的"国家实验室。正是由于掌握了大科学装置建设、运行和发展的完整核心技术，这些国家实验室才长盛不衰，不断解决国家的重大需求，并持续引领科技发展的国际潮流。性能领先的大科学装置是集成多项核心技术的重要实体，也是国家科技实力的体现。在大科学装置上组织的多学科协作研究，在解决国家重大需求的同时，也进一步发展和积累了核心技术，研究实力、技术实力相辅相成，不断增长，形成可持续发展的良性循环。

1984 年，中国科学院高能物理研究所启动北京正负电子对撞机工程的建设，这是我国第一台大科学装置。邓小平同志亲自前来参与工程奠基，并欣然题字"北京正负电子对撞机国家实验室奠基"，其中饱含了改革开放初期我国对于建设国家实验室、发展高科技的热切期望。

经过三十多年的努力，中国科学院高能物理研究所以对撞机工程为起点，所形成的大科学装置与大科研团队的规模优势已十分明显，呈现出多学科综合性研究基地的发展形态。如今我们能独立设计建造加速器、探测器并开展物理研究，在 τ-粲物理和中微子研究方面国际领先，在高海拔和空间宇宙线实验、暗物质探测、X射线天体物理研究等领域也取得了巨大进步。同时，中国科学院高能物理研究所建造、运行同步辐射和散裂中子源装置，为诸多学科领域的研究提供了性能先进的实验平台。在此基础上，我们还在规划和预研建设下一代环形正负电子对撞机。

在过去几年中，我国大科学装置的建设发展进入快车道，国家实验室建设也正在步入一个新的时代，这些都将会成为科技创新的"加速器"。衷心希望其建设和运行会沿着正确的轨道前行，突破科研管理体制和组织运行机制方面的限制，利用好我国的制度优势、科技发展积累优势和后发优势，实现弯道超车，建成若干支撑我国科技长远发展的大科学装置，建成若干具有重要影响力的国家实验室，成为国家发展进程中的可靠担当。

很幸运，我们赶上了中国科技发展的好时光。未来，值得期待，更值得全力以赴。

王贻芳

中国科学院院士

2022 年 6 月

致　谢

我要好好感谢帮助我写作本书的众多人士。我在知识上深深受惠于 J. L. 埃尔博恩（J. L. Heilborn），自我开始从事科学史研究以来，他广博的学识和历史品位就一直激励和引导着我。丹尼尔·J. 凯夫利斯（Daniel J. Kevles）提供了美国科学与政治学方面的专业知识，并帮我找到了办公场所。托德·拉波特（Todd LaPorte）既引导我通读了美国政治学的图书资料，也带我走遍了洛斯阿拉莫斯最好的餐馆。感谢亚历克西·阿斯穆斯（Alexi Assmus）早期给予我的重要激励，也感谢王作跃（Zuoyue Wang）多次与我交流冷战科学的问题。特别感谢凯瑟琳·卡森（Cathryn Carson）提供宝贵的反馈意见和建议。以下几位历史学家慷慨地分享了有关国家实验室的特定知识：巴顿·伯恩斯坦（Barton Bernstein）、罗伯特·克里希（Robert Crease）、西比尔·弗兰西斯（Sybil Francis）、巴顿·哈克（Barton Hacker）、格雷格·赫尔肯（Gregg Herken）、莉莲·霍德森（Lillian Hoddeson）、杰克·霍尔（Jack Holl）、艾德丽安·科尔布（Adrienne Kolb）、罗杰·米德（Roger Meade）、罗素·奥维尔（Russell Olwell）、凯伦·雷德（Karen Rader）、迈克尔·里多安（Michael Riordan）、丽贝卡·乌尔里希（Rebecca Ullrich）、凯瑟琳·韦斯特福尔（Catherine Westfall）以及美国能源部历史组的 B. F. 库林（B. F. Cooling）、玛丽·哈利恩（Marie Hallion）、特伦斯·费纳（Terence Fehner）和斯基普·戈斯林（Skip Gosling）。艾伯特·泰奇（Albert Teich）提供了他在国家实验室早期研究的手稿，这些资料对我非常有帮助。罗伯特·赛德尔（Robert Seidel）专程带我参加了许多讨论，使我收获了很多建议和论文草稿。莫里斯·戈德哈贝尔（Maurice Goldhaber）、尤利乌斯·黑斯廷斯（Julius Hastings）、汤姆·罗（Tom Row）、格伦·西博格（Glenn Seaborg）、基恩·白根（Gen Shirane）、杰拉尔德·泰普（Gerald Tape）、阿尔文·温伯格（Alvin Weinberg）以及赫伯特·约克（Herbert York）向我回忆了他们在国家实验室的经历。

与其他众多历史学家的谈话使我获益匪浅，这里有必要提及其中一些人：劳伦斯·巴达什（Lawrence Badash）、罗杰·哈恩（Roger Hahn）、大卫·霍林格（David Hollinger）、大卫·凯泽（David Kaiser）、约翰·克里格（John Krige）、斯图尔特·W. 莱斯利（Stuart W. Leslie）、彼得·纽苏尔（Peter Neushul）、伊丽莎白·帕里斯（Elizabeth Paris）、约翰·瓦尔诺-布莱维特（John Warnow-Blewett）和斯班瑟·维尔特（Spencer Weart）。吉恩·罗克林（Gene Rochlin）和杰西卡·王（Jessica Wang）针对我多次在会议上汇报的本书内容，做了极为透彻的评论。我在伯克利的研究生同学向我提供了头脑风暴和社交娱乐活动，索尼娅·阿玛达（Sonja Amadae）、伊森·波洛克（Ethan Pollock）和苏珊·斯帕思（Susan Spath）还依据自己的工作提出了有益的见解。戴安娜·韦尔（Diana Wear）和她所在的伯克利科技史办公室，以及米歇尔·赖因施密特（Michelle Reinschmidt）和他所在的加州理工人文社科部，提供了物质和精神上的支持。哈佛大学出版社的迈克尔·菲希尔（Michael Fisher）促成了本书的出版，他确信篇幅无须再加长了，读者无疑要在这一点上感谢他。

　　在档案研究上，我也得到了许多人的帮助，他们是布鲁克海文实验室的科林·伍德（Corene Wood）和罗伯特·克里斯（Robert Crease）；联合大学公司（Associated Universities, Inc.）的卡罗尔·惠特利（Carol Whitley）；洛斯阿拉莫斯实验室的罗杰·米德（Roger Meade）和负责《信息自由法》（Freedom of Information Act）的职员；橡树岭实验室的戴夫·哈姆林（Dave Hamrin）、朱莉·斯图尔特（Juli Stewart）、伊冯·莱夫（Yvonne Leffew）、雪莉·阿德科克（Shirley Adcock）和泰德·戴维斯（Ted Davis）；伯克利实验室的约翰·斯通纳（John Stoner）和特丽娜·贝克（Trina Baker）；利弗莫尔实验室的贝弗莉·布尔（Beverly Bull）；阿贡实验室的马克·马塞克（Mark Masek）；伯克利班克罗夫特图书馆的比尔·罗伯茨（Bill Roberts）、大卫·法瑞尔（David Farrell）和劳伦·拉斯本（Lauren Lassleben）；国家档案馆芝加哥分部的马丁·托伊（Martin Tuohy）和唐纳德·杰克尼奇（Donald Jackanicz）；国家档案馆帕克大学分部的马乔里·卡兰特（Marjorie Ciarlante）以及美国能源部历史司的职员们。感谢阿尔文·温伯格（Alvin Weinberg）和橡树岭儿童博物馆允许我查看温伯格的论文。本书第 3 章部分内容摘自以下期刊：The Bulletin of the Atomic Scientists（Nov/Dec 2000），43－49 和 Minerva，35：4（2000）。美国国家科学基金会（National Science Foundation）资助了本项目研究（基金号：SBR－9619203）。本项目还得到了梅隆基金会（Mellon Foundation）和伯克利历史系的赞助。

　　最后，我要感谢我的家人和朋友们的支持。特别要感谢我的母亲多萝西·K. 韦斯特威克（Dorothy K. Westwick），她教育我要热爱学习并帮助我不断求学。我的儿子戴恩（Dane）在本书成稿的后期"争夺"着我的注意力，通常总是他赢。如果没有我妻子美狄西亚（Medeighnia）的帮助，我将无法完成本书。

目　录

引　言

　　1953 年春天，位于利弗莫尔（Livermore）的武器实验室进行了首次裂变武器试验。失败后遗留下来的发射塔台成为内华达荒漠上一个代表着失误的标志。在利弗莫尔实验室的工作人员用吉普车拖走这套设备之前，实验室的竞争对手——洛斯阿拉莫斯（Los Alamos）实验室中富有同情心的科学家们就开始用相机为后代记录下这一事件。未损毁的塔体照片依然贴在利弗莫尔实验室的墙上，用以警示他们的失败，并提醒他们与洛斯阿拉莫斯实验室竞争的重要性。[1] 在成果和项目方面的竞争已延伸至美国原子能委员会（U. S. Atomic Energy Commission，AEC）的其他大型实验室，即阿贡（Argonne）、伯克利（Berkeley）、布鲁克海文（Brookhaven）和橡树岭（Oak Ridge）实验室。它们将在日后被列为国家实验室。

　　国家实验室组织是一个包含多个实验室的体系，而非单一的设备服务中心，竞争正是源于这种体制。这种体制有一个重要的特点，即如果你忽视体系中的其他实验室，就不可能了解任何一个实验室的历史。系统性（systemicity），为方便记忆创造的一个词，既代表着各国家实验室之间的联系，又代表着它们间的互动影响实验室演变的途径。系统性要求多个实验室在研究规划上进行协商，而一个实验室的规划变动会对体系内的其他实验室产生连锁反应。这种系统结构会造成实验室规划的专业化和多元化，并确保实验室对国家的优先事项（无论是特定项目还是战略导向）做出响应。国家实验室也许看上去与美国的民主理念相抵触，具体表现为：它们体现了政府通过大规模的项目来干预科学；实验室的保密性；有选择性补贴；实验室在行政程序外由科学家进行决策。然而，国家实验室也代表了美国放任竞争的理念，这种竞争与美国在冷战背景下的特殊国情有关。

为什么研究国家实验室

造访任何一个国家实验室的人都会被其规模庞大的设施所震撼。只要查看实验室预算和实验室杰出科学家名录，就可发现这些实验室在它们控制的设备、财政和人才资源上有着相似的关注度。这些资源曾经保证了国家实验室体系在战后美国科学界处于中心地位。今后还将把这一位置保持下去。

从1958财年的情况中可以看出国家实验室的努力，那年的实验室预算非常充沛。当时正处于艾森豪威尔早期的紧缩政策之后，又在苏联的"伴侣号"（Sputnik）人造卫星升空，迫使美国大幅增加预算之前。那一年美国的高校在基础物理科学研究上共花费了1.09亿美元（其中约20%来自原子能委员会的合同），而原子能委员会在下属的多功能实验室上花费的相应金额约为5 000万美元。由于经费几乎可以直接等同于人力资源，因此，就经费而言，这六个实验室在物理科学领域完成的基础研究几乎相当于所有学术机构完成总和的一半。在生命科学领域，国家实验室经费占比小一些，但仍占据了重要地位。1958

财年，这六个大型实验室在生物医药研究上花费 1 300 万美元，而高校花费 1.48 亿美元，前者为后者的十分之一（其中 5% 来自原子能委员会的合同）。[2] 在某些领域，国家实验室所占的比重更大，比如原子能委员会资助了全美多达三分之一的遗传学研究项目（其中三分之二在国家实验室中完成）。[3] 国家实验室在那年的研发投入共计 2.063 亿美元，远高于最大的工业企业得到的委托金额。[4] 从二战开始到 20 世纪 60 年代中期，美国已在国家实验室体系的研究上花费了约 40 亿美元，并在物理硬件设施上投入了相近的金额。

经济投资产生了智慧和科技的红利。实验室的科学家们和他们开发的技术——放射性同位素、研究性反应堆、粒子加速器——改变了我们对自然的认知：从物质的结构到光合作用的过程，从新化学元素的创造到人体代谢的通路。他们的成就得到了诺贝尔奖和其他高等级荣誉的认可。国家实验室的资源给了他们塑造科学界格局、有所选择地组建某一些学科的力量。高能物理学、固态物理和材料科学、核医学、放射物理学，这些学科领域的兴起，都源于国家实验室系统的大力支持。除了学术方面的作用，国家实验室还影响了科学的研究方法与意识理念，即它们成为了后来称为"大科学"的——大规模的、资本密集型的、综合学科的研究方法的典型实例，同时传播了跨学科研究会取得丰硕成果的理念。

国家实验室体系的发展迫使科研机构的框架重新进行根本性的调整。政府会赞助国家实验室，但也会与企业、大学、大学联盟签订合同进行承包运作，这样便催生出一种公与私共存的体系。政府的政策可能会给学术性的合同承包商制造难题，比如作为州立机构的加利福尼亚大学，拥有两个武器实验室，其中一个位于偏远的州。实验室里的基础研究与培训所需的资助侵占了大学传统领域的资源，并衍生出关于这两个机构地位和作用的无休止的谈判。国家实验室将高科技企业同时作为开发者和消费者，这就在驱动这些企业成长过程中，模糊了应用研究中供需双方的界限。国家实验室经常提供一种双重补助，即联邦政府支持实验室的新技术研发，然后在企业接管这些产品后，再让实验室回购这些成果。国家实验室提供了一个对电子显微镜、辐射传感器、激光和直线加速器的需求市场，在某些案例中，比如电子计算机，实验室本身对新技术发展的推动力和对计算机的购买力就催生出一个产业。

同时，国家实验室体系在联邦政府内占据了一个新的生态位。战后，在政府中对科学所应承担的功能和所应处的地位存在着争论，实验室体系在这种争论发酵中诞生，并逐渐形成联邦政府资助科学研究和发展的一个主要模式。从原子能委员会到其他执行机构再到国会委员会，这些机构都必须调整它们的框架体系和政策去适应国家实验室。实验室系统演化的不确定性反映了同时达成两个目标的困难性，即确保政治问责制的同时，让科学机构自治。这些拥有多个项目的实验室之间存在重叠，这使得上述过程复杂化，也使得实验室体系自身尝试合理化的努力一再受挫。

国家实验室体系造成的影响波及了国外。国家实验室为了促进自己的研究项目，引发了多样的国际竞争或合作。高能物理学家声称他们的领域超越了国界，并试图在一个大型加速器项目中与苏联同行合作，但与此同时，他们却以冷战时代的竞争为由，申请新设备的经费。受控核聚变的工作一开始是一个保密的国家项目，随后逐渐演变成公开的国际协作。外国科学家访问国家实验室，并在他们自己的国家传播访问的成果，而国家实验室也将自己的科学家和研究计划送出国门，其中包括国家实验室的理念。

国家实验室的重要性远远超出了科学和技术的范围。国家实验室是二战及核武器发展后，科学界在美国社会中占据新地位的最重要的表现。实验室内研究项目的成果有助于明确美国的外交政策和军事策略。国家实验室的创制在深层次上对冷战时期的美国文化环境做出了贡献。国家实验室对核武器的设计和测试激起了人们对核战争和放射性尘埃的恐慌。此外，核能的前景和之后被人们知晓的危险性，或发现的治疗癌症的线索，也都引起了大众强烈的反应。国家实验室的历史指明了该如何将实验室研究成果传播至更广阔的天地，同时也将国家的关切逐一传达给国家实验室的科学家。这就将社会环境与科学界联系在了一起，即将国家的优先事项和实验室体系中的重点科学项目相连。

现存的历史文献没有对国家实验室的重要性和它们的活动范围做出公正的评判。更重要的是，它忽视了一个国家实验室的重要特点——它们的系统结构和由此引发的相互作用。原子能委员会的官方历史为华盛顿的政策制定者们提供了视角，却忽视了国家实验室自身层面的观点。[5]特定研究项目——如粒子加速器、武器设计或可控核聚变——的发展史，记录了国家实验室间的互相角逐，但是它们聚焦单个项目，忽视了竞争的一种主要结果——多元化。[6]另一种研究国家实验室的方法是研究单个实验室，这样做虽然权衡了华盛顿政策制定者们的意见，但仍人为地隔离了每个实验室，无法体现它们与实验室体系间的重要关联。[7]迄今为止，尽管有颇具前瞻性的探索性调查，但仍未有人尝试将实验室相关的档案材料进行整合，并对实验室体系进行系统性研究。[8]

但这种方法还不够。一个系统性的观点不仅需要研究者具有更广阔的视野，还需要一个新的研究方法。实验室体系的史学空白暴露了人们对系统结构本身缺乏好奇心。为什么国家实验室作为一个体系存在？维持系统性的动力是什么？系统性会产生什么样的影响？这些问题的答案隐藏在历史背景中，而此书的目的就是揭晓这些答案。

　　国家实验室的历史将有助于我们更广泛地了解冷战时期美国科学的历史和战后美国整体的历史。历史学家注意到，政府为了国家安全对科学进行了一系列的"征用"，包括：二战期间针对雷达、原子弹和近炸引信的应急计划，这些计划将科学对于战争的潜在推动性变为现实，也使科学家们习惯了奢华的预算和庞大的官僚机构；战后，联邦政府尝试维持对科研的高度支持，并针对应该由科学家还是政治家控制这种支持产生了争论；大学院系和实验室适应了新的支持额度和模式；在不断加深的冷战氛围中，政府动员科学力量发展氢弹和量子电子学；在国内由于麦卡锡主义者对安全性的非正常忧虑，科学家们处于尴尬的境地；为了应对苏联人造卫星"伴侣号"，政府给予的研究支持加倍。[9]实验室体系的显著特点揭示了美国应对冷战的重要特征，特别是美国人在原则上仍然希望长期坚持资本主义民主的价值观（尽管他们在实践中违反了这种价值观）。科学家们同时还尝试坚持科学的价值观，但这并不总是与国家安全的诉求相一致。

　　实验室体系为战后美国科学史研究上的一个核心问题提供了例证，这个问题就是科学家们能将他们的研究与国家安全需求相关联至何种程度。[10]这个问题的争辩双方均有证据能支持自身论点。不仅在国防上，还在如太空竞赛等其他方面，国家实验室一直都响应国家的优先项目。这种响应是全体系内的：所有国家实验室的科学家们，包括那些在加州大学伯克利分校和布鲁克海文实验室做基础项目的科学家，都力求在20世纪50年代初的紧急情况下，为国防做贡献。这种响应也不局限于物理学家，生物医学研究人员应需求试图解决放射性尘埃问题，后来又开始研究太空生物学。系统性会促进响应性。政治学家们已经意识到，政府官僚机构之间的竞争允许身在高位的政治决策者们对不同利益集团间的资源进行分配。[11]因此，国家实验室内部的竞争保证了它们响应国家的优先项目，而实验室体系的结构约束了科学家的研究策略。[12]

实验室的科学家们受到实验室体系结构的约束，而不是限制。科学家们并不像提线木偶那样被联邦政府的资金所操控，而是努力替自己争取一些主动权，并尽力说服决策者们，一些特定的项目（比如高能加速器）对国家是有利的。他们能够证明一些基础研究项目，不仅能作为对未来科学家的培养基础，还能使经验丰富的科学家们随时为突发事件做好准备。弹性预算为实验室负责人提供了启动资金去开展那些有趣的研究项目。这些项目一开始规模很小，但可能会成长为实验室的主要项目。其他被称作小科学研究的项目则被原子能委员会以外的预算审查机构监控着，因而有了回旋余地。最终，国家实验室内部不必总是相互竞争，它们可以通过合作来与其他实验室达到正式或私下的分工，从而给科学家们留有在一些领域或方法上自由发挥的空间。这些情况激励了实验室科学家和负责人的进取精神，在如欧内斯特·劳伦斯（Ernest Lawrence）和阿尔文·温伯格（Alvin Weinberg）这样的领导人物身上，很少见到被动的处事方式。

国家实验室的诞生体现了美国历史上的一个核心主题。19 世纪末期和 20 世纪初期的工业革命推动了美国社会的重建，从小规模、非正式、地方团体到大规模、正式、官僚制组织的重组。大型工业企业采用多元化和功能专业化的策略，寻求机构稳定性和技术创新性的平衡，并启用一批新的中层管理者来协调管理各个分散企业。[13]国家实验室体系将同样的策略大范围地引入了美国科学界。如同社会上的其他行业，科学研究并不能很快地适应复杂的管理方式。实验室科学家和原子能委员会在为国家实验室体系构建合理的组织方式时遇到了困难。这个困难呼应了近来关于组织管理的文献中体现的研究动向，即历史学家试图将大型企业不视为理性的、高效的存在，而认为它是主观的、不可靠的、个体化的集合，旨在由此消除大型组织演化的"不可避免性",强调其不确定性。[14]

然而,国家实验室的体系结构也阐明了组织间的动态作用,这提示研究者应将组织管理研究中常见的对内部的关注与所谓的系统方法中对外部的强调相结合。[15]大型技术系统的概念强调了社会、政治和经济因素对于科技系统演变的影响,因而似乎也适用于实验室体系。[16]然而,系统方法关注单一的技术,而国家实验室发展出了多种技术,从计算机到辐射传感器均可涉及。此外,尽管核武器以及反应堆看上去是大型技术系统,但它们和国家实验室体系并不一致,只是有些许交集。这些实验室组成了一个机构体系而非科技体系。与其他实验室项目类似,武器和反应堆的研究会扩展到原子能委员会的生产工厂与单一用途的实验室、大学的科学家、军事部门、其他政府部门以及大型工业企业。这些外部关系日益变得复杂。换而言之,国家实验室并非是一个完全绝缘的系统。这就难以将国家实验室系统简单明确地纳入机构体系或科技体系的范畴。

研究国家实验室以及许多战后美国科学领域的历史学家都必须面对保密性的问题。某些重要的研究对象(尤其是核武器和反应堆)的大部分档案,至今仍是保密的。在本书的写作中没有涉及保密文件,但这并未过度妨碍工作的进行。《信息自由法》(The Freedom of Information Act)披露了一些研究的相关文件,一些特别举措也已开展,以便公开其他的材料,例如人体辐射实验的相关生物医学记录。而且,就像许多缺乏研究史料的历史学家一样,研究国家实验室的历史学家们会根据记录中的缺失做出似然推理。

尽管存在保密性的障碍,但即便是武器或反应堆这样的保密项目,我们仍可以获得其大致纲要,否则将在有关国家实验室的历史方面留下缺口。无论如何,国家实验室中存在武器和反应堆研究这种事似乎并不需要挑明。真正需要解释说明的是其他项目的存在,比如高能物理学、生物医学、固态科学、天体物理学与气象学。国家实验室当时在这些领域中做了什么？它们怎么做到的？正是这些问题推动了本书的研究。

关注系统性和其造成的影响，有助于解答上述问题，但代价是忽略其他方面的发展，包括单个实验室以及特定项目的演化（除非这些对系统性有危害或促进的方面）。类似地，本书聚焦国家实验室的项目本身，以及它们是如何被立项的，而不关注实验研究的结果，除非这些结果影响了项目的后续推进。这样就必然忽略国家实验室中一些科学家的伟大成就。幸运的是，关于科研结果的描述可以参考之前提到的对单个实验室和项目的研究。

国家实验室是什么样子的

国家实验室旨在为两个主要目标服务：为基础研究提供大型设备和为国家安全的技术发展提供安全设施。原子能委员会认同的观点是，现代科学研究"需要大型团队的协作和利用许多昂贵的设施"。研究所需的核反应堆和加速器的规模和花费让单个大学力不从心。国家实验室将为来自地方学术机构和工业组织的研究者提供研究设备。国家实验室的这些实验结果由此为未来的科技发展奠定了基础，同时也为核科学的前沿技术培养了一代又一代科学家。与此同时，国家实验室中也有许多技术需要发展。冷战的爆发，让原子弹和核反应堆受到了更多的重视，并确保了国家实验室继续在核技术领域保持领导地位。国家实验室"为原子能的研究提供了安全的工作场所，可以把研究人员和机器设备集中在一起"。[17]

正如科学概念和规定的名词，或其他的历史名词一样，"国家实验室"这个说法同样存在着定义上的问题。今日的国家实验室，在本书所研究的时期内，并非所有的个体都属于国家实验室范畴，有些甚至在当时还未出现；同样，一些曾经的国家实验室如今也不再继续被冠以这个名号。然而，实验室的科学家和原子能委员会明确地将某些实验室归到"国家实验室"的名录中。他们将"国家实验室"定义成大型的、多功能的实验室，本书遵循这样的定义。

三十年来，只有三个实验室被冠以"国家级"的称号，它们是伊利诺伊州的阿贡国家实验室，纽约州的布鲁克海文国家实验室，以及田纳西州的橡树岭国家实验室。但是原子能委员会也支持以下实验室：位于加利福尼亚大学伯克利分校和新墨西哥州洛斯阿拉莫斯的大型实验室；小型点的实验室，如艾奥瓦州埃姆斯市的材料研究项目；两个大型反应堆实验室，由通用电气公司在纽约州斯克内克塔迪运营的诺尔原子能实验室，以及位于匹兹堡附近、由西屋电器公司运营的贝蒂斯实验室。经历了最初的不确定期之后，1952 年，国家实验室系统的组成很快地围绕着核心实验室稳定了下来，核心实验室包括阿贡实验室、伯克利实验室、布鲁克海文实验室、洛斯阿拉莫斯实验室和橡树岭实验室，加上位于加利福尼亚州利弗莫尔的第二家武器实验室。[18] 原子能委员会和联邦政府其他部门将这些主要的实验室视为一个特殊的独立分类，这一群体关联足够紧密，它们的负责人成立了一个"俱乐部"，定期轮流举办会议。

有三个条件可以辅助对国家实验室的判定。首先，也最明显的是实验室规模的大小，员工需要有数百甚至数千人，其中一半是科研人员，每一个实验室的年度预算都高达数百万美元；第二个条件是实验室在基础研究上要追求多样化的项目。诺尔实验室、贝蒂斯实验室，以及诸如汉福德和萨凡纳河实验室等原子能委员会所属的实验点都专注于生产核武器原材料、武器本身或是反应堆。尽管很难清楚地将研究与开发区分开（一些国家实验室涉足开发，而其他一些实验室，如汉福德和桑迪亚实验室则在科研上异军突起），但正如原子能委员会和国家实验室的科学家们所做的那样，人们仍然可以在大体上对两者进行划分。这样的划分最终没能阻止其他实验室跨越界限的脚步，比如汉福德和桑迪亚实验室后来也归入了国家实验室。

然而，并不能仅凭是否从事基础研究就判定是否属于国家实验室。原子能委员会通过签订研究合同，对全国多处大学和企业的基础研究进行资助，包括为诸如加速器和研究用反应堆的专用设施出资。真正区分国家实验室的标准在于是否从事多样的项目，而多样的项目允许并引导国家实验室随着时间推移变得多元化。所有主要的实验室，除了埃姆斯实验室，均在物理、化学、工程、生物学和医学方面支持或培育了广泛的研究项目。原子能委员会进而考虑用多项目状态作为界定国家实验室的特征。

从静态的视角为国家实验室下定义会将埃姆斯实验室划为例外，它显然不符合上述前两个条件。原子能委员会有时会将它归入多项目实验室的研究中，而其主任弗兰克·斯佩丁（Frank Spedding），是"实验室负责人俱乐部"中的一员。但埃姆斯实验室的规模还不及其他大型实验室的四分之一，并且它将几乎所有精力都放在冶金和材料科学这一单一领域，即它未能实现多元化。埃姆斯实验室能够加入俱乐部的原因似乎是由于斯佩丁与原子能委员会及其他实验室负责人有长期的关系，这种关系源于曼哈顿计划中埃姆斯实验室的工作。

如果原子能委员会认为主要实验室就是所谓的"多项目实验室"，那么第三个特点，即能否为访问研究人员提供设备，在国家实验室的认定条件中变得日益重要。多项目实验室对这一目的的实现水平高低不一。洛斯阿拉莫斯实验室和利弗莫尔实验室的秘密武器研究项目使得这两个实验室无法对背景不明的访问人员提供研究设备；用实验室负责人的话来说，洛斯阿拉莫斯实验室"不是一个合法的国家实验室"。战前就存在的欧内斯特·劳伦斯辐射实验室（Ernest Lawrence's Radiation Laboratory，简称 UCRL）位于加州大学伯克利分校内，它拥有一个罕见的二重身份，既是原子能委员会的实验室，又是大学研究机构。伯克利的科学家们承认："UCRL 并不认为自己是一个国家实验室，而是第一个近似于能接受所有来访者的机构……从这种意义上来说，UCRL 不是一个类似于布鲁克海文那种意义上的国家实验室"[19]。但是，即便在被冠以"国家级"的实验室中也没有一个能完全实现访问功能：阿贡和橡树岭国家实验室的保密性反应堆研究工作妨碍了人们访问这两个实验室；在布鲁克海文国家实验室，员工数量远超访客人数与理想目标还是相差甚远。原子能委员会和国家实验室的科学家能将伯克利、利弗莫尔和洛斯阿拉莫斯实验室继续划分成名义上的国家实验室，并且这些最终在 20 世纪 70 年代之后变得实至名归。直到那个时候，能否提供设备这一条件才与多项目状态一样成为界定国家实验室的一项特征，一些具有专有目的的设备，如费米国立加速器实验室也加入了"国家"实验室的俱乐部。

内 容 指 南

本书分为四个部分，每个部分有二至三个章节。第一部分阐释了国家实验室系统的构架，包括每个实验室的组成及其在组织内的定位，以及原子能委员会和联邦政府的政策。第二部分阐释了该组织构架从外部环境中传递的力量。这些外部力量包括资源分配、机构间的相互作用、文化因素的作用。同时介绍了这三股力量在三个主要时期的演化。第三部分描述了国家实验室对环境的两种主要响应，即专门化与多元化。最后一部分是后记与总结。

构架

系统性通过国家实验室系统的构架起作用。每个实验室在系统中都有标志性的特点。与此同时，实验室间的项目和经费是相关联的，所以一个实验室的项目变动会影响其他实验室的项目。可能有人会认为这种联系类似于太阳系。实验室就像行星一样，在一个中心，即联邦政府的影响下遵循着各自的轨迹运行。但是实验室之间也会互相影响。开展相似项目的实验室就像相邻轨道的行星，它们之间的联系会更紧密一些。在特定的时间，正如行星会并行成线，实验项目也会重合。即使行星间只是出现了并行，也会影响占星人的占卜结果；实验项目间的重合同样会影响外界对项目进展的预期。还有许多更小的卫星，如月球、彗星以及小行星，就像位于埃姆斯、桑迪亚和诺尔的实验室。而联邦政府犹如太阳一样庞大，拥有复杂的结构和强大的内力以及不断的热浪。国家实验室与行星之间存在一个关键差异，那就是，实验室的主体是人，他们会影响自身所在实验室的运行轨迹，一个个实验室人员的影响累积起来，最终导致实验室的复杂连锁反应。这段历史中的许多片段，取决于在这犹如天体力学般的相互关系中产生的复杂问题。

第一章阐述了国家实验室体系的最初组成。历史学家不但忽视了系统性的影响，也没有尝试去验证它的起源。他们倾向于接受一个共识，即国家实验室起源于曼哈顿计划；战时在紧急状况下决定了国家实验室的所在地及组织机构，它们的管理者在战后延续了这个设定。这是一个必要的但非充分的论点。只有阿贡、洛斯阿拉莫斯以及橡树岭实验室是战时的产物；伯克利辐射实验室早在战争年代之前就已出现，布鲁克海文国家实验室随后出现，而利弗莫尔实验室又在几年之后诞生。在战后转型的大背景下，战时生产的设备很难保证在和平年代能维持下去，科学家们也不一定愿意继续留任。即使国家实验室幸存下来，它们也不必遵循战时的特点，即基于政府拥有的、合约承包商运作的设备，进行集中的分部门的军事化运作管理。国家实验室的

概念自身需要规范化，即使当它在战后时代出现时，规范化的过程仍
在继续。

　　换言之，我们的实验室这个太阳系并非一步到位完全形成；每个
实验室在特殊历史压力的影响下互相联合，这确保了它们自己的个性，
并使其保持了一定程度的独立性。这种独立性允许每个实验室去探索
自己最感兴趣的方向，可能还有实验室突破自身开创了一个新方向，
在特定的项目上去挑战另一个实验室，或把一些领域留给其他实验室
去探索。第二章中考察了这些实验室个性背后的不同缘由。

　　一个原因是实验室系统的地理格局。国家实验室内的成员彼此
之间相隔万里，它们与华盛顿也相距甚远。出于对安全和安保的考
虑，也出于对能源和水资源的需求，国家实验室必须隔离分散在郊
区；只有战前就成立的伯克利分校实验室，可以称得上享受了都市
的环境。一旦就位，国家实验室就很难挪位。长期的地理隔离阻碍
了不同地域科学家之间的紧密合作，并且导致重复性建造昂贵的设
备和重复提供支持性服务；这也限制了国家实验室对外部用户开放
的可用性，迫使它们组建长期的研究人员队伍，而这也同样会导致
国家实验室的分离。

　　地理格局反映了可选的交通工具。飞行工具在战争时期相当不可
靠，故而项目领导们只能放弃乘坐飞机。[20] 由于美国太大，在没有快
速、安全的交通工具的情况下，一个单独的实验室无法满足所有潜在
的用户。因此，在战争的最后阶段，科学家和曼哈顿计划的管理者们
提出了地方实验室的概念。这些实验室间乘坐火车短时间内即可抵达，
以便为各实验室的科学家们提供大型、昂贵的设备。布鲁克海文实验
室的创始人并没有争取将实验室设置在机场附近（这是一件让后人遗
憾的事），而阿贡规定实验室的选址要距离中西部大学"汽车或火车一
小时内可以到达的地方"；相比之下，费米实验室是在 20 世纪 50 年代

商业喷气式飞机出现之后才选址的，于是要求"要靠近一座机场且它有经常来往于当地和美国主要城市的航班"。[21]

原子能委员会颁布了国家实验室需与工业公司、单个大学或者大学联合体签订合同进行承包运作的政策，这提高了国家实验室的独特性。每一个实验室都有不同的合同承包商（除伯克利大学、洛斯阿拉莫斯和利弗莫尔实验室之外），这经常会赋予实验室自己的特点，如橡树岭实验室的工业特性和布鲁克海文实验室自觉的学术氛围。除了战后最初的一些变动，每个实验室会在本书研究的整个时期内保持同一个合同承包商。实验室合同承包商的多样化会导致行政人员倍增，妨碍实验项目的相互协调。同时，由于实验室承包商们各自的人事方案不同，实验室间科学家的交换不能轻易实现。虽然国家实验室之间共用同一人才库，且总是争取引进相同的稀缺科学家人才，但每个实验室还是建立了自己的内部员工团队并保留了自己的特点。

虽然各个实验室风格迥异，但彼此之间并不缺乏联系。第三章描述了各种将国家实验室联系成互助体系的机制。实验室科学家们将实验室之间的潜在屏障——科学研究中的安保限制和保密性影响（这是科学动员的另一种结果）转变成黏合剂。安保措施与科学和民主政治的美好愿景相悖，但在冷战环境下，科学家和政治家们为了国家安全，只能进行妥协。安保措施和保密性阻隔了国家实验室之间的信息交流，可能会使实验室间各自孤立；在不了解其他实验室情况的前提下，竞争与合作是不可能的。为突破安保屏障，原子能委员会和国家实验室创建了一种开放的、自治的保密科研团体体系，该体系由专业会议、专业出版物和专家咨询团组成。这一秘密团体正式承认了相互独立的实验室之间交流的必要性，而团体内部排外的环境使得国家实验室间的联系愈发紧密起来。

国家实验室共同的资助者也促进了实验室间的联系。所有的国家实验室都为原子能委员会工作，原子能委员会把它们集中到其负责的领域里。许多实验室各自都有着诸多项目，这迫使它们在原子能委员会的可支配范围内，为了资源而竞争。求知欲和强调科学发现优先权的科研奖励系统，也催生了竞争，尤其是在与个人野心和政治才干相结合的时候：相比于将研究领域让给其他同事，科学家们更愿意去挑战他们，就像布鲁克海文实验室拒绝承认伯克利在加速器研究领域中的领跑地位。然而，同样的问题除了能促使国家实验室间竞争，也能促使它们互相合作去达成科学诉求和原子能委员会的目标。在一个特定项目中缺乏资源的实验室可能会向其他实验室求助。举例来说，布鲁克海文、洛斯阿拉莫斯和橡树岭实验室的科学家们都指望着伯克利实验室在加速器物理学上给予指导；另一个方向上，在科研项目谱系另一端的洛斯阿拉莫斯实验室请求阿贡、伯克利和布鲁克海文实验室协助自己制造氢弹。科学的精神有利于合作，科学家人员不够齐全也迫使实验室从外界寻找人员以弥补自身员工欠缺的能力。

对原子能委员会而言，同时顾及数个组织内的多项目实验室并非易事。从国家实验室到原子能委员会的一系列纠结的管理条线问题被称为"实验室问题"（Laboratory Problem），这是一个一直没能得到解决的棘手问题。国家实验室也愿意，或者说忍受着联邦政府里行政和立法机构的共同监督。预算程序提供了国家实验室系统内最强的结合力。尽管每个实验室单独编纂自己的方案和预算，但当实验室预算递交至华盛顿时，它们会被统一融入原子能委员会的预算中，单个实验室隐藏在了原子能委员会的项目里。因此，原子能委员会的项目管理者充当了系统性的仲裁者，在向上级递交预算前，他们需要权衡每个实验室的项目对系统内其他实验室的作用。

"实验室问题"和分散的预算过程使实验室负责人凝聚在一起，形成了反对原子能委员会的统一战线。这些负责人有着同样的背景经历——他们都在曼哈顿计划中工作过，通常都在 20 世纪 30 年代美国顶尖的学校接受过相同的培训。这群人后来被称作洛斯阿拉莫斯的一代（Los Alamos generation），标志着美国物理学时代的到来。由于承包商没能雇到更有名望的负责人（尽管他们尽力了），大多数实验室负责人都很年轻：诺里斯·布拉德伯里（Norris Bradbury）本来仅是在承包商找到长期负责人之前暂时领导洛斯阿拉莫斯实验室，但他这位临时工一做就是 25 年；在一个接一个的著名物理学家拒绝任职后，才轮到阿尔文·温伯格掌舵橡树岭国家实验室；阿贡实验室在被几个著名的科学家拒绝后，转而请诺曼·希尔伯里（Norman Hilberry）继任沃尔特·津恩（Walter Zinn）的职位。只有伯克利实验室的欧内斯特·劳伦斯和他的继任者埃德温·麦克米兰（Edwin McMillan）获得过诺贝尔奖，劳伦斯公认的声望巩固了伯克利实验室在原子能委员会和国会中的地位。[22] 原子能委员会中总咨询委员会的知名委员对实验室负责人资质的讽刺，定然无法安抚他们的不安感。[23] 由于个人力量有限（至少在他们证明自己有领导者的能力前），实验室负责人们联合起来组成了实验室负责人俱乐部，用以增加他们对原子能委员会的影响力，也可以加深彼此间的联系。

环境

我们的太阳系比喻准确地抓住了国家实验室间的联合与分离情况，但是它错误地暗示了系统与外部力量间隔着十万八千里，所以让我们换个比喻。国家实验室呈现出了生物的个体性和独立性，它们也共享着一个对自身起作用的外部环境，而它们反过来也会影响环境。由于环境随时间改变，国家实验室不得不进行适应，抛弃一些没什么用的附属器官并生长出新的。在资源的竞争中，国家实验室可以变得专业化，这就像生物用特化来占领环境中独特的生态位。同时，过度特化的生物会失去适应快速变化环境的机会，实验室的科学家们意识到这一点，并寻求多元化的项目。然而，我们观察到的并非是遗传突变的自然选择，而是一种类似于获得特性的拉马克进化（Lamarckian evolution）和对项目及实验室的人工选择。虽然这个生态系统的比喻有着将实验室拟人化之嫌而未将实验室看作是很多人和利益的集合体，但它适当地突出了国家实验室彼此之间和与外部环境之间的相互关联性，也阐明了这些关联对于系统演化的意义。本书第二部分描述了国家实验室不断变化的环境，以及它们与其他机构的关系。

这段历史详细涵盖了 1947 年到 1962 年，大约是 20 世纪 50 年代，从冷战爆发到签订《部分禁止核试验条约》（Limited Test Ban Treaty）的"漫长的十年"。[24] 对于国家实验室来说，这一时期紧随着 1947 年的曼哈顿计划到原子能委员会的过渡转型期。虽然国家实验室可以追溯到曼哈顿计划及更早的时期，但它们作为国家实验室的历史始于这次转型，即从战争年代在军方控制下以制造原子弹为唯一目的的应急计划，转为和平时期旨在寻求对原子能多方利用及对原子能特性长期研究的民用项目。而在这一时期的后期发生了核武器试验禁令颁布、动力反应堆工业涌现，以及战后第二代高能加速器建成三大事件，其中第三项事件正是发生在多功能实验室中。这些发展威胁到了国家实验室最初的任务，实验室的科学家们面对这一威胁，需要开拓新的工作领域。国家实验室的多元化使内部组织问题复杂化，并且引发了实验室职能的问题。这一系列事件在 1960 年前后到达了关键时刻，导致国会和原子能委员会对实验室体系的目的和组织进行了严格检察。

1954 年 3 月 17 日，《纽约时报》头版头条刊登着"原子对撞机创造纪录；日本捕获放射性鱼"。[25] 这条新闻记录了实验室项目系列里分属两个截然不同领域的里程碑。伯克利质子加速器（Berkeley Bevatron）成功地发射出 50 亿电子伏特的束流，达到战后第一代加速器发展的顶峰。那些被热议的鱼由日本渔船"福龙丸号"捕获，因为它不幸地驶进了比基尼环礁附近的水域，当时那里正在进行第一次小型热核武器试验。"城堡"系列核试验的"刺客"行动（Castle Bravo）中的氢弹试爆标志着氢弹应急计划的终结以及核武器的"彻底革命"，此后的武器发展主题变为优化已有的设计。[26]"城堡"系列核试验的"刺客"行动也开启了20世纪50年代后期兴起的关于放射性尘埃的争论，进而导致地面上武器测试的暂停，随后于1963年颁布了正式的核试验禁令。

其他几个事件也表明1954年是重要的一年。朝鲜战争结束和斯大林去世后，冷战进入了一个新阶段。苏联打破了美国在核军备竞赛中的领先地位，仅在美国数月之后就完成了他们自己的氢弹测试，这预示着军事对峙和社会政治对抗的转变。在1954年的奥本海默案中，麦卡锡主义者对安全性的痴迷达到顶峰，或者说到了最糟糕的时候。同年，国会通过了《原子能法案》的修订案，试图开放原子能用以工业发展。修订的法案通过放开对信息和材料的控制来降低原子能研究的门槛，一般来说，它意味着原子能的进一步政治化，这将增加国家实验室的外部压力。在更大规模上，1954年艾森豪威尔总统开始实施他的"和平利用原子能"（Atoms for Peace）计划，这为国家实验室带来了日益增多的国际交流。因此，出于社会和科学方面的原因，可以将1954年作为实验室体系发展历史上的一个转折点。

国家实验室体系历史上的第三个时期是从20世纪60年代早期延续至1974年能源危机爆发。在这一时期，联邦政府的预算压力加剧了武器、反应堆和加速器这些核心研究任务的窘境，预算压力来源于太空竞赛、越南战争和约翰逊总统的"伟大社会"政策。科学界在总体上，由于其对军事技术的贡献和对社会问题的忽视而受到公众的批评核科学尤其突出。尽管有周围环境限制，实验室科学家们再次在特殊的时代背景下找到了机会进一步发展多样化（尤其是在环境研究和非

核能能源研究中），国家实验室继续多元化，这促使原子能委员会于
1974 年转型为美国能源研究开发署，这就是今天能源部的前身。

　　实验室体系针对 20 世纪 60 年代至 70 年代早期发生的财政挑战和
社会挑战做出应对措施，验证并拓展了根据实验室前期的历史得出的一
些结论。不幸的是，在引用例证方面，针对第三个时期的全面分析做不
到如研究前期历史般地详细。随着时间的推进，越来越多的文档材料被
归为机密，从 20 世纪 50 年代起，国家实验室的重要藏品不再对那些身
份不明的研究者开放。然而，还是存有足够的材料让我们描绘出这段时
期的国家实验室历史，并揭示出这段时间内实验室长足的发展。

　　上述的时期划分并不依据精确的时间：起始点的标志是从曼哈顿
计划逐步转型为原子能委员会，该过程从战争结束一直持续至 1948
年；所谓的 1954 年这一转折点，其实是国家实验室多元化发展的一年
左右的过程；而"漫长十年"的尾声则与 20 世纪 60 年代的前几年交
错在一起了。1973 年末的能源危机，其实始于 20 世纪 60 年代，这次
危机最终终结了原子能委员会的时代，国家实验室也是从那时起做着
准备过渡成一个新的联邦机构。这一时期的划分并非绝对：在每一个
历史性的标志之间，政策、项目还有人员方面都存在着重要的连续性。

　　历史学家提出的这些有关时期划分的"标准说明"，并不会让可能
由此引发的观点失去意义。我们的时期划分重点强调外部环境随时间
的变化，以及由一系列平衡状态串联起的实验室体系的演变过程，而
每一次平衡都具有某些特点。第四章描述了国家实验室在冷战那段艰
难时期的适应过程，这一阶段从 1947 年延续至 1954 年，以 20 世纪
50 年代早期的全国性紧急事件告终。在这一时期，实验室的科学家和
管理者面对国家安全这一导向性的外力，努力制定了实验室体系的结
构和任务。国家实验室的主要目标是发展可用于军队和工业的核技术，
以及给外部研究人员供应大型设施。这两个目标都提出了一个基本问

题——互相竞争与中央集权的矛盾。以重复项目为代价的竞争是进步的必然途径，还是将资源和能源中央集权化会更快地取得成果？武器、反应堆与加速器的项目都迫使人们对这个问题进行思考。在冷战的严寒中，国家安全的压力带来了一种离心力，这种力量战胜了赞成中央集权化的声音，人们转而支持项目在整个体系中进行扩散。因此，利弗莫尔实验室建成了，橡树岭国家实验室重开了反应堆项目，布鲁克海文国家实验室新增了加速器。此外，国家安全问题成为了国家实验室引入第三类任务——小规模核科学研究的部分原因。不论是作为未来应用的基础，还是作为一种将顶尖科学家储备起来随时用于国家安全研究的方法，还是作为一种训练新生代科学家们的途径。

第五章描述了冷战中虚幻的复苏期，这一时期从 1954 年延续至 1962 年。在朝鲜战争结束与斯大林去世后，紧张状态明显缓和，一些如"和平利用原子能"的提议，鼓励了国际间的合作计划。国际主义者的科学理念提出了一种合作模式，而国家实验室提供了一个制度机制。但当国家紧急状态退去，冷战却仍在继续，甚至从军队对抗延伸至包括科学界的全社会中。国家实验室展现了国际主义理想与民族主义竞争相结合的困难性。同时，安全限制的放松使国家实验室增加了在国内与外界的互动。因此，国家实验室不得不与三方势力进行界限的协商。大学抗议国家实验室侵犯了自己在基础研究和教育方面的特权，甚至当它们开始获得那种本应由国家实验室提供的大型仪器时依旧如此。与此同时，工业界质疑国家实验室从事应用开发，并设法获得一些早期的技术转让。比起大学，企业会更一致地联合起来反对国家实验室；大学如果真的要组织的话，只是按地域集结起来，而工业企业形成了如原子能工业论坛那样的全国性团体。最后，随着国家实验室的多元化，它们与其他政府机构工作间原本就不明确的界限将进一步被模糊。关于所有三方（学术界、工业界和联邦政府）的界限争论强调了系统边界界定的困难性。

影响

生物体对资源的竞争迫使它们在某一环境内变得专业化与多元化，国家实验室也不例外。第六章描述了实验室科学家们采取的适应性策略。因为联邦政府的预算管理人员试图继续限制实验室预算，财政上的压力促进了实验室变得专业化。加速器、研究用反应堆、核聚变及核火箭推进力，这些都说明了实验室科学家们是如何区分他们的设计和项目以避免重复。专业化的做法从一些特定的项目拓展到一般理论研究，从洛斯阿拉莫斯和阿贡实验室的守旧党延伸到放手一搏的利弗莫尔以及橡树岭实验室。与此同时，实验室的科学家们受求知欲的驱使，同时期望减少在原子能委员会预算变动中的曝光率，他们分散到了各种新兴的领域。最初，他们只是在原子能委员会的范围内寻找一些替代性的工作，但随着原先任务的减少，他们迫于生存压力不得不将国家实验室转向新的领域。举例来说，由于武器设计的前景惨淡，洛斯阿拉莫斯实验室的科学家们为了挽回局势，开始着眼于高能物理学、固态科学、分子生物学以及太空项目等有前途的领域。

专业化和多元化两种相反的做法却同时增强了系统性。研究项目的扩散看似会打断系统间的强耦合，减少系统的交互，就像阿贡和橡树岭实验室的反应堆项目，以及布鲁克海文和伯克利实验室的加速器项目。但是，如果每个实验室都与单一的竞争实验室削弱联系，那么久而久之，一些其他方面增加的联系日积月累，会将它们与整个实验室体系更紧密地联成一体。橡树岭实验室在动力反应堆项目中，与阿贡实验室的联系减弱了，但它与洛斯阿拉莫斯、布鲁克海文以及利弗莫尔实验室的联系更紧密了。同时，它通过聚变项目与洛斯阿拉莫斯以及利弗莫尔实验室共同合作，并且与伯克利、阿贡、布鲁克海文、洛斯阿拉莫斯等实验室一起研究加速器。实验室系统最初粗略地分为武器、反应堆、研究的

"双实验室"子系统，但国家实验室最终形成了一个单一的集成系统。同样，从多元化角度看，专业化似乎通过减少竞争切断了实验室之间的联系。但是正如亚当·斯密（Adam Smith）在很久以前指出的那样，专业化会引发相互依赖。专业化通过迫使实验室之间相互合作来增强彼此维系的纽带，即一个特定的实验室不得不倚仗那些与它功能不同的实验室。

专业化与多元化重新定义了何为"国家"实验室。最初，"国家"意为地区性的——国家实验室倾向于向邻近机构中的研究人员提供设备，而非面向全国。每个实验室因而能有足够的理由来仿制其他实验室的设备以确保科研设施的供给。专业化使得每家实验室都拥有自己独特的设备，因此它们须向全国提供服务。与此同时，多元化把国家实验室的使命拓展到核能之外的领域，从而实验室科学家和他们的监督者们可以在任一领域中解决国家重点问题。因此，国家实验室响应了 20 世纪 50 年代后期的太空竞赛、60 年代的环境问题和 70 年代早期的能源危机。不论是它们的顾客群，还是研究任务，这些实验室都成长为名副其实的"国家"实验室。

第七章调研了两个方面，以此为例说明国家实验室的任务中新增的两个典型领域，即 1947 年至 1954 年的生物医学领域，以及 1954 年到 1962 年的固态和材料科学领域。这些项目开展的历史阶段与本书对历史的分期基本一致。实验室科学家们将这些研究任务加以包装，使其与国家实验室的计划性研究相关（生物医学是为了研究核武器和反应堆的使用及其产生的辐射影响，固态科学是为了研究武器和反应堆的抗辐射材料），但这两者似乎仍是该留给大学研究者的"小"科学问题。然而，正是由于它们的这种微不足道，避免了繁杂的预算审查，并因此逐步成长为主要项目。生物医学被描述为一种和平、人道地使用核能的方法，因而得到额外的政策支持。固态科学成为交叉学科研究的典型，而交叉学科研究又被科学家视作国家实验室的突出特点。

结论

　　系统性造成的后果有助于解释研究项目的分布，但是它们没有解释国家性的实验室为何存在以及它们特征性的结构。原子能委员会不一定要支持一个多项目实验室的体系。战后，科学家们成批离开橡树岭和洛斯阿拉莫斯实验室，留下来的人则考虑为实验室重新选址。布鲁克海文实验室是战后的产物，而伯克利实验室作为一个特例加入体系内。原子能委员会尽可能把橡树岭实验室项目的核心装置迁移，以便在阿贡实验室集中发展反应堆研究，同样的中央集权化的观念导致原子能委员会和它的顾问们反对建立利弗莫尔实验室。但是原子能委员会也采纳了刘易斯·斯特劳斯（Lewis Strauss）的意见："当我们开始去未知的大洋探索新大陆时，如果由多家船舶公司接手这次航行，抵达遥远彼岸的机会就会大大增加。"[27]实验室体系中向心力和离心力之间持久的张力，决定了国家实验室将在不断变化的环境中因势而变。

　　实验室体系的发展史，看似是不同利益间相互作用的偶然，其实存在着强大的力量驱使其必然进化。事实证明联邦政府愿意在每一个实验室身上每年花费数百万美元，这表明政府和美国公众在二战的余波后，对科学研究的重视；战后的美国享受着史无前例的繁荣，可以承担得起这份财政投入。联邦政府愿意为科学投资，是因为科学与国家安全相关。尽管科学界像国家的其他部分一样，迅速地动员起来以应对冷战时期的挑战，但是由于核能科学和技术对军事的影响，实验室体系成为了国家的重中之重。

　　冷战在一个更深的文化层次上辅助了这一体系的发展。国家实验室体系从建立伊始，就用竞争的益处作为维持多个实验室的理由。实验室科学家和管理者们宣称，竞争将会刺激科技进步，确保资源的有效使用。人们产生将自由放任理念用于思想市场的主意，时值美国在经济活动中不再坚持自由市场原则；战后，大萧条和二战的教训均使得政府更坚定了将凯恩斯理论（Keynesian theory）作为指导政策的想法。但当时也非提出在战术上放弃亚当·斯密的理论的时候，在资本主义和共产主义之间的社会经济的殊死搏斗中通向干预主义，对美国没有帮助。

　　因此，对冷战中的竞争进行修辞美化显得尤为重要——正是竞争，使得美国比苏联更杰出，并确保了最终的胜利。原子能委员会可能对它所处的形势尤为敏感，它被称为美国的"一座社会主义岛"，管理着整个学术界，制订了反应堆发展的五年计划，像社会主义阵营那样把众多人员集中在核武器项目中。对爱德华·特勒（Edward Teller）所说的对"美国传统竞争精神"的崇尚在核武器项目中尤为突出并非偶然。国家实验室为修辞美化竞争提供了一个天然渠道，更是在实践中例证了它的好处：一位美国的高能物理学家评论说，苏维埃通过集中力量和避免竞争的做法开展的加速器项目，是一个正在犯的"严重的错误"。几年后，美国自己踏上了同一条路，当它在费米实验室建造单一用途的加速器设施时，阿贡实验室的主任警告说，这是一个"高能物理的国家垄断经营企业"的产物。[28]

　　国家实验室象征着美国另一种珍贵的传统，代表了竞争的一个必然结果——权力分散。分权有两种形式：第一种是机构上的分权，部分始于曼哈顿计划所用的设施被分散；第二种是行政上的分权，始于原子能委员会第一任主席——大卫·利连索尔（David Lilienthal）的政治哲学，他拥护权力分散，将其视为一种权力回归当地政府和公民个人的方式。他在原子能委员会的设施管理中实践分权，比如任用原子能委员会地方办事处的人员来管理国家实验室。虽然机构上的分权允许每个实验室保有自己的独立性，但行政上的分权和下放给地方的做法则使国家实验室远离了华盛顿，因而，实验室之间的联系相较于实验室与中央的联系增强了，国家实验室能依靠互相之间的非正式协商，来规避上级下达的项目决策。

所以，国家实验室体系能在一家科研机构中代表美国的政治意识形态。至于科学思想，根据战后的通用公约，最好留给那些独立于社会或政治压力的、从事基础研究的人吧。[29] 但国家实验室自身，则把科学家们集中于联邦政府管理下的大型组织中，背离了这种自由放任的科学个人主义。正如国家实验室的体系结构迎合了冷战时的政治理念，即实践中的干涉主义，它也同样在体制层面上保留了多元化和自治的科学理念，就在同时，它背离了这些理念原本的意义。

人们呼吁竞争和非集权化，有时更多是因为被形势所迫，而非源于他们根深蒂固的美国价值观。虽然在一些案例中，如利弗莫尔实验室的创建，展示了何谓真正的竞争，但在另一些事例中，竞争的主要目的都是为了满足某些利益集团的需求。比如说，反应堆项目的中央集权化的失败，并不是由于该项目压制竞争，而是因为实验室的科学家，尤其是橡树岭实验室的科学家们反对这么做。反对的声音还来自军队中不同的军种，与阿贡实验室单独能提供的研究力量相比，海军需要将更多的精力放在研究海洋反应堆推进器上，而空军则需要飞机的反应堆推进器项目。当所谓的竞争辞令确实起到了作用时，它也不是唯一起作用的——利弗莫尔实验室的创建既受到科研团队和国会中冷战鹰派的促进，也是由于空军试图保有自己领先的战略地位所致。

期望用竞争来满足特殊利益集团的想法揭示了一个事实——没有完美的竞争。虽然项目会消亡，但研究机构仍然存在着，所有原始的实验室和一些新的实验室都坚持到了今天，同时它们最初的目的已经淡化或消失了。原子能委员会仍选择维持实验室更像是在支持联邦监管机构和社会福利事业，以减轻肆无忌惮的经济竞争对个人和环境产生的影响。换言之，干涉主义扩张到了国家实验室体系。在对竞争的期望及具体实践中，国家实验室折射出了美国冷战时期的政治文化。

第一部分

构架

1. 起　源

　　国家实验室的起源可上溯到第二次世界大战期间的曼哈顿计划（Manhattan Project）。阿贡实验室、洛斯阿拉莫斯实验室与橡树岭实验室都源于这一计划，该计划也促使美国在伯克利建立了辐射实验室，战后又迅速在布鲁克海文建立了一个新的实验室。然而，曼哈顿计划本身源于伯克利实验室和芝加哥一个实验室的工作（阿贡实验室则是一个副产品），且洛斯阿拉莫斯和橡树岭实验室计划建立的时间比曼哈顿工程区（Manhattan Engineer District，MED）出现的时间还早。尽管曼哈顿工程区在国家实验室运作的早期发挥了至关重要的作用，但有些实验室出现得更早，同时这一实验室体系自身也在整个战时和过渡期发生着演变。不过，即便战时实验室不同于最终的国家实验室，它们也展示出了向心力和离心力之间的相互作用。曼哈顿计划也正在试图避免地理位置集中化的弊病，向外扩散至新的地点，而曼哈顿工程区却准备对曼哈顿计划进行集中化管理。

曼哈顿计划

远在美国加入第二次世界大战之前，当核裂变被发现的消息于1939 年传到美国后，大学里的科学家们就已开始探索其潜在应用，这是一个众所周知的故事。众人的努力很快集中到科学研究与发展办公室（Office of Scientific Research and Development，OSRD）支持下的哥伦比亚大学、芝加哥大学、普林斯顿大学和加州大学伯克利分校的校园，科学研究与发展办公室是在万尼瓦尔·布什（Vannevar Bush）倡议和领导下于 1941 年 6 月成立的一个执行机构。[1]布什和科学研究与发展办公室很快得到了来自伯克利和英国关于核弹可行性的报告，并将核裂变项目聚焦于武器研发的计划。珍珠港事件进一步加快了研究步伐，并使科学家们审视以下几点：项目分散后的协调困难、因重复造成的延误，以及集中于一个地点开展裂变研究的优势。

1941 年 12 月下旬，亨利·史密斯（Henry Smyth）提出创建一个核研究中心实验室。作为普林斯顿大学物理系主任，史密斯认为一些大学宁愿同意教师离职去中心实验室而不是去有竞争关系的大学工作。几天后，史密斯就签署了一项由其普林斯顿大学同事米尔顿·怀特（Milton White）提出、由卡尔·康普顿（Karl Compton）和李·杜布里奇（Lee DuBridge）提供建议的计划。后两位与麻省理工学院辐射实验室协作开展雷达研究，熟悉大型中心实验室。怀特敦促建立一个由政府在"一个工业区"运作的单一核能研究实验室。[2]几周后，各个核研究团队的代表见面并就集中化的优势进行讨论。卡尔的弟弟亚瑟·康普顿（Arthur Compton）在芝加哥大学的基地指导科学研究与发展办公室开展裂变物理研究，他考虑了各地的优势并萌生了在伯克利进行集中研究的想法。最终，亚瑟决定让其他人搬到芝加哥来。[3]他将该集中计划命名为"冶金实验室"（简称 Met Lab），起这样的代号旨在掩盖其真实目的。

　　1942 年全年，冶金实验室一边招募员工，一边协调仍在其他地区继续开展的实验，同时开始铀堆临界实验。该实验室项目包括从核反应堆中受过辐照的燃料元素里分离钚元素。电磁分离铀同位素的一些工作继续在伯克利进行。当项目负责人开始展望科研之外的未来生产，他们遇到了集中化的问题。制造原子弹需要大面积的生产厂房来分离铀与钚同位素，可这需要超过 1 亿美元的建造与运营费用。科学研究与发展办公室意识到无法胜任这一工作，于是在 1942 年 6 月将生产工厂的职责移交给陆军工程兵团，军方在 9 月份全面掌控了原子弹项目（包括研究任务），并任命一位曾指导建设五角大楼的陆军工程师莱斯利·格罗夫斯（Leslie R. Groves）负责。陆军工程兵团在纽约设立了一个办公室（称为曼哈顿工程区）来监督施工。[4]

　　格罗夫斯首先开展的行动之一就是获取一片建设用地作为之前所提议的生产工厂。冶金实验室的科学家们早就意识到在一座大城市中心建造一座核反应堆的危害，同时出于空间和安保方面的要求，也需要选择一个更偏远的地方。亚瑟·康普顿在一次春季骑马行程中选择了芝加哥西南 25 英里（1 英里约为 1.609 千米）处阿贡森林中的一个地点。[5] 军方在 8 月份收购了土地，但阿贡的工程建设在劳动力上遭遇困境，这迫使冶金实验室的科学家们只能转向在大学足球场下的壁球场内，暗中建立第一个核反应堆。[6] 冶金实验室仍计划将阿贡作为最终的、大规模全面生产的一个大的试验工厂，但这很快超出了阿贡的容纳范围。格罗夫斯将田纳西州东部诺克斯维尔西北 25 英里处的科林奇河谷作为生产工厂。该地可通过田纳西河流域管理局获得电力以及从河中抽取冷却反应堆所需的水，而科林奇河的隔离效果比康普顿所提议的位于密歇根州的选址更为安全，也更有保障。[7]

　　9 月，科学研究与发展办公室下设的一个委员会建议冶金实验室使用田纳西州的大片区域作为试点工厂厂址，康普顿同意了。冶金实验室的第一个反应堆仍会搬到阿贡。同时，格罗夫斯让杜邦公司接管田纳西州的反应堆及核素分离工厂的设计与建造。到 12 月，连田纳西州的这个地点似乎也太小了，格罗夫斯和杜邦公司决定寻求另外一个可以全面满足铀-石墨反应堆与钚分离工厂所需要的地点，并在华盛顿州的汉福德找到了合适的厂址。尽管冶金实验室的科学家们有几分不情愿，杜邦公司仍想在他们的帮助下在田纳西州建设中试反应堆和工厂，而在阿贡只保留一个小反应堆。[8]

　　因此，该项目在芝加哥一被合并，就因实验反应堆所需要的安全、安保、空间及水电供应等因素，而被再次分散到新的地方；分散过程始于 1942 年春天，在曼哈顿工程区成立之前。1943 年间，一些后来被称为克林顿实验室（Clinton Laboratories）的物理、化学以及辐射防护物理实验室在田纳西州橡树岭镇附近相继建立起来。1943 年 11 月，克林顿反应堆变得至关重要。同一时期 1943 年 2 月，芝加哥的科学家们在恩利克·费米（Enrico Fermi）指导下重建了他们的初代反应器，当时就已称为阿贡实验室。直到 1944 年 5 月，阿贡实验室才成为独立组织（尽管其职员仍然在冶金实验室领取工资），此前它一直是冶金实验室的一个分部。[9]克林顿实验室和阿贡实验室组织机构相互独立并不意味着工作计划独立：克林顿反应堆为冶金实验室和其他曼哈顿计划站点装备了钚和其他放射性材料；阿贡和克林顿实验室为汉福德反应堆提供了大量中子用于测试材料；两个实验室工作人员均由冶金实验室配备。

　　反应堆不是促使原子裂变研究分散开的唯一外力。原子裂变研究中的一个站点是建于新墨西哥州一处遥远台地的新实验室，由克林顿实验室提供钚，并由芝加哥派驻工作人员。不像反应堆的慢中子链式反应研究，快中子研究一直分布于包括芝加哥在内的数个实验室。负责快中子研究的物理学家罗伯特·奥本海默（J. Robert Oppenheimer）曾批评该计划缺乏协调性，各实验室实验测量得到的散射截面经常得不到一致的结果。1942 年 9 月，奥本海默极力主张快中子研究项目应在从芝加哥分离出来的一个新实验室中集中进行，以便将工作聚焦于炸弹本身的研发。作为快中子研究的带头人，奥本海默的前任格雷戈里·布莱特（Gregory Breit）也因相反理由得出相同的结论。布莱特在 1942 年 5 月辞职后，抱怨芝加哥缺乏安保并需要更严格的分工，认为可以通过在芝加哥郊外隔离研制武器的工作来达到这一目的。当格罗夫斯的科学顾问詹姆斯·科南特（James Conant）收到布莱特的投诉时，格罗夫斯自己也收到了奥本海默的抗议。于是，他批准创建一个新的实验室。[10]

选址再次取决于安保与安全——爆炸实验需要隔离，针对外部攻击和间谍活动所采取的安保措施也许更为重要，要让外人难以接近。格罗夫斯将军最初考虑将新实验室建在橡树岭，但奥本海默不想实验室与生产单位有如此密切的联系。[11]他们转向西南方搜索，在洛斯阿拉莫斯牧场学校（Los Alamos Ranch School）内选定了一个站点，学生们则被即刻驱离。格罗夫斯选定奥本海默领导该实验室。[12]战时实验室选址偏远，会显著影响未来的人员招募和项目开展。

建立洛斯阿拉莫斯实验室的动因与成立芝加哥冶金实验室的一样，即集中化管理，这也使得曼哈顿计划中实验室增加且分散了。格罗夫斯和奥本海默都认定首先要确保安全，洛斯阿拉莫斯应成为一座军事实验室。军方会委任奥本海默为中校，核心科学职员为少校。这位拟任中校在着手建立实验室队伍时很少顾及计划中的其他实验场所："我们现在应当开始实施一项不择手段地招募任何可用之才的政策。"[13]然而，科学家们对于在军事管制下工作的计划有所畏缩，认为这可能会妨碍他们的自主性。格罗夫斯和科南特试图缓解科学家的这种担忧，允许实验室在建立初期由加州大学这一非军方承包商来运作，就像承包商管理下的其他实验室一样。而他们期望到后期（1943 年底的某个时间）才重新回归军方管理，其科研职员成为军官。然而，到了后期，曼哈顿工程区并没有选择回归军方，洛斯阿拉莫斯实验室仍非军方管理，这种管理方式在国家实验室历史上有着重要的影响。[14]

战 后 计 划

　　曼哈顿工程区出现时，冶金实验室已经开始走下坡路。曼哈顿工程区促使新的实验室在阿贡、克林顿和洛斯阿拉莫斯迅速发展。到 1943 年中，每个实验室都已建立起来。正当他们极力推进原子弹计划完成之时，科学家和当局都在开始思考实验室在战争结束后做点什么，战争形势急转直下，仅仅在珍珠港事件几周之后，米尔顿·怀特在其为政府中心实验室所做的提议中设想，实验室应该"在战后继续开展原子能在电力和毁灭性应用方面的研究"。到 1943 年初，格罗夫斯肯定政府对核能研究的支持会延续到战争结束之后。康普顿认为需要一个除大学研究之外的中心实验室，而且实验室应位于诸如芝加哥之类的大城市附近。[15] 随着军事前景的明朗，各种猜测也开始产生，其他实验室的代表们也开始有了自己的打算。尤金·魏格纳（Eugene Wigner）设想克林顿实验室员工会从约 800 人扩展至战后的 3 500 人。[16] 一位伯克利的支持者声称："既然整个项目是从这里开始的，并且为此组成了一支称职、完整的研究团队，看来大学校园对这类研究来说也是一个合乎常理的地方……政府必须继续提供大量资金以完整实施已花费巨资的研究。"[17]

　　与乐观的科学家不同，那些管理大笔钱财的人在获得军事研究进展之时，看到的反而是开始遣散人员的机会。[18]格罗夫斯和他的助手——肯尼斯·尼科尔斯（Kenneth Nichols）上校在 1944 年 6 月给冶金实验室的长期研究项目设置了限制，并在一个月后警告康普顿，其工作人员可能要削减 25%—75%。康普顿曾试图答应费米在战争结束后担任阿贡实验室的负责人，以怂恿他永久地离开哥伦比亚大学。哥伦比亚大学的物理学家在科学研究与发展办公室向布什提出抗议，因为布什严厉批评过康普顿和芝加哥大学提出这样一个计划，并威胁要搬走阿贡实验室，以"远离芝加哥贪婪的插手者"。康普顿认为，"此时把政府资金花在基础研究上，在政治上是不明智的。"[19]

这段插曲凸显出人们对冶金实验室和阿贡实验室这两个机构未来的担忧。他们受克林顿实验室和洛斯阿拉莫斯实验室的人员编制费的拖累，而且格罗夫斯不允许他们雇用替代者。[20]剩下的科学家发现自己越来越无事可做。他们开始怀疑战争结束后会如何处置曼哈顿计划的组织和机构。1944 年 7 月，冶金实验室科学家泽恩·杰弗里斯（Zay Jeffries）提出对战后核子学或核研究与发展准备一个计划。康普顿指派了一个委员会来协助杰弗里斯，相关报告于 1944 年 11 月出炉，主张战后继续开展核武器研究工作以及政府在大学中建立和扶持实验室。[21]

面对冶金实验室职员们的焦虑，格罗夫斯想要"让科学家确信我们不会忘记战后政策"，并建立了一个委员会来审议这一问题。1944 年 12 月，由加州理工学院理查德·托尔曼（Richard Tolman）领导的委员会发布了一份报告，同样推荐了一个全面的战后计划。[22]不过，杰弗里斯和托尔曼的报告似乎都没有改变曼哈顿工程区的政策。康普顿继续在做长期规划；格罗夫斯则继续支持只与赢得这场战争有关的工作。尼科尔斯提醒康普顿"目前我们关于阿贡实验室的计划具有不确定性"。然而，到 1945 年年中，这一话题再不能回避了。1945 年 2 月，布什敦促战争部长亨利·史汀生（Henry Stimson）建立一个高级规划顾问委员会。5月，史汀生不得不成立一个临时委员会，其中包括由康普顿、欧内斯特·劳伦斯、奥本海默和费米组成的科学小组。这个小组也成立了多个主题分会，其中包括由冶金实验室的沃尔特·巴特基（Walter Bartky）领导的有关研究组织的分会。[23]

1945年6月，巴特基及其委员会征求了冶金实验室、阿贡实验室、克林顿实验室和伯克利实验室科学家们对战后核研究组织的意见。这些提议也表明了集中与分散、竞争与合作，以及基础与应用研究这些将会构成国家实验室特征的矛盾。大多数科学家的回答是设想建立由国家原子核物理学管理机构以某种形式支持的区域实验室，以及仅考虑用于军事研究的集中式实验室。换言之，这些反馈意见就是现状的某种变体。区域实验室的想法至少已经在冶金实验室周围酝酿了一年——亨利·史密斯作为一位早期集中式实验室的倡议者，曾在1944年4月的一次会议上建议战后建立区域实验室，例如阿贡实验室，服务于美国中西部。[24]

围绕这个想法，如今回应众多，形成了一个论坛：国家应"维持和运行至少四个区域实验室"，提供反应堆与其他对于大学来说极为昂贵的设备；"应避免设置昂贵的集中式装置且雇佣工作人员的困境"。[25]实验室将由非营利公司运行，董事会成员来自附近大学的科学系所。[26]但是如果一位被调查者声称"我们现在实际上拥有伯克利、埃姆斯、芝加哥、阿贡和克林顿几个合作的区域实验室"，阿贡实验室的执行主任沃尔特·津恩就寄希望于竞争："建立一批实验室的主要原因之一就是刺激竞争，从而消除各实验室浪费资助经费的可能性。"[27]克林顿实验室的科学家建议建立一种小型和大型"中心研究实验室"的组合，由靠近学术中心的两个或三个小规模实验室为当地的访问学者提供昂贵的实验工具，将一个或两个较大的实验室（如克林顿实验室）用于反应堆之类的大型开发项目。[28]其他人则提议在这一主题上加以调整——单一的武器研究实验室，以及若干为研究人员提供昂贵设备的区域实验室。[29]

大多数对巴特基委员会的反馈意见都多少提及区域实验室设想——由政府出钱提供昂贵的设施，并在该处安排大型项目。唯一不同的声音来自生物医学家，他们不支持区域实验室，而是寻求所有的研究都回归大学。[30]这些持不同意见者不像从事物理科学研究的同行，他们也许并未意识到生物医学也需要大型而昂贵的设备，他们将来会醒悟过来改变论调。同时，大多数人是物理学家，他们的意见占据上风。巴特基的初步报告认为，大多数研究应留给大学，但报告也建议设立五个或六个"区域实验室"，也许将由邻近大学的一家公司来运行。区域实验室将提供对一所大学而言过于昂贵的设施；承接政府的大型开发项目；向学术界、政府和企业传播信息；为当地大学提供特殊的材料（如放射性同位素），他们可能会从这些大学"借用"研究人员以补充其固定职员的不足。[31]

科学小组并未就巴特基的建议立即采取行动，但它敦促政府准许曼哈顿工程区每年可花费多达 2 000 万美元来支持长期项目，并且政府未来将对基础和应用核项目研究的支持调整到每年约 10 亿美元。临时委员会仅同意有关曼哈顿工程区的建议，而将未来的政策留给其自身协助规划组建的国家核机构。[32]

战　后　现　实

遣散

美国在第二次世界大战结束后的退伍潮影响了曼哈顿计划中的实验室。核科学家们从实验室离职的原因不只是投下原子弹后的良心危机，也不止担心核研究的军事控制，抑或是渴望回归学术研究。而是还有联邦为战后转换制定的计划一直牵涉到战时合同的终止问题，据推测也包括曼哈顿工程区中的研究合同。[33] 到对日战争胜利日（V-J Day）时，曼哈顿计划的管理者已顺利实施了一些实验室的遣散工作。尽管实验室中的科学家坚持努力，冶金实验室和阿贡实验室一年来还是缩减了规模。在伯克利，劳伦斯将精力集中于如何赢得这场战争。直到1945 年 5 月，他才承认联邦政府的广泛支持才是维持战后辐射实验室的理想措施，并开始制订相应的计划。即便如此，伯克利辐射实验室也在广岛事件前三个月就开始遣散行动，到 9 月 1 日时其职员人数从战时最高 1 200 多人锐减至 513 人；当年夏天仅获得的约 400 万美元 /年的预算只是前一年的一半，并且劳伦斯预计战后还会降至 100 万美元 / 年。[34]

曼哈顿工程区并未怠慢手头的任务，最终由洛斯阿拉莫斯和克林顿实验室将任务完成。整个 1945 年 7 月，洛斯阿拉莫斯的职员数量继续攀升，但大部分后期加入者都是军方人员（到战争结束时仅一半职员是平民）。[35] 奥本海默在日本投降后迅即采取行动以削减员工，但并未放弃研究计划。[36] 克林顿实验室已实现其目标，并协助设计和建造了汉福德反应堆。芝加哥大学在与克林顿实验室的合同终止后，孟山都化学公司于 1945 年 7 月 1 日接手，成为首个运行曼哈顿工程区大研究实验室的工业组织。[37]

由于实验室缺乏未来长期发展的确定性，其科研人员纷纷离开。克林顿和洛斯阿拉莫斯实验室深受远离学术和都市中心之苦。7 月底，洛斯阿拉莫斯实验室拥有 3 000 名员工，到年底仅剩三分之一。"每个人都想退出"，包括回到学术界的奥本海默，他与格罗夫斯指派来的诺里斯·布拉德伯里（Norris Bradbury）担任过渡时期的临时主任。布拉德伯里为洛斯阿拉莫斯的企业和大学举行的秋季招募会也于事无补，这使他后来懊恼不已。[38] 审查个人邮件、限制亲友来访等安保措施 "看起来是从该计划中离职的一长串原因中最常见的一种"。[39] 台地上临时战时房屋的艰苦生活条件导致人员大批流失，尤其是经历了那年冬天水管冻结造成的缺水之后。[40] 到第二年春天，留在洛斯阿拉莫斯的人员中有三分之一的人，认为它不会成为一个令人满意的永久场地，一些人则建议将实验室迁往南加州。[41]

克林顿实验室的条件也好不到哪儿去。战争期间杜邦公司已经赋予实验室全然不同的特性——"更像是一个杜邦公司的试验工厂而非芝加哥大学的研究中心"。[42] 在战争期间，冶金实验室的科学家称其为"澳洲（Down Under）"，而杜邦员工称之为"地鼠培训学校（the Gopher Training School）"；在官方电报里则被其新的管理者——孟山都公司嘲笑为"多帕奇（Dogpatch）"。[43] 实验室成立了一个"迁址委员会"，以考虑将实验室迁到一个更有利的位置是否会更好，譬如美国东北部的某个大都市。该委员会对高级科研人员进行了民意调查，他们几乎一致建议搬迁，尤其是那些化学家和物理学家认为："如果实验室仍在目前的位置，绝大多数人不打算待两年以上时间。"[44]

格罗夫斯和曼哈顿工程区一直拒绝承诺在战后对实验室提供支持，但以某类原子能委员会来取代曼哈顿工程区的立法工作，在国会有关民用或军事管制原子能的冗长辩论中一直处于停滞状态。在缺乏立法的情况下，格罗夫斯意识到需要保持对曼哈顿工程区的投入，并确保未来的国家安全，还要消除科学家的疑虑。1945 年 10 月，曼哈顿工程区成立了一个专门的研究部门，将原本受迫于战争压力而合并的研究与生产分离，并加强了项目的协调。[45] 对日战争胜利日过后不到一周内，在一次陪同将军访问后，奥本海默通知其高级科学家即将裁减员工，但也向他们保证该计划仍将继续。[46] 格罗夫斯同意付钱以改善洛斯阿拉莫斯的生活条件，他说"尽管这不管怎样都要在一定程度上牵涉到未来的管理主体……但我们也不能指望原子弹发展在可预见的未来会出现停滞"。[47]实验室开始替补离职的科学家，布雷德伯里也终止执行给遣散雇员支付旅行费的政策。他"撼动大树"之举达到了预期效果：迫使员工要么在1946年9月承诺留下，要么自行承担其离开台地的费用。[48]1946年在比基尼岛进行的"十字路口"武器试验给了洛斯阿拉莫斯一个具体任务，但实际上，也只有少部分员工去了，他们还试图把一部分"十字路口"的任务推给橡树岭实验室，如数据分析。[49]

伯克利的一些科学家也参与了"十字路口"试验，他们说"这是一段美妙的假期，因为你几乎无事可做"。[50]然而，伯克利的焦点是重启劳伦斯在战争爆发前就中断的加速器项目。为战后制订的劳伦斯计划（1945年9月又被修订）曾设想在洛克菲勒基金会资助下，完成战前就已开启的184英寸（1英寸约合2.54厘米）回旋加速器工作；计划设计和建造两台新的加速器，一台同步辐射装置，一台直线加速器，两台都是伯克利分校的科学家们在战时任务中设计的；继续战争之前和之后的生物医学和化学项目；再建造一座核反应堆。劳伦斯自信地认为即便不是立刻上马，从长远来看政府也将为其计划买单。[51]格罗夫斯只同意授权新加速器的试验工程和继续开展生物医学与化学研究的分包合同。至于大型回旋加速器，他质疑道："为什么政府该承担这项工作全部或部分的费用"；"大规模的额外研究必须围绕政府补贴的方式和范围开展。"格罗夫斯补充道，最终的决定得等到新机构的建立。[52]但是没过多久，到12月份，经国会慎重考虑，格罗夫斯批准了有关辐射实验室的修正计划，包括花费17万美元完成184英寸回旋加速器，虽然反应堆仍停留在一种可能性上而已。[53]在说服尼科尔斯到来年春天需要进一步加快辐射实验室的工作之后，劳伦斯给伯克利回电道："虽然对我们可以做的没有限制，但我们应该谨慎行事。"[54]

劳伦斯向位于芝加哥和克林顿的研究团队开放 60 英寸回旋加速器。正如洛斯阿拉莫斯希望对"十字路口"试验的数据分析所要做的那样，劳伦斯也试图放弃生产放射性同位素并转给克林顿实验室。曼哈顿工程区的确在战后支持克林顿实验室生产放射性同位素，还支持了化学萃取过程和一种新的高中子通量反应器的持续发展。[55] 与其他实验室共享项目和设备，说明各实验室之间在战后组织不确定的时期内，还是继续保持联系的。

系统的构成

曼哈顿工程区战后对伯克利分校、克林顿和洛斯阿拉莫斯实验室的支持只是维持现状，并没有基础体制的创新。芝加哥的科学家们曾经宣扬实验室作为区域设施为大学提供昂贵设备的观念。1945 年 12 月 2 日，阿贡实验室成为这一观念的试验品，该想法由尼科尔斯任命的来自美国中西部大学的科学代表委员会提出。1946 年 2 月 11 日，芝加哥大学同意成为阿贡区域实验室的管理者，接管冶金实验室的项目、设施和员工。[56] 与此同时，格罗夫斯已任命一个由若干杰出科学家组成的研究与发展咨询委员会，其将为政策、项目及其实施步骤提供建议。该委员会在 1946 年 3 月召开会议之前征求了曼哈顿工程区科学家们的建议。[57]

一直以来都被认为是冶金实验室管理者的法林顿·丹尼尔斯（Farrington Daniels）提交了阿贡实验室的计划，其雄心得以扩展，还将"国家"加入国家实验室名称之中。丹尼尔斯有关"阿贡原子核物理实验室"的计划被称为"芝加哥附近的一个国家原子核物理实验室"。他提到："该实验室具有双重任务：一是为政府继续开展核研究，二是为全国各地大学核研究项目提供援助服务，特别是那些中西部大学。"丹尼尔斯关于在芝加哥附近建立"中心国家实验室"的提案，也许反映了或试图重申战争期间聚焦于慢中子研究的冶金实验室的起源。然而，在他所强调的中西部地区中，区域概念依然存在。尽管阿贡实验室对大学的可用性"遍及全国"，但他提议的实验室董事会成员是从美国中西部大学代表中遴选的。[58] 阿贡实验室主任津恩在其提交给巴特基小组的建议中，支持成立若干区域性实验室。在阿贡实验室计划中，一个中心的"国家"实验室和若干区域实验室之间模棱两可的界定，反映了实验室自成立时，就持续存在着离心力与向心力的相互作用。

阿贡提案面临着来自一个新地区的竞争。东北部高校联盟及其科学家聚集起来，以争取他们的利益。从战时任务退出的物理学家看到给各家与曼哈顿计划相关的大学处置分配不公，并大多由东北部的研究单位承担费用，这种失落感引发了联盟的建立。哥伦比亚大学的伊西多·拉比（Isidor Rabi）和诺曼·拉姆齐（Norman Ramsey）"对这一事实有点嫉妒……芝加哥大学……最终得到一个非常好的反应堆，加利福尼亚大学得到一个非常好的高能加速器"，因而他们决定为自己寻求一个反应堆，聚集了一些纽约地区的大学来达到这一目的。[59] 1946年1月，他们写信给格罗夫斯，提出在纽约市附近建立一个"核科学区域研究实验室"。[60] 同时，麻省理工学院和哈佛大学的科学家们也为建立一个拥有反应堆的东北区域实验室进行了努力，该实验室准备面向波士顿地区。[61]

格罗夫斯派尼科尔斯去通知纽约地区小组的代表，曼哈顿工程区将只能支持一个东北区域实验室，建议两个地区小组合并的提议。他补充道，最好在曼哈顿工程区的权力移交给新管理机构前，赶快行动，否则新机构可能会推迟新实验室的建立。[62] 纽约和波士顿小组听取了他的意见，在3月份组成了由9所大学组成的初始大学集团（Initiatory University Group，IUG），包括哥伦比亚大学、康奈尔大学、哈佛大学、

约翰斯·霍普金斯大学、麻省理工学院、宾夕法尼亚大学、普林斯顿
大学、罗切斯特大学和耶鲁大学，由哥伦比亚大学教务长乔治·皮格
勒姆（George Pegram）领导。初始大学集团之后在 7 月份组建了联合
大学有限公司（Associated University，Inc.，AUI），担当东北区实验
室的承包商。1946 年 3 月 3 日，初始大学集团向格罗夫斯的咨询委员
会提交议案，呼吁"在该地区建立一个包含大型链式反应堆的核实验
室"以便"与已有的实验室互补"。[63] 如同在阿贡，布鲁克海文实验
室的创始人也混淆了区域服务和国家需求之间的界限，他们呼吁建立
的"东北区域实验室"最终演变成为一个"国家核科学实验室"。[64]

当研究与发展咨询委员会 1946 年 3 月 8—9 日开会时，它在名称上
采用了国家的表述，并将其应用于区域概念。该委员会建议国家实验室
应提供对大学或私立实验室而言过于昂贵的设备，国家实验室将在一个
董事会的指导下开展不涉密的基础研究，董事会成员选自大学和其他研
究单位。委员会批准在阿贡和东北地区建立这类国家实验室。[65] 委员
会对于国家实验室的界定不包括涉密的开发研究，如同阿贡实验室所做
的一样。因此，洛斯阿拉莫斯实验室和克林顿实验室并不具备这样的资
格，反而要作为从事机密军事或工业应用的研究机构写进委员会的报
告。该委员会建议位于伯克利的劳伦斯辐射实验室应当作为国家实验室
的一种特殊类型。[66] 格罗夫斯的副手尼科尔斯将该委员会的报告拓展
到其他一些实验室，并对它们进行了大致分工：阿贡实验室将聚焦于反
应堆；加州的一个区域实验室将聚焦于加速器；东北区的实验室将同时
发展反应堆和加速器；洛斯阿拉莫斯实验室将继续从事武器研究；克林
顿实验室将从事工业项目。[67]

咨询委员会的科学家们接受了"国家"实验室的概念，即区域性
的实验室，且"总体上同意，在美国其他地区建立国家实验室应当受
到鼓励"。[68] 格罗夫斯则担心这可能会导致设施倍增。他对一位来自联

合大学有限公司的代表说："最好不要以一个'区域'实验室来展示布鲁克海文的案例，这可能会导致更多人要求创建'区域'实验室。"[69]他的担忧的确不无道理，因为真有一些团体跳出来提议建立新的实验室。其中最主要的是一个来自南加州的团队，由加州理工学院李·杜布里奇领导，他们在1946年底提议建立一个由加州理工学院、加州大学洛杉矶分校和南加州大学共同运营的拥有核反应堆的区域实验室。虽然曼哈顿工程区答应得很爽快，但当时它正让位于美国原子能委员会。果然不出尼科尔斯所料，原子能委员会并不急于做出新的承诺。[70]有关"西海岸第三个国家实验室"的计划虽然列入国会预算中，但杜布里奇的提议胎死腹中。[71]其他一些团体也想傍上曼哈顿工程区这棵摇钱树：国家标准局认为曼哈顿工程区应为它提供一个反应堆，即便是已从那些实验室得到利益的单位也在为自己寻求支持，就像哥伦比亚大学的"一个积极扩充的核科学项目"计划，准备拥有两个加速器。[72]

新站点与已有的站点形成了竞争。当纽约团队第一次与格罗夫斯进行通信时——那是在遣散潮中和讨论人员撤回的背景下——他们采用了一种零和心态建议曼哈顿工程区创建一个东北区域实验室，而不是扩大克林顿实验室。[73]见多识广的拉比将其方案带到克林顿实验室迁址委员会：偏远的克林顿实验室阻碍了潜在的工作人员、学生和访问科学家，他辩称，若关闭生产工厂，"橡树岭也许就会倒退到一个小村庄"。拉比极力主张如果曼哈顿工程区只支持一个反应堆，那它就应当建在纽约附近。克林顿研究理事会同意考虑拉比的观点，投票否决了在克林顿建立下一个反应堆的决议，而"不顾其他可能性"。[74]孟山都公司在克林顿的经理查尔斯·托马斯（Charles Thomas）回应称，由于战后建设力不足，新的东北区实验室将缺乏房屋，因而"必须为南部地区的大学保留一个区域性实验室"。不过，托马斯的大部分论点都只是习惯性呼吁：克林顿的员工和设施已就位，而洛斯阿拉莫斯和冶金实验室还处于一片混乱，直到原子能委员会做出新表态前，克林顿拥有扩展的最佳机会。但托马斯也宣称"克林顿实验室并不在能与其他区域实验室竞争的地理位置上。国家应当拥有更多的反应堆。一个毗邻大城市的实验室开展与我们完全不同工作的可能性是存在的"。[75]

东北地区的一些科学家并不那么大度："目前的情况具有一定挑战性，过去由于环境外力的推动，国内某些区域已经发展领先，如果我们提交议案的动作比曼哈顿区慢很多，那么，可支持这类工作的相关资源就全都会被投入它们那里。"[76] 其他的人，包括麻省理工学院的杰罗德·扎卡里亚斯（Jerrold Zacharias）在内，倾向于少数服从多数，反对搬迁克林顿实验室。[77] 惯性思维和多数原则占了上风。尼科尔斯表示即使克林顿实验室要搬迁，也不会在两三年内实施。[78] 曼哈顿工程区至少当前不会进行零和博弈。

咨询委员会在对区域实验室冠以国家之名的同时，也将国家的重要军事或工业项目归到位于洛斯阿拉莫斯和克林顿的名义上的非国家实验室。美国已有一个准备就绪的"国家"实验室具备这种功能。联邦政府已于1901年成立国家标准局来制订和维护精确的科学标准以保障工业，尤其是电力和光学领域。该局对基础研究提供计量支持。据其电力部门负责人于1905年所称，科学家们认为它是"美国国家物理实验室，并不拘泥于物理这个词字面意义，其工作也包含化学与工程"。而其监管者的看法则不同。1903年，一位国会议员的呼吁："新建国家标准局……必须成为一个主要致力于制造和商业利益的部门。"于是，国家标准局及其实验室从美国财政部移交给新的联邦商务与劳动部，第一任商务部长从标准局的名称中删除了"国家"一词，因为随着时间的推移，实验室开始专注于那些具有重要产业价值的问题。[79] 1934年，该局重获"国家"的名头，但基础研究内容锐减，使其不宜发展原子能。虽然它在战争时期作用不大，但据我们所知，它在战后试图建造一个反应堆。[80]

原子能的出现及其对国家安全的重要性，使科学家和政治家都确信政府应继续为其发展提供实验室。科学家还说服政治家，政府应支持基础研究，使其作为潜在应用项目的源头。咨询委员会所阐述的国家实验室的那个方面——为客座科学家的基础研究提供设施在联邦政府已有法定先例：国会于 1892 年和 1901 年所做的决议使得各种政府机构中的设施"对科研人员和具有资格的个人、学生和研究单位的研究生"开放。[81]

依据这些法规，标准局已邀请研究助理到其实验室中工作。还有一个额外的理由——标准局将因此可以培养新的技术专家。然而，鉴于标准局项目的重点所在，这些研究人员主要来自产业界，为了解决特定实际问题而来。[82]这个想法也曾以 20 世纪 30 年代洛克菲勒基金会项目中的一个元素出现，当时的项目还包括了劳伦斯计划的伯克利 184 英寸回旋加速器。如同该基金会的自然科学主任沃伦·韦弗（Warren Weaver）所坚称的那样，回旋加速器将是一个国家或国际性的设施——"为所有科学而建"，就像基金会在帕洛马山上建立的被韦弗称为"国家实验室"的 200 英寸望远镜。[83]曼哈顿工程区咨询委员会想要新的国家实验室服务于这一目的，而将国家安全项目与洛斯阿拉莫斯实验室和克林顿实验室相隔离。然而，尼科尔斯将联邦和普惠概念整合到实验室中，使之具有双重身份：既为从事涉及国家安全应用研究（通常是保密的）的长期职员建立基地，也为客座科学家们的基础研究提供昂贵的设施。因而，国家实验室代表了美国科学界长期以来，在对知识的追求与社会应用之间、纯粹理论与实用之间矛盾的一种新的解决办法。国家实验室平衡这些目标的能力，将决定其在未来五十年的作用与生存状态。

2. 独特性

    1947年1月1日，原子能委员会接管了曼哈顿工程区庞大的事业。它继承了阿贡、布鲁克海文、伯克利、洛斯阿拉莫斯和橡树岭的大型研究实验室，前两者还被指定为国家实验室。原子能委员考虑是否要维持所有的场所，同时继续保持各实验室在地理上的分散化。除地理分散化外，三个因素有助于保持系统内各站点的独特性和独立性。原子能委员会选择依靠承包商来开展业务。除伯克利和洛斯阿拉莫斯之外，每个实验室都有不同的承包商，其自身特点、参与程度和行政政策影响到各自的实验室。第二个和第三个因素源于这些政策。无论是基于学术部门、大型技术项目，还是强有力的个人，抑或是集中或分散的保障部门，实验室都采用不同的组织形式。每个承包商也通过薪资待遇、福利待遇、任期发展等人事政策，有效地限制不同站点间的人员流动。但是这些因素促使各实验室分离，限制了其系统性的优势，这是原子能委员会意识到并试图克服的问题。

承　包　商

为什么需要承包商

　　原子能委员会的合同运作政策遵循了曼哈顿工程区的合同管理，这是它从其前身机构继承的政策：国防研究委员会（National Defense Research Committee，NDRC）和美国科学研究与发展办公室（OSRD）采用合同制以更好利用现有设施、组织、研究小组，这些都基于万尼瓦尔·布什在国家航空咨询委员会（National Advisory Committee for Aeronautics）的经验及其早期在麻省理工学院与工业界的相互协作经历。[1]格罗夫斯将军沿用了这一政策，以避免招募大量职员并保持项目的推进节奏，尽管曼哈顿工程区也非在任何情况下都寻求承包经营，就像洛斯阿拉莫斯最初的军事运作计划所指示的那样。[2]在芝加哥的冶金实验室和在伯克利的辐射实验室通过曼哈顿工程区签了承包合同。1942年2月，当亚瑟·康普顿将冶金实验室作为工作中心时，芝加哥大学同意按战时工作将实验室作为其一部分进行管理。芝加哥大学副校长菲尔比（E. T. Filbey）表示："如有必要，我校将倾囊相助来赢得这场战争。战争的胜利比学校的生存重要得多。"菲尔比其实不必担心大学的生存，战时研究合同反而可以帮助大萧条后财政复苏。大学只处理实验室财政和商业事务，科技决策交给了康普顿。[3]阿贡实验室加入冶金实验室，使其处于大学的支持之下。曼哈顿计划要求芝加哥大学来管理杜邦建在田纳西州的试验工厂时，是在考验学校的爱国之心。康普顿、菲尔比和该大学商务经理威廉·哈勒尔（William B. Harrell）疑惑为什么芝加哥应当负责这一危险工作。这与学术几乎没有任何关系，它还位于一个遥远的州，但爱国义务使其抛开顾虑。[4]

在伯克利，欧内斯特·劳伦斯于 1941 年 12 月拿到了美国科学研究与发展办公室的一个合同，是与同位素电磁分离有关的工作。化学与生物医学研究合同，以及奥本海默的快中子研究合同，则继续由美国科学研究与发展办公室管理，此时电磁分离已进入工业规模增长期，其所需的大型跑道形电磁分离器依据曼哈顿工程区的其他合同建在田纳西州。加州大学只处理合同的商务部分，劳伦斯和他的科学团队作技术决策。他们可能比芝加哥放手更多，因为劳伦斯及其实验室一直喜欢待在大学里，保持一个相对独立的地位。[5] 该校通过合同在曼哈顿工程区所积累的信任和经验，以及奥本海默与伯克利的联系，也许可以解释为什么格罗夫斯要求加州大学在 1942 年 12 月后管理位于洛斯阿拉莫斯的新实验室。[6]

由于早期参与了原子能研究，芝加哥大学和加州大学发现他们所运行的大型危险技术工程项目离其所在州有数百英里之远。加州大学是一所州立大学，面临跨州事务这一特殊问题。位于新墨西哥州的实验室的职员是加州大学的职员，因此采用加州的退休制度。该校和军队争论过第一批合同中关于学校所能控制的采购、支付和招聘总量。[7] 安保条例限制了大学的行政管理：原始合同被归为"保密"档案，大学官员被蒙在鼓里，包括为大学审核合同的律师也是如此。[8] 与洛斯阿拉莫斯进行合同谈判的大学业务经理罗伯特·昂德希尔（Robert Underhill）不得不询问国家实验室具体在哪个州，大学方可获得人员的责任保险。1943 年底，就在昂德希尔完成合同谈判几个月后，劳伦斯来访，"他进来，关上门，把门锁上，将窗帘完全拉下来，等等……他说：'你知道他们在洛斯阿拉莫斯做什么吗？'"昂德希尔不知道，但他隐约觉得那应该是某种物理研究计划。[9] 尽管表面上是大学官员和董事在管理着洛斯阿拉莫斯，但他们却不能去访问。因此，奥本海默在知道此事后评价大学："战争年代的合同承包商极其有用，但是正是他的缺席，才让他显得出众。"[10]

战争结束时，加州大学和芝加哥大学如同实验室科学家一样，也在讨论是否继续开展工作。1945 年 7 月，芝加哥大学放弃了与克林顿实验室的合同，由孟山都接手，后者位于俄亥俄州代顿市的实验室为曼哈顿计划生产武器零件。格罗夫斯倾向于熟悉的孟山都，其化工方面的技术优势，正是克林顿计划需要的重点，克林顿的工业特征使得孟山都成为最好的选择。就其本身而言，孟山都公司也希望利用克林顿合同作为打开进入原子核物理新领域的入口。[11]至于阿贡，康普顿从开始便以为芝加哥大学战后可能放弃合同。该校校长罗伯特·哈钦斯（Robert M. Hutchins）和商务经理威廉·哈勒尔初步同意临时接管阿贡国家实验室，尽管该校和参与中西部机构的代表都认为长期的实验室管理也不会由学校参与。[12]

芝加哥大学在核物理学上是有退路的。从费米的惨败中得到警示，康普顿曾提出大学应建立自己的核物理实验室。芝加哥大学于 1945 年夏天批准成立一个由慈善基金会资助的核能研究所，还有金属和放射生物学之类的研究机构。建立冶金实验室和阿贡实验室的最初目的是在曼哈顿工程区中充分利用芝加哥大学的人才优势，新机构的建立挫败了他们的计划。原子能委员会之后注意到塞缪尔·埃里森（Samuel Allison）、费米、赫伯特·安德森（Herbert Anderson）、沃伦·约翰逊（Warren Johnson）等这些在芝加哥研究机构的核物理科学家"对阿贡项目只投入了极少的精力，甚至一点时间投入都没有"，并质疑"对研究所的投资岂不是从阿贡把人才买走了？"[13]

加州大学原本也能有相似的结局。劳伦斯辐射实验室的设备和土地都不属于政府，不像曼哈顿计划的实验室是政府所有、承包商管理的实验室。就像劳伦斯在 1944 年初计划的一样，辐射实验室本来会恢复到战前的资助和作用，就像"物理系的一个部门……只有很少的固定职员"。劳伦斯改变了主意,从格罗夫斯处为他的大计划获得了资金,从而确保了辐射实验室在战后实验室体系内的特殊地位。[14]然而,加州大学不会轻易地接受洛斯阿拉莫斯。与轴心国斗争结束时,最初的洛斯阿拉莫斯合同要求中断 6 个月。昂德希尔说:"这足以表明我们并没有打算永久留在洛斯阿拉莫斯。"[15]1944 年 3 月,加州大学开始与武器实验室"分道扬镳"。[16]

洛斯阿拉莫斯的科学家们也不希望大学留在这里。他们抱怨大学的人事政策和商务运营、来自洛杉矶办公室的长距离操作,以及由此导致的办公效率低下。[17]奥本海默有时会亲自处理事务,就是为了提醒昂德希尔和大学管理者,这些试图一定程度地控制远距离的秘密单位的人。昂德希尔抱怨道:"那里只有极少的特定人群关注校董事会的需求。"[18]承包商的缺位是物理上的,不是财政上的,所以大学试图对实验室的业务运营进行监管。奥本海默与大学之间的关系恶化为"长期不和""缺乏同情""冲突"和"基本不信任"。[19]昂德希尔意识到"在洛斯阿拉莫斯,他们从未被我迷住";洛斯阿拉莫斯的员工则认为大学对于他们而言"不是一个很好相处的家长",这也导致了实验室合同在战争结束前后出现转移到加州理工学院的倾向。[20]

昂德希尔看到原子弹研制的功劳可能要归到作为竞争对手的学校去而不满。大学的校董事会意识到洛斯阿拉莫斯的管理可为他们在研究潜力和公共服务功能方面带来收益,所以他们提出学校要保留合同条款。昂德希尔坚称,学校有权批准所有的人事合同,并且不得延长至大学承包合同到期后。布拉德伯里则抱怨昂德希尔是在妨碍招聘。[21]1946 年初,当尼科尔斯提出学校应放弃对洛斯阿拉莫斯职员的行政管理时,昂德希尔回答道,如果不对自己的员工负责,大学就不可能保护自身免受第三方主宰。大学拥有支配权,昂德希尔建议"董事会立即通知尼科尔斯将军,在 1946 年 6 月 30 日后,校方不会以任何形式续约,从而迫使政府委任军方管理该计划——该管理方式会令员工不太满意"。[22]

随着创建原子能委员会的立法通过，加州大学同意给这个新机构"一个喘息的机会，并决定他们想要如何处理这个项目"，尽管校长罗伯特·斯普劳尔（Robert Sproul）对校董会声明："如果我们不再制作炸弹、摆脱钚和新墨西哥，我会非常高兴。"[23] 原子能委员会深吸了一口气，让洛斯阿拉莫斯重焕生机，成为一个永久实验室，并要求大学继续履行合同。加州大学有了劳伦斯辐射实验室的经验，再次将自己放在讨价还价的强势位置上来协商条款。这些条款包括在提前 120 天通知原子能委员会的条件下，有权终止合同，鉴于"洛斯阿拉莫斯的特殊情况，加州大学在新墨西哥州运行实验室，却没有在该州开展业务的资质"。[24] 就此而言，原子能委员会在洛斯阿拉莫斯问题上获得了"较好的学术氛围"，正如一位科学家补充道："许多关键的人很可能不会出现在一个由政府运营的实验室中。"[25]

由于承包商对战后继续工作的意愿产生动摇，所以原子能委员会质疑合同管理的遗留问题。根本性的《原子能法》于 1946 年 2 月通过，它允许原子能委员会"通过其自身设施进行研究和开发活动"，原子能委员会很快就考虑这样做的可能性。[26] 1947 年底，在第一次讨论"什么承包商可以接管工作或委员会怎样直接运作洛斯阿拉莫斯"之后，原子能委员会要求加州大学继续担任洛斯阿拉莫斯的承包商。[27] 当年初，总咨询委员会（GAC）提出成立一个承担计划性研究（programmatic research）的中心实验室并建议"它由委员会（而不是民用服务）直接管理，这会避免不负责任或对此不感兴趣的承包商，以保证与委员会的密切联络，也可充分保证人员的自由安排"。[28] 这种态度不仅仅出现在华盛顿，几乎同时，在橡树岭为孟山都工作的科学家们向原子能委员会请求接管他们的实验室运行工作。[29]

原子能委员会保持了管理现状，但继续考虑承包管理的替代方案。

国会的质疑促使其作更深入的考虑：国会议员（特别是负责联邦预算的议员）害怕联邦机构的责任下放，以及潜在的合同滥用。1949 年春，众议院拨款委员会（House Appropriations Committee）评估了原子能委员会的合同政策；同年夏天，原子能联合委员会成员指责委员会"管理极度不善"，并展开相应调查。[30] 大卫·利连索尔已能在田纳西河流域管理局管辖范围内实现联邦的直接行动，缓解了国会对合同系统的担心："它不是一头不得怀疑的神圣的牛……而且我认为整个合同制度是关乎未来的重大问题之一。"[31]

9 月，原子能委员会职员起草了一篇论文，考虑对包括国家实验室在内的设施进行直接运作。它列举了几个优点："原子能委员会的直接运作意味着实验室将是国家层面上最好的实验室，向所有有资格的科学家开放。运行这样一座大型实验室为少数精英服务的做法不容置疑。直接运作也会减轻大学的管理负担，这种负担通常大学也不想要。由高校雇佣人员提供管理服务几乎是前所未有的，通常认为管理服务由政府或企业提供。"[32] 然而，联邦政府在管理基础研究项目上经验不足，以及开展科研工作的学生、教员和私营企业对参与原子能研究的需求，包括将某些实验室（如伯克利）与其承包商分开的困难，这些因素促使他们质疑直接管理运作。最大的劣势在于职员招聘困难重重："似乎普遍认为科研人员直接由政府招聘是极不可取的。"原子能委员会的职员和委员们引入这个理论，尽管橡树岭实验室的科研人员和原子能委员会总咨询委员会愿意直接管理，以及事实上"人员配备确实看起来已由其他机构完成"，更不用说原子能委员会本身正设法逃避行政法规。[33]

招聘问题一年后再度出现，基斯·格伦南（T. Keith Glennan）在会见原子能委员会工作人员时重新考虑这个问题。"原子能委员会可能会不断要求大学放弃他们作为一个高等教育机构的老路子而进入一个机动领域"，以这一观念为动机，他们列举直接管理的其他好处来弥补人员问题，包括职员交换更加容易以及程序协调更为密切，还可以消除多余行政人员。[34] 也就是说，原子能委员会对实验室的共同领导可以克服承包的解耦影响。

承包商的后果

从布鲁克海文的自觉学术氛围到橡树岭的产业环境，各种各样的承包商赋予不同实验室以不同特征。这几家实验室在单一机构管理下保持其特征。各承包商也不同程度地参与到实验室中。芝加哥大学为阿贡设立了商业政策，但"科学政策基本是由原子能委员会和实验室管理者专门掌控的范畴"。[35] 在伯克利，使奥本海默疏远大学的监管情况也发生在辐射实验室，这也激怒了会计人员。[36] 与芝加哥大学不同的是，加州大学是一个公共机构，对州议会负责，它受财政控制的外部压力。除来自商务经理的监督外，校董们也通过管理原子能委员会项目的特别委员会时刻关注着实验室，该特别委员会由三名头脑清晰的董事组成。委员会审议合同和通用方针，但将有关科研项目的决定权留给了劳伦斯和布拉德伯里及其职员们。[37]

布鲁克海文的运行代表了一种新的模式。联合大学公司的 9 个成员各派出 2 名代表参加理事会，这两人通常是 1 名行政人员和 1 名科学家，他们分别加入执行委员会和科学咨询委员会。这些委员会都在积极考虑实验室政策、预算和规划。正如一位理事会成员所指出的：在伯克利和阿贡"两个承包机构的管理主体在承包行动中被远远地排除在外"，比布鲁克海文远得多。其他理事会成员批评联合大学公司的过度参与，尤其是参与科研项目——汉斯·贝特（Hans Bethe）说："我想知道，执行委员会是否有点太拿联合大学当回事。"[38]

学术管理者在实验室系统中发挥了重要作用。昂德希尔谈成了洛斯阿拉莫斯合同并管理实验室。芝加哥大学的商务经理威廉·哈勒尔，说好听点，也在阿贡担任过类似职务。在劳埃德·伯克纳（Lloyd Berkner）任管理者之前，哥伦比亚大学教务长乔治·B. 皮格勒姆帮助建立了布鲁克海文国家实验室和联合大学公司。[39]对所有这些人的不满源于他们对原子能委员会事务的干预，以及以协调学术功能的名义插手实验室管理。联合大学公司就最初 3 年与布鲁克海文的承包合同，首先与曼哈顿工程区讨价还价，然后是原子能委员会。随着协商拖延到 1947 年，联合大学公司坚决要求控制工资、实验室记录、专利及保密研究，并且总体上抗议"合同中太多的管理和控制……以及太多的繁文缛节"。[40]

加州大学则面临特殊问题。辐射实验室代表着伯克利校园中研究单位与原子能委员会实验室的混合体，因而使得原子能委员会与高校之间，以及研究与教学间的界限变得模糊。辐射实验室仅是学校物理系的一个部门，尽管劳伦斯到 1947 年承认它"在很大程度上有名无实"。[41]校方最终决定劳伦斯及其实验室归大学校长管理，后由新成立的伯克利分校校长管理，与各种学院和职业学校的院长级别相当。[42]大学教师会分出一些时间去辐射实验室，但自从原子能委员会支付部分或全部工资后，大学的预算机构缺乏常规控制，有时不得不提醒其兼职教师，他们的职责是教学。[43]

在辐射实验室工作并由原子能委员会支付工资的研究生也是学校实验室课程的助教，因为他们是唯独可胜任的学生。大学物理系主任指出，原子能委员会实际上是在向助教付钱。实验室课程"始于大量从原子能委员会借来的装置（从技术上看是不正当的程序）"。[44]洛斯阿拉莫斯缺乏密切联络的高校，避免了类似的问题。它们有各自的合同，辐射实验室和洛斯阿拉莫斯互相之间是"完全独立的"。尽管布

拉德伯里向加州大学校董们保证他们之间有"大量的科学合作",[45]
布拉德伯里的地位处于大学校长之下,在劳伦斯之上,劳伦斯则向伯
克利分校校长报告。

一般来说,一所大学和实验室首要的问题是专利政策。1946 年
《原子能法》要求政府保留核武器和核能领域创新研发的专利权。原子
能委员会一再坚持保留承包商雇员的发明权。1949 年,原子能委员会
决定采用非独占的、免使用费的许可协议授权美国工厂可以使用这些
发明,并建立专利补偿委员会,以决定发放适当奖励给发明者。截至
1951 年底,共积累近 300 项专利,但只有 1 位发明者获得了奖励。[46]

20 世纪 30 年代初,高校已认识到科学和工业之间日益紧密的关
系,加上经济大萧条的刺激,开始实施教师发明专利政策。加州大学
利用非营利研究公司作为持有方来管理教师专利,公司从伯克利获得
的第一批专利中就有欧内斯特·劳伦斯,反过来他又为辐射实验室寻
求到财政支持。[47]校方从其教员中征集发明,申请专利并承担相应
费用。发明者按公布的比例分得专利费,大学把其余部分投入研究预
算。校方因此抗议原子能委员会的专利政策。其他联邦机构,尤其是
军队将专利留给承包商,政府只拥有在使用任何发明时不付版税的权
利。加州大学多年来一直从原子能委员会中寻求类似的政策,但都不
见成效。[48]

管理费和间接成本过去是,现在还是实验室管理者与其监督者需
要协商的另一个棘手问题。战时研究合同中规定管理费用的原则是,
既不盈利也不亏损,包括管理成本、不断增加的公用事业和维护费用、
设备折旧(如伯克利的 60 英寸回旋加速器一天运行 24 小时,"他们实
在没法让一天变出 26 小时")。[49]战争期间美国科学与发展办公室给
大学预付款,指望战后清账为政府收回超额支出的部分,结果返回了
1 800 万美元,这体现了费用问题的严重程度。[50]战后原子能委员会

就各实验室合同的开销进行协商，通常是实验室预算中固定的劳动力成本占比。承包商则为额外的资金支持而高兴，这将帮助支持大学的行政开支。芝加哥大学考虑继续履行克林顿合同，部分因为其校长哈钦斯"想要管理费"。加州大学伯克利分校董事会则认为政府合同中的管理费"是持续性的收入"。[51]这种情况并没有逃过原子能委员会工作人员的注意——对实验室直接管理的一种质疑是"减少现在都付给了承包商的管理费开销"。[52]原子能委员会试图精确计算平均每个科学家花费的总成本，但反过来先要弄清楚"科学家"的定义。[53]

另一个需要界定的词是"管理费"及其近义词"间接成本"。这些术语的逐步明晰的过程反映了科学家和高校管理者在政府支持研究的新模式下受教的经验。[54]科学研究与发展办公室已经计算出战争期间大学用于劳动力成本的管理费率在30%—50%。然而，除伯克利外其他实验室都是政府所有的，既不需要补偿设施折旧费，也不需要补偿合同工。实验室必须将与非科研的后勤保障服务，如商店、安保、消防与安全、维护维修、采购、会计和行政管理等列入预算中的"间接成本"项目之下。实验室通过逐步改变间接成本来减少管理费分摊率。例如，伯克利在1948年将管理费减少至25%的工资支出，到1949年又减少至12%。几乎同时，橡树岭实验室保持独立的间接成本和经费分配，间接成本包括商店和工程部开销，而管理费包括实验室管理和其他后勤，大约是直接成本的15%左右。[55]实验室必须找出分摊间接成本的方法，它们可能占到实验室总预算的一半，比如是否应该对间接成本单独预算还是将间接成本分摊到各研究小组。[56]因此，间接成本的任意分配可为实验室管理者提供一种弹性预算，用来支持边缘项目或个人项目。

实验室一直都存在间接成本，而管理费则付给了承包商，其中包含管理实验室的成本。原子能委员会坚持与联合大学公司、芝加哥大学和加州大学签订"成本加管理费合同"。按照该合同，原子能委员会向承包商提前支付管理费，承包商则要在年底前自觉返还未用资金。各承包商返回的金额比例差异很大——联合大学公司和加州大学管理费最终占到直接成本的 1%—2%，而芝加哥大学为 4% 或 5%。[57]

在 1950 年前后对最初的战后合同重新谈判时，与承包商的合作成为一个中心议题。原子能委员会的管理者也试图寻求更好、更少的管理费。[58] 即使与联合大学公司谈判时，原子能委员会也表现出划定严格底线的决心，联合大学公司不仅花费远低于其他承包商，而且还表现积极，但其第一个反应堆项目已经延迟并即将到期。尽管原子能委员会工作人员认为布鲁克海文的管理费太高，联合大学公司还是在现有管理费基础上寻求额外的可自由支配资金，以处理不可预料的行政管理费用。联合大学公司和布鲁克海文实验室没有背靠大学运作，因此也不依赖于管理费，但是布鲁克海文的合同是联合大学公司唯一的资金来源。针对合同细节协商一年后，原子能委员会于 1951 年 1 月同意给联合大学公司一笔管理费，如有结余要返还原子能委员会。作为回报，原子能委员会可以改组联合大学公司。[59]

芝加哥大学就不是很成功。它向阿贡实验室收取管理费的标准比其他高校承包商都多，且只对实验室进行有限的行政管理。原子能委员会针对 1952 年后的合同开了"第一枪"，原因是"实验室管理有缺陷"，以及间接费用问题。按照原子能委员会工作人员的说法，该校的回应"明显不符合学校提供管理服务的实际情况"，管理费占直接成本的 5%，其中 3% 的是相关特定的行政费用，还有该大学所称"不能忽略或测算"的 2% 费用。而原子能委员会注意到的情况，是阿贡实验室而不是大学的人员在处理大部分实验室行政管理工作，因而威胁要撤回阿贡实验室与芝加哥大学之间的合同。[60]

原子能委员会工作人员在考虑阿贡实验室的合同时，认为工业承包商可能是对实验室最有利的。作为唯一的与工业承包商合作的实验室，橡树岭实验室是与众不同的，它并未被列入学术管理组织机构（尽管原子能委员会的其他特殊实验室也是工业承包商管理的，诸如诺尔斯原子能实验室）。橡树岭实验室（仍被人们称为克林顿实验室）差不多一开始就回归学术。克林顿实验室的环境并未在孟山都管理下改变：原子能委员会一个成员将这里看作一座"工业园区"，并补充说"这样的气氛并不适合研究"。1947 年 6 月初，总咨询委员会建议原子能委员会不要在此地建立新的高通量反应堆（high-flux reactor）。[61] 孟山都的合同在当月月底到期。该公司已坚称，如果没有新的反应堆，它不希望承包克林顿实验室合同。原子能委员会称其虚张声势，孟山都公司则离开了谈判桌。在这种真空状态下，克林顿实验室的科学家提出了由原子能委员会直接运行该实验室的方案。而原子能委员会坚持其承包政策，并于 1947 年 9 月宣布芝加哥大学将重新承包克林顿实验室。[62]

即将回归的学术承包商可能为实验室赢得"国家"级的头衔，因为原子能委员会已与芝加哥大学协商并指定实验室名称为"克林顿国家实验室"。新成立的克林顿国家实验室的科学家高兴地宣布并预测"阿贡国家实验室和橡树岭国家实验室今后将会有更为密切的合作"。[63] 还有很多合同细节会引发困扰学术承包商的问题——人事政策、管理费、间接成本、承包商费用和专利权。芝加哥大学也努力说服一些著名科学家来领导实验室。

利连索尔开始怀疑芝加哥大学仍没有强烈的愿望去管理克林顿实验室，担心后者被原子能研究行业除名。11 月，他就克林顿合同向联合碳化物公司（Union Carbide）公司进行试探。该公司已经运营橡树岭的生产工厂，因而有自己的理由来考虑巩固橡树岭合同。一个生产工厂的员工注意到他们的工资和福利均低于为克林顿实验室工作的同类人员，遂在 12 月份举行罢工。有了克林顿合同，公司管理人员提出他们可以在橡树岭采用同样的人事政策并安抚员工。原子能委员会同意把合同给联合碳化物公司，并通知在克林顿和芝加哥的工作人员。员工们都目瞪口呆，这就是后来为人们所熟知的 1947 年"黑色圣诞节"。[64] 新承包商及其与橡树岭的生产企业的附属关系加强了实验室的工业投入，或许就是对附属关系的认可。1948 年初，实验室更名为橡树岭国家实验室。[65]"国家"二字自此留在实验室的名称中。

　　最新的国家实验室的繁荣足以改变原子能委员会对工业承包商的态度，所以到 1951 年，原子能委员会的工作人员考虑将阿贡实验室交给工业承包商。大约在同一时间，联合大学公司总裁意识到"委员会中的一批人倾向于在所有国家实验室推行工业管理政策"。[66] 原子能委员会工作人员所作的同一份有关研究原子能委员会直接管理的报告认为，"大学并不因为他们在商务管理领域的卓越表现而为人们所熟知"，以及"橡树岭最令人满意的管理方式之一就是工业承包"。[67] 联合碳化物公司根据"成本加固定费"合同管理生产工厂，原子能委员会同意以此对实验室进行管理，固定费用达 4%，与芝加哥大学受到批评的管理费率相当。但是，联合碳化物公司从一开始就将其详细预算的管理要求运用于橡树岭国家实验室，其积极有效管理和圆满完成原子能委员会既定目标，使它赢得了原子能委员会的经费和赏识，并使其成为其他承包商的楷模。[68]

分权的演化

　　原子能委员会在亲自尝试了管理实验室的各种可能性，就合同条款与承包商进行协商并反复考虑产业方向之后，形成了一个持续整个20 世纪 50 年代的"权宜之计（modus vivendi）"。它继续使用相同的承包商，每四或五年更新一次合同。1952 年，加州大学承担了利弗莫尔新的武器实验室的运行。布鲁克海文实验室由一个学术联盟运行，其模式为美国和海外其他多单位合作提供了蓝图，例如由若干欧洲国家政府联合建立于瑞士的欧洲核物理研究理事会（CERN）加速器实验室。[69]尽管中西部大学联盟（中西部大学研究协会，MURA）反对，芝加哥大学依然保留联合大学公司模式来对阿贡实验室进行管理，并批评芝加哥大学的管理层，抱怨他们无法使用阿贡的设施。[70]

尽管他们偶尔对合同制进行批判，国会议员们，特别是保守派议员还是很欣赏它为民营企业所发挥的作用。合同制允许原子能委员会可依赖于由"少数挑选过的"机构提供的管理经验，节约行政经费，且只需要雇佣少数工作人员。[71]不过，原子能委员会感到在1949年国会审查其政策后，不得不加强其会计和报告要求，对其承包商施加更严格的控制。[72]该政策需要在授权和问责之间达到一种微妙的平衡。国会继续监测这种平衡，并看着它摆向另一个极端：1953年众议院拨款委员会斥责原子能委员会在主管承包商工作上过度"干预"。原子能委员会关于合同管理的内部审查报告维护了这件事的发展趋势，且让职员继续这么做，原因是原子能委员会"必须实行控制和监督，以确保政府资金使用的经济性和与政府做生意的规程和标准的一致性"。[73]

管理费问题反复出现。原子能委员会最终将用协商固定费用代替管理费的解决方案用于其他实验室。[74]原子能委员会受到来自国会和预算局的外部压力，继续反对高管理费。1958年，加州大学决定不再寻求增加管理费，以免引起原子能委员会的注意。[75]然而，与此同时，大学对管理费的使用令原子能委员会感到震惊和疑惑。1958年，加州议会削减了对加州大学的拨款，并指示其将原子能委员会拨付的管理费的一半纳入学校的总预算。[76]原子能委员会并不知道这种公然挑衅的立法行为，其实就是将现行做法合法化了，学校多年来一直在把原子能委员会依照实验室合同拨付的管理费的一部分存入学校准备金里。[77]

内部和国会的审查并未改变原子能委员会关于合同政策的基本原则。在对《原子能法》所允许的直接管理方案认真考虑后，原子能委员会不再与任何政府相关人员共同管理国家实验室，这不像军事服务和之后的美国航空航天局（NASA）。[78]原子能委员会只与一小批承包商打交道，当考虑为实验室更换承包商时，或者为新实验室寻找承包商时，委员会首先从这个承包商团体中选择，就像1947年克林顿实验室与芝加哥大学的合同，或者1952年利弗莫尔实验室与加州大学的合同。由于不像一般的建设项目那样进行合同的公开招标，而是原子能委员会直接为实验室选择特定承包商并洽谈合同条款[79]，整个20世纪70年代，大型研究实验室一直保留其承包商。[80]

承包系统不仅允许将责任委托给有经验的机构，还可邀请原子能委员会和国会进行监督审查，但也出现了一些问题，如管理费和间接费用的报销。它为大学承包商提供了精致的设施、管理费，也可共享职员（仅在伯克利）。它对实验室里取得成果的科学家提供了无形的回报，也使他们的雇主经历声誉的损益：加州大学从伯克利实验室赢得了"很高的声誉和良好的宣传而付出的是'折扣价'"；大学校董抱怨"城堡"系列核试验的"刺客"行动（Castle Bravo）之后，他们就没有足够的公信力了。[81]但合同制也迫使大学调整自己的教学目标与校外研究相一致，诚然有一部分是机密的且与学校相隔甚远。同时，企业也获得了进入原子核物理学新领域的机会，他们可以寻求更好的商业机会，以及培训可以在公司内部不同领域流转的员工。

最重要的是，承包制的延续使得原子能委员会在早期就确认的困难也延续下去：成倍增加的行政人员、人员交换受阻、各个实验室的独特性阻碍实验室项目的统筹。所有这些不利因素将系统内各个实验室分割开，削弱了系统性可能带来的好处。

实 验 室 组 织

每个实验室的独特性还包括其组织架构。会计人员在伯克利辐射实验室中的出现引发人们对实验室内部结构进行考查的兴趣。每个实验室的规模和复杂性使得人们感觉创建一个公司董事会比创建一个研究实验室更轻车熟路，这在很大程度上要归功于战时的经验。伯克利在战前建立的实验室已经将组织层级带入实验室。战争规模和保密需要导致集权管理的形成，也显示出其优势。[82] 在芝加哥冶金实验室，亚瑟·康普顿依靠咨询委员会和整个研究理事会，将战争年代早期灵活的、非正式的安排让位给了军队下的军事指挥系统。[83] 在洛斯阿拉莫斯实验室，已形成一个由各部门主任组成的实验室理事会领导下的类似科学委员会的系统，它来协助奥本海默工作，再加上一个联络委员会以克服隔离效应（effects of compartmentalization）。[84]

战后的实验室如同这个国家的其他地方一样，通过重组达成新的目标，包括启动或恢复因推进军用武器生产而停滞的基础研究。然而，没有一个实验室会忽视原子能委员会的需求，管理人员在为一个组织内的基础研究与计划性研究、科研人员与后勤人员、大学科与小学科，以及多学科和跨学科项目而努力地调整着。

每个实验室都有一位由承包商委任的强势的领导者，他们都是物理学家。在伯克利，劳伦斯仍然充满企业家情怀地掌管着他的辐射实验室。作为洛斯阿拉莫斯国家实验室的领导者，布拉德伯里将他的临时任命期延长为 25 年。费米在战争期间离职前往洛斯阿拉莫斯实验室后，沃尔特·津恩开始领导阿贡实验室。1934 年，津恩在哥伦比亚大学获得物理学博士学位，并与利奥·齐拉特（Leo Szilard）和费米开展早期链式反应实验，积累反应堆工程方面的经验，如同劳伦斯对加速器一样熟悉。麻省理工学院理论物理学教授菲利普·莫尔斯（Philip Morse）指导了布鲁克海文实验室头几年的研究，后来交由物理学家利兰·霍沃思（Leland Haworth）领导布鲁克海文，霍沃思之前主管加速器和反应堆项目。

橡树岭则再次成为一个例外。在过渡期，詹姆斯·绥（James Lum）和尤金·魏格纳各自负责行政和研究。1947 年秋天，当魏格纳回到普林斯顿大学时，联合碳化物公司任命尼尔森·拉克（C. Nelson Rucker）为主任（在几名顶级科学家拒绝这一职位后），并指派阿尔文·温伯格担任研究副主任。温伯格已在芝加哥大学写完他的数学生物物理学（mathematical biophysics）学位论文，但他凭借在冶金实验室有关反应堆实验的后续工作，获得了反应堆物理学家（reactor physicist）的荣誉。在实践中，温伯格的热情和积极性很有影响力，并领衔了研究计划，直到 1955 年被正式任命为橡树岭实验室主任。[85] 在战后最初不稳定时期结束后，实验室主任一般得到任命便稳定了。只有阿贡的情况不同，1956 年津恩离开了阿贡实验室之后才稳定下来。

战后十年左右的时间，同一批物理学家管理着国家实验室。大多数承包商把实验室的科研方向交给实验室及其主任决定，实验室的多用途性质导致需要协调各种项目及其预算分配。这个令人为难的职责落到了实验室主任头上，他得通过原子能委员会的项目经理去与其他实验室的人协调自己的实验计划。实验室主任在支配有限的自由资金时，可以在决定投入水平时留有一定的回旋余地。

每个实验室在实验室主任领导下，又将工作划分到若干部门中。每个实验室的内部有着不同的组织结构，但都必须努力协调研究与开发的关系。布鲁克海文选择了学术模式，并依据传统学科设置了"系（departments）"，有化学、物理、生物学和医学等门类。橡树岭自然也形成了类似的学科安排。布鲁克海文和橡树岭都采用独立的附加组，来处理大型项目和开发的关系。劳伦斯的辐射实验室尽管与伯克利校园有联系，但它避开了传统学科，取而代之的是以科学家个人及其设备来分野，如路易斯·阿尔瓦雷茨（Louis Alvarez）的直线加速器和埃德温·麦克米兰的同步加速器。在洛斯阿拉莫斯，布拉德伯里沿袭了更具功能性的安排，主要基于实验室开发武器这一首要任务，以及科学家的学科背景，各部门按不同任务的首字母来分配代号，从 A（行政管理）编到 Z（军械工程）。这种结构掩盖了各部门内小组间的不稳定性，这种不稳定性因为需要适应职员个人研究兴趣和实验室项目的变化而出现。

大型国家实验室有别于原子能委员会其他几个实验室的特征是其多个项目同时并存，其组织中会产生特殊的问题和机会。实验室项目中的一部分会逐渐成为交叉学科研究，这是一个很难定义的过渡现象，因为跨学科合作的科学家们依然可能保留了他们各自学科的特性。如果他们弱化学科个性，相互整合研究兴趣，就会形成新的学科，实验室必须包容这些情况。除了围绕反应堆、加速器或武器的功能部门的组织架构，实验室相关委员会和单项目委员会帮助实现了多项目的整合。

两个小组扮演了特殊角色。曼哈顿计划的重点是特定反应堆和武器的生产，工程师们因此得到了重视，并在战后延续。虽然劳伦斯最初希望战后工程人员缩减至六个左右，但到了 1948 年，伯克利对拥有 80 名工程师沾沾自喜，人数约占总科研人员的四分之一。布鲁克海文以伯克利为榜样，并努力扩增其强大的工程师团队。这些实验室采用了各种各样的方法组织好工程师队伍：伯克利设立了加速器机械工程和电气工程独立发展组；洛斯阿拉莫斯有了武器工程部门；布鲁克海文和橡树岭拥有了各自的反应堆工程部门，但要求加速器设计者培养自己的工程技术支持力量。虽然工程技术部门在组织结构中就是做些外围服务工作，但它与各科学项目的整合在完成实验室的目标中发挥着核心作用。[86]

　　然而，仅提供大型机器和技术好像没有理论家的工作。伯克利、洛斯阿拉莫斯和 1950 年前的阿贡还是坚决维护独立的理论物理学家组。这些组被其他实验室当作计算器，如伯克利的理论物理学家在罗伯特·塞伯（Robert Serber）领导下，计算出了粒子加速器中产生的能量和属性；洛斯阿拉莫斯理论学家小组分析出武器设计中的复杂流体力学方程。这些理论科学家（特别是洛斯阿拉莫斯的科学家）所开发的电脑拥有与职能相匹配的计算功能。[87] 1948 年，橡树岭将数学与计算小组从物理专业分出到数学小组，而它和其他服务部门如保健物理和仪器仪表等均在行政管理之下。[88]

　　如果将研究从开发中分出来很困难的话，开发中的一部分就与生产功能相结合。洛斯阿拉莫斯保留了在阿尔伯克基（Albuquerque）桑迪亚（Sandia）基地附近做军械工程的 Z 部门。到 1948 年，Z 部门已发展到其前身实验室的规模，其职责是按洛斯阿拉莫斯实验室的设计生产核武器，或者如布拉德伯里所说"包住爆炸的巨响"，Z 部门在工作和地理位置上都与洛斯阿拉莫斯的其他项目分离开的。加州大学不喜欢孤立地进行生产经营，并寻求解除合同。原子能委员会的军事应用部门认为工业承包方式更合适。1949 年，原子能委员会选定美国电话电报公司（AT & T）来运行桑迪亚实验室。[89]桑迪亚协助洛斯阿拉莫斯进行武器硬件开发，不久在利弗莫尔设立了一个职能相同的分支。作为一个单目标、生产导向的设施，桑迪亚是原子能委员会的一个不同类型的实验室，尽管它在 20 世纪 50 年代末还是扩展到了研究领域。

　　橡树岭非但不会将生产相关的设施分离出去，反而需要它们。橡树岭的生产工厂（包括 Y-12 区）建于战争时期，用以进行铀同位素的电磁分离。联合碳化物公司在战后依然保留研究部门，以便进行同位素的研究和生产、电磁分离和化学研究。橡树岭实验室通过 20 世纪 40 年代后期的增长，已将 Y-12 区视为今后的生存空间（lebensraum）。1950 年，随着原子能委员会的产能提升，Y-12 区对实验室愈显弥足珍贵，但研究部门在这一年与实验室合并了。他们将留在 Y-12 区，但是需要向实验室而不是 Y-12 区的经理报告。[90] Y-12 区与生产的联合后来导致实验室职员提出正式的重组和分离请求，或与 Y-12 区的重反应堆工程、同位素生产和材料化学隔离，以及在 X-10 站点的实验室集中开展基础研究。[91]

　　每个实验室都雇用了上千名员工，每年花费数百万美元。这些实验室本身的管理就需要大量的精力，因此实验室组织中出现了会计师、采购员、专利律师和财务预算员等分支岗位。即使以科学家的宽泛定义来计算，把从实验室技术人员到资深科学家的每个人，抑或每个拥有学士或更高学位的人都计入，科学家和工程师也只占实验室职员总数的三分之一或四分之一。1947 年，克林顿实验室有研究人员 575 人，而实验室的总人数为 2 185 人。管理层注意到洛斯阿拉莫斯和阿贡及其他工业实验室，如通用电气（GE）、美国无线电公司（RCA）和贝尔实验室（Bell Labs），这些组织中人员配置比例更好。但是，整个原子能委员会的平均比率更低，还不到五分之一，并且多年来一直在这一水平徘徊。[92] 科学家则注意到管理人员在数量上占优势，并抱怨管理者在实验室委员会中占主导地位：布鲁克海文和橡树岭的最高政策委员会中，管理人员在数量上与科学部门负责人的比例将近 2：1。[93] 伯克利实验室的管理人员在大学"严格控制"下工作，因此主导了实验室这一科学团体。其他方面"相当自治"，而财务上则受到"相当严格的控制"。[94] 克林顿实验室部门管理职能的分割，导致"科研与行政人员之间扯皮不断"。[95] 尽管实验室主任在努力提高科研人员的相对数量，但其比例仍然没有随实验室规模的不断增长而产生较大变化。

实验室的支撑系统不限于管理部门。消防、健康监测和安保官员要在原子能工作中格外关注危险性的和保密的工作。实验室规模和复杂性也扩展到基建维护（physical plant）。加速器和反应堆需要复杂的机电系统和庞大的水电供应。为了提供这些服务，以及更多的普通设备，需要工程师（他们算作科研人员），以及各种各样的车间人员，包括绘图员、机器操作员、技工和玻璃吹制工。在伯克利这些人员的数量超过了工程师。在橡树岭成立之初附属员工（包括铁匠）计有200人，约占员工总数的10%。[96]

实验室的独立性意味着支撑服务的重复，既包括工程，也包括行政管理。因为支撑功能由每个实验室的大量努力构成，重复的结果导致成本上升。精确的重复也做不到。布鲁克海文很羡慕伯克利辐射实验室的集中工程组织形式，但自己无法仿建这样的形式。这样，系统性就有了优势，布鲁克海文可以利用伯克利的支持，对其早期加速器进行设计。[97]

实验室的独特性也影响到它的组织架构，比如从布鲁克海文多学科专业部门和分散管理的工程师，到伯克利非正式的个人主义和集中化支持。他们的组织形式无需相同，也无需保持不变。橡树岭和阿贡愿意创建团体，也乐意解散团体，而在洛斯阿拉莫斯，其表面的稳定掩盖了它底层的变化。单个实验室的组织并不一定要与原子能委员会及其项目组匹配，但是那样的话，有些实验组在原子能委员会层面上没有对口的赞助方。

人 力 资 源

原子能委员会对承包商（主要是学术型的）的依赖，和各实验室设立的学科组织也在一定程度上吸引了科学家。承包商带来的特色会影响实验室的市场化能力，就像橡树岭的工业管理或者大学对布鲁克海文的管理，因为科学家已习惯于学院氛围。人事政策、科研潜力，以及诸如住房和生活方式之类的因素有助于吸引学者。实验室在科研人员和项目方面的竞争，强化了实验室的市场化特性。有些实验室在组织内给予顶尖科学家一定的灵活性，并且原子能委员会也通过一些措施来支持这些科学家，以促进其项目的进行，增加了吸引高质量的人员的需要。鉴于系统的限制和战后美国的情况，实验室不得不这么做。

卖方市场

国家实验室的系统结构迫使大家为了科研人员而互相竞争。从一开始实验室的人才来源就依赖于从系统中其他站点抢夺人才。冶金实验室从大学项目中招聘员工，包括伯克利，也只能看着科学家们离职，并加入克林顿和洛斯阿拉莫斯实验室。洛斯阿拉莫斯实验室要感谢奥本海默的"绝对不择手段地招兵买马"政策，但他因过度挖冶金实验室和麻省理工学院辐射实验室的墙角，而被行政警告。[98]

随着系统中新站点的增加，战后实验室职员竞争的加剧。布鲁克海文从无到有，成为原子核物理学新领域的翘楚。校际规划小组试图先招募魏格纳，然后招募津恩管理布鲁克海文，使得他们遭受了曼哈顿工程区工程师们的责骂，如尼科尔斯请求"避免与其他实验室的关键人员展开竞争性投标"。[99]别人对他的话却置若罔闻。1946 年中，布鲁克海文请克林顿实验室反应堆研究负责人莱尔·博斯特（Lyle Borst）来帮助设计反应堆。博斯特则立即约请克林顿实验室同事加入他的团队。[100]

竞争迫使区域工程师安排莫尔斯和魏格纳进行讨论，克林顿实验室里心怀不满的科学家是诱人的潜在目标。魏格纳认为"不应该采取任何行动去阻止布鲁克海文和克林顿成员之间的交流，他们可能想要换换工作岗位……毕竟这是一个自由的国度"。莫尔斯同意让魏格纳了解他所关注的克林顿的职员是哪些，之后魏格纳就可能会开出留用的待遇或申明克林顿计划中该人员的重要性。莫尔斯感谢魏格纳的"项目合作精神，纵然冒着损害本实验室项目的风险，仍对莫尔斯的开局工作大力襄赞"。布鲁克海文的活动延伸到阿贡、伯克利和洛斯阿拉莫斯，并产生了类似的协议。[101]战时的项目领导人网络给各实验室间的关系添加了润滑剂，实验室主任们缓解了相互之间的紧张关系，但也设置了一些障碍，以防止人才招募方面过于激烈的竞争。

实验室并没有形成一个完美的"绝缘系统（insulated system）"：对职员的争夺一直延伸到大学和工业实验室。洛斯阿拉莫斯和克林顿失去了大部分职员，他们纷纷加入学术界。格罗夫斯发现："芝加哥大学可能是破坏规则最严重的，而其他实验室也违规开展大规模招聘活动。"[102]反击才有公道。布鲁克海文同样轻易地招到了学术科学家，他们的招聘会也席卷工业圈——包括原子能委员会合同下的一些公司，这引起了原子能委员会总经理卡罗尔·威尔逊（Carroll Wilson）的责难。[103]然而，威尔逊自己在华盛顿的职员也在拉拢实验室的科学家。1948年，分管科研的执行主任寻求"到最好的地方寻找我们需要的少数化学家、物理学家和冶金学家"，并发现"直接从我们下属实验室招募的几个明显优势"。实验室的科学家们从一开始就了解人员、计划和组织。"而另一方面，这种做法的劣势在于，我们想要的那些人并非不被原实验室所惦记的人。"他希望实验室主任"认同招聘有能力的员工对研究部门很重要这个观点，重要到你哪怕偶尔牺牲一个有价值的人"。[104]

合格科学家的短缺加剧了竞争。战争中断了青年科学家的培养，使他们的含金量更高。格罗夫斯的研发顾问委员会警告称"对核能领域最严重的制约是工作人员的短缺"。[105]某些科学家发现自己在这种卖方市场特别抢手。理论物理学家在玩"抢椅子游戏（musical chairs）"，只不过椅子比玩家多，而且实验室也加入游戏。1945 年秋天，伯克利从洛斯阿拉莫斯聘请到罗伯特·塞伯后，洛斯阿拉莫斯吸引斯坦尼斯瓦夫·乌拉姆（Stanislaw Ulam）来填补咨询理论家的位置。包括理论物理学家，科学家的短缺是决定是否支持利弗莫尔去新建实验室的一个核心问题。

　　生物医学研究人员，尤其是熟悉辐射影响的，也看到了战后自身价值的提升。原子能委员会警告国会"过去和现在都只有极少数科学家、技术工人和教师能胜任研究辐射对生物影响的工作"。[106]当布鲁克海文试图聘请保健物理部负责人卡尔·摩根（Karl Morgan）时，魏格纳的抗议保护了克林顿，使其免受布鲁克海文的挖角。莫尔斯进一步轻视其级别，并呼吁注意它们共同的起因："如果想通过撤掉你们实验室的保健物理学家来解决我们的问题，虽然效果立竿见影，但这样显然是愚蠢的做法。尽管如此……这或许可以成为原子能委员会的政策来把这些重要的保健物理学人员尽可能均匀地分配到各个项目中去。"[107]布鲁克海文也将目光投向伯克利及其兴旺的医学物理学团队，橡树岭也是如此。[108]

　　实验室大型的多学科项目急需能够在大型研究团队中工作以及担任项目领导者的科学家。勒默·施雷伯（Raemer Schreiber）就是后一种人，他先是一名团队领头人，后升任部门领导，并最终成为洛斯阿拉莫斯的副主任。他指出战后"诸如贝特、魏斯科普夫（Weisskopfs）和奥本海默那样的精神领袖"已经不复存在，人们对像他和达罗·弗罗曼（Darol Froman）这样的"团队领袖"的依赖与日俱增。团队领袖"并不一定要有全新的想法，但他至少知道如何行动，把工作做好……过去在这里和其他的战时实验室中完成的这类工作……它给予这类团队工作方式以更多的认可"。[109]

这种团队方式渗透到工作的各个方面。1956 年，布鲁克海文物理部的带头人塞缪尔·古德斯米特（Samuel Goudsmit）将团队工作所需的品质都告知其员工们："在这种新型工作中，除了实验技能，你们还必须拥有一些能增强和促进你们忠诚合作的性格特点。忠诚合作是我们急需的……对任何一个我认为不利于团队合作的成员，我保留拒绝他在高能实验室工作的权利。"接任津恩成为阿贡实验室主任的诺曼·希尔伯里从其研究反应堆的经历中引出一个比喻："就像我们可以通过稀释反应堆核心浓度来获得巨大的能量输出一样，一个实验室也是如此。我们用那些非常优秀但创造力稍欠一点的科学家和工程师的贡献，来增补那些天才们的努力。"劳伦斯在伯克利的实验室就是一个合作研究的早期典范。他认为，实验室科学家和管理人员都必须调整自身对招聘和晋升的标准，以包容团队成员。[110] 从中可以看出国家实验室反映了"组织人"的普遍出现。在当时，一部孟山都的招聘短片宣扬"这里没有天才，只有一群普通的美国人在一起工作"，而工业实验室觉得"天才们没位置了"。[111]

诱惑

实验室依靠各种条件吸引科学家们到新的环境中来工作。克林顿实验室为招聘人员提供了一个诱人的目标，部分是源于实验室所在地。克林顿实验室的科学家们渴望逃离多帕奇，这与身处华盛顿的总咨询委员会（GAC）的态度相符，新委员会成员预测"克林顿实验室即使成立了也活不下去"。[112] 习惯于大学校园生活的科学家们认为，田纳西州这种偏远地区十分无趣。克林顿实验室的科学家们则认为，这个团体并没有"大力发展其自身的文化"；"如果橡树岭能够以某种方式在学术发展中赢得尊严和地位，这会让人非常向往的。"[113] 在纽约长大并定居于此的拉比嘲笑克林顿实验室的科学家们："你们这群家伙在这种荒郊野岭的地方工作，为什么不把实验室搬到文明社会去？"[114]但是，布鲁克海文也不是大都市。实验室的规划人员原本打算找个既能与东北部的大学往来方便，又能保持足够安全距离的地方。在一通探讨和反复比较后，他们最终在阿普顿营地（Camp Upton）落户，这里是长岛外半途中的前陆军基地，既与大学往来有一定的便利性，又保持了一定距离。莫尔斯将他第一次来访这里的过程描述为"平淡无奇的经历"。规划委员会接受这个地方，也只因此处的"期望值与失望值相等"。[115]一些东北部学者将布鲁克海文归为"偏远原子能实验室"一类，而联合大学公司的理事抱怨说："在如此偏远的地方很难获得一流人才。"[116]

洛斯阿拉莫斯实验室相较于东部其他实验室，由于从事令（某些）人厌恶的武器研究以及严格的安保，增加了它的劣势。曼哈顿计划的管理人员用"边疆式的隔离生活"来形容其招募壁垒。[117]当地美丽的自然风光和战时留下的浪漫遗产或许是一种补偿，许多实验室科学家会逐渐接受这种西南部的生活方式，系着大皮带扣，戴着波洛领带（bolo ties）。还有其他原因诱使他们来此地：从某种意义上来说，洛斯阿拉莫斯实验室"是当时世界上装备最精良的实验室"，未来还会有更多设备，并有大量时间可以使用它们。"这是一种相当令人兴奋的感觉，"施雷伯说，"在这里可以以负责人的身份写下价值10万美元的设备订单。如果我回（普渡大学）去，也许充其量只能当一个为科研经费打拼的副教授。"[118]就像许多人渴望回到学术界，而其他人则惦记着沉重的教学任务和资助申请，请三思而后行。

然而，对大部分科学家，尤其是身处战后初期迷茫中的科学家而言，大学代表着传统的去处。1948年，在一项针对600位美国科学家进行的调查中，大约半数的人首选学术界的工作，不足三分之一的人选择在工业实验室就业，仅11%的人选择去政府实验室。[119]这种现象对国家实验室来说可不是一个好兆头，即便它们也提供了一个倾向于学术承包商的理由（这对工业的支持至关重要）。加州大学的"轻松学术氛围"有助于为洛斯阿拉莫斯吸引来科学家，而布鲁克海文的附属机构同样也期望实验室能保有一种"大学氛围"。[120]

　　虽然国家实验室不能完全重建大学环境，但它们已尽了全力。学术界吸引人的主要原因之一是能提供终身职位。国家实验室聘期约五年的短期合约，似乎排除了实验室员工享有终身职位的可能性——一位被授予终身职位的合约人，一旦失去合同，将独自承担后果。此外，国家实验室的主要任务之一就是为大学的科学家们提供设施，而这正好与保有大量内部职员的做法相悖。布鲁克海文是一家没有开发工作、最大程度地致力于设备运维和向外部用户提供研究设施的实验室。起初它决定仅在人手短缺时聘用一些高级职员，并将长期工作人员保持在最低限度，且多为低级职位。[121] 1948 年初，布鲁克海文实验室改变了以前的做法，考虑授予高级职员终身职位，而与低级职位的员工签订短期合约。终身职位仅在满足合约规定内容及安全检查合格后方能生效。布鲁克海文的一位科学家抱怨说，这个计划在研究员和技术员之间建立了一个"等级体系（caste system）"，并与服务访问者的意图背道而驰。尽管如此，霍沃思还是采用终身职位的政策向高级职员提供安全保障，以确保研究项目的连续性。[122] 随后，橡树岭实验室建议可以考虑授予那些拥有博士学位并在实验室服务 5 年的科学家们终身职位。实验室人事委员会研读了一份布鲁克海文的政策文件，考虑了这一建议，将其稍作改动后向上面报告。然而，这一举荐在研究委员会遭遇"重大分歧"，最终未能通过。[123]

　　无论是阿贡还是洛斯阿拉莫斯，都未选择跟随布鲁克海文的做法。以洛斯阿拉莫斯为例，加州大学董事会认为，"简单说，'你不能在政府合同中授予终身任期。'"[124] 但董事会避开其他学校的招聘人员为布拉德伯里破了例，只是得面对学校预算委员会提出的异议"在学术评议会中，应该为那些被指定的人员……保留学术头衔和后续成员资格，这些指定人员与学术教学密切相关……洛斯阿拉莫斯实验室并非学术型大学的一部分"。[125] 相同的反对声也针对辐射实验室，其混合状态导致预算委员会对其在大学中的独立性怨声载道。[126] 辐射实验室有先例为布拉德伯里这样的案例提供了解决方案。校方将罗伯特·桑顿（Robert Thornton）和罗伯特·塞伯任命为"辐射实验室物理学教授"，虽然他们每个人都必须在大学校园授课来换取自己的职位，但最初的聘任仅是为了让他们作为研究物理学家，继续为辐射实验室提供宝贵的服务。加州大学将相同方法用于布拉德伯里身上，使他成为"洛斯阿拉莫斯实验室物理学教授"。[127] 津恩在芝加哥大学也有类似职位，而布拉德伯里和津恩都是各自实验室中唯一在承包运营的大学中得到学术聘任的成员。[128]

在阿贡、橡树岭和洛斯阿拉莫斯实验室都不采用官方的终身任职政策情况下，它们也不会努力去筛选不合格的职员，其职员的名单就会在20世纪50年代不断扩张。阿贡的管理者们注意到"尽管实验室无法提供终身职位时，同样也不会有人在工作几年后被开除"。因此，能力不足的低级职员占据了一些岗位，这些位置原本能提供给更多有前途的新人。[129] 无论是事实上的还是官方宣称的那样，终身职位制都引发了出乎意料的结果。霍沃思注意到，20世纪50年代中期的布鲁克海文实验室中大约四分之一的科研人员都享有终身职位，他们中大多为35—45岁年龄段的人，这是由于实验室组建时急于招募新人造成的。随着这个年龄段的人逐渐老去并接近退休，实验室可能会丧失一些活力并面临另一个招聘危机。阿贡和橡树岭实验室也出现出了类似现象。尽管担心终身职位制可能会将研究项目局限于高级职称科学家的兴趣和能力上，布鲁克海文实验室仍继续执行这一政策，而阿贡实验室也在 20 世纪 60 年代早期再次考虑采用这一政策，将其作为保留优秀高级员工的一种手段。[130]

由于对高质量科学家的持续需求使之演变为卖方市场，国家实验室继续维持或者开始考虑采用终身职位制。它们也倾向于提供更加具体的待遇来与学术界、工业界及其他行业竞争人才。1946 年，曼哈顿工程区曾任命一个委员会来研究其薪水和津贴政策。这个被称为卢米斯-泰特（Loomis-Tate）的委员会提供了一份为科学家们制定的标准薪级表，但发现"没有任何理由敦促现有实验室去改变它们已建立的、受认可的薪级"。[131]第二年，这个委员会又重新拟定一份更新报告交给原子能委员会。原子能委员会总管威尔逊被要求综合考虑各实验室的薪酬差异。他注意到来自原子能委员会其他实验室的竞争招聘是一个"非常紧急且微妙的问题"，该问题不仅导致"研究项目崩塌，还增加了需支付的薪酬"。他提出原子能委员会是否应该在整个系统强制执行一个标准薪级表，抑或设立一个科研人员中心清算所（central clearinghouse），各实验室从中挑选人员。[132]

委员会建议采用放任自由（laissez-faire）的管理模式："如果存在优胜劣汰过程，那么从长远来看，由科学家个人意愿决定的……到最有吸引力和最利于开展研究的地方去，这种在实验室间的人员流动是真正健康的机制。"它承认各实验室间可能为争夺最优秀的科学家而引发竞购战，但期望通过实验室主任间的"非正式沟通"避免这些情况的发生。[133]国家实验室并不总是实行管制。每个实验室及其承包商鼓励它们竞争，抵制那些像威尔逊一样企图利用系统结构获利的人。例如，联合大学公司和加州大学坚持设定工资和薪级表，并谋求批准所有薪酬高于一定水平，而洛斯阿拉莫斯国家实验室和橡树岭有内部委员会，它们会对更多有关初级员工的人事决策进行审查。[134]

威尔逊对于实验室间的互聘和对薪级表潜在反作用的忧虑，同样也适用于大学和企业。洛斯阿拉莫斯实验室的一位科学家注意到一种可能性，即国家实验室的高薪级，可能会影响那些诸如加州或芝加哥等地的学术承包商的薪级。洛斯阿拉莫斯的领导者们时常会讨论"调和实验室和大学间薪酬的显见困难"，尤其在大学院系试图招募洛斯阿拉莫斯实验室的工作人员时，但是，这位科学家也指出，"我们主要的竞争对手是工业界"。[135]洛斯阿拉莫斯的薪酬制定是基于针对工业实验室而非大学的一项全国性调查。这项调查差不多每年进行一次，通常其他国家实验室也包括在调查对象和发行范围中。1947年第一次调查发现，国家实验室的薪酬落后于工业界支付给科学家的平均水平。[136]

洛斯阿拉莫斯实验室发现，为了跟上工业界，它得经常上调自己的薪级。洛斯阿拉莫斯人力资源办公室给工业研究组织发送该调查结果，以换取他们配合参与调查，从而确保得到反馈并使科学界的薪酬进一步提升。[137]与其他实验室的竞争也同样驱动了薪酬快速提升，尤其在一些特殊需求领域，这些领域的知名科学家们所要求的待遇远超基准水平：1948年，布鲁克海文给哈丁·琼斯（Hardin Jones）开出了10 000美元的年薪，而橡树岭给科尼利厄斯·托比亚斯（Cornelius Tobias）开出7 500美元，企图将在伯克利医学物理学团队工作的这两位挖过来。[138]

由于琼斯和托比亚斯都在伯克利任职，给他们开出的薪酬成为学术界薪酬水平的参照。两人当时的年收入都是4 800美元，虽然大学为了让他们留下，答应提升学校的薪酬。布拉德伯里指出，洛斯阿拉莫斯实验室开出的薪酬（以及工业界暗示的薪酬）普遍超过了学术工资：学术界职员可能通过出版书籍或做咨询来提高他们的收入，而洛斯阿拉莫斯的工作人员整个夏季都得工作。后一种情况理论上将工作时间增加到前者的12/9，但实际上，由于所谓"更休闲的学术工作、自由出版、

无须计划性的研究，以及在大学群体里建立永久性根基的可能性"，[139]
实验室必须开出高于学术工资 1/2 的薪酬来招募员工。

　　与之类似，莫尔斯在布鲁克海文实验室最初实施的政策，使来访
的学术界科学家的薪酬增加了 20% 或 30%，还有额外的 10%—20%
薪酬作为短期住房补贴；永久性实验室职员的工资甚至更高，用以弥
补最初没有设立终身职位制的不足。即使进行了薪酬调整及随后的终
身教职制度，几年后布鲁克海文实验室发现自己还是输给了工业界，
特别是在工程师招募方面。[140]20 世纪 50 年代中期，伯克利和利弗
莫尔在招募工程师方面也遭遇到麻烦，特别是与扩张中的航天和电子
行业，以及当时在加州的几个核物理公司，比如通用原子公司。[141]
1956 年，实验室领导们担心实验室薪酬落后于工业界约 20%，尤其
是航空航天业；伯克利和利弗莫尔全面提高了 22% 薪酬，洛斯阿拉
莫斯实验室加薪 12%，而布鲁克海文实验室为了跟上涨薪步伐，薪水
也提升了至多 12%。[142]

　　持续的人员短缺，伴随着薪资的提升以及维持半数职员为永久性
员工的成本，使威尔逊提出的设立一个科研人员中心清算所的提议得
以重提。该想法在 20 世纪 50 年代初由总咨询委员会与其同行（生物
与医学咨询委员会）的提议中反复出现，意在促进国家实验室之间的
人员交流。[143]这种交流允许每个实验室动用系统中其他实验室的资
源，充分利用系统性的优势，减少每个站点在专家和服务人员配备方
面的重复。更大的好处正如总咨询委员会指出的那样："通过交换有前
途的年轻人和各领域中的领导人，带来人员互动，保持人才库的活跃，
从而使有能力的管理者确保一定比例的人员周转，以避免近亲繁殖和
效率低下。"研究部门领导将这份建议提交到国家实验室。[144]

　　但是，实验室承包商的多样性和每个实验室的独特性，限制了人
员交流。交换一个科学家需要协调不同薪级和政策，包括终身职位，

也包括休假、退休和医疗计划。因此，在苏联于 1961 年 9 月打破核试验暂停期后，当时美国就忙不迭地恢复核武器试验，总咨询委员会力求从橡树岭、阿贡和其他原子能委员会实验室调用科学家，来扩展在洛斯阿拉莫斯和利弗莫尔的武器开发项目，但又不得不考虑避免人员交换障碍的方法。[145]虽然国家实验室存在的理由之一是在国家紧急情况下提供科学家储备，但各项人事政策限制了从其他站点征用科学家的潜力，而且由此导致的大量内部职员的维持和站点间的竞争，各实验室人才的质量大打折扣。

真正的国家实验室

国家实验室内部聚集了大量职员，且有相当一部分享有正式的或事实上的终身职位，加剧了合格人才的短缺状况一些实验室对此颇有抱怨。顶尖科学家留在这些实验室而不是大学，使他们不能训练新一代科学家来填补空白。国家实验室的初始理念是为来自大学的访问学者而不是内部员工提供设施。这些实验室容纳访问学者的程度决定了它们的"国家"级地位。橡树岭的工作人员在 1948 年自称"为将该实验室建成一个真正的国家实验室，而尽一切努力与成员大学合作"。宣称坚持国家的理念定位第一次在这里出现，它将成为未来几年所有这些实验室的流行语。[146]

翌年，总咨询委员会遍历实验室名单，依据他们对这一理念定位的落实度进行了分级。由于阿贡和橡树岭实验室承担机密性和计划性研究，而被认为作为国家实验室的作用"很小"——"阿贡试验室的反应堆研究干扰其作为国家实验室的作用""橡树岭是一个具有生产、计划性研发以及国家实验室的复合体"。加州大学辐射实验室和洛斯阿拉莫斯科学实验室当时还没有获得正式的"国家"名号。辐射实验室与伯克利校园的附属关系，以及当地工作人员几乎独占使用机器的情况，说明国家实验室的定义是有问题的："无论在政策上还是在科学家心中，都不清楚伯克利在多大程度上属于国家实验室。原则上看，联邦基金耗资创造近乎独特的国家科学设施意味着这些设施对美国科学家应该是开放的。"[147]洛斯阿拉莫斯实验室将早一步走向国有化，建立一个大学附属计划，并招收经过适当审查的研究生到实验室进行研究。[148]布鲁克海文实验室擅自使用国家概念，并称之为"布鲁克海文主意"。该实验室最初希望其科研人员的一半（且只有一半）由访问科学家和学生组成。[149]

布鲁克海文——贯彻国家理念最坚定的实验室并未实现其初衷。它快速采用终身职位，逐渐削弱了其誓言，科研设施建设也远远落后于预定计划，且该实验室的工作也没有完成其指标。然而，到1952年夏天，随着一个研究反应堆和同步粒子加速器的建成和运行，有150多名科学家在该实验室度过该夏天（其中有91名本科生或者研究生），或者说将近永久科研职员数的一半。然而，在该学年期间，访问人数下降到将近夏天总数的一半。[150]换言之，使用布鲁克海文实验室设备的科研人员，在夏季永久职员是访问学者的两倍，在一年中的其他时间甚至达到四倍。

其他实验室更不成功。阿贡在1948年只有21位访问研究者，约占其科学家人数的5%。津恩在1955年询问过访问学者对阿贡的贡献有多大，得到的回答是"不大"。洛斯阿拉莫斯和利弗莫尔的保密武器项目以及阿贡和橡树岭的反应堆项目则限制了访问者到这些实验室的机会。[151]实验室系统的架构也使得其无法为访问人员发挥服务作用。正如他们在招聘永久职员所做的，这些实验室也竞争访客，尤其是那些稀缺的科学家（如理论物理学家）。[152]诸如伯克利和布鲁克海文的大型加速器之类的重复设施减少了对单个实验室的需求。

更平凡的事情被证明对国家实验室理念同样至关重要。特别是住房，是一个长期问题：实验室必须为访客提供物理上及科学上的空间。1946 年，莫尔斯对布鲁克海文实验室强调"住房问题是我们的头号问题"。布鲁克海文的"主要目标之一是通过借调和休假兼职获得大量科研人员。他们并不指望在这里购置房子。租房似乎不存在"。然而，原子能委员会"很不乐意为布鲁克海文花钱解决住房"[153]，其他地方也一样。克林顿的工作人员告诫说，橡树岭的住房"严重"短缺，甚至"极为严重"。利连索尔向国会抱怨说，洛斯阿拉莫斯的职员住在"棚屋，一种科学家的贫民窟"。[154]这些实验室试图实现国家理念，为访问学者提供住宿。整个国家在同一时间正经历着严重的住房短缺问题，因为归来的退伍军人"淹没"了房屋市场，这些退伍军人有联邦抵押贷款补贴的帮助，加上充裕的战时存款。然而，实验室的住房短缺超过了整个国家的住房短缺。原子能委员会不愿提供住房，可能是因为它受到国会持续的盘问——它在橡树岭、汉福德和洛斯阿拉莫斯运作的社区让人想起冷战时的社会主义。

整个 20 世纪 50 年代，这些实验室为其访问者提供住房而奋争。由于缺乏住宿，橡树岭管理者犹豫实验室是否应该减少夏季研究项目。布鲁克海文的霍沃思也受住房短缺困扰，"布鲁克海文作为一个合作实验室的未来可能取决于这一点。"住房缺乏决定了洛斯阿拉莫斯实验室项目的节奏，"新员工入职经常被推迟，直到有一个空置房屋"。总咨询委员会追溯阿贡缺乏大学研究人员问题，发现是由于它需要房子来给研究人员提供住宿，后来又发现实验室之间转移雇员也需要为他们提供短期住房。[155]20 世纪 50 年代末，总咨询委员会最终容许阿贡和布鲁克海文建设房屋，但即使如此，住房还是不够用。[156]

3. 相互依存

国家实验室的独特性确保每个实验室将在国家实验室系统中保护自身的利益。然而，有几股势力会将这些实验室联结起来，这种联结不仅体现在项目竞争上，还表现在相同框架内的一个联合系统上。实验室间通过原子能委员会的组织协调及其发布的任务联结在一起。原子能委员会通过自己的预算程序使这种联结更为明确，将实验室预算整合至原子能委员会的项目之中。随着时间的推移，这一程序促使原子能委员会的职员越来越将国家实验室看成一个项目集合而非综合机构。作为回应，实验室的领导者们则组成一道对抗原子能委员会的共同阵线。自始至终，实验室的科学家们都在一个排外但内部团结的保密群体中开展工作，并保持必需的沟通交流，以维持其系统性。

安　　保

国家实验室在国家安全项目上，尤其是核武器和反应堆方面的工作，衍生出一个复杂的体系，以保护实验室设备与材料安全，将信息加密，以及确保在国家实验室工作的科学家的忠诚度。国家实验室在冷战背景下国家安全的升级与保全民主和科学价值间的紧张关系下进化着。由于国家实验室在组织和地理上隔离，若没有一个开放的、自调节的科学机构，会导致一些特别的后果——信息流间的壁垒可能会导致资金重复投入甚至步入死胡同。原子能委员会的管理者和实验室的科学家们努力奋争，以协调实验室体系规划中的安全需求。

保密的由来

国家实验室的初衷并非旨在采取保密行动，但就像大科学一样，"秘密"一词在国家实验室中得以完美诠释。早在国家实验室之前，科学界就有三种形式的保密工作：个人保密——科学家们自己保管着未发表的实验结果。这源于科学界的奖励制度，它强调发现的优先权；[1]工业保密——源于专利优先权的奖励。例如，工业保密阻止了物理学家在 20 世纪早期在新兴的无线电工业发展中发表他们所有的研究成果，并迫使美国电话电报公司在其实验室内将信息分割。类似的专利所有权问题已经在当前基因组研究中阻碍了同行评议，并导致研究工作的重复。[2]最后一种是国家安全保密，它的存在历史同样悠久。比如在新式炸药改革时期，拉瓦锡和其他法国化学家在其秘密武器试验室中所做的研究。[3]就如最后一个例子，秘密并不一定由国家政府强加在科学家身上：军方及政治领导人通常或情有可原地忽视那些最新科技发展的细节，加上军方的技术保守主义，在为国家安全开发新技术时，常常要求科学家采取主动。在发现核裂变之后，美国的核物理学家（他们中许多人都是移民）在其领域中对下一步工作强制自我检查，以免纳粹窃取任何相关信息。[4]

为了满足罗斯福总统坚守秘密的要求，格罗夫斯将军和曼哈顿计划将审查制度化，上述自我检查并未阻止他们对此抗议。除了禁止发表敏感性研究成果外，格罗夫斯还在项目中对信息进行分割，从而防止任何不忠的科学家了解计划的全面信息并将知识输送至敌国。信息分割使得科学家们无法知道其他站点在做什么，甚至不知道同一实验室其他项目的工作。因此，在这些情况下会耽误工作进程。基于这些后果的考虑，加速了洛斯阿拉莫斯国家实验室的建立。[5]

　　战争结束并不意味立即解除限制。但是，随着军人的退伍，曼哈顿计划开始探索放宽限制。[6] 1945 年 8 月 12 日，一份关于曼哈顿计划的报告发布。该报告由亨利·史密斯撰写，因而被称为史密斯报告。该报告不仅公布了一些机密信息，还提前爆料了下一步将发布的消息。[7]但格罗夫斯将军保留了一项政策，即所有研究最初都是保密的，必须由高级科学家审查后方能对外公布。这一流程确保每次只透露一点点信息。直到 1946 年底，审查人员仅将 500 个文档解密，只占曼哈顿计划产生的所有文件中的一小部分。[8]

　　相反，菲利普·莫尔斯和欧内斯特·劳伦斯敦促原子能委员会将一些领域解密，以便这些领域中的研究成果在发表前不用等待审查。莫尔斯建议实验室管理者们不要好高骛远："如果我们现在将每个人所希望放开的领域都尝试开放，那么我们就有一场持久战要打……如果只对外开放一些明显非机密的领域，这将是一种更轻松、更安全、更讲策略的做法。"[9]原子能委员会继续根据每个文件的内容解密，而不是一个主题一个主题地解密，必然使待评审报告积压起来。在这些报告中，大部分经评审人阅读后（他们确实读过了）仍属机密：1947年 11 月至 1948 年 11 月间，实验室产生的 82% 的报告被认为不适合出版。洛斯阿拉莫斯显然没有试图将其大部分研究工作写成报告并申请解密。只有布鲁克海文可以发表他们大部分的研究。即便在与武器和反应堆技术似乎关系不大的生物医学领域，绝大部分研究报告也是机密的（表 1）。

表 1　1947 年 11 月至 1948 年 11 月间各实验室产出研究报告分类

研究 / 实验室	保密	非保密	总计
物理学			
阿贡实验室	100	8	108
布鲁克海文实验室	4	37	41
劳伦斯实验室	147	12	159
橡树岭实验室	200	43	243
洛斯阿拉莫斯实验室	43	3	46
合计	494	103	597
健康与生物学			
阿贡实验室	21	3	24
布鲁克海文实验室	2	3	5
劳伦斯实验室	17	2	19
橡树岭实验室	22	12	34
洛斯阿拉莫斯实验室	4	0	4
总计	66	20	86
所有研究			
阿贡实验室	121	11	132
布鲁克海文实验室	6	40	46
劳伦斯实验室	164	14	178
橡树岭实验室	222	55	277
洛斯阿拉莫斯实验室	47	3	50
总计	560	123	683

来源：AEC, Fifth Semiannual Report to Congress (Jan 1949), app. 6。

安保体系造成的主要障碍之一是既妨碍了来访人员的接待安置，又阻止了常驻人员的留任。[10]国家实验室还必须适应原子能委员会的人员审查政策。所有能接触机密数据或设备的雇员都需要一个"Q"级审查许可，包括承包商的管理人员，如加州大学的一些官员和董事会。[11]准雇员必须填写一份调查问卷并接受联邦调查局的全面调查，由原子能委员会安全人员进行评估。案卷积压导致新员工审核流程延长至两个月——按今天的标准算快的，但对紧张的战后科学家市场而言，这种招募代价高昂。[12]

冷战气氛

冷战兴起的潮水淹没了科学家们对涉密研究严苛审查条件提出的公开抗议。[13]苏联在联合国对武器限制计划的拒绝及其在东欧问题上的固执，在美国国内反映为国会于1947年夏天对原子能委员会的安保程序提出的批评，继而原子能委员会加强了安保。1947年11月，津恩在一次造访华盛顿时感知到这种变化。他警告阿贡实验室的执行委员会，获得审查许可只会变得更难。[14]1948年，尽管原子能委员会委员对外宣称支持学术自由，但委员会仍然收回了布鲁克海文12个职员的许可证，并吊销了橡树岭2位研究人员的许可证，调查了另外6个人。在橡树岭的一个案例中，对一名人员的指控是"据称你不能容忍安全条款"。[15]

在这种氛围下，实验室管理者选择容忍管制。美国联合大学公司的理事"意识到（或早已意识到了）这种极端的困难性。在这种状况下，委员会在争取安全审查许可这件事上费时费力，而实验室……不是那种能撇开安全审查程序借个人自由问题做文章的地方"。有一些程序（其中包括在审查委员会面前对背景可疑人员进行的听证会，尽管该听证会不包含与原告对质的权利），"总的来看，是一个真正的，为了保护个人权利的成功尝试。"[16]劳伦斯放弃了一项关于解密他部分实验室的建议。在伯克利，唐纳德·库克西（Donald Cooksey）宣称，"从实验室和委员会的观点来看，我们相信，确保对所有可能持续接触到实验室工作（不管工作是否可能涉及受限数据）的人进行最高级别的审查，这一做法是很有必要的。"[17]

1949 年，总咨询委员会向原子能委员会的研究部主任肯尼斯·皮策（Kenneth Pitzer）建议，让原子能委员会考虑对承担最少计划性项目的布鲁克海文实验室和伯克利实验室进行解密。劳伦斯认为"考虑将实验室彻底从限制性工作中解放出来，这显然不利于国家利益（他没加上一句：以及实验室的利益）"。[18]布鲁克海文等待启动的研究用反应堆项目仍被原子能委员会的政策划定为机密。皮策决定，"委员会应能同时将布鲁克海文和伯克利实验室用于机密研究。"总咨询委员会同意了，尽管大部分研究是可解密的，但是布鲁克海文实验室遵从了原子能委员会的意愿，同意为其所有职员申请 Q 级审查许可证，而那些拒绝审查许可的职员，只有当他们的贡献"在整个非机密领域里是至关重要的"才能留下来。[19]

所有国家实验室实行实验设备的限制性使用，导致其无法发挥作为区域实验室为访问学者们提供服务的目标。例如，布鲁克海文实验室的反应堆是该实验室最初建立的原因（raison d'être），现在只有拥有审查许可的来访者才能使用它，而这些人的研究成果在发表之前将不得不进行解密。这一情况似乎看不到缓解的迹象。1949 年 8 月，苏联引爆了第一颗原子弹，它被苏联称为"第一道闪电（First Lightning）"，美国称之为"乔 1 号（Joe 1）"。杜鲁门于 1950 年 1 月宣布了研究氢弹的决定。一个月后，克劳斯·福克斯（Klaus Fuchs）交代自己是莫斯科的间谍。之后不久，联邦调查局逮捕了罗森堡夫妇和另一位原子科学家——布鲁诺·庞蒂科夫（Bruno Pontecorvo）（那年晚些时候，布鲁诺叛逃到了苏联）。朝鲜战争在当年夏天爆发，形成了国家进入紧急状态的全部背景。

国内反共压力通过多种途径波及国家实验室。阿贡实验室在 1949 年丢失的一小瓶铀氧化物引发了一次国会调查。该实验室最后制造了一瓶（或许就是那丢失的一瓶），但这次事件导致了针对可裂变物质和出版物及访问者更加严格的管制。其他实验室因这一事件被拖入调查之中，也导致将阿贡实验室与系统的其余部分隔离开来。谨慎的洛斯阿拉莫斯实验室科学家们开始只给阿贡实验室发送旧的、删节过的报告。作为回应，津恩切断了与洛斯阿拉莫斯实验室的合作。[20]

同年，加州大学抢在州立法机关行动之前，为所有员工制定了一个效忠宣誓活动，并扩展到了辐射实验室和洛斯阿拉莫斯的员工那里。该行动引发了轩然大波——大批教员抗议，教授们离开校园，并且自发成立教工委员会，批判大学参与保密研究。虽然离开的教授包括一些同时在校园和辐射实验室工作的物理学家，如理论物理学家罗伯特·塞伯和杰弗里·邱（Geoffrey Chew）及实验物理学家沃尔夫冈·帕诺夫斯基（Wolfgang Panofsky），但辐射实验室和洛斯阿拉莫斯实验室的科学家们已经历过调查和审查许可，宣誓似乎并没有激起实验室内部的抗议。劳伦斯及其在伯克利的几个副手都是坚定的反共分子。邱为那些抗议宣誓的人鸣不平，抱怨实验室里有一种"麻木不仁的氛围"。[21]

20 世纪 50 年代初的国家紧急状态催生了麦卡锡主义和对保密工作的执着，并以在 1954 年撤销奥本海默的许可证达到顶点。但也促使人们注重结果，较少考虑过程细节。安全不是白白得来的。在原子能委员会，安全是"工作量的重要组成部分"，而且消耗了"大量的管理费用"。[22] 1949 年，国家实验室的安保费用，包括保安、安全设施和机密办公室，使得总咨询委员会呼吁解密布鲁克海文和伯克利实验室。[23]

在麦卡锡主义高潮期的 1953 年，众议院拨款委员会表达了一种看法：
"原子能委员会项目中有大量的公共资金浪费。"[24]

　　已经存在了一些无形成本。正如辐射实验室的塞伯所指出的，乔
1 号之后，原子能委员会假设"一个事实，即苏联目前已经发现了这
一问题"，而继续保密只会掣肘美国科学家。原子能委员会机密处主任
呼吁减少保密工作，以在美苏竞赛中获胜，这种竞赛已延伸到了反应
堆研究中。[25]等待审查的案例仍然积压，造成招募延迟，安全管制也
打击了国家实验室人员的士气，正如 1948 年，紧随着取消布鲁克海文
和橡树岭若干工作人员的审查许可之后。[26]安保标准不统一。洛斯阿
拉莫斯可能将某些研究归为"机密"，而橡树岭认为"同类研究中相对
无害的部分"是"最高机密"；在伯克利实验室被当作非机密研究，或
许在洛斯阿拉莫斯被定义为机密的。[27]军方建立了自己的标准，不一
定与原子能委员会的标准一致，因此阻碍了武器信息的交流。例如，
在战略空军司令部总部只有 10% 的高级官员拥有 Q 级原子能委员会
许可证。[28]原子能委员会也害怕由实验室系统结构扩大了安保造成的
影响，尤其是因忽视其他站点里与自身相关研究所造成的重复与低效。
无独有偶，国会在 1953 年进行的一项调查发现，"安全限制在一定程
度上导致了重复和重叠，这是因为对某一个团队的科学家而言，很难
准确发现其他团队在做什么。"[29]

　　国会对原子能委员会过分热心的安保举措提出了批评，标志着国
会态度的转变。很快，这种态度转变在反对奥本海默案的决定和谴责
参议员约瑟夫·麦卡锡的事件上尤为明显。它在立法和行政部门得到
了官方的表态。1954 年修订的《原子能法》放宽了工业界对机密数据
（尤其是有关反应堆数据）的使用。1953 年年底前，艾森豪威尔发表了
"和平利用原子能"计划（Atoms for Peace Plan）。这份计划鼓励在安保
方面进行一些缩减，以促进国际交流。[30]第一次和平利用原子能日内

瓦会议于 1955 年召开，所有实验室都派代表与会，促成了开放的新气象。[31] 由于国会对联邦安保项目的批评不断上升，评论家们感觉到一股清流——布鲁克海文实验室物理部带头人说自己"很乐观，因为呈现出持续改进的可能"。[32]

实验室做出了回应。劳伦斯再次提出部分开放辐射实验室，用于非机密研究。他指出作为辐射实验室的附属，建立利弗莫尔实验室时已分离了很多机密工作。他还引用了安全对招募带来的影响，其观点和新的氛围动摇了原子能委员会，委员会支持在辐射实验室开放非限制区域。[33] 为了响应和平利用原子能的呼吁，原子能委员会再次提出解密所有布鲁克海文项目的可能性，以便为没有审查许可的外国访问学者来这里工作提供方便。研究部和总咨询委员会既不希望失去进行中的机密研究，也担心这会将布鲁克海文从其他实验室中孤立出来。无论如何，原子能委员会第二年同意解密布鲁克海文的研究反应堆，成为后来对那些没有审核许可的来访者开放项目的一个核心部分。[34] 也正是在那时，原子能委员会的生物医药项目中只有不到 5% 的项目是机密项目，这与 1948 年的数字相去甚远。[35]

然而，在国家实验室 20 世纪 50 年代中期的开放过程中，仍然还有很多实验室项目处于限制状态。原子能委员会及其科学家们不会坐等公众和政治风向转向。20 世纪 50 年代早期的国家紧急状态已经促使他们去寻找既能降低安保成本又能满足国家安保需求的方法。实验室科学家已经与安全体系达成和解，即便是在紧急状态过去并开放一些国家实验室后，安全体系继续在公众视线中保持隐身。

舍伍德（Sherwood）安保

有一个例子能够说明人们对保密分级所持态度的演变及其造成的影响。1951 年，原子能委员会开始资助用于发电的可控热核聚变研究。原子能委员会主席刘易斯·斯特劳斯本人对此项目非常感兴趣。1953 年，此项目的规模得以扩展，并被称为"舍伍德计划"（Project Sherwood）。该计划初期是对外严格保密的。项目研究部主管曾在 1952 年建议降低其密保等级，以便招纳员工，但原子能委员会仍将其列为保密。[36] 第二年，总咨询委员会希望能够重新评定其保密等级，但最终也没有达成共识。由于此项目所研究出的任何有实用价值的机器都能产生中子和氚，它们可以用来制造热核武器，因此拉比等人倾向于将这项研究对外保密。而其他人则认为，在能够用于制造热核武器的机器出现之前，此项目都应该对外透明："现在对这个项目保密，就好比不让人们知道有太空飞船一样。"魏格纳则指出，所有一开始对大众公开但后来又被归为机密的项目，都会由于出版的终止而引起公众注意。[37] 我们再一次看到，科学家们并不憎恶项目保密，特别是那些具有政治影响力的科学家们。

与保密分级这一问题相关的是分区问题。原子能委员会于 1952 年 6 月和 1953 年 4 月分别召开了保密会议，促进意见交换。但在 1953 年 7 月，斯特劳斯被任命为原子能委员会主席几周后，原子能委员会开始强调"最严分区（strictest compartmentalization）"，保密会议随之停止。[38] 因此，即使罗伯特·威尔逊（Robert R. Wilson）独立提出了一些有关核聚变的"重要观点"，也只有在原子能委员会了解到他的观点之后，才将他纳入圈子。[39] 希腊工程师尼古拉斯·克里斯托菲洛斯（Nicholas Christofilos）独立发展了用于加速器的强聚焦原理，还提出了一种核聚变方案，并在希腊为该模式申请了专利。与此同时，他来美国提出了保密性专利申请，并开始在布鲁克海文实验室工作。然而，由于他没有 Q 级许可，他不能从事研究，而且由于他是移民，其审查许可申请将会耗费相当一段时间。[40]

在 1954 年后相对自由的氛围下，解密舍伍德的前景再次出现。舍伍德会议于 1954 年 10 月重新秘密召开，此后一年召开三次。1955 年，总咨询委员会和原子能委员会成立的指导小组在舍伍德会议上就解密的优点展开了争论。一些科学家仍然试图保留保密性，特别是对发明的设备进行保密，而其他人主张完全解密，这其中就包括爱德华·特勒。总咨询委员会意识到分区阻碍了进展。原子能委员会指出，国家实验室中的一些实验室在招募项目科学家方面存在困难；甚至项目的存在都被保密，那他们显然不愿意在他们从未听过的项目上签字。[41] 斯特劳斯继续坚持项目保密。但次年他的委员同僚以多数票战胜他，从而公开了该项目的一部分内容。完全解密的推动力来自 1958 年的第二届和平使用原子能日内瓦会议。此后，舍伍德计划可以在国家实验室、大学、企业和国外科学家之间的完全互访下推进。[42]

保密共同体

在一个将权力下放且分散的系统内，对这些国家实验室进行管理实际上放大了保密作用。安保分区加重了地理和组织上的分离。人们可能会看到这对学术研究的影响是互相矛盾的两方面。一方面，某些原本无法通过同行评审的研究项目可能继续存在，譬如那些对病人注射裂变材料的实验，有几位伯克利的医学物理学家参与其中；另一方面，缺乏沟通可能会扼杀新思想的交流，使项目的去留变得更不稳定。威尔逊和克里斯托菲洛斯在舍伍德计划中的分离就是这种可能性的例证。

1953 年，当原子能委员会研究部在权衡为舍伍德建立一个集中化实验室的利弊时，他们认识到两种可能性。一种是赞同集中化实验室的论点："（它）可以更安全地持有机密信息，并更易传递给那些有需求的科学家"；一种观点认为权力分散的实验室"提供了一种最佳保障，使各种方案能被具有不同能力、持不同观点的科学家审查、批评和修订"。我们会在后文回到这次辩论，介绍其他观点，在这里考虑的两条论点，相对来说意义不大。原子能委员会的工作报告，将这些观点按照重要性排序，安全性影响排名最后。[43]

　　原子能委员会将对安保的考虑放在不太重要的位置，因为他们已经通过一个"保密共同体（classified community）"克服了许多安全性问题。"保密共同体"一词简易但定义却不明确。譬如会议、出版物以及原子能委员会和实验室雇用的连锁咨询委员会，这些例子说明了一个保密共同体是如何克服安保限制的影响而形成的，并因此确保了国家实验室系统内竞争与合作的存在。

　　战时的分区政策暂时终止了科学家们协调裂变研究的会议。1942年夏，在伯克利实验室举办了一个关于裂变理论和聚变武器的会议，这是战争期间最后一次从各实验室召集科学家来开会。在 1946 年的过渡期中，格罗夫斯同意恢复会议。6 月，来自各地方的科学家和实验室领导人聚集在芝加哥，交流他们研究的信息并概述新项目。同月，格罗夫斯答应了布拉德伯里提出于 8 月在洛斯阿拉莫斯召开会议的请求。来自阿贡、橡树岭和伯克利的 57 位持有审查许可证的科学家和一些顾问，和洛斯阿拉莫斯实验人员一起，讨论核物理机密方面的事项。[44]

　　洛斯阿拉莫斯会议的成功，激发了实验室领导者们，他们在橡树岭召开的另一次 10 月中的会议上建议新成立的原子能委员会赞助举办"信息会议"，来促进站点间的相互交流。[45]原子能委员会同意，一般在每年春季和秋季发起机密会议，会议地点在各实验室间轮流。第一批讨论会包括物理、化学、生物学和反应堆，后来还包括冶金、保健物理学、放射性同位素和固体物理学等，偶尔也附加一些关于特定话题的会议——1948 年 3 月在橡树岭召开的一个关于生物医学的信息会议，第一天就吸引了近 300 名科学家，涉及项目是机密的。第二天和第三天的非机密项目会议上，与会人员下降到 200 人。[46]原子能委员会打算将该信息会议定为"平行公共专业学会会议（parallel public professional society meetings)",会上允许讨论机密成果,并给科学家们同行评审和认可其工作的机会。正如布拉德伯里所说,"这些会议足够大……以至于一个人感觉自己是一个大的技术和科学团体的一分子,在这个团体里,一个人可以做出有价值的贡献,且对其他实验室也有可观的影响。"[47]

除了在会议上当面交流,科学家还依赖出版物来告知同行们其研究进展,并获得优先权。保密化妨碍了研究成果在科学期刊上公开发表,而战时的分区又限制了机密报告的流通,尤其是那些来自洛斯阿拉莫斯和伯克利实验室的报告。[48]正如在会议方面所做的那样,原子能委员会试图模仿那些公开刊物。原子能委员会将机密文件做成多个副本,并直接发送给各实验室。对于那些可能还没有接收到相关报告的实验室科学家们,原子能委员会每月两次发布"机密研究与开发报告摘要"(Abstracts of Classified Research and Development Reports)涵盖了除一些高度机密的项目外的原子能委员会所有的机密研究。1949 年,1 630 份机密文件出现在"摘要"里。原子能委员会还在国家核能源系列丛书中出版了一种机密教材,在这套有 110 卷的丛书中,大约 60 卷是机密的。最后,对于那些被解密的报告,或在建立了非机密性的学科领域后产生的非机密性报告,原子能委员会出版了反映非机密成果的《核科学摘要》。[49]

机密会议与出版物相结合,促生了一条更自由的信息流。由于几乎所有实验室的科学家都有审查许可证,因而都能加入这个网络,几乎没有隔绝的问题,威尔逊和克里斯托菲洛斯很快加入舍伍德计划也充分体现出该网络的效率。原子能委员会在 20 世纪 50 年代早期停办了信息会议。这些会议已经达到目的,克服了曼哈顿计划造成的分区。同时,国家实验室正开发另一种促进系统内信息流通的机制。

历史学家们已注意到战后美国经济发展核心中的一种新手段——

关联董事会，由它来协调在技术、金融和行政上相互依赖的产业。大公司的董事会成员来自公司外部，通常是来自其他经济部门的同行，而同一位有权势的人可以在几个这样的董事会中任职。因此，重要信息在美国企业的顶端战略层流通。[50]国家实验室发展出一个类似的安排，尽管不是有意模仿企业的样子，并有几个重要的不同点。尽管福特汽车的代表不会在通用汽车董事会中任职，但是实验室会鼓励其他地方的代表加入实验室委员会。实验室版的关联董事会中也有一些较低层的科学家，除了策略和政策以外，他们还被允许参加研究项目的细节讨论，而实验室委员会只担任顾问。

国家实验室建立的关联董事会形式首次出现在布鲁克海文实验室。美国联合大学公司董事会成立了学术咨询委员会，由9个成员大学每校派出的1名科学家，以及来自其他机构的2位科学家组成。委员会很快就发现其自身无法涵盖布鲁克海文那么多的项目。1947年末，委员会分成物理、工程和生命科学三个分会，每个分委员会4名委员。该委员会的目的是在技术方面为美国联合大学公司提供实验室项目建议，同时也将该项目告知大学的科学家们，并鼓励他们来访问。所有委员均有审查许可证。[51]

两年后，美国联合大学公司推广了该安排，并为每个部门建立了一个5人"访问委员会"（visiting committee），进行一年一次的访问，并向美国联合大学公司汇报（访问委员会不能处理部门间的关系，也就是说不能处理跨学科研究或实验室项目的总体平衡）。美国联合大学公司还明确鼓励原子能委员会其他实验室的代表加入。[52]因此，来自橡树岭的温伯格在反应堆科学与工程专业委员会工作，洛斯阿拉莫斯的大卫·霍尔（David Hall）后来也加入了该委员会。格伦·西博格（Glenn Seaborg）与化学委员会一道来访问，他在伯克利的同事埃米利奥·塞格雷（Emilio Segrè）则签约物理学委员会。

受布鲁克海文实验室启发，联合碳化物公司曾在同一时期为橡树岭实施了一个类似计划。橡树岭最开始在 1954 年为化学部成立了一个访问委员会，包括来自布鲁克海文的理查德·多德森（Richard W. Dodson）和西博格在内的 5 名成员。化学委员会被证明非常成功，以至于同年稍晚时候，该实验室也为其他部门成立了委员会，这些委员会再次囊括了其他实验室代表。橡树岭还给其他实验室的科学家发出非正式邀请，让他们出席委员会会议。原子能委员会的研究部主任把这一做法复制推广到其他实验室，作为整合实验室的一种手段。[53] 同年（1957 年），阿贡实验室如法炮制，为每个实验室部门任命了评议委员会，这些委员会有着类似的成员组成。譬如粒子加速器的第一个委员会中，包括来自利布鲁克海文的格林（G. K. Green）和来自伯克利的埃德·洛夫格伦（Ed Lofgren）。[54]

到 1957 年，布鲁克海文、橡树岭和阿贡实验室已成立了包含其他国家实验室代表的评议委员会。只有加州大学拒绝了伯克利、洛斯阿拉莫斯和利弗莫尔的这种想法，这可能反映出它一般很少参与到它们的项目中。访问委员会没什么顾问影响力——他们通常更像是党派同事而不是批评者；他们大谈特谈部门的工作，并为之争取更多支持；他们的学科忠诚度要强于他们的组织纽带。[55] 但是，他们的确提供了同行评审，并在每个实验室帮助传播项目信息，包括机密研究的信息。布鲁克海文国家实验室的委员会成员都持有审查许可证，直到 1954 年放宽限制，允许访问人员无须审查许可证就可以参访一些部门。然而，即便到后来，大部分委员仍继续持有许可证。1958 年，橡树岭的管理者们讨论是否要为自己的全体访问委员申请审查许可证，并决定"一般来讲，它应该是必需的，但绝对必要时可以给予例外"。[56] 因此，委员会就成为一个机密通道，为其他实验室的同事服务。

该机密共同体越过了国家实验室的界限。在实验室层面，访问委员包括来自其他原子能委员会的承包商、工业企业和大学的成员，因此，为国家实验室在更为广泛的科学界中提供了倡导者。在原子能委员会层面，出版网络涵盖了其他政府机构：1951 年，原子能委员会与陆军、海军、空军以及国家航空咨询委员会一起，将研究报告的编目、摘要和分发的程序进行标准化。[57] 国家实验室连锁交叉式的委员会组织在华盛顿有类似的机构。原子能委员会自己的总咨询委员会和生物学与医学咨询委员会经常包含一些与国家实验室相关的科学家，譬如第一届总咨询委员会包括来自美国联合大学公司的拉比和西博格，由前洛斯阿拉莫斯实验室主任——奥本海默担任主席。这些杰出的科学家中的许多人，同时也在其他政府机构的顾问委员会中任职。这里引用两例，奥本海默在他还是总咨询委员会主席的时候，就加入了国防部和国务院的重要顾问小组。约翰·冯·诺伊曼（John von Neumann）在加入原子能委员会之前，在总咨询委员会工作（1952 年至 1954 年）。其间（1953 年），他也在为空军提供导弹建议的委员会中担任主席。次年，来自利弗莫尔的赫伯特·约克（Herbert York）和来自洛斯阿拉莫斯的达罗·弗罗曼加入了冯·诺伊曼的委员会。

一个例子可以说明这种广泛的机密共同体如何影响研究项目。战后不久，将核能用于火箭推进的可能性首次流传开来，后被置于次要位置酝酿了好几年。1954 年，利弗莫尔的一些科学家与空军人员讨论了这个想法。在此期间，此时已获知弗罗曼到冯·诺伊曼委员会担任委员的洛斯阿拉莫斯的科学家，在约翰斯·霍普金斯大学与国防部应用物理实验室的同行们讨论了这个想法。由于兴趣日增，空军于 1954 年 10 月就该课题召集了委员会，由利弗莫尔的马克·米尔斯（Mark Mills）担任主席，成员包括冯·诺依曼。米尔斯委员会的建议催生了在利弗莫尔和洛斯阿拉莫斯对核动力火箭推进设备的研究项目，这两个实验室中的一大部分精力都将用于这些项目。[58]

　　核动力火箭计划最初是由空军人员、原子能委员会的科学家们和国防部实验室间的非正式谈话和联系引发的，最后变成由一位利弗莫尔的科学家领导的空军委员会正式提出的一项建议。随后，该项目发展为原子能委员会实验室与国防承包商间的信息交流方式，前者研究核反应堆，后者研究非核动力火箭部件。起初，该项目的存在在洛斯阿拉莫斯实验室也是秘密。正如项目负责人勒默·施雷伯指出的，"面对这一规则，遇到这种麻烦不需要预案，即洛斯阿拉莫斯工作人员询问关于非核系统的细节问题。"这两个机构不同的保密政策使交流变得复杂。不过，施雷伯发现他能"通过官方渠道进行良好协调"，获取必要信息，参与该项目的实验室科学家们似乎并不缺乏沟通。[59]

　　到 20 世纪 50 年代中期，当公众和政治上对安全的关注达到顶峰时，国家实验室已开发出既能满足安全需求，同时能保持内部成员之间以及与国家安全机构的通信交流。公众对麦卡锡主义和奥本海默事件的关注，掩盖了科学家和国家安全规定之间达成的和解。在机密限制内对外部科学团体的模拟让他们有可能共同生存。秘密不是在国家实验室系统中诞生的，但它在国家实验室上升至一种新境界，并对国家实验室产生了重要影响。安全壁垒增强了国家实验室在地理和组织上的分离，增加了重复工作的可能性。一个机密共同体的发展绕开了这些屏障，让信息得以流通，并让国家实验室系统特有的竞争和合作成为可能。

原子能委员会的组织机构

　　随着第二次世界大战的结束，原子能委员会重新考虑了保密和分区，因此，以军事行动和政府监督为核心并适合生产军事武器的应急计划也发生了很大的变化，成为一个分散的、政府负责的、民用的机

构，致力于研究、发展和生产的多方面的原子能组织机构。1947 年 1
月，原子能委员会接管了曼哈顿工程区的巨大机构体系，不仅仅是几
个大型研究实验室，还有一些行政机构。原子能委员会很快将它们自
己的组织结构应用到实验室管理上，并引进了新职员去监管实验室，
重新思考曼哈顿工程区的政策，包括将研究集中化这样的老问题。

　　1946 年的《原子能法》赋予了由 5 位成员组成的原子能委员会
对原子能的管理权力。这 5 名成员出身平民，需要总统任命，后经参
议院通过。总统还指派了 1 位原子能委员会主席。杜鲁门总统选择了
田纳西河流域管理局的前任负责人大卫·利连索尔。原子能委员会委
员的新任命，也标志着从以格罗斯夫为中心的政府权威军事机构的集
权制向 5 位平民委员的分权制的转变。[60] 仅罗伯特·巴切尔（Robert
Bacher）这一位科学家仍在委员会留任。为了能提供科学和专业的意
见，委员会依靠其由 9 名科学家和工程师组成的总咨询委员会，他们
大多是曼哈顿计划的老成员。鉴于总咨询委员会对原子能项目熟悉，
而（原子能）委员会中又缺乏技术专家，总咨询委员会不仅仅在技术
问题方面提供了帮助，还在原子能委员会早期的政策方针成型中发挥
了重要作用。到 1949 年，随着原子能委员及其职员经验的累积，总
咨询委员会的影响力有所下降。但不同于曼哈顿计划的权力集中，原
子能委员会进一步分散了责任。[61] 该机构的组织架构背离了杜鲁门
时期预算局青睐的执行机构单一管理机制，那时更加民主和高效。相
反，委员会倒退回万尼瓦尔·布什时期，战时科学研究与发展办公室
（OSRD）将责任分散给大学的委员会。[62]

　　原子能委员会的管理也与曼哈顿计划的管理哲学相反。曼哈顿工
程区将设施装备分散在不同地方，但将军事化管理集中在橡树岭的尼
克尔斯手中。原子能委员会采纳的是它分散的管理原则，这背后是利
连索尔主席对民主的信念及其在田纳西河流域管理局的经验。因此，

原子能委员会将在纽约、圣菲、芝加哥、橡树岭和汉福德地区的代理权力交给了设置在这些地区的业务处。[63] 每个处负责一个地区，并且可以进一步将责任下放给大型设施装置附近的地方办公室，譬如像在伯克利和洛斯阿拉莫斯（隶属于芝加哥）或者是布鲁克海文（隶属于纽约）的办公室。管理的去集权化使得没有经验的原子能委员会只去管理在华盛顿地区的小部分职员，这样就可以聚焦政策并把经营决策留给地区办公室，进而依赖承包商来开展他们的项目。

原子能委员会委托办事处进行线性管理，它们向华盛顿的总经理卡罗尔·威尔逊报告。为了帮助总经理工作，委员会依据职责类别，设置了四个职能部门：军事应用、可裂变材料生产、工程、研究。[64] 原子能委员会采用了 19 世纪 50 年代美国铁路公司运用的传统去集权化的机构形式。分散的、有授权和责任的部门在现场指导工作，职能部门向在中央办公室的总经理提供报告。[65] 原子能委员会将曼哈顿工程区的研究部从橡树岭转移到华盛顿，并由贝尔实验室前主任——固态物理学家詹姆斯·B. 费斯克（James B. Fisk）领导。从理论上说，管理国家实验室属于费斯克的职责范围，但是在实际操作中界限并不明朗。生产部曾在战争后的过渡时期帮助格罗夫斯直接负责现场运作，现在继续监控业务处，因此还有原子能委员会负责的实验室。[66] 早期生产部等效地把线性管理和内部行政管理职能结合在一起，它除了有名义职能外还有协助管理实验室项目的任务，作为之后组建的国家实验室系统的先导者。

1948 年，总咨询委员会的一个分委员会起草了一份对原子能委员会机构措辞严厉的批评，尤其是针对他们的去集权化。报告以洛斯阿拉莫斯为例，假定武器发展是原子能委员会成功的方面，也说明洛斯阿拉莫斯的地理位置及其办事处是与委员会军事应用部的职权相匹配的。洛斯阿拉莫斯的教训就是"原来委员会基于地理位置而分散运营的决策是错误的"。顾问们建议，用基于职能而不是地理位置的线性组织代替原子能委员会总部现有的职员组织。"委员会主席在第一次会议时也表达了这方面的担忧，也就是说，从华盛顿开始的组织功能运行会导致过分集中，在我们看来这是不合理的。"他们建议每个实验室都应该是对华盛顿的一个独立的部门做汇报。[67]这不是科学家最后一次反对原子能委员会的分权政策而支持集权化。

1948 年 8 月到 9 月，原子能委员会接受建议并重组了委员会。威尔逊把他的一些操作管理权限转移给不同的项目负责人，同时也分配不同部门去监管不同的设备装置，其中包括实验室。但是，威尔逊回避了完全集中化——"分散管理的原则必须保持"——在地区业务处都保留"行政支持"职能。[68]结果就是从华盛顿不同部门到地方办公室与业务处的权力条线都是混乱的，到总经理再到委员会本身也是混乱的。

这次重组增加了反应堆和生物医学方面的新部门，进一步增加了管理条线的复杂性。这两个部门原本属于研究部。原子能委员会早期的反应堆工作进展缓慢，威尔逊于 1948 年 8 月建立了反应堆开发部以开始提速。[69]早期的生物医学研究如同在荒野上游荡，没有来自总咨询委员会或费斯克的部门代表的指导。为了提供指导，原子能委员会任命了一个生物学和医学咨询委员会，这个委员会认识到在华盛顿需要对生物医学项目的行政职能支持。1948 年 9 月，威尔逊接受了建议，成立了生物和医学部。[70]

反应堆开发部与生物和医学部的建立，将实验室的项目职责分摊到 4 个部门。将单个实验室的管理权限分配给特定部门的尝试，忽略了每个实验室在开展多个项目的事实，这些项目已经逾越了功能屏障。威尔逊重组产生的反应堆开发部承担了阿贡实验室的管理，洛斯阿拉莫斯实验室则由军事应用部负责，其他实验室由研究部负责。但在布鲁克海文、橡树岭和洛斯阿拉莫斯实验室已完成或在建反应堆，阿贡实验室支持了基础的物理和化学研究，包括洛斯阿拉莫斯在内的所有实验室都拥有生物医学项目。原子能委员日后将会长期致力于解决"由此造成的实验室问题（the resultant Laboratory Problem）"，也就是所谓的"实验室组织最难以让人接受的特性"，这源于开展多项研究的实验室的项目多重性（multiplicity）。[71]

在尝试厘清管理权限时，原子能委员会于1950年给员工管理部门的负责人分配责任，以协调各国家实验室之间的项目。各实验室的协调者就是"每个实验室的华盛顿'发言人'"，负责安排每年的实验室研究项目，以满足其长期的任务，并与其他实验室的项目协调。该方案得到"整个组织几乎一致的认可"，包括实验室和办事处。一些实验室指派的项目负责人简单直接，如阿贡实验室归给反应堆开发部，而伯克利归给研究部。其他的则表现为任意武断，如橡树岭归给研究部，布鲁克海文就像一根扔给生物和医学部的骨头。[72]

该计划旨在从每个实验室单线对接华盛顿，但沿路还有其他分支穿过，就比如地方办公室和区域业务处。管理权限从地理分散向职能分散转变，交由项目部门代理，但这也留下了一个难题。起初，每个实验室向地区业务处报告——比如伯克利和阿贡向芝加哥业务处，橡树岭向橡树岭业务处，洛斯阿拉莫斯向圣菲业务处，布鲁克海文向纽约业务处——后者再与华盛顿相关部门请示。新计划不仅将实验室，还将地区业务处也分配给特定部门：芝加哥分到反应堆开发部，纽约和橡树岭分到了生产部，圣菲分到了军事应用部（图1、图2）。例如布鲁克海文通过纽约向生产部报告（生物和医学部作为其协调者）；伯克利通过芝加哥向反应堆开发部报告（研究部作为其协调者）。组织结构也不会一直不变：布鲁克海文从生产部转向生物和医学部，之后又转向反应堆开发部；伯克利在利弗莫尔成立之后从反应堆开发部转向军事应用部。

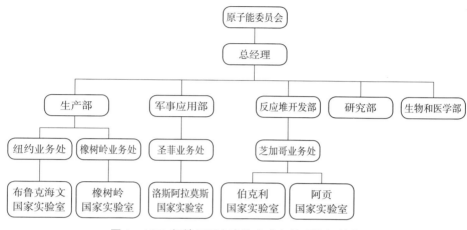

图 1   1950 年前后国家实验室业务管理组织结构
引自 *AEC Organization Chart*，1950 年 6 月。

图 2   1950 年前后实验室协调者

采用这样的解决方案，"实验室问题"依旧存在。在总咨询委员会看来，这是原子能委员会的去集权化政策引发的。若原子能委员会希望将业务管理条线交由办事处代理，这就需要为办事处招聘一批涵盖多种技术能力的经理人员以匹配这种权力。相反原子能委员会依从总咨询委员会的建议，将权力条线指派给华盛顿的参谋部。即使原子能委员会放弃去集权化，其职能授权安排也没有顾及实验室的多项目状态；总咨询委员会的推荐和建议是基于洛斯阿拉莫斯模式的，即被认为是目的独特单一的实验室，虽然它在进行着包括武器研发在内的多个项目。然而，当时原子能委员会只是决定将反应堆研发部门集中于阿贡实验室，这是根据总咨询委员会的建议。提议这样的功能组织可能就是打算利用研究项目的地理集中优势。

总咨询委员会支持将反应堆研发集中于一个中心实验室，并放弃行政去集权化，源自他们对"反应堆研发计划进展的失望"。[73] 战后头几年里，原子能委员会面临着（偶尔也在增加）公众对和平时代原子能，特别是核电利用的期望。尽管总咨询委员会试图抑制对核电实现投产的过于乐观的估计，但也感受到对发展反应堆的压力。[74] 对核反应堆的高期望值可能助长了急躁情绪。总咨询委员仅仅在工作一年后，即建议原子能委员会对组织结构进行大改组，而不是给原来的组织结构提供建立团队的机会并证明其价值。原子能委员会接受这样的意见，也说明他们对科学研究人员的依赖，即使是在行政管理方面。顾问们承认他们是在给"非管辖范围之内的领域"提建议。[75] 该计划实施后暴露出的问题表明，科学家并非在任何方面都是专家。

为了修正 1948 年重组的结果，总咨询委员会提供了更多的组织性意见，继续推动集权化。1951 年，仅在任命实验室协调人之后数月，总咨询委员会便建议原子能委员会任命一个能够在确定研究问题时桥接部门条线的华盛顿员工。到了年底，之前的建议已发展成为一次有计划的重组，包括任命一名总经理助理从而为各实验室提供"一条为国家实验室通信的直接渠道"。[76]

这些理念直到 1954 年 4 月 1 日才得以萌芽。原子能委员会为研究和工业开发设立了总经理助理职位，并任命原芝加哥业务处负责人阿方索·塔马罗（Alfonso Tammaro）担任。[77] 实验室将通过各自业务处向负责人塔马罗报告，他将协调不同实验室的项目。[78] 然而，实验室的业务管理权力条线在实践中还是通过部门主管运行，这个计划最初的提议中，塔马罗的头衔不包括第二部分（工业开发），而这成为了该计划不可承受之重。原子能委员会已经推动将反应堆研发转移到私营工业企业。塔马罗是一个合同制官员，不是科学家。他忙于工业开发中出现的问题，又把协调研究项目的职能还给了部门主管。[79] 实验室问题仍然慢慢显现，加上实验室领导人和科学家们煽风点火，未来愈趋白热化。

申 请 之 路

反应堆项目所承受的压力极大地推动了 1948 年的重组工作，这意味着国家实验室并不是孤立存在的。国家实验室通过原子能委员会与其他行政部门、国会以及美国公众联系起来，而这些外部联系又传递了来自各方面的压力，塑造了整个体系的演变。联邦政府以财政为主要手段来改变实验室的行为。所有实验室都没有无限的资源使用权，各实验室必须通过竞争或合作来获取必要的资源。为了弄清各实验室都在做什么，以及这样做的原因，我们就必须以资金为线索。

追溯实验室预算，从实验室到原子能委员会之间的途径非常复杂，每个实验室各项目的预算是分开拨付的，分散于错综复杂的业务处和项目部门中。一旦重归原子能委员会预算，将经过预算局，并计入总统预算中，这意味着它们最终必须通过国会审议。这一过程将经历多道预算审核程序，审核者也会对实验室项目预算中任何偏高处加以缩减。审核程序的复杂程度及对高额预算的态度会随时间变化。通过对其演变的考察，可以了解外部环境，即历史背景是如何塑造国家实验室系统的发展，以及该系统又对环境产生怎样的影响。我们还可以了解框架体系会对实验室的科学家造成多大程度的限制，以及他们如何在这些限制中发掘回旋的余地。

实验室层面

同实验室其他方面一样，原子能委员会的出现打破了以往预算报告的做法。在战后过渡期，以及在原子能委员会领导下的第一年，实验室实行了一套现金报销基本准则：承包商先从自有经费中垫付以满足工作需要，然后向政府申请报销。当所需费用超出了承包商自有资金时，政府将会提供一笔现金垫款。实验室提交的预算内容包括总体费用目录（如劳务费、设备费等），并附上一份申报研究项目的大致说明。原子能委员会的管理者意识到了这一系统存在效率低下、潜在滥用等问题，也招致国会对这一新机构的非议。[80]

这种忧虑是有充分依据的。当项目申请只需一般理由时，实验室主任就会想着可以随意"画饼"。没有人比欧内斯特·劳伦斯幻想得更大，他在战后过渡期几乎无约束地成倍扩充自己实验室的人员和设备。一位科学家这样回忆战后的辐射实验室："我们用大桶大桶的美金运行实验室。"[81]布鲁克海文实验室曾在第一年就预算两百万美元，并如是答辩："对于我们是否全力以赴争取预算额度，员工们认为全方位扩张是必需的……否则前进的步伐就会大幅缩小。"他们一致同意：全速前进。莫尔斯指出："一些人会在我们谈到申请预算额为一年二三千万时表示震惊，"但是，"除非委员会至少认可这个预算，否则委员会将得不到一所值得拥有的国家实验室……原子能委员会必须认识到这可不是一个小赌注游戏（penny ante game）。"[82]

为了控制这股浪潮，原子能委员会于 1948 年 7 月采用了一个成本预算制度：承包商需要提供一份详细的包含标准费用类别划分的预算书，以及月度财务报表，原子能委员会对其费用预拨资金。[83]原子能委员会根据华盛顿的职能部门划分原则，建立了几大项目类别，包括武器（所谓的 300 类别）、反应堆（400 类别）、物理研究（500 类别）以及生物学和医学（600 类别）。当时，每个项目类别下仅包含少数子类别，但其代码范围足以使原子能委员会有充分的空间在未来作进一步细化。[84]统一标准的形成是需要妥协的。尽管项目类别是按照原子能委员会的项目部门条线划分的，但不一定能够与实验室的组织结构和研究项目相对应，事实上由于每个实验室的独特性使之根本不能对应。就比如一所实验室开展高能物理研究，就会遇到其科研工作被分在两个预算项目：粒子加速器和基础物理研究。反之，同一预算项目也会分散到若干个实验室部门。这种预算程序并不能很好地适应于跨学科研究。在原子能委员会眼中，一个研究项目"按定义不能涉及其他类别的工作"。[85]

　　标准化也牵涉到文书。在这种令人厌烦的管理形式下，"原子能委员会表 189"和"原子能委员会表附表 92"开始出现在科学家们的办公桌上。前者要求为每个项目提供如下信息：责任科学家、参与人数、项目简介、往年预算及决算，以及本实验室或其他地方正在开展的相关工作。后者包括：新建设备及其理由、一份时间表和预算表。每个实验室需要每年对多份表格进行汇编，形成所谓的灰皮书或总预算书。在填写表格之前，实验室负责人非正式地探听当地业务处和华盛顿的项目经理的意见，并在灰皮书汇编完成后，马上进行更正式的会面。这种一年一度的"项目复审"经常在实验室开展，并持续数天。原子能委员会官员审查单项提案，评估与其他地方相似工作和其他原子能委员会项目的关系，并在通过业务处提交预算至华盛顿之前提出调整意见。

　　原子能委员会人员的参与不只限于项目复审，各办公室和项目部门也没有表现出相同的兴趣。由于原子能委员会的去集权化政策，原子能委员会的人员行动的不协调引发了另一方面的实验室问题。随着 1948 年的整顿重建以及新会计制度的出现，原子能委员会希望使"科技指南"功能落在华盛顿的项目部门头上，而业务处只负责"行政支持"。[86]行政支持和科学指南间的区别当时是十分模糊的，如果说管理"在某些人听起来缺乏科技内涵"，又如果"所有联络的（地方）经理都对'指导研究'不感兴趣"，那么业务处也不希望将预算授权给实验室："大量资金牵涉其中；他们需要知道自己花钱买了什么。"这是双向的：当他们染指研究方向，一些地方管理者就会抱怨"项目部门已经涉足到'资金业务'中去了"。[87]

各地原子能委员会办公室的对他们的职权认识情况各不相同。洛斯阿拉莫斯习惯了圣菲业务处努力不干预承包商工作的独立办事方式。[88]地区经理卡罗尔·泰勒（Carroll Tyler）忙于洛斯阿拉莫斯社区的管理，并因此受到议会的批评。[89]在纽约业务处管辖之下工作的布鲁克海文地区办公室经理范·霍恩（E. L. Van Horn）与布鲁克海文实验室的管理者关系很好，对实验室不再求全责备。"他不是刺探者，他希望我们能够管理好。"但即使范·霍恩"不像某些纽约职员那么'敏感'"，不会对实验室越过他们直接联络华盛顿的部门感到愤怒，他仍要求实验室走常规渠道，即通过他和纽约办公室申请。[90]那些敏感的纽约职员注意到情况并没有改善，他们向预算局的审查员抱怨"直到最近，与布鲁克海文的合作都是表面的"，并宣称他们打算"逼近美国联合大学公司并在条件所允许的程度下，尽快加强其合同的监督力度"。[91]

在伯克利，劳伦斯和昂德希尔把伯克利地区经理波曼（A. P. Pollman）当作"跑腿伙计"，波曼抱怨道"令人痛心的是，他代表委员会去做的任何事都会被昂德希尔或劳伦斯博士全盘否定，并且……这些人选择越过他，直接与华盛顿处理事项"。[92]或许因为曾是曼哈顿计划的行政中心，橡树岭业务处对该区的实验室行使了更多控制权。然而，1949 年其职员却计划"大力推动更彻底的审查和评估工作"。[93]

1948 年的重组将条线责任指派给华盛顿的项目部门，并使其管理业务处。从那时起，每个业务处的行为反映了其上级部门的态度和宽容度。生产部严格地掌控橡树岭和纽约的办公室，并雇用技术专家，使得压力从部门转移到相应的实验室。与之相反，军事应用部给予圣菲业务处更多自由支配的权力，也不提供技术人员，因此洛斯阿拉莫斯有更多的自主独立性。[94] 由于这一时期洛斯阿拉莫斯的大多项目都有对实验室业务管理和职员行政管理的两条路线，因此军事应用部的宽容也使得洛斯阿拉莫斯在这一时期受益倍增。

原子能委员会的实验室预算

项目部门职员行政管理的权力导致了另一个方面的实验室问题。一旦一个实验室的预算经由负业务责任的业务处和项目部提交，其各部分（300、400、500、600 等类别）就被分散至相应部门（分别对应军事应用、反应堆开发、研究、生物和医学）。各实验室预算在华盛顿并不被视为一个完整单元，而是被拆分后加入若干部门的预算。多重项目实验室的多样性导致协调所有项目时"尤其艰难"。[95] 项目协调有两种情况：一是单一实验室内部的多个项目，有些容易被划分，如伯克利的物理研究和生物医学项目，也可能彻底纠缠在一起，如橡树岭的反应堆、物理研究和生物医学工作；二是几个实验室共同开展一个项目，每个实验室都需要为所有四个部门工作。[96]

1950 年任命的实验室协调员是为了克服实验室预算在华盛顿被分割的问题，并在整个系统内协调项目。但从长远来看，该解决方案被证明是无效的，因为协调员没有时间为他们的实验室辩护，因为他们的主要责任是担任部门主任，更重要的是，他们还缺乏预算授权这一关键权限。尽管实验室预算被分散到各部门，令实验室整体感下降，但它们不作为特别机构，也免于更高层的预算监督。这至少在考虑经营预算时，减少了机构偏见和政治分肥（pork-barrel politics）的可能性。这个过程也将各个项目的管理权限交给了各部门的职员，他们对评估项目具有职能专长，实验室科学家们常常和他们发展一种非正式的关系，并在之后担任倡导者。[97]

部门预算下一步通过总经理送达原子能委员会，委员会根据其总体政策目标在整个预算范围内平衡各部门的预算。该委员会不审核个体项目，因为它相信项目经理及其职员能将这些工程在部门预算中调整妥当。然而，它的确逐个项目地考察了建设预算。因此，新加速器、研究反应堆、化学热实验室或者医学研究诊所，必然受到原子能委员会的严格质询。在对新设施的考察中，以及为使每个实验室整体水平达到最佳，原子能委员会可以向专业咨询委员会要求提供咨询。总咨询委员会及生物学和医学咨询委员会不需要批准详细的年度预算，但他们确实偶尔会审查整体实验室项目和特殊设施，据此，在从提议到项目的路径上插入另一个检查点。

原子能委员会质疑建造预算中的每个项目以及各部门的运营水平，因为它知道别人会对其采用相同的监管手段。原子能委员会在其他行政部门的预算核算员关注下开展工作，而这些行政部门又受到来自国会的压力。项目部门的态度由部门工作涉及的外部党派利益和原子能委员会自身的利益所决定。研究部及生物和医学部希望对他们的预算少抠细节，对他们的承包商也减少管制。这正是原子能委员会向国会陈述的："由于在描述基础研究的目标上困难极大，有责任心的科学家在规划他们自己的基础研究计划项目，所以在这些项目的预算和管控中，没有做到像应用研究项目那般细致。"[98]这种辩解并没有尝试去定义"基础"和"应用"，也没有解释军事应用部所授予的自由度。只有考察上级机构方能解决这些问题。

执行部门

国家实验室的申请书一旦纳入原子能委员会预算中，就很难从行政部门的"森林"困境中走出来。在 1946 年最初的关于《原子能法》的辩论中，预算局局长哈罗德·史密斯（Harold Smith）曾坚持，通过经费支付权进而将新原子能委员会纳入其部门所执行的行政控制中。[99] 预算局的预算核算员担任了行政部门的监管人，控制项目审批通道。原子能委员会预算的责任（20 世纪 50 年代初达到数十亿美元），落在了预算局军事部原子能小组（后来成为一个部门）的三名核算员身上，而军事部的委派引导了原子能委员会的早期关注重点。原子能小组负责人弗雷德·舒尔特（Fred Schuldt）曾被培养为一名科学家，但预算审核员不该从技术立场出发，来评估原子能委员会的项目。相反，史密斯认为该局的政策管制依赖于立法和行政管理经验。"我想说，整体上那些技术人员在处理重大政策问题上是最差的。"[100] 他的核算员也会同意："原子能委员会项目的高技术性本质让委员会相信它就有能力单独就政策事项得出结论……（但是）大部分政策问题可用非技术的方式表达出来。"[101]

这些审核员与原子能委员会经过一轮漫长的磋商后才会开始实施政策。正式程序通常是在财政年度开始的前一年夏天举行某种形式的讨论，而一个财年是从前一年的 7 月份一直到当年的 6 月份（比方说对于 1955 年财年，讨论必须从 1953 年夏天开始）。预算局为每个项目部门布置预算估值；原子能委员会会相应地调整预算，尽管不精确，（这是由于）提交的预算常常无法满足目标。预算审核员之后会仔细检查运营预算的每项活动以及建造预算的每个项目，并将预算附上削减建议及削减理由后，返还原子能委员会。每一项预算分类到其项目下的亚分类（如研究部的基础物理研究预算），或者特殊建设项目（如新的加速器或研究反应堆），必须通过预算局的评审。核算员可以用一些笼统的评语削减一个计划："没有考虑的必要性""现有设备已足够"或者"没有充分的理由"。如果有的话，原子能委员会及其职员之后会决定哪些项目可以上诉。对于那些再次被预算局拒绝的上诉项目，原子能委员会可以向总统做最后上诉，通常只为最大的项目保留这次上诉的机会。[102]

一年一度的预算谈判迫使原子能委员会做出艰难的决定，塑造了实验室项目概貌。[103]预算审核员主张设立某种目标是必要的，可以迫使项目经理去权衡项目优先级并去掉一些杂项，以节省预算局的人工。这并不是预算审核员偷懒，有人指出"详细内容如此之多，以致让中央审查组在项目水平上逐项做出重大调整是不切实际的"。[104]原子能委员会为1955年财年准备的运营预算文件厚达4英寸。但预算员不能怨天尤人。当原子能委员会总经理尼科尔斯抱怨所需详细内容的数量太大时，预算局的舒尔特允许原子能委员会删掉"叙事性的谈天说地"，但仍坚持预算表格至少要达到当前的详细水平。舒尔特抱怨尼科尔斯，说他"在研究项目的细节上几乎什么都没想写"。[105]舒尔特同样认为简化原子能委员会预算的提议是"严重的倒退"。[106]实验室科学家只能以无可奈何的态度面对预算审核员的评审："像往常一样，问题会如期而至，即需要为计划项目和（或）建造项目增添额外的理由。"[107]

预算局要以特别的热忱来克服原子能委员会提出的问题，包括其作为独立机构所产生的问题。此外，原子能委员会作为运营（与之相对的是监管）机构，希望增加项目而不是控制它们（虽然1954年后其监管作用开始增强）。[108]随着斯特劳斯就任委员会主席，原子能委员会的独立性在20世纪50年代初开始上升，同一时间他还担任艾森豪威尔的原子能特别顾问，这就使得他可以绕开预算局直接与总统对话。最后，预算局不得不应付"仍然围绕着原子弹的把戏，以及披着'和平使用原子能'外衣的新把戏"。[109]

与此同时，预算局职员抱怨原子能委员会的独立性，他们还把它与另一个联邦机构美国国防部的联系拿来说事。军方对国家实验室工作产生了浓厚的兴趣，特别是关于核武器和用于推进的反应堆开发。美国国防部在原子能委员会之后不久的1947年成立，通过军事联络委员会向原子能委员会传达它的关注点。军事联络委员会本身是国会在关于民用原子能控制议题中一个衍生副产品。[110]三军代表组成的军事联络委员会向原子能委员会表达了他们对军事应用的渴望，或者说是"需求"。然而，国防部不需要为他们的需求支付费用。预算局审核员指出军方基本没有克制的动机，原子能委员会也没有。只要在预算谈判桌上国防部支持他们，原子能委员会就"不加判断地接受"军方的要求。这种相互支持挫败了预算局的财政控制，并朝着扩大项目的方向迈进。[111]

如果实验室科学家对预算局施加的削减和细节要求提出抗议，他们在实验室问题上的看法就都可达成一致。预算局人员指出，原子能委员会的研究预算"似乎是临时性的，主要基于当前或拟建设施的需求，对实验室长期使命的任何总体规划都没有任何明确的参考意识"。实验室缺乏明确的使命，原子能委员会将预算分配到几个部门，而实验室协调员已被证明没有用处。于是，预算局同意原子能委员会关于为研究和发展部指派总经理助理，来管理国家实验室的计划。[112]但是，实验室科学家们和预算员的共识是出于不同的原因。前者寻求斩断杂乱的权力条线，并向华盛顿的单个人负责，以获得更多的行动自由；后者为明确实验室更宏伟的使命，并由原子能委员会对项目进行协调。但双方都对新总经理助理的解决方案感到失望。结果，1954年指派的总经理助理在国家实验室里投入时间很少。双方转向寻求国会的支持。

立法部门

原子能在立法部门与行政部门占有类似的地位，其预算必须经两院拨款委员会监督审查。不过，得益于原子能联合委员会的支持，其享有一定的独立性。从提案到项目确定的程序都要通过这些委员会。

原子能委员会的预算需依次通过众议院和参议院拨款委员会的表决。这有点像通过预算局。自1947年春季原子能委员会首次在国会露面以来，各拨款委员会不断向原子能委员会施压，要求其进行财政控制，并提供更多的预算细节：议员们要求"如何使用这笔钱要有清晰的想法""在这个机构中，主流观点似乎是经费没有上限"。一份300页的预算书几乎没有提供"人们关心的细节部分的信息"。[113]拨款委员会遵循了其一贯的做法：众议院削减预算，参议院充当上诉委员会，恢复众议院所做的大幅削减。但是，即使是那些认为"参众两院与原子能委员会相当友好"的参议员们，也抱怨原子能委员会"总是想用冠冕堂皇的泛泛而谈来讨论问题"。[114]

　　原子能委员会项目的技术本质限制了国会管理者的作为。国会议员承认："当涉及科学术语时，我不想要关于那类问题的任何答案。"[115]"因为我们都不是科学家"，"不是核科学专家的人不得不相信原子能委员会与其职员提出的经费要求"。[116]如同预算局一样，国会拨款管理人员也抱怨这样的问题：满足军事需求和原子能委员会不加判断的经费申请。[117]国会还必须处理分类问题。实验室申请的经费和原子能委员会的预算分为机密与非机密类别，只有非机密部分需要公开听证和严格审核，武器类的预算及免受审查的政策强化了武器相关实验室的自主性。武器项目的预算一点都没有细分。1952年的官方记录中只有一个1.61亿美元的项目预算，仅有一页的申请理由。委员会确实收到了一份关于武器项目的机密简报，但委员会代表阿尔伯塔·戈尔（Albert Gore）指出："委员会有更多的理由知道这1.61亿美元的用途……看到这个简报的美国人民想知道一些额外的理由，而不是仅仅只有一页纸的说辞。"[118]

　　拨款委员会在试图控制财政方面受到了一些同僚的阻挠。1946年颁布的《原子能法》规定成立国会原子能联合委员会，该委员会由18名成员组成，其中众参两院各占一半成员，旨在国会监督原子能的立法。联合委员会最初对原子能委员会的预算没有控制权限，只对其进行保护，防止执行部门中的预算局削减预算，也防止立法部门中的拨款委员会削减预算。"通常……（联合委员会的人员）发现他们对执行部门说的不是：'少做，做慢一些'，而是说'多做，更大胆地做'。"代表戈尔希望得到一些帮助，以保持对原子能委员会的控制力，但"联合委员会从来没有就这个问题提出过任何建议，哪怕是节省 1 美元……我唯一从该委员会听到的是，这计划多么宏伟以及我们应该花更多的钱"。[119] 联合委员会鼓励原子能委员会独立性，未能支持总统的预算制，并在国会听证会上批评预算不足。换句话说，一个执行机构求助于立法部门来反对其执行。预算局注意到了这种荒谬的背叛，对"联合委员会对原子能委员会研究计划的详细运作的关注程度"感到悲哀。[120] 反过来，联合委员会又显露出对"由预算局在原子能建设计划中承担主导作用"的不满。[121]

实验室科学家则通过他们的盟友来使自己获利。劳伦斯特地培养了委员会成员，并用其热情给他们留下了深刻印象，这种热情又与他们自己的相匹配。相反，同样的工作人员则在布拉德伯里做简报后，抱怨他"演讲不精彩"。[122] 1954 年联合委员会通过修订《原子能法》增强了其影响力，要求获得所有建设拨款的批准权，从而使自己正式进入预算过程中的一个环节。从那时起，联合委员会就可以恢复在前几个环节被淘汰的项目。例如对 1959 年的预算，原子能委员会的工作人员了解到，联合委员会可能会增加研究预算，并建议 1 亿美元作为合适的标的；联合委员会痛快地恢复了被预算局和原子能委员会自己否决的 14 个物理研究项目和几个反应堆。[123]

顺梯而下

由国会批准的总统预算并不是国家实验室预算流程的结束。这笔经费必须能够反向追溯到实验室科学家的项目研究。路径中的每一步都有转移方向的可能性。实际上，预算局于 1958 年通过撤回由国会授权用于特定项目的资金，作为收回联合委员会从它那里夺走预算控制权的一种方式。[124] 然而，多数年份内，预算局会将基金下放给原子能委员会，而原子能委员会必须弄清怎样合理分配，才能应对预算削减。原子能委员会可以将前一年剩余的经费或者一些流产项目的经费来填补削减的预算，如在 1953 年就弥补了物理学研究预算上的大额削减。[125] 不过，原子能委员会通常只是让各部门自己处理削减开支的问题。每个部门必须公正地将预算明确分摊：反应堆开发部将对削减活动开支进行详细说明，然而研究部门将决策权授予给各实验室的主任。

一旦实验室收到他们的预算，实验室主任有权将基金转移到一些特殊项目中，不过这也要看该项目以及当地业务处的态度。实验室主任通常最多可以在一个项目（如研究部）之中转移预算资金的 10% 或 15%。更多资金转移或者不同部门之间资金的转移，需要经原子能委员会批准。[126] 20 世纪 50 年代早期一些实验室的资金水平可达 500 万美元。因而在物理学研究项目中，可自由支配的 10% 资金也是个不小的权力。实验室主任也可能会将少量实验室预算作为自由基金，如橡树岭 1955 年将经费预算的 1% 作为自由基金，这为 3 000 万美金的预算提供了灵活的裁量权，也避免了再次超支。[127] 实验室主任对间接成本的分配有最终决定权，如伯克利将一个不成比例的间接开支强加到生物医学研究上，从而给了物理研究更多经费；他们发现这个技巧对加大实验室在材料测试加速器（materials testing accelerator）方面投入非常有用。而生物医学部门抗议"实际上他们的项目经费资助了物理研究项目和材料测试加速器项目"，并要求获得一个更公平的间接费用分配方案。[128]

过程演变

尽管预算过程中的一般程序保持不变，但申请之路变得更难以协商。布鲁克海文实验室早期庞大的预算为战后初期实验室的"黄金时

代"提供了支撑，那时经费就像是从树上长出来的，实验室的科学家
们在美元堆里雀跃。20 世纪 40 年代末在许多实验室退休人员的回忆中
是一个悲哀的时期。[129] 所谓的盛况被夸大了。实验室在原子能委员会
早期财政管制下艰难地工作。甚至在更早些时候，克林顿实验室管理
者抱怨 1946 年曼哈顿项目的地方代表尝试"干预并接管在当时合同下
仅为孟山都公司保留的责任"。[130] 原子能委员会的出现以及将其纳入
联邦预算的过程，只会增加政府地方代表对其的干预。1947 年 6 月，
布鲁克海文实验室的预算编制者对"不断出现在工作中的某些人的干
扰感到恼怒，这种人的态度表面上看是种持续的质疑，实则暗含着这
么几种意思：我们不能被信任；我们不会遵循良好的商业惯例，除非
通过持续的逐项监督；我们容易好高骛远、不切实际，浪费政府资金；
在采购程序中，我们没有良好的判断。当质疑声来自那些比被质疑人
更不够格的家伙时，尤其令人厌烦。"[131]

在伯克利，如果劳伦斯将原子能委员会的地区经理波曼当作"跑
腿伙计"，并且试图绕过他，那是因为波曼想将实验室经费保持在预算
范围之内。到了 1947 年 5 月，辐射实验室的管理者已经开始抱怨波曼
将他们的月度成本与年度预算中的成本估计进行比较。肯尼思·普里
斯特利（Kenneth Priestley）坚持认为，预算是暂时的，实验室不应受
其限制。[132] 同年夏天，实验室主任抗议要求的行政管理报告数目，以
及原子能委员会对他们自由支配预算的限制。[133]

对往事的怀旧心结可能缘于今天的许多老员工当时还是基层员工，
他们没有接触到行政管理和预算等方面的烦人问题。[134] 然而，黄金时
代的许多记忆来自于以前的实验室主任和高级职员。大多数谬见也会包
含一些真理。如果"黄金时代"并非如实验室老员工记忆中那样自由轻
松，那么它似乎与随后发生的事情是如此相关。曼哈顿项目一直受到美
国政治进程的庇护，原子能委员会的组建使实验室体系暴露于政治压力

之下。到 1949 年，布鲁克海文实验室的管理者已经确认"原子能委员会有一种加强其业务控制方面的趋势"。伯克利和阿贡的管理人员都在抱怨临时预算需要提前三天通知，并需要增加预算细节。[135]原子能委员会表示同情，但指出这些细节在面对预算局和国会的答辩是必要的。如果预算局质疑增加的估算成本，则会全面缩减开支，且如果没有详细理由的话，项目也会一同被砍掉。[136]

原子能委员会将这些财政压力传递给项目部门和业务处。后者的作用凸显了技术方向规划和管理之间的模糊界限。实验室科学家和管理人员抱怨说，尽管业务处缺乏技术能力，但他们还是对项目指手画脚。[137]在华盛顿的项目经理也同意这一观点。在原子能委员会 1953年备忘录提出由地区办事处规范化技术指导方法之后，生物和医学部主任认为只有少数办事处具有必需的技术胜任力，而在大范围内雇用各学科科学家似乎是"不切实际的，也是不可取的"。[138]作为技术监管的压力来源，"财神爷"角色的国会也对业务处增加员工数量报以冷眼。[139]

业务处不是唯一的干预者。橡树岭管理人员抱怨，"华盛顿将太多注意力用在比较花费和只占项目小部分的详细工作方向上。"他们指证反应堆开发部是最大的干预者。部门通过工业承包商管理新技术和危险技术的大型建设项目，因为原子能委员会在 20 世纪 50 年代推动建立了反应堆产业，需要越来越多主动的监督。一位反应堆部门员工承认道："倾向于提出技术建议，部分是为了从冗长的文件整理中解脱出来。"[140]为了完成详细的审查工作，华盛顿的文书工作人员成倍增加，国会在鼓励审查工作的同时，也试图限制工作人员的增长。[141]原子能委员会总部大厦的建筑变化也表现出了这种趋势。第一个原子能委员会总部大厦只能容纳 350 名员工，且无法再扩大。第一任总经理卡罗尔·威尔逊倒是希望其规模受到限制。1957 年，拥有 1 600 名员工的原子能委员会新总部搬到来马里兰州日耳曼敦（Germantown），这里有充足的空间可供扩张。[142]

原子能委员会的预算分类也反映出发展趋势。1948 年的初始预算方案（如分类 500 为物理研究，分类 600 为生物学和医学）仅包含少量的分类子集：生物学和医学有同位素生产（610）、研究与开发（620）及装置和设备（630）。之后不到两年时间，原子能委员会在分类代码上加了一个零，并将方案进一步细分：生物学和医学项目现在指定为 6000，包括癌症研究（6200）、医学（6300）、生物学（6400）和生物物理学（6500），其中有些又包含几个分类子集，生物物理学更是将方案下所有可用的位数都用上了。[143]研究部又区分了基础物理和应用物理（分别为 5210 和 5260），化学（5310 和 5360）和冶金学（5410 和 5460），并增加了额外的同位素生产和特殊培训类别。

基础研究和应用研究之间的区别，困扰着实验室科学家和他们的监管者及历史学家，应用研究是指与武器或反应堆项目相关的工作。国会议员戈尔试图让研究部主任皮策说清楚基础研究和应用研究的区别。皮策只能说："其中的差别很大程度上见仁见智。"[144]实验室预算编制者发现分类方法"意义不大"并且"经常被个别科学家曲解"。1953 年，皮策的继任者托马斯·约翰逊（Thomas Johnson）同意并提出修改分类的方案，此外，由于"当工作的一部分被称作应用时，就代表它与剩余部分是不相关的"，尽管"一些科学家觉得形容词'应用'会令人反感"。[145]然而，紧接着在 1955 年 1 月提出的修订版本，并没让实验室的科学家们感到满意，因其将物理研究分为五类，化学分为四类，冶金学分为三类。橡树岭实验室的管理人员抗议道"分类的缺点完全在于太详细、太复杂"。[146]物理研究预算的分类复杂度与反应堆开发预算的分类复杂度相比，简直是小菜一碟，反应堆开发把预算分解得太细，以致用尽 4000 系列的全部整数位还不够，必须用小数来表示。[147]

　　这整个机制带来的压力都会有一些影响。1950年，布鲁克海文实验室管理者抱怨道："政府在战时的慷慨开支已不复存在。"实验室现在的目标是1 000万美元的运营预算，研究部的皮策提出将其减半，虽然这不至于成为一个"小赌注游戏"，但这与1947年初的3 000万美元预算相差甚远。[148]在恢复到战时预算金额后，实验室运营预算在20世纪40年代末趋于平稳，尽管施工预算在继续扩大，既是因为要建设永久设施以取代战时临时设施，也因为布鲁克海文是白手起家的。

　　实验室科学家并没有被动地接受上面的预算规定。富有进取精神的实验室主任（如劳伦斯和温伯格）学会了同时在明处和暗处发展同盟者，前者如国防部或原子能联合委员会，后者如预算局。[149]有些同盟被证明足够强大，可以对抗财政限制，并且在最初的平衡之后，实验室的预算再次开始增加。预算局注意到的国家实验室"看似连续的项目扩张"在20世纪50年代中期表现得极为明显，并且试图阻止它。[150]1955年，甚至联合委员会也对实验室的扩张情况表示怀疑。[151]

　　原子能委员会的应对策略是加强自身的努力。日益复杂化和正规化的预算过程开始取代一些不太正式的核算机制，加速了实验室项目的碎片化。由于各部门正式的费用估算和快速估算都先于预算的准备过程，到20世纪50年代中期，各实验室的项目评审开始逐渐取消，这个环节原本是为了让实验室科学家们与原子能委员会工作人员开展圆桌讨论，来考虑全面的规划项目。[152]新的文书处理工作和分类方案在20世纪50年代末出现，它要求实验室的预算更加精细、实验室负责人更加耐心。武器实验室成为争议的焦点：达罗·弗罗曼于1960年辞去洛斯阿拉莫斯的副主任职务，他受够了"与华盛顿官僚机构进行这样那样的谈判——预算、项目、数据表、报告、表格和访问"。同年，霍沃思预测"如果这一趋势继续下去，终将与原子能委员会迎头相撞"。[153]

　　这一趋势席卷了原子能委员会，也反映在了美国行政管理的发展史上。20 世纪中叶，政府活动范围日益扩大，机构激增（如预算局就是在罗斯福政府时期成立的），国会各委员会召集大量员工以保持稳定的工作进度（与政府部门对立）。高层的讨价还价和非正式的、具体的决定，让位于官僚程序各种规则和程序。因此，行政和立法部门的繁文缛节和微观管理在战后有所增加，并扩展到国家实验室体系。这些发展势态反映了联邦政府对问责制越来越多的需要，这些要求最终成为美国公众诉求。[154]

对系统的影响

国家实验室多样化和潜在的不必要重复所带来的浪费，最终都会引发各级预算审查人员一再审查。1948 年，拨款委员会的国会议员注意到了建设相似高能加速器的请求，并质询"为什么你们想在布鲁克海文实验室建设三百万美元的设施同时，还要在伯克利花费四百万美元再建一台？"[155] 1953 年，众议院拨款委员会认为"如果淘汰掉冗余和重复的项目，那么减少从事原子能工作所需科学家的数量就成为可能"。[156] 预算局批评了动力反应堆和舍伍德计划的"方法多样性"。[157] 甚至原子能联合委员会也质疑这两个武器实验室项目的重复性。[158]

原子能委员会的预算过程突出显现了维持多重项目实验室的后果。由于实验室的项目在部门预算中是被捆绑在一起的，因此项目重复就会非常明显；一家实验室的项目会与其他实验室的项目同时出现，而不是由不同部门机构分别列出。关于业务处激进做法的争论触及了去权力中心化政策的核心。原子能委员会试图将行政权下放给它的当地办事处，但从未解决是否包括对项目技术方向进行指导的问题。如果业务处没有该职责，那么在原子能委员会中，就没有谁能将每个实验室的业务管理责任作为一个整体，因为他们的预算在华盛顿的层面上是分散的，而且各种协调机制均告失败。实验室预算的分散催生了人们对实验室这样一种认识：它不是一个集成机构，而是一个项目的集合体；或者如同霍沃思所说的，是"一种工作车间"。[159]原子能实验室的预算分散化和干扰的管理者越来越多，使实验室主任们处于防守状态，他们只能藉集体行动来寻求力量。

实验室主任俱乐部

和实验室一样，后来被称作实验室主任俱乐部的起源可追溯到曼哈顿计划。主要研究中心的主任们从 1946 年开始，召开了一系列会议，为战后的发展作打算。1947 年 5 月，原子能委员会将这一团队正式命名为一个"研究委员会"，以便协助刚刚起步的研究部进行"研究项目的演变与整合"的工作。1947 年 8 月，劳伦斯请委员会成员们到伯克利北部一片红树林中的波西米亚树林（Bohemian Grove）俱乐部召开第一次理事会。在 4 天时间里，原子能委员会与实验室主任们共同对未来的原子能研究和开发进行了坦率、非正式的讨论。[160]尽管第一次会议取得了成功，但费斯克和他的继任者们却将研究委员会束之高阁。

实验室主任会议在 20 世纪 50 年代中期得到恢复，这为抱怨实验室问题的人和挑剔的原子能委员会预算管理员们提供了一个重要的发泄平台。1953 年，布鲁克海文实验室前物理学家（现在负责研究部的）托马斯·约翰逊开始对各实验室进行定期的项目评审，为此他邀请了一些多项目实验室的主任：来自阿贡的津恩，伯克利的劳伦斯，布鲁克海文的霍沃思，洛斯阿拉莫斯的布拉德伯里和橡树岭的温伯格；埃姆斯的弗兰克·斯佩丁也加入了，这些也许得益于他从曼哈顿项目开展以来与他人的长期合作，利弗莫尔实验室的主任也将在未来加入。这一会议给实验室主管们一个打网球的机会，也许还能跟老朋友们一边聊天一边喝啤酒，但在欢乐之余也要协调他们的项目并讨论他们共同的问题。[161]

1955 年 12 月，这一团体在华盛顿与目标相似的总咨询委员会同事们相谈甚欢。讨论提及了许多主任们正面对的难题：原子能委员会各部门的分散实验室间的预算问题；缺乏可自由支配资金的问题；长期项目的财政年度预算问题；间接费用的分配问题以及实验室项目在法律和财政上受到的干扰。他们主要抱怨"与华盛顿的多重联络"和实验室缺少"一个负责任的教父（godfather）"。尽管大家进行了很多次讨论，但并没有得出答案，这些问题"无疑与示巴女王为所罗门王所准备的一样难"。[162]

次年 9 月，这一批实验室主任与原子能委员会的委员们在伯克利加州海岸的卡梅尔聚会。讨论再次将原子能委员会实验室责任分散化的可能性。他们考虑后拒绝让一个由实验室主任组成的管理委员会承担官方责任，他们似乎都已忘记——这就是让一个重建的研究理事会承担责任。另一种选择是，单独的实验室协调员（另一个被遗忘的早前解决方案）只会成为介入实验室和其最终赞助者之间的另一个官僚层。在这种情况下，他们也承认"没有现成的补救办法"。[163]

约塞米蒂（Yosemite）革命

恢复召开实验室主任会议源于项目评审，在此期间由于不断复杂化的预算流程，这类会议趋于终结。主任们现在自己主动维持着这一俱乐部。一贯热情好客的劳伦斯预定于 1957 年 3 月在约塞米蒂的阿瓦尼酒店组织一次会议，但一直推迟到 1958 年 1 月。他们对实验室问题的思考在会议延迟期间萌发，并在后来被称为实验室主任们的"约塞米蒂革命"时期全面开花。[164]

在约塞米蒂会议筹备期间，实验室主任们决定将他们的抱怨整理成文件。为此，温伯格和霍沃思起草了一份"白皮书"，详述了他们早些时候的讨论。他们计划在约塞米蒂会议上认真讨论，然后发给原子能委员会。[165] 会议之前的定稿带有温伯格最初草案的强烈烙印，伴随着霍沃思"工作车间"的意思，温伯格为国家实验室归纳的两种常规管理途径是：

> 第一种途径，可称为"体制观念"，即实验室应在强有力的中央管理下，加强各研究机构的整合，其承担项目的成功源于实验室自身的核心力量。这一观念是由所有国家实验室管理人员和原子能委员会高层人士提出的。
>
> 与体制观念相对立的，则认为实验室都只不过是一个工具，需要在所有方面给予密切操控和管理。这一观念包含了"项目概念"，即实验室是项目的集合，每一项目都由在华盛顿的项目支出管理方控制……项目概念至少是由很多下级的原子能委员会职员含蓄提出的，虽然当下并不便于陈述个人的信念。[166]

在预算方面，体制观念寻求集中实验室预算，同时将实验室内资金的分配权留给主任自己；项目观念需要为每一项活动单独筹资，"没有考虑相互作用"，只有极少的自主权。换句话说，对于前者，预算为实验室所有人支付薪水；对于后者，预算只支付项目所需，促使人们工作。行政上，体制观念下放责任给实验室的管理层；而在项目观念中，"工资、分包合同、采购、记录的保存和其他行政细节，必须得到委员会工作人员中的'专家'的统一指示和详细授权"。这种差异被归结为这样一个问题："实验室管理者有多少权力，原子能委员会的项目和行政部门有多少权力？"实验室主任们当然支持前者。[167]

在实验室的老问题及其预算中的问题出现时，华盛顿没有一个人或一个组织会对实验室负责任。"不存在'实验室'财政预算这种事物；事实上，它永远不会到达华盛顿……因为缺乏一个从上到下组织结构的整合。"实验室协调员未能促成这一整合，同样，业务处缺乏最终财政权力，只能充当一个额外的官僚渠道。然而，似乎不存在"太多层级"，而是高层坚持选择项目观念，把项目分门别类，不考虑更广泛的政策问题。再次，各部门在辩论中产生了分化。主任们称赞总体采用体制观念的武器实验室，它们处于军事应用部门开明的监管之下。相反，饱受诟病的反应堆开发部采用了项目观念。[168]

　　反应堆部的态度激怒了实验室主任们，使他们集中提出了两个具体建议。作为一项短期措施，他们再三催促反应堆部的实验室工作应当剥离出来，成立一个单独部门。这会使他们从为该部工作的承包商开展大型建设项目的麻烦中解放出来。在这些实验室中，反应堆可以像武器开发那样一次性拨付经费，取代为特定项目拨款的方式。第二，长期建议阐述了第一个观点。为研究反应堆的实验室新成立的部门将合并生物和医学部成为一个新的"研究部门"，这一部门将同时负责实验室项目和原子能委员会较小的物理和生物医学研究的异地合同。实际上，这个新部门将恢复 1948 年初的反应堆开发与生物和医学各分部形成之前的安排。各部门主任将在新的副总经理负责这一新部门时出任其手下参谋人员。不过，军事应用部不会加入该部门，留下武器实验室享受其当前的自由，但会与系统其余部分分隔开来。实验室将直接向副总经理而不是向各部门报告，原子能委员会预算将合并其完整的预算而不是分散他们的预算。总之，实验室主任们提议"同时增加国家实验室的责任和权威，并相应地在原子能委员会内集中权力"。[169]

　　约塞米蒂会议后，俱乐部发给原子能委员会的白皮书"具有建设性而不是抱怨的态度"。[170]原子能委员会对其组织形式进行了内部研究，由此产生的报告借鉴了主任们的主要思想，但回避了他们更大胆的建议。虽然同意实验室的"体制化"观点，赞同权力下放至外地办事处的政策，但并未提出重大改组。原子能委员会在花了两天时间讨论关于权力下放的好处后，并没有采取任何行动。[171]

实验室主任们所提出的同时下放权力和集中权力的提议，显示了某种对其"革命"的讽刺。他们希望通过集权将其从原子能委员会职员的干预中解放出来。他们接受的集权有悖于原子能委员会的第一指导方针并标志其态度的转变。科学家和实验室管理者们最初支持权力下放到地方代表，是为了将实验室从华盛顿的官僚机构中解放出来。[172]实验室的科学家们很快就知道，权力下放既不能将他们从问责制也不能将他们从官僚机构中解放出来，反而可能会导致其工作被当地办事处和华盛顿管理人员所领导。实验室主任此后主张实验室集中负责制，而原子能委员会前期推行的实验室协调员和接下来任命的负责研究和工业开发的总经理助理均未取得效果。由于这些措施无效，实验室主任遂要求一个新的副总经理来为研究负责。

实验室主任认为集权将推进实验室体制化观念。但无论他们如何指责反应堆开发部，他们都可能看到普遍存在的项目观点的影子。实验室在追求特定项目上的成功——即支持的来源——促进了他们把实验室视作项目或预算活动的集合。创造机构和项目概念的温伯格，也许是最糟糕的违规者，或者是最优秀的企业家。预算局工作人员指出，橡树岭实验室 1952 年在反应堆和化工过程研发中的"表现吸引了源源不断的新业务"。[173]

尽管实验室主任们承认反应堆"引起了公众和政客的极大兴趣，对管理部门提出了很多要求"，但他们或许低估了行政和立法部门中预算审核人员对于责任制的要求。他们承认，伴随着预算自由裁量权增加，实验室管理"必须经受比现在更彻底的会计决算和审计"，但他们提议由总咨询委员会进行审计，并辅之以实验室客座委员会报告。人们可以理解为什么实验室主任会默许这种审计，而政客代表们为什么永远不会允许这种提议。

1961 年的重组

原子能委员会不作为，导致温伯格哀叹"实验室主任的革命多少有点无结果"。一年过去了，他不认为"我们约塞米蒂白皮书中提出的问题已经圆满解决"。[174] 未能取得具体成果消磨了实验室主任俱乐部的动力。欧内斯特·劳伦斯 1958 年去世和利兰·霍沃思第二年患病，又使得俱乐部丧失了两个中坚力量。1959 年，对原子能委员会实验室任务进行的一项国会调查，迫使每位主任为自己的实验室进行辩护，并将小组的注意力从共同的组织问题中分散开来。当分散注意力的听证会平息后，主任们再次考虑了在约塞米蒂提出的长远问题。1961 年春，他们的意见在两个新任职的原子能委员会专员中产生了共鸣，尤其是其中一个人还帮助构建了他们的观点。

1961 年 1 月 16 日，肯尼迪总统任命战时任职于冶金实验室的荣退人员，目前就职于伯克利辐射实验室的化学家格伦·西博格为原子能委员会主席。在西博格 3 月份担任主席之前，他计划与实验室主任们进行一场会面。霍沃思建议主任们起草一份他们所关注的陈述，在会议时交给西博格。像往常一样，温伯格率先在第一稿中提出了熟悉的解决办法——赋予权威性和更多预算的灵活性（其中包括 10% 的实验室预算留给主任来分配）以及与反应堆研究分离。为解决"组织中心化问题"，由于华盛顿缺乏集中权威性，温伯格提出了一个新方案：从众多委员中指定一人作为国家实验室"受托人"。原子能委员会传统上有一二位科学家在委员会工作，是"科学委员"，而在温伯格计划中，他们之一将成为原子能委员会中负责实验室的最高级别人员。这项提案没有先例，尽管委员们过去对特定项目积极关注，但没有人为原子能委员会任何方面的工作承担过正式的个人责任。温伯格提案的另一部分，在长时间停滞的研究理事会那里有过一些先例，虽然他没有提到。实验室主任俱乐部应当拥有"作为委员会咨询代理的半官方地位",并就涉及国家实验室的问题与原子能委员会和总咨询委员会(似乎重复其职能)进行了会谈。[175]

　　并不是所有主任都同意温伯格的提案。布拉德伯里承认可自由支配资金由国会限制,而不是原子能委员会——这是"令人不快的事实"。他还认为非正式接近西博格是明智的,在没有任何意见书以及与其他委员分隔开的情况下,长期与原子能委员会接触将使他们对其评论更为敏感:"唯一改变的希望是无论是谁成为第五位专员都能对西博格产生(期望中的)好的影响。"[176]实验室主任们很快得知他们将有一个更直接的与原子能委员会联系的途径——布鲁克海文实验室主任、同时是约塞米蒂提案者之一的霍沃思于1961年4月接任了委员会的空缺席位。

　　他们还获得了总咨询委员会的协助,委员们不担心主任们试图侵占他们的咨询职能。总咨询委员注意到在外地办事处的非技术人员介入实验室科学家和项目经理之间,随后在实验室主任推荐下提议任命一位新的总经理助理。[177]新就任的委员们没有浪费任何时间。1961年8月,原子能委员会宣布进行一次重大重组,实施的许多提案都是来自约塞米蒂提议。原子能委员会为巩固对国家实验室研究和发展的管理任命了新的总经理助理,实验室从此将直接向其汇报。这次重组试图纠正1948年引进的组织结构,当时向在华盛顿的行政管理部门分配了业务管理职能。各部门现在恢复了行政职能,业务处直接向总经理汇报。由于实验室主任提议,新组织结构不会影响武器项目,军事应用部将继续通过受人尊敬的方式对其进行管理。[178]

　　1961年的重组旨在通过放弃对当地办事处权力下放政策和华盛顿集权的方法,来为多项目实验室解决长期存在的问题。原子能委员会任命了研究部副主任,曾在战争前后供职于橡树岭实验室的一位化学家斯波弗德·英格里希（Spofford English）作为新任总经理助理。伴随着赞成中央权威性和对实验室问题显而易见的解决办法，实验室主任们可以松一口气了。布鲁克海文实验室管理者马上意识到重组"从实验室的角度来看绝对是有利的"，温伯格则察觉到实验室和原子能委员会之间的麻烦关系"伴随着新的原子能委员会政策的实施，很大程度上已经消失"。[179]

　　不过，这次约塞米蒂提议的胜利是一场无意义的胜利。它从申请的路径中切断了一条路，却添加了另一条。当它到达华盛顿的时候，既没有简化复杂的原子能委员会组织结构，也没有解决实验室预算分配。英格里希没有预算的权力；原子能委员会继续通过各部门提交的预算来编写财政预算，其中实验室预算被合并于其中。原子能委员会的任何内部重组都无法除去对实验室预算压力的最终来源——联邦政府的行政和立法部门的财政权威。

第二部分

环境

4．冷战寒冬（1947—1954）

　　国家实验室系统的框架包含各实验室及其承包商的内部组织结构、原子能委员会错综复杂的权限，以及联邦政府的行政和立法部门通过的实验室预算。这个系统将外部环境的压力转移到实验室并塑造了它们的项目。实验室项目反映了外部环境的演变，从冷战爆发时聚焦国家安全和 20 世纪 50 年代初的国家紧急状态，到朝鲜战争之后的向军事对峙及社会政治对抗的转变。到了 50 年代末，不断变化的环境致使实验室任务被纳入国会调查的范畴，与此同时原子能委员会也对实验室问题展开了内部调查。

　　环境演变包括资源分配、机构互动和文化影响。在第一阶段（1947 年至 1954 年），国家安全的分量压制了国家实验室体系集中化的冲动。保密要求将实验室从国家安全系统外的机构中孤立出来。在冷战的寒冬中，对竞争的赞誉是离心力背后的重要推动力，并确保了实验室之间竞争体系的维持。

驱 动 力

国家实验室主要包括两个职能：一是由拥有保密资格的长期员工为国防研发应用项目；二是为学术访问科学家提供基础研究所需的大型设施。实验室的双重身份并不意味着基础研究与应用研究间的简单平衡。武器和反应堆驱动了似乎远离了即时军事应用的研究项目，如生物医学和气象学研究。国家安全也成为了训练并留用科学家以在突发危机状态时作为储备人力的理由。因此，最初缺乏武器和反应堆项目的伯克利实验室也被纳入其中。核武器和反应堆项目显示了国家安全对国家实验室系统产生的离心力效应。

核武器

在第二次世界大战后的头几年，原子能委员会将生产核武器定为其首要任务。"所有的经费都流向洛斯阿拉莫斯"，原子能委员会和总咨询委员会决定维持其作为武器研究的中心实验室。[1]武器计划背后的推动力随着日益紧张的国际局势而加强，"红色恐慌"在美国蔓延。与流行看法相反，它也源于美国武器库存的狼狈——1947 年初装配武器的数量为零。[2]洛斯阿拉莫斯通过研发新型武器以增加产量，并于 1948 年在埃内韦塔克环礁（Eniwetok Atoll）进行了"砂岩"（Sandstone）系列武器的测试。

对武器项目的外部压力比新武器的研发设计增长更快，在 1949 年末苏联第一颗原子弹乔 1 号爆炸时达到了高潮。苏联的试射在美国激起了一场关于开展热核武器速成项目可行性的辩论，即洛斯阿拉莫斯实验室自战争以来付出了较少努力的所谓超级炸弹或氢弹的项目。大多数总咨询委员会和原子能委员会成员持反对意见，主要是因为道德和战略的原因，也因为它会转移稀缺的科学人才和材料。尽管如此，1950 年 1 月 31 日，杜鲁门总统声明美国将开展这项速成项目。[3] 洛斯阿拉莫斯采取每周 6 天工作制，这项规定至 1951 年中仍然有效。[4] 5 个月后，朝鲜人民军部队越过 "38 度线"，至此，这就构成了这场危机的全部背景。

　　实验室的反应并不局限于洛斯阿拉莫斯实验室。事实上，将洛斯阿拉莫斯实验室列为武器实验室，掩盖了其他实验室对核武器计划的贡献。阿贡实验室成立了一个攻克武器难题的理论小组，帮助分析武器测试中的数据，并在萨凡纳河设计了新的生产反应堆。橡树岭实验室化学方面的工作为核武器分离了钚和浓缩铀。[5] 早在在危机之前，温伯格已经向原子能委员会表示橡树岭实验室愿意承担核武器工作，只要不影响现行项目。[6] 乔 1 号引爆的恐怖背景和朝鲜半岛冲突调动了其他实验室的热情。布鲁克海文实验室的监管者认为，乔 1 号的引爆是 "一种将赋予实验室重大且全新职责的国家紧急状况"，并向原子能委员会保证 "布鲁克海文实验室准备开展委员会特别关注的项目"。[7]

　　与此同时，洛斯阿拉莫斯实验室在工作量不断增加的情况下辛勤工作，努力寻找对加速氢弹计划必不可少的科学家，尤其是理论科学家。洛斯阿拉莫斯获悉布鲁克海文实验室的申请，请其开展在裂变能量中的中子散射截面的研究，并帮助设计轻量级裂变武器反射层。[8] 布鲁克海文实验室提出建造 18 英寸回旋加速器用以提供中子。原子能委员会的研究部建议立即批准 "充分利用布鲁克海文实验室开展应用项目的热情"。[9] 委员会不仅批准了项目，并且很快将其扩展。截面研究的数据不仅对反应堆项目有用，同时也适用 "战争状态"。霍沃思参与了截面研究并声称 "能够为反应堆和武器发展计划提供更多的信息，这将提升我们的地位"。[10]

　　布鲁克海文实验室在国家紧急状态期间找到其他方式为国家做贡

献。让保健物理学家进行武器测试并探讨帮助桑迪亚实验室进行武器评估工作。1951 年夏，几位布鲁克海文实验室的科学家参与了有关战术核武器的维斯塔项目（Project Vista）。在阿贡实验室和橡树岭实验室的请求下，布鲁克海文实验室的化学家们开展了一项关于重水生产中分离过程的秘密项目。实验室预算中被列为应用研究的工作，在 1950 年到 1951 年间增长了一倍，占实验室研究工作的 15%（尽管仅占实验室总预算的 5%）。因此，霍沃思在 1951 年 4 月能断定布鲁克海文实验室"在与国防相关的难题中发挥了直接的促进作用"。[11]

布鲁克海文实验室并不是唯一在国家紧急状态期间志愿提供科学家帮助的实验室。如同在第二次世界大战期间所做的一样，欧内斯特·劳伦斯在乔 1 号引爆后对实验室进行了动员，还有 I. I. 拉比的鼓励："你们这群人已玩了 4 年回旋加速器和原子核了，现在到了该回去工作的时候了！"伯克利的路易斯·阿尔瓦雷茨放弃了"对基础物理感兴趣的伪装"，决心"在国防上集中精力"。[12]劳伦斯、阿尔瓦雷茨及其他伯克利工作人员前仆后继地支持氢弹计划，并思考如何推进它。劳伦斯最初提出在旧金山湾建设一座重水反应堆，并指定阿尔瓦雷茨来进行管理。但是，阿尔瓦雷茨承认伯克利实验室"在这一领域没有技术资质。我们从来没有从事过反应堆事业"。为了弥补不足，伯克利说服了阿贡实验室主任沃尔特·津恩派出一些"反应堆专家"，这是系统内一个实验室从另一个站点获得必要专业技术的范例。[13]

与此同时，尽管津恩保证合作，他还是巧妙地背着原子能委员会保护了自己在反应堆研究领域的地盘。阿尔瓦雷茨后来承认，津恩"在战争结束后已进行了 4 年的反应堆设计，并且没有被用于任何硬件设施方面的再建设。现在一旦有大量的经费可以被用以建造反应堆……他希望自己关于反应堆的一些构想可以实现"。劳伦斯和阿尔瓦雷茨改变了他们的策略，决定从体系外一家私营咨询公司寻求反应堆专业人士："如果我们在反应堆设计中过多采用阿贡实验室和橡树岭实验室……人们可能会批评我们窃取了那些实验室的劳动果实。"阿尔瓦雷茨的策略失败了，但津恩成功了，原子能委员会取消了伯克利的核反应堆计划。阿贡实验室仍然是反应堆研发的领头羊，并提出了最终建造在萨凡纳河的重水反应堆的计划。[14] 在这个事件中，尽管口头上同意合作，一个独立实验室能够抵抗系统性考虑来捍卫自己的计划，并因此能够阻止其他实验室的多元化。

劳伦斯没有气馁，相反变得更加睿智。他用另一个计划回归，但坚持自己的专业。他基于阿尔瓦雷茨早期的设计，提出一种能够从氘核的强烈束流中产生中子的线性加速器。材料检测加速器（MTA）产生的中子可以进而产生铀-233、钚和氚。像往常一样，劳伦斯有一个宏大的设想：一个 Mark I 号原型的大真空罐，长 60 英尺、宽 60 英尺（1 英尺约合 0.304 8 米），可产生 50 毫安的 30 兆电子伏氘核，而一个全尺寸的 Mark II 号直线加速器，最终计划扩展到 1 500 英尺。Mark II 直线加速器每天能产生 500 毫安的 350 兆电子伏氘核或 1 克中子，并可以随后从铀尾矿中提炼出 3 千克钚或产生 3 克氚。该项目旨在提供"自由中子的一大来源"。自由仅存在于物理意义上：劳伦斯起初以为 Mark II 机器的价格在 1 亿至 1.5 亿美元，最终预算则是他估计的两倍之多。为了推动其计划，劳伦斯积极煽动他在国会联合委员会的朋友，提出项目的"首要任务"没有得到足够重视："如果追求真正的速度……这一项目应该突飞猛进。"美国原子能委员会采纳了总咨询委员会的建议，决定等到确认 Mark I 能够正常运作之后再使用 Mark II。[15]

就算是规模较小的 Mark I 机器对于山顶的辐射实验室也过于庞大，于是他们重新选择了一处地方作为场地，位于伯克利实验室东南 45 英里处的利弗莫尔辅助海军航空站。根据早期的推测，为了完成这项计划，伯克利的一半员工都需要转移。同时，伯克利雇用了橡树岭实验室几位老练的冶金学家完成铀矿靶的准备工作。1952 年 5 月，Mark I MTA 第一次发射出了束流，但因有了更廉价的国内铀矿石来源，就不再需要这些机器，因此原子能委员会于 8 月份取消了 Mark II 的计划，Mark I 也只继续作为研究部门的一个小项目。[16]

原子能委员会的各实验室在 20 世纪 50 年代早期危机的影响下做出的反应显示了几个普遍经验。伯克利和布鲁克海文这两个被认为离应用研究最远的实验室开始进行武器研发工作，显示了 20 世纪 50 年代初国家在紧急情况下，基础性与计划性研究的整合。[17]这种转变模糊了主要完成规划性任务的阿贡、洛斯阿拉莫斯和橡树岭实验室与主要进行基础学术研究的伯克利和布鲁克海文实验室之间的差异。为了方便转型，在特殊领域缺乏经验的实验室可以向体系内其他实验室求助。这也为集中化项目向实验室系统中各个实验室扩散的大趋势提供了证据。实验室系统中的离心力量很快就触及了武器设计项目，使得在利弗莫尔的为 Mark I 而设的伯克利附属场址独立出来，成为一个新的武器实验室。

在氢弹紧急方案的重压下，洛斯阿拉莫斯把工作分配给了其他实验室：理论问题交给阿贡，反应截面研究交给布鲁克海文，而 1951 年春天进行的"温室-乔治"（Greenhouse-George）核试验项目交给约 40 名伯克利的科学家，他们有些在利弗莫尔开设分部，测试热核爆炸的条件。[18]武器工作的扩散延伸到实验室系统外，包括在普林斯顿的约翰·惠勒（John Wheeler）领导下的理论团队，和位于科罗拉多的国家标准局进行的低温研究计划。然而，氢弹项目仍然缺乏理论专家，至少在特勒心目中一直坚信应付出更大的努力。

到了 1950 年 9 月，总咨询委员会考虑成立一个新武器实验室，以减轻洛斯阿拉莫斯的负担。但那时候还没有具体的计划，特勒继续和洛斯阿拉莫斯组织进行斡旋，以促使计划的快速推进。特勒吸取了劳伦斯的经验，规避了原子能委员会的渠道，而与联合委员会和华盛顿的其他机构结盟。[19]1951 年 4 月，特勒向原子能委员会主席戈登·迪安（Gordon Dean）递交了一份提案，提议在科罗拉多州博尔德市的国家标准局建立第二个武器设计实验室，显而易见是为了利用现有的低温设备来设计液态氘的氢弹。1951 年夏，原子能委员会考虑了这个提案，但最终未做出决定。[20]

关于建立第二武器实验室的争论由特勒引发，经联合委员会煽动，很快蔓延到总咨询委员会和原子能委员会。重心继续放在氢弹项目上，尽管技术获得了突破进展，特勒和斯坦尼斯瓦夫·乌拉姆在 1951 年 3 月已证明了热核武器的可行性，但这也唤起了关于实验室系统结构以及系统性影响的深层次问题。特勒继续鼓吹建立第二实验室，并于 1951 年 9 月提议将新址定于科罗拉多的洛基弗拉茨，当时陶氏化学公司正在那里建立一个武器生产厂。特勒的最新提议认为，新实验室应当确保与洛斯阿拉莫斯"竞争"。[21]

总咨询委员会在十月份的会议上提出议题并发问："实验室之间在武器发展领域的竞争是可取的吗？"委员会认为这可能导致"对某些已有的独一无二设施重复建设"，但部分委员认为"在两个同类实验室间细化职能"可以避免重复浪费。例如，第二实验室的支持者威拉得·利比（Willard Libby）提出：新的实验室接管热核聚变发展项目，让洛斯阿拉莫斯保留裂变设计工作。利比"大力主张将竞争精神引入武器发展领域，尤其是对于那些需在保密条件下开展的工作"。秘书的记录表明该议题"未达成共识"。拉比指出洛斯阿拉莫斯方面取得了进展，包括特勒－乌拉姆突破（Teller-Ulam breakthrough），是热核武器研究工作继续保留在洛斯阿拉莫斯的一个理由。奥利弗·巴克利（Oliver Buckley）发现"军队实验室之间的竞争案例与利比博士的竞争有益理论相悖"。总咨询委员会手头有更熟悉的例子：每次例会都提出原子能委员会反应堆计划所面临的难题这一议题，讨论已持续数年。会议最终得出结论："这些难题表明与其获得几个相互竞争发展实验室，倒不如只有一个职责奖惩明确的单一中央实验室。"[22]这里再次出现了科学家对集中制度的支持。

总咨询委员会做出总结：第二武器实验室"既没有必要，也没有任何真正意义上的可行性"。换言之，第二实验室只会使科学家短缺问题更严重。委员会敦促洛斯阿拉莫斯委托桑迪亚开展日常开发工作，由此抽出一些员工来从事新的先进设计。利比在一份少数声明中坚持他的竞争观点，但他允许新实验室应当与洛斯阿拉莫斯发展"密切友好的合作"。他意识到人员招募的困难，建议第二实验室可以"主要从原子能委员会外部"招募足够的工作人员，虽然有相当多人会来自包括洛斯阿拉莫斯本身的委员会成员实验室。[23]

在两个月后的会议上，总咨询委员会仍然反对第二实验室。布拉德伯里也持反对意见，含蓄地批评洛斯阿拉莫斯。原子能委员会的军事应用部支持布拉德伯里：职责集中将比竞争方式，更好地确保项目的发展。原子能委员会接受了集体的意见，并在12月决定反对建立第二武器实验室。[24]总咨询委员会和原子能委员会中的少数支持势力，利比和托马斯·穆雷（Thomas Murray）委员，有着强大的同盟。联合委员会的参议员布莱恩·麦克马洪（Brien McMahon）在该问题上勾起了军事供应商的兴趣，原子能委员会军方联络委员会遂于1951年11月毫无保留地支持"武器发展竞争和新设想"，以及建立第二实验室。在1952年2月联合委员会召开前的听证会上，参议员波克·希肯卢珀（Bourke Hickenlooper）加入了麦克马洪和穆雷的阵营，强调竞争可以避免洛斯阿拉莫斯垄断的优点："当只有这样一个机构时——人们可以选择悠闲或者不悠闲……竞争精神是不存在的。"原子能委员会不应该"把所有鸡蛋放在一个篮子里"。[25]

　　军方（尤其是空军）的鼓动在 1952 年的春天不断加强，甚至不顾原子能委员会的合法权力，空军威胁资助成立自己的核武器实验室，还与布鲁克海文的承包商——联合大学公司，讨论了管理事宜。[26]一个备选方案就此出现。1951 年末，穆雷和劳伦斯讨论了第二实验室的问题，劳伦斯此前已动员科学家进行 MTA 项目和武器测试。1952 年 1 月，劳伦斯派遣进行武器测试的年轻科学家赫伯特·约克前往芝加哥、普林斯顿和华盛顿，在这几个地方就第二实验室发表观点，之后前往洛斯阿拉莫斯，提议在利弗莫尔建立永久性项目支持武器测试。MTA 的逐渐衰落鼓励了劳伦斯的探索。辐射实验室记录了该事件，声称劳伦斯是为了寻找“新的工作领域，以充分利用在 MTA 工作的现有团队的技术和力量”。一个月后，特勒到访利弗莫尔，这里是劳伦斯向他提出建立第二实验室的地方。特勒支持该计划，同意前往加州开展工作，条件是实验室包括热核工作项目在内。但他也为自己的选择保留了余地，以防他最初的提议也被批准。[27]

　　伯克利及其利弗莫尔的附属实验室提供的具体备选方案以及劳伦斯的管理经验和热情，为原子能委员会提供了一种安抚第二实验室拥戴者的方式，同时缓解了对洛斯阿拉莫斯的不利局面。1952 年 4 月，总咨询委员会同意了伯克利“只要不抢夺洛斯阿拉莫斯的人，就应当受鼓励向更广阔的前方前行”。但是，正如奥本海默对这场讨论的总结，“是否要建立第二热核实验室仍然不明朗”。[28]原子能委员会同意伯克利继续开展武器测试项目以支持洛斯阿拉莫斯并鼓励其对热核研究的兴趣，但除此之外别无其他。原子能委员会主席戈登·迪安表示“利用洛斯阿拉莫斯外部人员的技能，不管用任何方式都未脱离我们的政策”。[29]新项目保留了辐射实验室的附属物，其主管约克向劳伦斯递交了报告。1952 年 9 月，尽管劳伦斯在计划一个比武器测试研究更有野心的项目，他依旧向原子能委员会保证“并未打算让利弗莫尔成为第二武器实验室"。[30]

　　特勒表示不满，那年夏天，他在伯克利一个庆祝新项目的宴会上宣布，他不会参与其中。原子能委员会军事应用部门副主任、海军上将约翰·海沃德（John Hayward）警告原子能委员会，必须向国防部门阐明"这是否是我们决定迈出的一步，还是一个处于政治考虑的权宜之计"。同时，计划还要面对可能的结果："让第二实验室增长到洛斯阿拉莫斯科学实验室最终的规模，却不添置其特有的设备是我们的意图吗？两者之间的人员和预算如何平衡？将两者协调需要设立什么体系？"[31]

　　原子能委员会在此后多年都在试图解答这些问题。新实验室的确成长很快。1953 年初，利弗莫尔有 350 名员工，另有 200 多人加入伯克利。到了 1954 年中，预期加入的职员总计达 1 400 人，其中 600 人为科学家。[32]在利弗莫尔的早期历史中，伯克利的员工人数众多是具有讽刺意味的突出事件之一，第二实验室的动力基于对洛斯阿拉莫斯的热核实验室理论资源的榨取。不过，大多数利弗莫尔的员工都是来自伯克利的年轻科学家，他们具有辐射实验室的实验基础。[33]在大学的忠诚誓言争议中，伯克利已经失去了它所拥有的理论科学家。第二实验室的反对者曾警告说，这会使洛斯阿拉莫斯减员，而第二实验室转而从伯克利招聘员工，但是结果并没有获得能帮助创建它的理论科学家。

　　加州大学同意辐射实验室将研究范围拓展以包含利弗莫尔的武器工作。洛斯阿拉莫斯和布拉德伯里没有像劳伦斯与董事会那样强大的联系，在劳伦斯向董事会保证与之合作后，同意"两个实验室有充分的理由继续合作"。[34]但在其他言论场合，布拉德伯里表示讨厌第二实验室侵入洛斯阿拉莫斯。他发现自己实验室在被承包商支持的竞争中削弱了。这种"背叛"扩大到了军事范畴。空军的支持帮助第二实验室基地的落成，但同时洛斯阿拉莫斯已研发出空军所需的高效战略武器。随着空军热衷于洛斯阿拉莫斯，利弗莫尔这个新实验室的武器研发项目转向了陆军和海军。[35]

　　最终的讽刺源于针对竞争态度的转变。在有关第二实验室的辩论中，原子能委员会和总咨询委员会支持集中化，然而联合委员会，尤其是它的民主党主席（以及出于国家安全考虑放弃了财政管制的共和党）则力证竞争的优点。1958 年末，武器试验一经暂停，当选联合委员会主席的民主党人对设置两家实验室产生的本源性的冗余提出质疑，强迫原子能委员会和总咨询委员会捍卫两个武器实验室，强调"促进互补竞争"的需要。[36]实验室一旦建立，就会形成制度上的惰性。

　　联合委员会也许已放弃其早期发表的有关竞争优点的言论，因为感觉到实验室试图在实际工作上规避竞争。但若武器实验室在新的项目分配上进行合作，他们将继续面对竞争的结局。因此利弗莫尔的科学家们在内华达沙漠失去了对实验的敏感性，这不仅使他们遭受"来自原武器实验室同事们的嘲笑"，也破坏了他们追求新项目的激情。[37]1954 年由两名《时代周刊》记者出版的一本书，将氢弹的研发归功于利弗莫尔，引起了洛斯阿拉莫斯的科学家的反感。此外，奥本海默在安全听证会上攻击了实验室的前主管，并一再暗示氢弹项目在洛斯阿拉莫斯停滞。该书和听证会都引起了不满。洛斯阿拉莫斯的支持者针对该书发表了充满敌意的评论，布拉德伯里召开新闻发布会来捍卫实验室。来自洛斯阿拉莫斯的 500 名科学家签署了对奥本海默听证词的抗议信，并寄给了艾森豪威尔总统。为了平息他们的怒气，总统派遣刘易斯·斯特劳斯携带总统嘉奖令前往实验室，以此表彰其在氢弹研发中所发挥的作用。当地报纸将此事件描述为"刻意的讨好"。如果没有利弗莫尔的傲慢自大，这本是毫无必要的举动。[38]

反应堆

　　实验室系统中集中化项目的扩展在反应器发展中也是显而易见的。

这个项目在当时的战后时期保留了阿贡和克林顿的分歧，但是同样的中央集权的冲动也刺激了洛斯阿拉莫斯武器实验室，它很快就开始着手核反应堆项目。它将面对那个创建了利弗莫尔的离心力，得到类似的结果。

战后对克林顿实验室长期潜力的悲观情绪蔓延到总咨询委员会和原子能委员会，他们感觉没法维持所有从曼哈顿计划传承下来的实验室。1947 年 4 月，一位原子能委员会职员在建议书中提议"为了有效地集中处理紧急难题，也为了安全"，原子能委员会进行主要项目时应"尽可能完全使用原子能委员会设备，在本质上从非计划性的基础研究中解脱出来"。[39]总咨询委员会在当月稍后举行的第三次会议上，把这一提议解读为原子能委员会实验室需要集权。在同一次会议上，总咨询委员会科研分会敦促所有计划性研究活动采取集权，也就是说将武器和反应堆发展"列入一个中心实验室"。分委会同意"为了军事安全的实用性，以及密切军事联络的必要性，至少在目前让武器开发维持在一个独立实验室完成"。但对其他计划性项目的研究来说，"我们希望有一个由原子能委员会直接运作的新实验室。"[40]

分委会的报告列举了独立中心实验室的几项优势，这可能反映了洛斯阿拉莫斯和麻省理工学院辐射实验室在进行雷达研究时的战时经验。中心实验室有明确目标，不会"分离职责"。在计划性工作中尤为普遍的安全限制，可防止"独立实验室之间进行足够的交流和联系"。单家实验室在一个主管的管理下，可专心致力于攻克最重要的难题。"在这样的实验室中，原子能委员会主要行动的范围清晰在列，重点明确。"因此，实验室主管和员工"仅需华盛顿方面进行最少监管"就可规划其项目。中心实验室会最大限度地挖掘稀缺的科学人才，"如此规模、具有重大意义、功能性清晰的实验室，即便对精英来说也是一项挑战。"此外，"发现一个完全合格的主管也许是可能的，但为多个实验室寻觅多名优秀的主管则一点都不确定。"总之，原子能委员会运作下的独立中心实验室将避免多个实验室关于承包商、安全、人力资源及管理等诸多方面的问题。[41]

分委会意识到转型成为中心实验室困难重重，还可能干扰短期工程。委员会没有推荐一个可用于建立实验室的地点，但暗示它不会是现有实验室之一。新的实验室会吸引特别是来自克林顿和阿贡的员工。[42]然而，当总咨询委员会考虑这个报告时，很快就有了利用阿贡场地的想法。阿贡位于大城市附近，能容纳当时两个实验室正在设计的反应堆——阿贡的快中子增殖反应堆和克林顿的高通量反应堆。克林顿不是建立实验室的选择："我们当中大多数人认为，即使实验室建立起来，克林顿也不会因此展现出活力。"原子能委员会收到了这个建议，但当时的研究室主任费斯克和总经理威尔逊还有太多其他紧迫的问题需要解决。[43]

在五月底召开的另一次会议中，总咨询委员会也参会并重新提出了这个问题。这次会议"没有得到好消息"，也没能轻易地得到答案，但它仍然认识到了工程重复的缺点。例如，"在阿贡和克林顿的化工冶金设施几乎相同。这……表明某些事做错了。"委员会再次提出把高通量反应堆给阿贡实验室而非克林顿的可能性。利连索尔表示反对，认为"在城市附近进行这个神秘领域的研究让人有些不安"。拉比在论坛上提出了打算让布鲁克海文替代克林顿的原因。正如奥本海默所说的，布鲁克海文最主要的优势是"有一个新的承包商对这些事表现出极大的兴趣"；相比之下，孟山都在克林顿实验室没有表现出这样的活力。费米认为克林顿没那么糟糕，那里的工作人员也有可能拒绝搬到另一个原子能委员会基地。科南特怀疑克林顿的存在价值，但他又认为将这一项目转移到布鲁克海文不能达到"齐心协力"的目的，仍然有"太多的机构想要做太多的事情"。[44]

　　科南特提出异议，是因为阿贡和橡树岭不是仅有的实行反应堆计划的实验室。洛斯阿拉莫斯已经有一个反应堆，还正在建另一个反应堆，布鲁克海文正在建立一个研究反应堆，原子能委员会正在赞助诺尔斯的专业反应堆实验室。分散于各地的反应堆实验工作结果无法支持费米在四月会议上提出的建议：保留原有的克林顿和阿贡实验室，但需要在一个联合规划委员会的指导下，两个实验室朝共同的方向发展，即对反应堆的研究进行集中管理，而不是把实验室地理位置集中起来。奥本海默采取了相反的策略，他对集中管理的实验室提出了两条主要反对意见：如果按照这种方法建设实验室，实验室规模会过大，而且集中管理实验室本身不可取。他不认为第一个问题多么棘手，但对于第二个问题，在理论上存在许多异议。他反驳道："集中化意味着当华盛顿没给出指令时，没有实验室能够充分了解如何处理自己的事务，而制造一个强反应堆实验室的目的是分散化，将实验室给予当地自治团体，直到长期开发领域开始运行。"换言之，机构集中将促进行政集权。这一谨慎的建议与利连索尔的管理哲学一致。长远来看，原子能委员会什么都得不到，而在短期内，它还是会继续尝试。[45]

　　有两个考虑与集中化提案背道而驰，一是项目的延迟，二是克林顿实验室的科学家们想要留在现在的实验室开展高通量反应堆工作的意愿（尽管"多帕奇"有缺点）。夏天，芝加哥大学作为取代孟山都成为新的承包商的候选者再次出现，加强了克林顿的地位，尽管部分咨询委员会成员，尤其是科南特，担心这样的安排可能使中心实验室更不可能成功。费斯克警告道："与芝加哥的谈判一旦失败，唯一的选择只有清算克林顿实验室。"[46]与芝加哥的谈判延滞到了秋天，而联合碳化物公司作为可供克林顿实验室选择的承包商现身，集中化振兴有望。1947年圣诞节假期，在经历了几天繁忙的会议和无数电话会议之后，威尔逊和原子能委员会决定让联合碳化物公司接管克林顿实验室，而阿贡实验室将接管所有反应堆研发项目。威尔逊派费斯克去向克林顿传达坏消息。在克林顿，费斯克没有受到科学家们丝毫的节日祝贺，"不仅长期抱怨者如此，在其他人中也相当普遍。"一首以经典圣诞歌曲《闪亮之屋》（*Deck the Halls*）为曲调的歌这样总结道："费斯克考虑了许多因素 / 然后他偷走了我们所有的反应堆 / 现在新年已经到来 / 混蛋难道能打败我们吗？"[47]

为了缓和这次重创带来的伤害，原子能委员会确保克林顿实验室持续运作其石墨研究反应堆，并保持相关的化学和物理研究、同位素研发项目和生物医学工作，还将承担"关于化学工艺问题的重要研究项目"和化学工程。但所有下列工作都将转移到阿贡实验室，包括高通量反应堆和其他关于电力生产的反应堆、相关的冶金、化学及物理项目等。区域经理向处于总咨询委员会争端中的克林顿实验室科学家们呼吁："在一个中央反应堆实验室，计划和开发重要反应堆的机会比在分散实验室的大得多。"[48]

克林顿科学家并不接受这个决定并表示抗议，但他们也没有过问这背后的前因后果。温伯格给奥本海默发了一封信，向总咨询委员会报告了克林顿的情况。温伯格公开声明对于集中化的决定"不存在异议"，他只是抗议"决定在芝加哥而不是在橡树岭集中反应堆"。他承认克林顿的主要问题是其位于乡村地区。"但是总咨询委员会，"他说道，"低估了橡树岭的吸引力。可能它将不再能吸引那些和总咨询委员会成员一样有地位和眼光的科学家们——有哪家实验室能做到呢？——但它还是具备吸引科学家们的能力，以及吸引那些已经形成了集体归属感的人。"他指出阿贡实验室本身距离芝加哥超过一小时车程。最后，他提到这个决定中的"矛盾"——在集中化过程中，原子能委员会并没有将诺尔斯实验室和布鲁克海文实验室的反应堆工作囊括其中。[49]

　　温伯格发现了一个不太可能的盟友——阿贡实验室的主任津恩。在一次总咨询委员会的紧急会议要求考虑集中化决定的后果时，津恩"对提案能否成功落实的重大疑虑"使与会顾问们十分惊讶。如同温伯格一样，津恩接受集中化这一前提。在实践层面，他担心存在集中化将导致阿贡实验室的人事和管理的问题。更重要且令人惊讶的是，他提出了与温伯格一样的疑问："假设目前的反应堆设置不能满足需要，那如果有人干预了拥有最大潜力的地方（克林顿），结果是否能满足需要呢？有些人可能会说：'为什么舍弃一个很强的地方，而迁到一个相对较弱的地方？'"津恩认为，阿贡和克林顿实验室在实验物理、化学和冶金项目上几乎持平，但克林顿在工程物理和理论物理上有优势。尽管他支持集中化决定，但他还是质问与会顾问："什么才是实验室的流行趋势，他们是否'担心将所有的鸡蛋放在一个篮子里'。"总咨询委员会用马克·吐温式的机智回应道——"看管'一个篮子'将会更简单"——甚至拒绝相信克林顿可能是更强的实验室。不管怎么样，集中化的决定已经敲定。[50]这便是他们所想。

　　尽管部分处于自身利益考虑，津恩的慷慨意味着：实验室在项目方面并不总是与他人进行恶性竞争。这亦说明实验室层面的合作可能规避高层管理决定所带来的干扰。受津恩立场的激励，克林顿实验室（很快将更名为橡树岭实验室）那些设法保留反应堆的科学家们做出了反抗，原子能委员会职员无意中提供了一个契机。总经理威尔逊试图"缓解一些克林顿实验室的不安"，向科学家们保证了实验室的长远未来。他在一封信中强调，阿贡实验室将接管高通量反应堆项目，在有序转移项目到阿贡反应堆实验室的阶段之后，反应堆设计的研发将不会成为克林顿实验室项目的一部分。但他补充道："任何有关克林顿的未来研究反应堆的决定将不仅依赖于在克林顿所开展研究项目的进程，还依赖于阿贡实验室反应堆研发的进程。"在一份显然是温伯格手写的页边空白处批注上表示，这个说法"留下了空间"。[51]

温伯格抓住了这个机会。1948 年 3 月，也就是在反应堆集中化决定满数月之后，橡树岭实验室将计划提交给原子能委员会审查。这个计划包含的项目有"橡树岭高通量反应堆的可能位置"和"在国际形势下再审查将电力反应堆研发转移到阿贡实验室的决定的可能性"，当时可能需要在橡树岭实验室立即建设海军推进原子反应堆装置。原子能委员会坚持集中化，并警告实验室将反应堆工作留给阿贡。[52]温伯格在一个月之后带着另一个提案回来。该提案是关于在橡树岭建立"一个'穷人的'高通量反应堆"。穷人（低通量）反应堆将使用与高通量反应堆相同的设计，但仅仅用 3 兆瓦而不是 30 兆瓦来运转，并且花费不到 500 万美元。该反应堆将给目前的研究反应堆提供 10 至 20 倍中子通量，以此来维持中子和固体物理学还有冶金组的运行。温伯格宣称这将不会用于促进指向特定反应堆设计的"反应堆"研究，而是用于进行基础研究，而这是原子能委员会已经同意支持橡树岭实验室进行的。此外，反应堆还将帮助推进同位素生产计划。温伯格将穷人反应堆视为更大更好的反应堆样机，他觉得："在大型科学设施研发中，通常是这样的模式——在伯克利，37 英寸粒子回旋加速器之后是 60 英寸，再后来是 180 英寸粒子回旋加速器。这将成为如橡树岭国家实验室等实验室的模式。"[53]

温伯格在华盛顿亲自敦促其项目进展。在这里，威尔逊和费斯克同意橡树岭拥有一个新的研究反应堆。在达成最后决定之前，费斯克将问题推给了阿贡实验室的津恩，因为他在没有原子能委员会有关部门帮助的情况下，领导了原子能委员会反应堆的工作。[54]费斯克还建议津恩和温伯格见面协商他们的计划，他们在六月份见了面。温伯格现在试图用两种途径争取反应堆：一是将高通量反应堆作为一个研究工具，而不是一个设计原型，由此在橡树岭实验室可以建造一个；另外反应堆将会为反应堆研发项目做贡献，因此也值得支持。对于津恩来说，在不增加高通量反应器设计负担的情况下，他的员工依然有许多事可做，尤其是他们在那个春天加速去为海军建造反应堆。也有证据指出：大多数在橡树岭反应堆工作的本应转移到阿贡的科学家们是不会来的。两位主管达成了愉快的折中协议：原子能委员会可以批准两个高通量反应堆，每个实验室得到一个。两个实验室能够就最终设计进行合作，而且可能会将建造任务交给相同承包商。两个反应堆可能仅仅在运行功率上有所不同。[55]就像之前的曼哈顿计划，原子能委员会不需要进行一个"零和"游戏。

早在一年前，在有关中心实验室的争论之中，委员萨姆纳·派克（Sumner Pike）已提出这样一种可能性："没有理由认为我们不应当有两个高通量反应堆，这将意味着也许会有第三次关于化学和冶金的重复。"[56]预算局和拨款委员会将给出一个原因。津恩在给费斯克的回复中预见了他们的反对意见。他首先指出橡树岭实验室500万美元的估计过于乐观；花销可能是这个的两倍还不止。至少以布鲁克海文的经验来说，他自己的研究反应堆项目当时已花费900万美元。基于这样的比较成本，原子能委员会必须决定它是否愿意支撑这样的三个研究反应堆——布鲁克海文、阿贡和橡树岭，除此之外，还有阿贡和诺尔斯正研发的电力反应堆。[57]

据津恩所言，原子能委员会必须支持阿贡的研究反应堆项目，因为津恩和原子能委员会共同得出结论——在阿贡这个地方建造高通量反应堆太过冒险。根据原子能委员会的指导方针，一个达到高通量设计要求功率的反应堆不应该离大都市地区——譬如芝加哥——或者是"国家重要设施"——譬如橡树岭的生产工厂——太近，也就是说，"任何原子能委员会所属成员的地区"都不行。因此，原子能委员会反应堆项目的估价必须包括价值3 000万美元的在遥远位置的高通量装置，再加上阿贡研究反应堆的花费。津恩不愿意因支持橡树岭反应堆而使他自己的反应堆停止运行。[58]

虽然津恩从可行性方面上提出了对反应堆项目的这些观察，但他反对费斯克提出的要求所根据的前提，他说："对于让阿贡负责反应堆研发，我认为，这一点也不意味着阿贡有对除其以外的任何反应堆装置的类型和质量的控制权……橡树岭国家实验室的研究反应堆，就是橡树岭的承包商和华盛顿之间协商的结果。"[59]津恩拒绝决定有关其他实验室的计划，可能有助于华盛顿的原子能委员会反应堆研发部门的成立。集中化的落空是肯定的，并伴随其他一些因素：原子能委员会对黑色圣诞节之后橡树岭实验室的精神面貌十分敏感；津恩同意跟橡树岭实验室合作而不是竞争，这在反应堆项目的过剩状况很快到来之时非常必要；关于高通量反应堆对阿贡实验室来说太过危险的决定；而最重要的是橡树岭科学家们（尤其是温伯格）拒绝接受阿贡实验室的集中化。[60]

受到再进入反应堆事务的鼓舞，橡树岭实验室力图争取更多机会。集中化需要将高通量反应堆（不久重命名为材料测试反应堆）搬到阿贡实验室，但考虑到安全性问题阿贡无法成为合适的建立场所，于是橡树岭提出自己可以成为一个备选场所，将目标从建造穷人反应堆变为高级版本。原子能委员会反应堆安全委员会拒绝考虑橡树岭作为选项之一，反而批准了一个更遥远的试验场地。不过，温伯格并未被吓退，又带来一份关于研究反应堆的提案。他设想的反应堆以 15 兆瓦运行，这是高通量设计功率的一半，但却是穷人反应堆的 5 倍。温伯格警告说，一个远程反应堆站将会转变为另一个实验室，从而进一步耗尽科研人力。他本可以指出，当年出于同样的考虑，他在橡树岭建立了自己的实验室。[61]

原子能委员会拒绝了温伯格的异议，并决定于 1948 年 10 月在新的远程位置建立一个材料测试反应堆，地点选在爱达荷州。在粗略的分工后，阿贡和橡树岭实验室将在反应堆设计和建造方面展开合作：阿贡解决冷却系统和辅助设备，而橡树岭设计反应堆核心和防护屏障。阿贡不堪重负的职员们得以暂时解脱，而橡树岭则保持其反应堆团队继续受雇，完整无缺。原子能委员会没有进行集中化，而是开始接受实验室间的合作。[62] 本来想为研究反应堆项目建立一个中心实验室，却建立起一个高通量反应堆。集中化的中心既不在阿贡，也不在橡树岭，尽管这两个实验室都帮助建造了这个反应堆，且被许可在爱达荷州用它做研究。实验室得到他们的研究反应堆是在几年之后：原子能委员会于 1951 年 5 月批准阿贡建立所谓的 CP-5 反应堆。橡树岭在 1950 年 8 月就打消了穷人反应堆的想法，不足为奇的是，它做了一个相当豪华的反应堆的提案，并于 1953 年获得批准。[63]

研究反应堆本身并不能确保橡树岭再次获得反应堆业务。温伯格曾竭力强调研究反应堆不会让实验室涉及动力反应堆的设计，但逐渐恢复反应堆工作鼓励了实验室从事更多的探索。温伯格开始鼓动别人支持他拿手的项目——一个能通过反应堆将可裂变材料循环变成为含水浆料的均相反应器。他又一次利用，或者说创造了，一个已批准项目中的漏洞，为新反应堆的工作辩护："实验室已将其接到的强调化学技术的指令解读为应涵盖这类反应堆的重要研究，尤其是均相反应器，因为它的研发主要涉及化学和化学工程。"1948 年秋，原子能委员会批准了橡树岭的均相系统研究。[64]

均相反应器在 20 世纪 50 年代成为橡树岭项目一个主要部分，而前几年橡树岭还在为系统长期的材料和动力学问题而努力。1949 年 10 月，原子能委员会职员意识到橡树岭"拥有必要的设施，即它有喜欢生活在该地区并能胜任工作的员工，而阿贡不能处理全部的工作"。然而，橡树岭似乎缺乏"一个重大而长远的核心问题，来将整个实验室凝聚到一个共同目标上"。[65] 橡树岭实验室在追寻这个目标。海军对于核反应堆在推进力潜力方面的兴趣早于曼哈顿计划，而且支持着原子能委员会旗下阿贡、诺尔斯和西屋公司的一个重大计划。[66] 空军在二战期间也对核推进力感兴趣，并已在 1946 年与仙童引擎和飞机公司就"用于飞行器推进力的核能"项目签订了合同。仙童公司在橡树岭一些废弃的生产设施上开始起步，但这一小批员工只关注他们所知道的飞行器引擎，忽视了他们没做过的原子能。所以直到 1948 年夏天，在原子能委员会委任一组顾问检查之前，这个计划一直萎靡不振。所谓的"列克星敦报告"预测，核动力飞机的研发将花费 15 年并耗资 10 亿美元，其潜在的对于远程轰炸机的重要性使得在 3—5 年间花费了 2 亿美元研发远程轰炸机显得合乎情理，这对无须付钱的顾问们说起来容易。1948 年 12 月，原子能委员会达成一致，在之后几年仅支持 300 万美元的项目。[67]

在原子能委员会有机会消化列克星敦的报告之前，它就在 10 月批准了在橡树岭开展一次飞行器推进力方面的小尝试，只要不干扰高通量反应堆的工作。在原子能委员会决定支持更大的项目之后，橡树岭科学家打消了他们早期对这个计划的怀疑，并考虑更大的行动。1949 年 4 月，他们会见了美国空军、仙童公司和原子能委员会反应堆三方面的员工代表，考虑橡树岭如何出力的问题。经过数月的谈判，橡树岭和原子能委员会同意 9 月在实验室制定一个飞行器核动力计划，"它具有仅次于材料测试反应堆的优先权"。这份工作涉及有关材料、辐射损伤、屏蔽，以及反应堆设计问题的研究。[68] 尽管原子能委员会反应堆研发主任劳伦斯·哈夫斯塔德（Lawrence Hafstad）宣布他自己对飞行器核动力计划持"开放但怀疑的心态"，而其他原子能委员会员工认为"这在某种程度上是一个玩笑"，计划获得一个重要部门——原子能联合委员会的支持，该部门在 1948 年首次对该计划产生了兴趣。[69] 1949 年 3

月，原子能联合委员会执行董事威廉·博登（William L. Borden），也是创建利弗莫尔的背后推手，他一直在促使哈夫斯塔德考虑为飞行器核动力研究设置紧急项目。直至 20 世纪 50 年代，联合委员会在这个问题上一直在敦促原子能委员会。[70]

飞行器核动力计划及均相反应器，让橡树岭实验室在材料测试反应堆工作量减少时，得以维持反应堆项目。原子能委员会在 1950 年代中期正式给橡树岭实验室批准了一个涉及反应堆研发的运行政策。[71] 反应堆工作的恢复帮助人们将黑色圣诞节的沮丧转化为橡树岭的乐观。崭新的态度和振奋人心的科技成果，改变了原子能委员会的态度，它将橡树岭及其工业承包商树立为其他实验室的学习楷模。几年后，一份原子能委员会报告指出，反应堆"在橡树岭比在阿贡更加兴盛"。[72] 1950 年危机的出现，进一步燃起了空军对飞行器反应堆的热情，并促使原子能委员会再次将计划从理论研究调整为应用开发。到 1951 年初，橡树岭已有超过 250 人参与到该计划中，这显然是参与人员最多的时候，此外另有 60 人从事均相反应器工作。[73] 紧张的国际形势下，预算风气也形成了对竞争的追捧，这在利弗莫尔的建立中尤为明显：温伯格承认橡树岭和阿贡反应堆的工作存在一些重复，但认为这是"理想的"，因为"竞争是有益处的"。[74]

已失败的集中化尝试凸显了战后实验室的现实地位，原子能委员会不必非要维持现状，而是在此情况下试图改变。集中化无法胜过实验室获得的制度动力，以及驱使它充分发展事业的实验室科学家们。我们也再次看到项目在外部压力下在整个系统中扩展。伴随着在 20 世纪 50 年代早期国际局势紧张情况期间的武器研究，冷战也促使反应堆研究的扩散。海军渴望的潜水艇反应堆使阿贡的职员不堪重负，于是他们向橡树岭求助。之后，空军对远程轰炸机动力反应堆的兴趣，使得橡树岭再次参与到反应堆工作中来。对国家实验室的武器和反应堆项目来说，外部环境（即历史环境）的压力提供了一种离心力。

大　设　备

加速器的加法与乘法

　　为什么在对集中化反应堆做出决定之后，橡树岭这么快就推进了穷人反应堆计划？原因之一是，原子能委员会同样质疑计划中加速器的存在。温伯格可能意识到了这一点，尽管委员会表达的意图是在橡树岭维持"一个强大的永久性区域实验室"，但反应堆和加速器的缺乏将破坏其作为国家实验室的地位。[75]国家实验室并不仅仅是作为计划性的且往往是保密的项目场所，它们还应该为访客提供大型的昂贵的设施。缺乏这双重目的中后一种的实验室被视为是不完整的。正如布鲁克海文和伯克利实验室有意地寻求一个项目性角色以补充他们的研究设施，项目性的实验室也试图寻找设施以填补另一方面的缺失。可以预料，项目性实验室和基础研究实验室之间的区别将逐渐模糊。

　　橡树岭实验室对开展加速器项目的努力，引出了原子能委员会在国家实验室第二个功能方面的暗含的一般性问题——它们应该提供哪种类型的设备？原子能委员会对此问题的回应具有更普遍的适用性。实验室最初的构想是为研究提供核反应堆。加速器不属于原子能委员会对核材料的合法垄断范围，而且一直有高校参与其中，因此似乎不属于实验室的任务范围。

　　伯克利是一种混合情况——既可以将加速器降级为大学研究单位的服务，也可以加强加速器在国家实验室的使命。当欧内斯特·劳伦斯率先在1945年9月提议曼哈顿计划应该为在战后的核反应堆以外的加速器计划付款时，格罗夫斯拒绝了，并责问为什么政府要为他们买单。然而，同年12月，在没有原子能机构参与的情况下，格罗夫斯同意资助辐射实验室的加速器研究。羽翼未丰的原子能委员会只能面对既成事实。1946 年 11 月，新委员们在参观实验室后向劳伦斯保证他们会为"高能加速设备的发展……给予有力的支持"。[76]

伯克利的先例不必用到别处。布鲁克海文实验室的创始人只希望有一个核反应堆。1946 年 2 月，他们在最初的某次会议上推迟了有关加速器的讨论，因为几个东北部大学在此期间就已各自开展。然而，一个月后他们为"核粒子加速器"计划成立了一个委员会，并在 1946 年 6 月提出方案，包括一个 10 亿电子伏电子同步加速器、一个 500 兆电子伏同步回旋加速器和未来的一个几十亿电子伏质子同步加速器。[77]

尽管早先原子能委员会有过保证，并在伯克利和布鲁克海文实验室实施了大型计划，但原子能委员会仍然不认为应该赞助加速器的研究。尤其是新上任的原子能委员会研究主任、贝尔实验室的固体物理学家詹姆斯·费斯克，并不赞成建造研究性加速器。1947 年春天，他质疑高能加速器与核武器和核反应堆的相关性，以及原子能委员会是否应该支持它们。他的怀疑在一定程度上来自于海军的海军研究办公室（Office of Naval Research，ONR）的活动，该办公室在战后已经建立了一个积极资助基础科学研究的计划。海军研究办公室战后在多所大学赞助了十多个加速器的建设，其规模最大的是达到 184 英寸的伯克利回旋加速器。比起海军，加速器似乎更接近原子能委员会的领域，但若海军研究办公室愿意支持大学建设加速器，那原子能委员会可以把阵地拱手相让。[78]

总咨询委员会为加速器提倡者提供了更友好的论坛。费斯克的副手拉尔夫·约翰逊（Ralph Johnson）向顾问提出疑问"大规模支持加速器研究，与在冶金化工研究方面的必要投入相比，是否与原子能委员会利益相符"，并指出海军研究办公室介入的可能性。委员会认为，原子能委员会作为民用机构，相对海军来说是非机密加速器计划更好的赞助商。费斯克和原子能委员会继续拉锯，直到 1947 年 8 月劳伦斯在伯克利的波西米亚树林野营地组织会议。两周前，杜鲁门总统否决了针对美国国家科学基金会的一条法案，这可能是因为加速器的问题。在加州，总咨询委员会重申了它对基础核研究的支持，而且劳伦斯对利连索尔进行了当面游说。费斯克仍然反对原子能委员会赞助加速器，但在 10 月份委员会向加速器拨款了 1 500 万美元。[79]

与此同时，伯克利和布鲁克海文实验室继续推进其计划。在伯克利，威廉·布洛贝克（William Brobeck）在 1946 年设计了一个可以达到 100 亿电子伏的质子同步加速器，按照伯克利的一贯作风，这远远超出了当时刚上线的 400 兆电子伏 184 英寸的设备。劳伦斯认为这个规模对于原子能委员过于巨大，建议只要一半的能量。在埃德温·麦克米兰和沃尔夫冈·帕诺夫斯基指出可能由此产生反质子之后，他终于选定了 60 亿电子伏。1947 年 11 月，伯克利将提案递交给原子能委员会，该提案将花费原子能委员会用于加速器研究的拨款中的大部分，预计近 1 000 万美元。这并不适合其他加速器研究爱好者。布鲁克海文实验室的科学家已开展了关于最佳研究方案的内部辩论。斯坦利·利文斯顿（M. Stanley Livingston）曾与劳伦斯建立了伯克利的第一个回旋加速器，现在利文斯顿领导布鲁克海文实验室加速器的研究工作。他建议设置一个过渡，即在高能量加速器之前，先建造 750 兆电子伏的同步回旋加速器。拉比却敦促布鲁克海文国家实验室不应"采取安全途径或微小步骤，而应大胆行事"，期望马上达到 100 亿电子伏目标。拉比试图引导利文斯顿："我们将不得不忍受与伯克利的竞争。"拉比和布鲁克海文实验室可以大胆地与伯克利竞争，这一定程度上是由于两个实验室也在合作。拉比在 1946 年秋天访问了伯克利，回来时带了布洛贝克的设计蓝图，伯克利工程师也在继续援助布鲁克海文团队。[80]

1947 年 10 月，原子能委员会对布鲁克海文实验室的事务做出决定：费斯克和专员罗伯特·巴切尔通知实验室，利文斯顿的小机器与现有的能量差别不够大。虽说管理人员批评提供计划的科学家缺乏雄心壮志的事并不经常发生，但利文斯顿提出的抗议显示了其在政治上的不敏感："很明显，现在制定计划必须基于原子能委员会的政策，而实验室工作人员和大学咨询小组几乎一点也不重要。因此，这不是我们曾经理解的对基础研究'自由'的实验室，而今却直接由原子能委员会的国家利益所控制。"[81]

总咨询委员会和原子能委员会的确考虑到了国家利益，加速器计划的迅速发展和规模警示了他们。1947 年 11 月，总咨询委员会对在伯克利规划的意愿未能达成共识。它将如何干预布鲁克海文实验室的工作？它会在辐射实验室或整个国家与其他项目争夺经费或人力吗？政府应该资助大型加速器吗？[82]提议使费斯克产生了新的怀疑：原子能委员会"希望在某个时候建成一个多亿电子伏质子加速器，而且……也想参与这一事业。但委员会在这一事业中的适当角色及其时效性没有达成一致……由于其他任务"。原子能委员有比加速器更重要的研究，因此只能支持适度的纸面研究。[83]原子能委员会鼓励了布鲁克海文实验室的雄心，但其在增设加速器任务上缺乏共识。

几个月后，历经磨难但一往无前的实验室又带着几条较小的提案回来了，总咨询委员会在 1948 年 2 月召开的会议上进行了讨论。两个实验室的目标现在都是 25 亿电子伏，双方都强调他们的机器会使资金和人力得以有效地使用。委员会对这两个计划有"相当大的意见分歧"。一些委员批准相同的机器，其他人则寻求某些分化，但对特定能量找不出足够的科学依据，还有一些人基于原则问题，继续反对联邦政府支持加速器发展。每个实验室在总咨询委员会中都有支持者，没有人由于利益冲突而主动申请回避争论。拉比指明现有加速器的范围，并坚称它是属于布鲁克海文的机会，伯克利不应得到。格伦·西博格则赞成机器只建在伯克利。原子能委员会还考虑到，在决定集中反应堆后委员会所面临的问题，李·杜布里奇称其为"克林顿效应"：实验室科学家们在项目被拒绝后产生的"心理反应"（费米的说法），以及实验室普遍认为，原子能委员会以牺牲基础研究为代价来强调应用开发。[84]

　　总咨询委员会不想让任何团队失望，两个团队都是合格的。它作出了和解决高通量反应堆的问题相同的非零和妥协：每个实验各拥有一个加速器。然而，为了避免重复，这两个机器的"最大能量需要有相当大的区别"，为此，他们要相互讨论并与费斯克交涉。[85]伯克利恢复并稍微扩大其先前的建议，将能量扩大到 60 亿～70 亿电子伏。布鲁克海文的科学家将更高能量的机器让给伯克利经验更丰富的竞争者——"面对这样一个机构，我们真的没有更多机会"。于是他们将能量保持在 25 亿电子伏，选择这个能量用来产生 π 介子，而伯克利科学家则刚在他们的 184 英寸设备中发现。[86]尽管如此，布鲁克海文的员工仍然相信这个较小的机器将会更快上线，让他们"获得 2—4 年运行现存最大机器的优势"。[87]此外，他们计划建立一个自己的高通量反应堆，超过正在建设的石墨反应堆，它与加速器结合将给实验室带来一个无与伦比的设施组合。最后，他们仍将 100 亿电子伏作为终极目标。他们将 60 亿电子伏让给伯克利，是为下次他们会轮到更高能量的设备打下伏笔。费斯克在 3 月召开的两个团队的会议中同意了能量划分的意见，他知道原子能委员会没有限制加速器大小的计划，也提到委员会不能保证布鲁克海文未来的机器。他提出"这两个团队需要更密切的合作，并加强信息交换"，但两个实验室的科学家觉得现有的非正式安排已经足够了。原子能委员会在四月份批准了协议。[88]

　　这两台机器通过了行政部门的预算审查，但仍面临国会的审议。众议院拨款委员会的一个成员认可区分最大能量的做法，想知道伯克利的机器是否会把布鲁克海文挤出市场："所以，你怎么证明你能在伯克利建立一个更大机器的同时又在布鲁克海文建设，为什么你不花更少的钱把科学家们都送到伯克利用大机器呢？"伯克利的化学家、接任费斯克成为研究部主任的肯尼斯·皮策回答称，小机器是不会被淘汰的，"因为一个更好的显微镜的发明，并不意味着所有落后的显微镜都会被淘汰。"[89] 但目前的情况是，显微镜都还没有建好，且会产生巨大的公共开支。皮策回避了关于实验室系统的基本问题——科学家的储备、保持内部职员的工作充实的愿望、设备的重复，以及设施对外部人员的开放：这些都是原子能委员会和实验室最终必须面对的问题。

1948 年初的协议确定了原子能委员会接受项目中的高能加速器。原子能委员会也表明了态度，不会限制任何一个实验室中机器的数量，如伯克利现在拥有 4 个大型加速器，也不会限制整个系统中机器的数量，这是支持未来更高能量的一步。[90] 委员会用一个军事比喻向国会表达了他们的项目："物理学家在原子核堡垒的战后突袭中已经安装了更新更重的大炮。"[91] 加速器的军事用途不仅仅是修辞比喻，而是在冷战加剧时期发展成了或者重新成为军事装备。除了伯克利的材料测试加速器开始应用到爆炸材料的生产中，在苏联 1949 年末完成第一次原子弹爆炸试验之后，总咨询委员会也开始专门研究加速器束被用作核炸弹防御的可能性。这促使原子能委员会对此负责，并指派伯克利和洛斯阿拉莫斯团队进行研究。[92]

1950 年 1 月，原子能委员会、实验室主管和科学家，以及原子能委员会员工，在加州理工学院讨论对抗原子武器的可能对策。主要话题"最近在英格兰已被讨论过"，是想通过雷达和计算机服务系统联合制导，让加速器产生的伽马射线击打袭来的炸弹。在重金属炸弹中，伽马中子反应会结合中子的可裂变物质，并提前点燃武器。100 兆电子伏的射线覆盖范围可能是 1 公里左右，10 亿电子伏的射线则可覆盖 2 公里。现有加速器提供的斜距大小只能降低破坏力，不能完全防止损害，拉开 1 公里的距离无法避免受原子弹爆炸的伤害。不过，小组成员同意这个想法值得探索。[93]

虽然军事应用部门任命伯克利的埃德温·麦克米兰来监督核武器对抗系统的工作，但在当前加速器能量的限制下，使用加速器来提前引爆武器的计划停滞了两年。[94] 1952 年夏天发现的强聚焦原理为发现产生高能量更简便的途径带来了希望。不久后，原子能委员会的研究部主任在高通量加速器项目的概述中谈到了在武器对抗系统中使用这项原理的可能性。研究部与国防部设立了一个项目，其中原子能委员会将在对抗系统中资助加速器部分的不涉密工作。[95] 一份员工报告指出，一个在预算局受挫的预算 500 万美元的研究项目与"对抗系统中的所有问题都有很大关系"。报告还指出"在预算局和国会面前，粒子加速器的军事用途应在为超高能粒子加速器建设项目进一步辩护时被作为额外理由"。[96]

虽然原子能委员会认为这个方案不可能成功，并且关于国防部的补充调查也发现，此时无论是军事上还是经济上的可行性都受到高成本、大规模、能量要求和有限范围的限制，但两个机构都认为该方案未来发展的潜力，支持对高通量加速器进行研究。在 1954 财年的财政预算中，原子能委员会下拨 50 万美元用于进一步研究对抗措施，这或许是听从了那份员工报告的建议，在预算审核人面前通过借助军事用途来捍卫加速器。[97]

小垫脚石

20 世纪 50 年代初，军事对抗研究依赖于高能加速器束，但加速器既不局限于高能物理，也不局限于伯克利和布鲁克海文实验室。低能加速器早就成为计划性研究的一个重要组成部分。所有实验室不是已经获得了，就是很快获得了能量值为 2—12 兆电子伏的范德格拉夫起电机。范德格拉夫起电机覆盖了大多数的裂变能量，因而可以同时服务于核武器和核反应堆项目。各式各样小于 60 英寸的小粒子回旋加速器和电子感应加速器也在实验室普及，可以获得 20—30 兆电子伏的电力，不但可以让人们研究有趣的核物理问题，也可进行放射性核素和超铀元素的化学探索，所有这些都是委员会使命的一部分。

这些小型加速器不属于供来访研究人员使用的大型设施。首先，他们有自己的计划性任务，因此在使用这些加速器上受到限制。其次，尽管按战前标准来说又大又昂贵，但范德格拉夫起电机、粒子回旋加速器和电子感应加速器并未超出每个大学的配置，而且非实验室所独有的。许多公司（通用电气、科林斯无线电、高压工程和其他一些公司）已经开启了这些机器的贸易市场；一所大学可以花费不到 40 万美元就能买到一个 92 英寸的回旋加速器或一个 100 兆电子伏的电子感应加速器，这相比伯克利标价 1 000 万美元的质子加速器，是个不错的生意。[98] 实验室系统也为加速器贸易提供了一个健康的市场。有时候是由于原子能委员会的坚持，比如像布鲁克海文实验室，他们试图维持私人企业的参与而不是让实验室自己建造设备。[99]

原子能委员会并不指望通过支持这些低能量加速器为更大的机器提供垫脚石。1947 年，阿贡已考虑进入高能机器的赛场，但费斯克和巴切尔建议实验室应专注于反应堆研究。阿贡在芝加哥大学不得不避开恩利克·费米和其他军事实验室的项目——他们当时正在规划一个 170 英寸、450 兆电子伏同步回旋加速器，主要由海军研究办公室赞助。[100] 如同布鲁克海文一样，橡树岭在 1946 初成立了一个委员会来考虑加速器工作，并通过了一个 100 兆电子伏电子感应加速器的计划，但原子能委员会质疑委员会存在的必要性，并最终把它划归了国家标准局。[101] 温伯格以其特有的坚持重新提议建设"穷人反应堆"，虽然加速器在橡树岭"并不是物理学的自然方向"，但它们"具有重要的辅助功能"。他补充道："这并不是试图用穷人反应堆来简单地代替加速器……即便安装了穷人反应器，如果实验室有足够的合格人员对加速器领域感兴趣，可能还会需要使用加速器。"[102]

　　橡树岭实验室在隔壁的联合碳化物公司 Y-12 设施发现了那些合格人员。罗伯特·利文斯顿（Robert Livingston）手下有一批科学家战后继续在研究电磁型同位素分离器，以探索分离核武器材料的新方法。1950年，橡树岭获得了 Y-12 设施，而利文斯顿的团队作为电核部门加入了实验室。当实验室物理部门在运行高电压的范德格拉夫发电机时，电核部门正致力于环形加速方法和研制回旋加速器。和部门一起并入的计划包括一个 1950 年 11 月上线的 86 英寸定频回旋加速器，用来提供比高能同步回旋加速器更强的光束。这台 86 英寸的回旋加速器产生钋-208，这是辐射战中令人感兴趣的一种放射性元素，同时也可用于飞机核动力推动项目的辐射损伤研究。[103]

　　1950 年，新加入的电核团队敦促实验室管理者向原子能委员会请求为实验室官方项目补充回旋加速器。尽管布鲁克海文已有先例，但研究部指出了伯克利的支配地位，并拒绝接受挑战者。1951 年，总咨询委员会也指出了橡树岭与伯克利重叠的部分，并建议橡树岭科学家们把加速器委托给加州更有经验的同事。温伯格和克拉伦斯·拉森（Clarence Larson）回复道：Y-12 团队在高束电流方面有长期的经验（他们并没有说明这源自伯克利在战时所做的努力），因而这个项目将"维持一个对这一领域感兴趣的有能力团队"。[104]在原子能委员会拒绝官方认可橡树岭的加速器项目一个月后，橡树岭获得了原子能委员会的支持，因为他们要求实验室建立一个加速重离子的机器，特别是氮。氢弹项目中提出了一个热核反应可能点燃大气中氮的可能性。橡树岭实验室建立了一个 63 英寸的回旋加速器和氮离子源，并在 1952 年检测了氮与氮之间的反应截面。结论显示，世界不会因为氢弹而爆炸，至少不会因为一次测试就爆炸。如此，橡树岭的科学家们消除了疑虑，又将这台回旋加速器转向基础研究。[105]

基于曼哈顿计划的遗产，一次简单的组织重组，以及原子能委员会的要求，橡树岭实验室创立了自己在加速器业务上的投资。尽管实验室的目标是建设比伯克利和布鲁克海文国家实验室更低能量的加速器，但它还是在高强度和重离子加速方面占有一席之地。实验室希望从其经验中获利，于是在1953年提出建设一个114英寸的连续波回旋加速器。该加速器可以将加速从铍到氖的重离子，核子能量为10兆电子伏。因此，这种重型粒子流可以穿透利用元素周期表中重原子核可能制成的屏障，产生新的放射性元素，用作核物理学的探针。该提案和原子能委员会的项目相互配合，扩展了橡树岭实验室。[106]

橡树岭回旋加速器面临来自两个方面的竞争，一个在系统内，另一个在系统外。1953年8月，差不多在橡树岭提出建议的同时，西博格和伯克利的化学家建议在辐射实验室建立一个直线加速器来加速重离子。[107]耶鲁大学另一个核物理实验室团队也起来支持一个相似的提案。1948年，原子能委员会联合海军研究办公室开始转给大学基础研究的合同，包括建造加速器。在海军研究办公室撤出后，1950年成立了国家科学基金会，其微薄的预算并不能支撑昂贵的设备，原子能委员会仍然继续开展该项目。尽管当时国家实验室在高能研究方面已形成垄断，但并不能确保原子能委员会将继续维持该方向的研究，也没有任何迹象表明高能区从什么地方开始。因此，耶鲁的提案在原子能委员会项目中在某种意义上是个先例。[108]

所有这些提案的目标是一致的，能量都是达到每核子10兆电子伏，但方法和结果不同。所有这些器材依靠的都是各家实验室的设计经验：橡树岭实验室计划将63英寸和86英寸的回旋加速器扩大；伯克利的直线加速器将使用一个类似于其现有质子直线加速器的单腔漂移管；耶鲁设计了一个两级直线加速器，第一级是一个单腔漂移管，第二部分是由其科学家自行设计的多腔管。伯克利和耶鲁的电子直线加速器每台预计花费 120 万美元，橡树岭估计其回旋加速器将花费 200 万美元。每台机器都给特定团队带来了利益。利文斯顿及其电核部推进了橡树岭的回旋加速器。伯克利电子直线加速器的动力并不是来自加速器建造商，而是来自西博格及其他化学家。耶鲁的机器更广泛地面向核物理学研究。每个团队也都提出了自己的理由。橡树岭是原子能委员会的同位素生产中心，想通过回旋加速器制造整个元素周期表中的放射性同位素；耶鲁想以此来训练研究生；而伯克利的机器将会提供给西博格和他的团队（他们已经发现了元素周期表中铀之后的很多元素）合成元素周期表中 98 号之后元素的方法（第 98 号是锎，第 97 号是锫，名称分别取自"加利福尼亚"和"伯克利"）。[109]

　　总咨询委员会在 1953 年 11 月召开的会议上指出了这些提案的优点。委员会同意这些设计至少建设一个，但"没必要重复建造三个重粒子加速器"。橡树岭和伯克利都"已经有了大量的核机器"，而耶鲁之前没有核机器，这将有利于申请大学基金。耶鲁和伯克利同意共享其工程设备，耶鲁将由此受益于伯克利以往的经验。费斯克从研究部退休后成为总咨询委员会的成员，他依旧说话直截，询问原子能委员会为何应该建设另一个同步电子回旋加速器。但总咨询委员会同意拉比"让耶鲁重回核物理学领域"的提议，原子能委员会批准耶鲁继续进行。[110]

　　1954 年 1 月，西博格再次就伯克利的提案向总咨询委员会和原子能委员会提出一个新理由：11 月他们打算创造超锎元素，现在这是个核物理和化学的双重问题。1952 年 12 月，伯克利、阿贡和洛斯阿拉莫斯的化学家已经从第一个热核装置的"常青藤－麦克"（Ivy-Mike）核试爆的放射性碎片中发现了第 99 号和第 100 号元素存在的证据。热核炸弹并不是产生新元素最简便的方式。1953 年末，伯克利化学家成功地在实验室

60 英寸回旋加速器中生产出 99 号元素，而伯克利和阿贡都在材料测试反应堆中辐照样品，并在不久后发现了 100 号元素。因此，在 1 月份会议中，西博格强调的不是产生新元素，而是要关注原子核结构和变化过程中的基本知识，这与耶鲁的方法更接近。他可能也想从尴尬的优先权纠纷当中不动声色地转移注意力，然后分化伯克利和阿贡的发现。[111]

西博格将伯克利机器的优点推荐给了他以前在原子能委员会和总咨询委员会的同事。尽管他声称这个机器是独一无二的，与伯克利和其他任何地方的机器都不同，但伯克利和耶鲁的加速器在设计上极为相似。但研究负责人托马斯·约翰逊指出，伯克利加速器目的在于加速比氖重的粒子，与耶鲁的不同。两个团队汇集了他们的机器设计资源，节省了资金。原子能委员会可以在伯克利和耶鲁都建造直线加速器，花费仅比橡树岭单独制造回旋加速器花费稍微多一点。此外，橡树岭的计划还受一种观点的影响，即其主要支持者也是设计者而不是使用者。原子能委员会批准了伯克利重离子直线加速器（称为 HILAC），并于 1957 年开始运营。[112]

橡树岭实验室在 1954 年和其后数年都在尝试拥有自己的回旋加速器。原子能委员会推迟橡树岭的计划，倒不是因为限制加速器传播的政策，更多的是担忧实际预算和反应堆工作量过量。[113] 因此，委员会没有制止更大加速器在实验室系统中扩散。耶鲁的直线加速器获得批准表明，重离子加速器似乎相对足够小，所以原子能委员会可以让其放置在大学中。国家实验室基于计划性项目的需要，有像范德格拉夫起电机这样的更小型加速器是合理的。重离子加速器之所以可以进入大学，是因为它们将束流用于研究，尽管是核科学，这个领域比高能粒子物理更接近原子能委员会的兴趣（尽管原子能委员将会进一步支持大学加速器向更高能量提升）。与此同时，像橡树岭这样重要的实验室（包括很快将加入的阿贡和洛斯阿拉莫斯）可以使用定位模糊的中能加速器，来发挥研究设备供应方的作用，换句话说，发挥国家实验室的作用。但是，这些设施的模糊定位使其不能确保可以提供给访问者使用。

实验室将大型和昂贵设备的定义拓展到反应堆和加速器之外。麻省理工学院的杰罗德·扎卡里亚斯建议布鲁克海文为宇宙射线研究装备一些空军飞机。普林斯顿的约翰·惠勒也非常赞同这个提议。普林斯顿的一个宇宙射线研究组希望发射一些探测器，并配备一架 B-29（第二次世界大战中使用的一种四引擎轰炸机），这更符合国家实验室作为设施供应方的要求，这种设备没有一所大学可以单独完成。空军帮了忙，到 1950 年，布鲁克海文实验室已经用上了一架 B-29（基地设在纽约的罗马），使宇宙射线研究可以上到 3 万英尺。[114] 昂贵、精致的设施并不限于物理科学，也不限于研究无生命的对象。橡树岭实验室设立了一个项目来研究辐射对小鼠的长期遗传效应。实验室工作人员估计，这个最终被称为"超级小鼠"的项目每年需要 10 000 笼老鼠和 100 万美元经费。他们在 1947 年的提案指出："之前纯粹是因为经费缺乏，阻碍了哺乳动物数据的积累。"[115]

原则上，国家实验室的目的是提供大型设施供来访的学术科学家使用。事实上，外部用户并不能轻易获得这些设备的使用权限。机密的重要研究，如钚的生产或"超级小鼠"项目，都让一些设备禁止接近。尽管设置大型设施的初衷是共享，但根据原子能委员会关于反应堆信息的保密政策，多年来只有背景干净的科学家可以获得使用反应堆进行研究。尽管高能加速器研究不是保密的，但加速器可能也处于受限范围，伯克利实验室的情况就是如此。除了保密性问题，访问者还不得不与国家实验室自己的科学家协调仪器使用。在 1948 年初关于伯克利和布鲁克海文的高能加速器安放位置的辩论中，反对放置于前者的缘由主要是因为其很少对访问者开放使用权。费米提出："考虑到加速器使用了政府资金来建造，或许伯克利需要使用一些更符合国家实验室的做法，这样会令人更易接受加速器的资金使用。"[116] 当质子加速器投入使用后，预算局职员对其 25% 的使用时间都属于"外国人"表示很惊讶。路易斯·阿尔瓦雷茨解释道，在伯克利，"这个'外国人'是指任何不属于国家实验室编制的人。"[117]实际上，布鲁克海文对国家实验室理念的承诺在实践中也被证明是微不足道的。因此，原子能委员会的反应堆开发负责人哈夫斯塔德表示："国家实验室这一说法中'国家'的准确性值得商榷。"而"'区域性'也同样是一个错误的描述。"所以，哈夫斯塔德认为原子能委员会应当取消这个形容词，比如直接称其为"橡树岭实验室"。[118]

尽管实验室的科学家和原子能委员会的高层职员对国家实验室的概念并不在意，但他们越来越认识到其重要性和意义，并以不同方式做到"国家化"。正如哈夫斯塔德提出的，"国家性"意味着区域性，实验室需要将其设施提供给附近的科学家，但区域实验室又意味着重复的实验设施——原子能委员会不得不为每个实验室提供一个加速器和反应堆以供该区域的科学家们使用。然而，原子能委员会从来没有足够的预算来支持这样的重复建设，也不是所有实验室都有能建设这些设施的人。资源短缺迫使实验室竞争和合作——为仪器争取经费，并由共享科学家和工程专家去建设它们。这种组合在伯克利和布鲁克海文之间早期的高能设备建造，以及伯克利和耶鲁之间后来的重离子设施建造中都很明显。

这些事件都体现了实验室避免重复的另一个后果——专业化。尽管原子能委员会允许有一点重复，但重复的机器也有区别。设备分化可能源于原子能委员会及其顾问的坚持，比如布鲁克海文和伯克利的案例中，也可能源于实验室科学家的倡议，比如在重离子加速器的提议中。后者反映的仍然是实验室的个性，即在伯克利和橡树岭的不同程序和惯例中产生了为不同目标而采用的不同设计。这种可与生物的特化相类比的过程也扩展到其他类型的大型设施。尽管布鲁克海文实验室的第一个研究反应堆复制了橡树岭石墨反应堆的设计，但实验室规划者只是将其作为通向"设计独特的"高通量反应堆的道路上的一种廉价的权宜之计（他们在两方面都打错了算盘）。[119] 温伯格和津恩提出了对反应堆集中化崩溃的解决之道，建议为阿贡和橡树岭各自建造研究反应堆，最终使两个被核准的设计产生了两套不同参数。

即便是高能加速器这么深奥的领域，也受到了冷战背景和国家安全考虑的影响。此外，为了增加预算，原子能委员会及其实验室倾向于强调计划性的用途。但军事上的应用，无论是现实的还是潜在的，都造成了对设备使用的限制并阻碍了提供设备的目标的实现。军事项目还涉及其他机构，由此展现出实验室系统边界的渗透。国防部不仅在武器和反应堆动力推进项目方面与实验室合作，在加速器领域也有交集，首先通过海军研究办公室，然后是核弹制导项目。伴随着加速器相关的新生意，机构间关系扩展到工业界也扩展到大学，明显体现在阿贡在早期回避芝加哥大学的加速器计划以及耶鲁在重离子加速器"德比"中的出现。

加速器为实验室系统的另一个特征——多样化，提供了一个早期案例。委员会同意支持其任务的边缘工作，这些附加部分之后成长为其项目的主要部分。到20世纪50年代末，高能物理研究将主导预算，这是以牺牲核物理学为代价的，也引起项目管理人员警告。原子能委员会起初拒绝增加投入，后来则试图将规模限制在一两个实验室，但为核物理和化学服务的低能加速器，为更复杂的机器在整个系统中的扩散提供了途径。同样，实验室科学家们的主观能动性和原子能委员会不经意的努力可能为这个途径扫清了障碍。原子能委员会对橡树岭实验室提出的要求就是一个很好的案例。原子能委员会要求橡树岭建立一个小型回旋加速器来加速氮离子，以此辅助武器项目，在这一案例中实验室充当了"工作车间"。实验室科学家们之后利用这个机器作为一块获得更大重离子回旋加速器的跳板。

研究设施与武器和反应堆项目不同，项目扩散并未抵消官方集中的政策。项目扩散由国家需求和投机的科学家们所驱动，使国家实验室更接近区域设施这个最初的理念。专业化也受到国家重点项目（通过预算产生影响）和精明的科学家的影响，让国家实验室远离区域化的理念，而更接近国家化，使每个实验室都能拥有美国境内独一无二的设施。但对原子能委员会和实验室科学家来说，此时"国家"实验室的概念仍然不是国家级别而是区域级别的。这个定义仍然意味着访问学者能够利用实验室设备，这一点被实验室越来越清楚地认识到。不过，大多数实验设备使用者并不是外来人员，而是从事自己基础项目研究的内部科学家。这些科学家在做什么，实验室又为什么会支持他们做这些工作？

小　科　学

原子能委员会本没必要支持基础研究。它最初强调的是武器生产，而将科研搁置在一边。但国家实验室和大学科学家们的项目申请不断积累，以及有总咨询委员会的支持，这很快迫使原子能委员会将注意力转至其科研政策上。总咨询委员会随即提出的支持理由是科学家的明显短缺：原子能委员会对基础研究的支持，将会训练新的科学家，其中一部分人之后可能将参与原子能委员会的项目。原子能委员会找到了另一个理由，即现在的原子弹和反应堆"在多年前的基础研究中就已初现端倪"，"因此，科研项目是我们今后10年或20年间的第一道防线。"研究得到"新的理论知识和实验知识将为适应随后的实际应用提供基础"；或者，换个比方以对抗即将到来的冷战寒冬，原子能委员会不得不将"我们的基础知识储备"扩容。[120]

上述两个理由都未能使国家实验室科学家们的研究变得必不可少。相反，以现任或前任实验室代表组成的总咨询委员会在考虑了两种理由后，反对支持国家实验室中的基础研究。针对第一个理由，委员会指出，支持国家实验室本地的研究人员将耗尽大学的人力资源，因而阻碍新科学家的补充。正如杜布里奇所说"尝试在全国范围内建造 10个伯克利辐射实验室……将会对我们的大学和原子能委员会的活动产生巨大的灾难性影响。"而支持大学的科学家们及其学生"将会最终创造更多的人力资源而不是损失人员"。这种以培训未来科学家为代价的做法会造成实验室在计划性工作中的用人困境。委员会考虑到这一困境，承认必须在短期和长期需求上达成平衡。但国家实验室的基础研究并未提高双方中的任一方。奥本海默则建议说，应严格区分科学研究和这种"特殊的半工业化试验室，这类实验室是非学术的，也不应该是学术的，且实验室的部分人员会来源于这一训练场"。后一种类型中显然已包括了国家实验室。[121]

　　奥本海默所谓的区分，同样也排除了国家实验室作为基础知识储备资源之一的可能性。这源于总咨询委员会对中央集权制的支持，这一点在同一次大会上已被清楚地表述。杜布里奇将两者联系在一起：

　　　　"做一项工作，一项计划性、应用性的工作，比如建造工业反应堆，或制造雷达装置，或原子弹的工作，针对特定工作而言，一个大型的中央协调机构是最理想的，最有用的，也是最有效率的。但是，如果你期望学到新的东西，你期望（通过）基础研究来增长你的知识，那么这不是最好的方法……总体来说，新知识最好来源于一大群独立工作的人，这些人独立、自由地工作，且拥有自己的设备和团队。因此，我们一致建议，一个中央实验室对于委员会主要的、应用性和计划性的工作而言是一件好事，但同样，想要增长基础物理方面的知识，最好的做法是让小组人员大范围地散布到大学或全国范围内工作。"

中央集权制只用于反应堆工作中，而杜布里奇的话可能已暗示了要支持区域实验室中的研究团队。当总咨询委员会似乎确实留有余地，由于伯克利实验室的"特殊历史"，它允许伯克利实验室继续开展其基础研究项目，但当拉比向总咨询委员请求给布鲁克海文实验室一个类似编制时，却遭到了拒绝，奥本海默排除了这个可能性："这当然不是我们想要写成白纸黑字的规定，但如果我们说，我们在大学以外的地方不支持'基础研究'，这就非常接近我们想表达的意思了。"[122]

当总咨询委员会一直反对在国家实验室里进行基础研究，并在大学中进行游说，但其立场随时间流逝而动摇。1947年后期，它重申对学术研究的支持，并没有暗示"在委员会的区域实验室内大量增加研究设备"，而是"限制区域实验室的范围，以便将委员会拥有的设备进行特异和必要的配置，用于基础科学的健康发展"。然而，委员会并未明确这些术语，现在除伯克利实验室外，它还进一步将布鲁克海文实验室作为一个特例。[123]原子能委员会也没能阻止国家实验室：当它决定集中反应堆时，为了缓和给克林顿实验室的冲击，承诺给实验室"一个有力的基础研究项目"。原子能委员会补充道，对基础研究而言，"人员培训是必要的辅助"。[124]"克林顿效应"说服了总咨询委员会在1948年支持了伯克利和布鲁克海文实验室的两个加速器，也让原子能委员会表现出支持基础研究，来维持实验室的士气。

对国家实验室基础研究的持续鼓励有助于消除原子能委员会和总咨询委员会对基础研究的反对声。所有国家实验室的项目从一开始就包含了基础研究，但其理由各不相同。阿贡、洛斯阿拉莫斯和橡树岭宣称，它们需要基础研究"来吸引和保留最高质量的研究人员"，因为"一流人才只有能适度自由地继续研究其选择的领域，才会留在实验室队伍中"。[125]这里，国家实验室显示出一种"科学家绑定"（scientists-on-tap）论调的早期变体：基础研究将会使合格的科学家们留在职员队伍中，之后这些人可能会在需要时投身于计划性项目。原子能委员会的职员同意这一说法："要维持国家实验室的质量，就需要在国家实验室中支持合理数量的理想化基础研究项目，尽管在大学中花每一块钱得到的基础研究成果通常要远大于在国家实验室中得到的。"[126] 因此，举例来说，据洛斯阿拉莫斯物理部中的一名成员所言，他们部门"传统上是作为实验室其他部门的人力资源库（通常是身居高位的人），以及作为未签约人员的储备库。这些人愿意随时中断自己的研究，以期加入实验室各阶段的计划性项目中。"[127]

伯克利和布鲁克海文实验室在对计划性工作的设想中体现了上述概念，但从一开始，它们就依赖其对培训和知识库的贡献。原子能委员会学会了对所有实验室鼓吹培训观：它是阿贡实验室研究"不可分割的一部分"，是布鲁克海文实验室的"主要目的"，也是橡树岭实验室不断增长的功能。[128] 它还能道出那些令人印象深刻的研究结果，包括伯克利实验室中介子的产生，伯克利实验室、阿贡实验室和橡树岭实验室中的超铀和重元素化学，橡树岭和阿贡实验室里的中子物理学，洛斯阿拉莫斯实验室里蒙特卡罗计算方法的发展，阿贡和洛斯阿拉莫斯实验室中有关氦-3 的先驱性工作。[129]

这类研究中的许多成果利用了独特的能力或者与已应用项目密切相关，但国家实验室评估了可接受研究项目的界限。布鲁克海文在早期建议成立一个心理学和社会学部门，这也许是利用战后对社会科学逐渐增加的兴趣。《原子能法》（ The Atomic Energy Act ）中已包括了关于"应用原子能对社会、政治和经济作用的研究"的条款，况且总咨询委员会在其首次会议中就考虑为社会科学设置一个相关的咨询委员会机构。然而，布鲁克海文并未执行这一计划，原子能委员会及其实验室始终保持在自然科学范畴中。[130]

大多数对培养人才的鼓吹一直以来只是空谈，因为驻地科学家在数量上远多于来访者和学生，而终身职位政策使得国家实验室的人员一成不变，且逐渐老龄化。总咨询委员会支持实验室的研究，但还是越发勉强。1949 年，国会缩减了美国原子能委员会的研究预算，总咨询委员会建议让实验室承受这些责任：它们的规模使得它们有比大学更强的受打击能力，而且其巨大的开销使得它们中的每个科学家相当于大学中的科研合同两倍那么贵。开支缩减或许能使其提高效率。[131]两年以后实验室已具备令人满意的员工、士气以及项目，委员会于是转变了论调："委员会下属实验室的基础研究通常规模太小，而且其贡献没有受到足够的重视。"到了 1952 年，总咨询委员会改变了最初旨在削减科研经费的立场，并且研究部的约翰逊同意将削减的开支更多地分配到外围的签约研究上去。[132]

总咨询委员会可能出于现实原因而支持国家实验室研究，因为原子能委员会已表明国家实验室将会成为其基础研究工作的骨干。在1949 财年预算中，仅物理研究经费的 15% 就用于外围的签约研究。这个比例到了 1951 年就翻了一倍，并在那之后徘徊在总数的 1/4 ～ 1/3之间。[133]尽管有总咨询委员会早前的建议，但原子能委员会的大多数物理研究还是在国家实验室完成的。并不是所有这类工作都被分类为"基础"研究——研究部门的经费，就我们所知，被划分为"基础"和"应用"类别，直到这种分类被证明大有问题，而应用部分包括了与武器及核反应堆相关的内容。研究部也不是唯一有基础研究的部门。生物和医学、反应堆开发和军事应用等部也向比较基础的研究提供了资助。在许多领域区分基础和应用工作一直都是困难的。例如，橡树岭在研究部和反应堆开发部两个部门下研究辐射冶金，并基于短期和长期问题的模糊差异来定位这个研究。[134]20 世纪 50 年代早期，洛斯阿拉莫斯未得到研究部的支持，因为"在洛斯阿拉莫斯，这些研究的全部工作都在军事应用部领导之下"。[135]

　　在一个计划性的原子能委员会部门下的计划性工作如何能扶持基础研究？这里以两位在洛斯阿拉莫斯的物理学家对中微子的探测事例为例。1951 年夏天，就在氢弹的紧急工程项目已经进行了一年半并可预见结果之时，弗雷德里克·莱因斯（Frederick Reines）向理论部门的领导卡森·马克（J. Carson Mark）请求暂时离开氢弹工作而转向"基础物理研究"。该年春天，莱因斯参与的特勒-乌拉姆设计，以及后来的"温室"系列试验，让核聚变武器成为可能。马克同意莱因斯此时转向基础研究，而且没有什么特定的科学问题。不久，莱因斯就想出了一个课题：把核爆炸用作中微子源。中微子是沃尔夫冈·泡利（Wolfgang Pauli）于 1930 年提出的理论假设，但迄今未被探测到。莱因斯获得了来自洛斯阿拉莫斯的克莱德·考恩（Clyde Cowan）的支持，并设计了一个实验，在核试验位置的地下 50 米处放置一个敏感的探测器。莱因斯指出："在距离人类制造的最剧烈的爆炸如此近的位置操作一个灵敏的探测器，这个想法听起来不可思议，但我们曾与炸弹共事过。"布拉德伯里赞成这个实验，军事应用部提供了资金。莱因斯和考恩随后确定他们可以利用来自裂变反应堆中的中子流。他们最初将探测器建在汉福德市，之后在更强的萨凡纳河反应堆做实验，这是一个为氢弹制造氚流的反应堆。1956 年，他们分离出贯穿他们探测器的中微子信号，莱因斯由此获得了 1995 年的诺贝尔奖。在 50 年代的剩余时间里，洛斯阿拉莫斯还继续着中微子的研究，由理论物理部的莱因斯团队及物理部的考恩团队进行。这段插曲展现了国家实验室如何用基础研究的时间投入来回报科研人才，他们通常会用到实验室独特的性能，并且可能会成长为大型、长期的项目。这项政策使得科学家们为计划性项目随时待命，而重要的研究成果也提升了国家实验室的声誉。[136]

　　研究部以外的研究项目只增加了实验室所开展的项目的占比。尽管部分反应堆和武器的开发工作已转向原子能委员会的其他设施（如桑迪亚或诺尔斯）或工业承包商，但很少转向大学。20世纪50年代早期，国家的紧急状态使实验室研究重点转向计划性的工作，但在实验室科学家的坚持下，通常不以牺牲基础研究为代价，将应用性研究作为实验室项目的补充。[137] 1950年，在国家紧急状态刚开始时，原子能委员会在物理研究上花费了3 100万美元运行费用，而在反应堆和生物医学项目中另花费5 000万美元（包括实验室和外围，大多数用于实验室）。[138] 或许有人认为武器项目研究能为研究提供更多的支持，即使这些金额只是总体预算的一部分。如果研究只占原子能委员会总预算的一小部分，大多数预算还是在武器生产上。很明显，8 000万美元并非微不足道的小数目，与物理研究的预算相比，还是占了更大的比例。[139]

原子能委员会的研究预算规模与美国国家科学基金会（NSF）的相比，后者的情况就显得相形见绌了。1950年，创建国家科学基金会的法案使其年度预算限制在1 500万美元，仅为原子能委员会研究部的一半。实际上，国家科学基金会得到的远不及这个数目：它首次拨款为35万美元，仅够买一个小的电子感应加速器，更不用说让科学家们去使用它。[140] 尽管国家科学基金会旨在作为基础研究的主要联邦资助方，但原子能委员会和其他机构仍继续为基础研究提供了大部分支持。国会监管部门对原子能委员会设立的基础研究项目颇有不平之意："当创建国家科学基金会的基本法被通过时，国会最有说服力的论据是基金会将成为避免研究重复的强大力量，但它似乎与原子能委员会在做一样的事情。"原子能委员会委员史密斯指出了国家科学基金会的拮据："国家科学基金会过去能够支持的实际研究很少，在我们与他们的接触中并没有发现涉及重复的问题。"[141] 同样在1953年这一年，原子能委员会拒绝了预算局将基础研究分配给国家科学基金会的尝试。[142]

尽管原子能委员捍卫自己领导基础研究的特权，但委员会本身对其项目的某些部分并不打算履行职责。实验室将他们的运行费拆分为由一两个人领导的项目研究预算，这在实验室年度预算中以标准形式得以简要说明。华盛顿项目经理和当地业务处本应在年度项目审查中仔细检查这些项目说明，但将实验室预算合并到原子能委员会部门预算时，这些细节会被遗漏。原子能委员会之外的预算审查员也不想去处理它们：倘若四英寸厚的原子能委员会总预算文件让他们畏惧，那实验室的详细预算将更令他们绝望——几乎每份都有那么长。

　　基础研究项目比应用项目在预算详细审查方面享有更多的自主性。研究部主任皮策对每一项"基础"项目只要求一份项目描述表格，如物理、化学或冶金学，因而促使实验室将几个研究项目放在一个大类之下。然而，应用项目要求有具体而详尽的表格。[143]实验室与实验室间的自由度不同，伯克利和布鲁克海文比其他实验室享有更多的回旋余地。布鲁克海文的一位访问学者之前曾在橡树岭待过一阵。那段经历让他"有点怀疑国家实验室了"，在离开橡树岭刚到布鲁克海文的时候，"不知道多大程度上实验室会'建议'哪些是他们感兴趣的课题"，然而后面特别高兴地发现"那里的氛围完全自由，每个人都致力于他自己选择的题目"。[144]橡树岭因为承担了大部分反应堆开发部的工作而处处受到桎梏，但它其实还是可以给基础研究更多空间。原子能委员会"认可在基础研究中，实验室对选题以及切入角度应该有自己的决定权（在合理的范围内）"。[145]因此，布鲁克海文实验室物理部负责人托马斯·H.约翰逊（后来的研究部主任），声明：

　　　　"由政府机构支持的实验室对纳税人负有明确的职责，人们可能因此认为物理学家的工作由中央权威决定，使之有利于总体规划的推进。在布鲁克海文，事实并非如此。我不会说所有的工作都没有被中央规划所影响，我也不会说我们不喜欢所有的中央规划（尤其是如果可以胜任并完成的话），但可以确信的是，我们大多数的研究都已保证了每个参与者的责任心和主动性。"[146]

这样的研究灵活性有些源于科学家的随时待命模式。原子能委员会试图遵循长期信奉的宽容理念，奥本海默在一次早期的总咨询委员会会议上表达过这一观点：不是支持特定的研究项目，而是支持有天赋的科学家。[147]在橡树岭实验室，原子能委员会同意"某一领域基础研究的预算主要取决于参与工作的、具有生产力的科学家个体的数量，而研究的预期课题则是次要的依据"。[148]在洛斯阿拉莫斯实验室，原子能委员会"长期支持一支精选的高级科学家队伍，这些科学家既有能力担任开发工作的领导者，也有能力进行个人研究"。[149]这种管理方式与联邦预算官员的愿望相冲突，后者想要将研究项目削减到特定的计划内。原子能委员会在这个问题上获得了一定程度的成功，因为个别研究项目的运营预算不会出现在部门预算中，而只有部门预算会出现在预算局和国会的预算目录中。

小科学就这样在预算的雷达监控下默默进行，它有了回旋的余地。1954 年初，总咨询委员会和原子能委员会惊讶地发现，在由军事应用部资助的利弗莫尔实验室的项目中，有 15% 是基本原理研究，其中包括核物理学、放射化学、磁流体力学、低温物理学及计算机科学。"这合理吗？"史密斯委员质问道，"这个武器实验室预算的 15% 都用在了基础研究上？"[150]原子能委员会可以用国家实验室的两个主要职能来证明开展基础研究的合理性：为了让那些可能在原子能应用方面开展工作的科学家们随时待命，为了支持国家实验室给访问学者提供设施。此外，尽管国家实验室可能使科学家从大学转移，但基础研究将会训练擅长核能科学的新科学家。默默进行的基础研究出现在国家实验室中将有助于它们在未来走向多样化。

5. 虚假的春天（1954—1962）

民族主义和国际主义

20世纪50年代初期，两大超级力量装备了它们的原子能武器库（不久之后还增加了热核武器），双方陷入了冷战僵局。在朝鲜的激烈战事和斯大林去世之后，冷战开始转移至包括社会领域的战场，例如1959年尼克松与赫鲁晓夫的厨房辩论。冷战的胜利也许不会源于一次快速的军事行动，而是长期的社会政治斗争。赫鲁晓夫在1956年2月断言，"战争不是注定不可避免的"；相反，"我们相信共产主义会胜利是基于社会主义生产方式对资本主义有决定性优势这一事实。"两年后，苏联人造卫星的升空，艾森豪威尔在随后的国情咨文中指出，当前"无所不包"的危机就是："简而言之，苏联正在发动全面冷战。"[1]

艾森豪威尔将科学视为竞争激烈的领域。一般来说，冷战竞争对科学技术而言并不陌生，尤其是对国家实验室来说更为常见；国际科学竞争不仅源于国家实验室对国家安全的直接贡献，也源于科学研究是军事应用基础的理念。对苏联人造卫星的反应将强调科技在冷战新阶段的重要性，使科学项目从与军事应用相关转变为自身直接与国际竞争相关。现在，科学的声望及其宣传价值为竞争提供了目标，也为科研提供了合理的支持。不过，原子能科学家和政客认识到这一转变的时间远早于苏联人造卫星将其带入美国公众的视野。[2]

一系列苏联科技成就——从1953年8月的热核武器测试（"常春藤-迈克"核试爆的几个月后），到1955年在杜布纳建造一个高能加速器（该加速器将会超过美国加速器的能量）——使原子能委员会及其科学家和管理者确信，苏联人紧随其后。三项实验室项目已成为美国科技的领头羊：核能反应堆、高能加速器和核聚变。因此，从20世纪50年代中期到后期，这三个项目的预算逐渐增长。在国家实验室中，民用核反应堆的研究远远超过了军用反应堆研究的工作量；到50年代结束时，高能物理和核聚变将各自消耗约四分之一研究部门的业务预算，而这些经费大多都用在了国家实验室上。

作为国家外交政策工具的实验室项目的组成与国际科学界的理想相冲突。因此，一些科学家所支持的国际主义在和平共处时代变得更为重要：科学家间的合作可能成为国家间合作的一种模式。同样的三项实验室项目，证明了国际主义理想与民族主义政策并不能简单地共存。所有这些项目，尤其是能源反应堆和核聚变项目，都受益于艾森豪威尔的"和平利用原子能"计划，该计划试图将理想变为官方政策。1955年和1958年，这三个领域在日内瓦举行的原子能和平应用国际会议上形成了一个论坛，这是和平利用原子能的结果。日内瓦会议将国际间合作的夸夸其谈与冷战竞争的现实结合了起来。

和平与动力的原子

1953年12月8日，艾森豪威尔的提案引起了联合国大会的注意。他建议有核国家将铀和可裂变材料上交给一个国际原子能机构，该机构可以运用这些材料来促进和平发展，譬如核能。艾森豪威尔的和平使用原子能计划同时拥有竞争和合作的元素，其对合作的高尚呼吁反映了艾森豪威尔的真诚信仰，即可裂变材料从武器转移到动力反应堆将导致世界走向和平而不是战争。同时，他和他的顾问意识到这个计划的宣传优势以及美国的相对优势，即当时美国比苏联拥有更多的核储备。[3]

强调核能的可取之处并不新鲜，自从广岛事件促进原子能和平应用起，许多公开声明都描述了这一点，甚至到了总咨询委员会试图纠正对原子能非军事应用过度乐观预测的程度。大卫·利连索尔尤其强调了原子能的潜在和平用途，正如艾森豪威尔在原子能委员会任期内预料的："我对于和平利用原子能的主张，正是国家需要的。"然而，花言巧语并不符合官方的政策，后者强调在核能武器上的花费和用于推动军事的反应堆研究，而民用原子能的增殖反应堆项目则在原子能委员会优先名单上排在最后。[4]

20 世纪 50 年代初期，国家紧急状态强化了原子能委员会的军事方向，但也引起了人们对和平利用原子能竞赛的注意。利连索尔在 1950 年警示说，苏联可能"在发展原子能和平利用方面战胜我们"。议会的原子能联合委员会下定决心，下一年"再也不让只有美国拥有，其他地方则没有具有先进设计和性能的反应堆这样的事实发生"。原子能委员会通过允许工业界获取有关反应堆技术的机密信息来回应不断增长的呼声，希望能激起一些兴趣，但这些举措的效果令人失望。[5]

竞争是真实的，且不限于苏联。加拿大和英国都正在进行实验反应堆项目。呼声越来越大，美国必须"考虑进入'联合委员会'号称的原子能竞赛"，"如果将现在核能发展的领导地位拱手让人，这对于国家的全球排位是一个重要的打击"。推动核能发展的是政治而不是经济，因为公共事业坚持使用非常低廉且依然充裕的煤炭资源。然而，1954 年国会修订了《原子能法》，以鼓励核能的工业发展。为了证明民主资本主义的优越地位，原子能委员会制订了一个电力反应堆的五年计划。[6] 1956 年的苏伊士运河危机对中东石油的稳定供应造成了威胁，导致发展核电的压力有所增加。在这次危机中，艾森豪威尔的特使去了埃及，试图用核能潜能来逐渐削弱埃及的地位。[7]

对核电的兴趣也促进了艾森豪威尔提出的"和平利用原子能"提案。在实验室主管眼中，"和平利用原子能"会抵消工业发展的推力，这对实验室有利。在布拉德伯里的支持下，温伯格主张"如果核能发展……成为国家政策的工具，那么对政府职责而言别无选择"。换言之，实验室应当保持对反应堆的主动权，而不是让权给工业界。[8] 原子能委员会要求：为了让工业界发挥作用，五年计划的大部分将专注于在阿贡和橡树岭设计的反应堆，且在这 10 年中给大部分实验室的电力反应堆增加预算，从 1956 年到 1958 年增加到约两倍（表 2）。还有一些工作直接来自国际竞争：在英国 20 世纪 50 年代初建造了几个气冷反应堆后，1956 年国会联合委员会要求原子能委员会也设计一个。原子能委员会让橡树岭承担这个任务。橡树岭的气冷设计工作在 1947 年末克林顿的不确定性中已经取消，但到了 1960 年，重新恢复的项目已占到橡树岭三分之一的反应堆工作量。橡树岭在气冷项目中花费了 10 年时间，直到原子能委员会在 1966 年结束该项目为止。[9]

实验室将作为合作机构在"和平利用原子能"计划中起到更为直接的作用。在艾森豪威尔最初集中物质的计划受阻后，"和平利用原子能"变为与个别国家形成的双边协议，其内容就是美国帮助外国开设研究和建设动力反应堆。到 1955 年中期，美国已与 24 个国家进行了双边谈判。[10] 这些国家向美国国家实验室寻求帮助，以此作为专业出口的来源。布鲁克海文预计会在"和平利用原子能"计划中扮演重要角色，特别是作为外国科学家们的培训基地，因为有"艾森豪威尔先生的建议很多已在布鲁克海文落实了"的认识。这种认识并不总与现实一致：外国访问学者抱怨在布鲁克海文"工作不总是那么容易"，特别是当它的反应堆研究还是属于机密的时候。1955 年，原子能委员会将反应堆解除机密，使实验室成为"一个真正的科学麦加"。[11] 布鲁克海文赞助为外国学生设立的放射物理学和生物医学课程，招待来访问的科学家，还将自己的科学家送出国，经常承担制定计划的任务。英国、法国和斯堪的纳维亚半岛各国的核能研究实验室与交换项目共同发展，规模甚至已经扩展超越了"铁幕"——布鲁克海文和核能研究联合委员会在莫斯科交换影印本和年报，而且布鲁克海文还招待了来自东方集团国家的访问者们。[12] 类似地，阿贡实验室应原子能委员会的要求，建立了一个核科学和工程学国际学校。在最初的学生中，31 名来自国外，10 名来自美国。他们在 1955 年 3 月进入学校，花了 7 个月时间学习反应堆物理学和工程学，包括去橡树岭参观。到 1959 年，这所学校已培训了来自 40 多个国家的 325 名学生。[13]

表 2　实验室反应堆发展项目的费用（1956—1960 财年）

年份	阿贡实验室	布鲁克海文实验室	洛斯阿拉莫斯实验室	橡树岭实验室	总计
1956	11.8	2.5	1.5	10.6	28.1
1957	14.4	3.7	2.2	14.7	38.6
1958	17.9	5.1	3.0	20.5	49.8
1959	19.6	4.4	3.2	24.9	59.6
1960	22.3	3.4	5.5	24.6	70.6

来源：1966 年 5 月实验室主管会议材料（GM，5625/15）。
注：不包括导弹、飞机及海军推进装置相关的反应堆；单位为百万美元；在此阶段伯克利和利弗莫尔还没有民用反应堆开发项目。

实验室不仅是专业知识的源泉，也是实体模型。1956 年，作为科伦坡计划的一部分，几个布鲁克海文的科学家和一个橡树岭的科学家去亚洲开展了为期 10 周的野外工作。这是一个亚洲国家联盟下的国务院项目，目的是发展核能研究中心。不出所料，实验室代表们建议建设一个以布鲁克海文为样板的区域中心，只是以合作国家取代美国联合大学公司中的大学。[14] 相应地，国际实验室可以为国家实验室发展提供样板。1961 年，总统的科学咨询委员会在拉比的建议下，讨论了将布鲁克海文转变为一个"美洲国家间的实验室"，这以西半球国家服务的欧洲核子研究中心的为样板。[15] 欧洲核子研究中心是 1954 年在瑞士由 12 个欧洲国家建立的加速器实验室，其本身的动议来源于拉比的建议，并将布鲁克海文作为合作实验室管理的模型。[16]

国际主义承诺没有贯穿整个系统。原子能委员会不可能希望洛斯阿拉莫斯或者利弗莫尔会向外国科学家打开大门。其他实验室因为原子能委员会的政策，只能限制外国访客，根据"和平利用原子能"的总统公告，原子能委员会需要进行相应的调整。原子能委员会允许每个实验室在任何一个时候都能够为非保密项目聘请有限数量的外国科学家：布鲁克海文的配额是 6 个，伯克利是 3 个。这不是安全的问题，而是钱的问题：原子能委员会能清除任意数量的访问学者，仅仅愿意为少数买单。原子能委员会也要求实验室的声明能证明每个来访者的独特能力，以确定外国人不会从美国公民手上抢走工作。[17] 住房短缺的老问题也限制着实验室可以接待的来访者数量。最后，即便实验室科学家们希望到国外实验室和国外会议去分享他们的知识，原子能委员会有时也不愿支付费用。[18]

然而，原子能委员会对两次会议不惜工本。联合国主办的和平利用原子能国际会议给了科学家和国际同行们讨论他们项目的机会，也让各国有机会在冷战时期谋求威望和影响。对于前者，第一次会议中各实验室的科学家向 72 个国家近 2 000 多位代表展示了关于核能各方面的论文。对于后者，原子能委员会在 1955 年让美国中心展示了由橡树岭设计的一个水池式反应堆，并请艾森豪威尔在参会期间亲自通电。橡树岭展示成果表明美国希望分享的国际合作精神，但也象征着它在国际原子能研究竞争中的科学地位。国际竞争与合作并没有减少国内的竞争，阿贡的津恩就感觉到橡树岭反应堆的"声名远扬"使阿贡的技术黯然失色。但是，这次展示突出了国家实验室的情况，不仅包括国内政治方面，也包括国际政治方面。因此，温伯格沉浸于橡树岭反应堆的光辉中："1955 年将作为原子能走向国际的一年而被铭记。"[19]

加速器

首次日内瓦会议给了美国高能物理学界一个联络国际同僚的机会。由此他们得知苏联在杜布纳建造的加速器，有超过美国下一代加速器的威胁。在 20 世纪 50 年代中期到后期的冷战竞争中，如同原子能一样，加速器提供了另一个竞技场，美国加速器建设者由此获得利益。但是，高能物理的深奥领域和其自诩的基本特征支持国际主义的理念，尤其是在加速器用于武器生产或国防的希望在 20 世纪 50 年代初消退之后。加速器在和平合作中的可能性在 20 世纪 50 年代末表现了出来。

和原子能一样，加速器的国际竞争并不新鲜，也并不仅限于与苏联竞争。英国伯明翰大学在 1948 年针对伯克利和布鲁克海文，计划设计能量更高的 13 亿电子伏机器。加速器建造者已经认识国际性竞赛可以为新机器引入资金。"在大多数议论中，人们已经关注到，美国在理解原子能前景方面可能已经落后于英国和俄罗斯。"美国原子能委员会用两台机器回应了这些关注，它们的规模都比伯明翰大学的要大。[20]质子同步加速器和高功率质子回旋加速器计划的通过，让美国的加速器能源处于遥遥领先的位置，终结了加速器在高能量上的国际竞争。在 1952

年初计划下一步行动的布鲁克海文的设计师们，甚至不确定更高的能量在科学上是否可取，更高强度可能会产生更多有趣的物理现象。[21]此外，更高能量路线似乎被有限的磁体质量、真空体积和经费所阻碍，这些问题就算对雄心勃勃的加速器建造者们来说，也都有着令人畏惧的困难。

　　1952 年发现的强聚焦（或者再被发现，如果考虑到克里斯托菲洛斯之前在其原理方面的专利）无须使用巨大的磁体，从而拓宽了加速器的领域，也是通过国际合作获利的例子。这一发现源于布鲁克海文和欧洲核子研究中心科学家们之间的通信，它本身是一个国际合作的具体实践，也是加速器花费超过一个国家经济承受能力的结果。1952年，欧洲核子研究中心规划了一个 10 亿电子伏的质子同步加速器，并向布鲁克海文科学家咨询对于设计的意见。在构思这台机器时，斯坦利·利文斯顿、欧内斯特·库兰特（Ernest Courant）和哈尔特兰德·斯奈德（Hartland Snyder）提出了强聚焦的想法——用一个交变梯度场环绕一个粒子的环形路径来压缩光束横切面，让同步加速器摆脱了巨大磁铁和真空体积的限制。[22]

　　由于 1948 年给了伯克利高功率质子回旋加速器的建设授权，原子能委员会此次授权布鲁克海文建造基于这一新原理的下一代高能加速器。欧洲核子研究中心利用该发现修改设计目标以达到 300 亿电子伏。然而，布鲁克海文在设计机器的能量时，既没有考虑和海外同行的竞争，也不是通过科学标准，而是依据财政状况来确定："这个提案将使用固定的经费获得最高可能的能量，而不是为达到固定的能量去修改固定的经费。"[23] 早期乐观的计划是使用 2 500 万美元经费建造 750亿—1 250 亿电子伏，或更高的能量，之后在同样经费条件下降到 250亿电子伏。尽管原子能委员会的职员注意到了欧洲核子研究中心的计划，布鲁克海文还是决定"独立于欧洲核子研究中心可能做的"，来设置自己的机器尺寸，以达到略低的能量。[24]

在"和平利用原子能"计划之后的国际环境变化中，即使布鲁克海文科学家没有意识到加速器上的国际竞争，原子能委员会还是关注到了这个可能性。原子能委员会批准了布鲁克海文的计划并希望能达到 350 亿电子伏，它们假设"自从发明了回旋加速器以后，美国科学家就保持在核科学上的领先地位，现在他们也不想落后"。[25] 然而，欧洲核子研究中心的西欧同行们并不能给冷战竞争提供替代品。这一挑战源于苏联在 1955 年的日内瓦会议上披露了一个 100 亿电子伏的质子同步加速器计划。这个加速器依据更早的弱聚焦原理，已经在建并计划于 1957 年完工。美国的反应表明，对美国的加速器建造者来说，苏联在日内瓦的表现无异于"伴侣号"人造卫星。这一披露促使原子能委员会采取行动：敦促推进布鲁克海文的进度，"这样完工的日子将会更接近苏联 100 亿电子伏的加速器"，并推进伯克利扩大项目，特别是围绕高功率质子回旋加速器，因为"美国在高能领域的主导地位明显被削弱"。此外，在总咨询委员会的建议下，它还很快提出在阿贡建造一个 120 亿电子伏的增强版的高功率质子回旋加速器，计划于 1959 年完工，以超过苏联重获领导地位。[26]

1953 年 1 月，在强聚焦发现公布之后不久，阿贡与一组美国中西部物理学家提出在阿贡建造一个高能加速器。这个计划最终恶化成阿贡行政人员和大学物理学家之间的争吵，后者对自己使用阿贡设备的途径不满意，因为很多设备还处于保密中。[27] 原子能委员会关于阿贡超越苏联的提议很方便地拉拢了大学科学家联盟。但是，阿贡的科学家不满足于只是提高现有设计，而提出了一个新的两级加速器，以便在 1963 年时达到 250 亿电子伏。为挽回这一局势，劳伦斯与委员威拉得·利比讨论了拆取高功率质子回旋加速器零件的可能性，以便到 1958 年达到 100 亿—120 亿电子伏，而此加速器当时才建成一年，刚刚发现反质子。然而，原子能委员会坚持要阿贡与苏联竞赛，还要求在 1956 年 2 月 1 日前设计出方案。[28]这一限期让原子能委员会匆忙将该提案递交给国会预算听证会，利比解释了原子能委员会的动机："为了着手解决实质问题，在日内瓦我看到的，俄国人展示给我们的，正是在（这个）能量范围之内。而当他们机器开始（运转）时，他们将会占领这个舞台很多年……这个加速器的特殊目的是让我们能尽快从苏联人手里夺回领导地位。"[29]于是，联合委员会迅速批准了这项提议。

1956 年初在欧洲核子研究中心和莫斯科召开的两次高能物理会议上，证实了苏联的挑战并证明了杜布纳机器的强度——"使人望而生畏的场景""几乎是伯克利机器的两倍"，表明"俄国物理学家与西方该领域最好的科学家不相上下"。[30]这一挑战激起了加速器预算的增长。大多数花在国家实验室的高能物理运行费，从 1954 年的 730 万美元增加到 1960 年的 3 320 万美元，而且在原子能委员会不断增加的物理研究预算中的占比，从 1954 年的 18% 增加到 1960 年的 25%。[31]包括在布鲁克海文的交变磁场梯度同步加速器（Alternating Gradient Synchrotron, AGS）和在阿贡的零梯度同步加速器（Zero Gradient Synchrotron, ZGS）的加速器建设费用从 1955 年的 160 万美元增加到 1959 年的 2 630 万美元，这还应加入在斯坦福的直线加速器上的 1.05 亿美元。[32]1958 年 12 月，原子能委员会计划，高能物理经费在 1963 财政年度将增加到 1.25 亿美元。[33]在 1956 年初，这个趋势令预算局震惊，于是在 1957 年，预算局检察官质疑"看似持续的项目增长的必要性，特别是在超高能物理这个领域"。[34]到 1959 年，总咨询委员会和原子能委员会都担心高能物理研究牺牲了其他领域，花费了太多的钱和人手，而最终的增长仍不可预见，并且美国中西部地区的加速器建造者都采用"一个称为小额津贴的新成本单位，定义为 1 亿美元"。[35]

美国并不是唯一一通过国际竞争来推动加速器发展的国家。据国会联合委员会一位成员与一位苏联物理学家在杜布纳的谈话："两年前杜布纳实验室（Dubna）问我们是如何获得建造加速器资金的。我告诉他我们在项目上获得经费的合法途径。'我不是这么理解的。'他说，'我是这么认为的，你获得加速器的方法是说俄国有一个1 000万电子伏的加速器，而我们需要一个200亿电子伏加速器，这就是你们的方法。''些许相似吧，'我说，'那你是怎么拿到钱的？'他说：'用同样的方法。'"[36]欧洲核子研究中心的科学家们尽管有与美国合作的历史，也将美国的成果作为更高能量和预算需求的刺激因素——事实上，他们将他们实验室的起源归功于应对"美国的挑战（le défi américain）"。[37]反馈循环是从国家到国家，实验室到实验室，导致节节攀升的加速器经费比国家政府愿意支付给他们的更高。作为反馈，国家政府（甚至是那些站在铁幕对面的人）提出合作。

美国物理学家和国会议员出席杜布纳会议表明了民族主义和国际主义的共存。高能物理学家们提出科学无国界——在日内瓦他们发现反应截面研究对"铁幕两面具有相同的价值"——并企图复兴国际社会。[38]高能物理会议在20世纪50年代初演变为一个民族性问题：1952年1月的罗切斯特会议仅包含一位欧洲成员。到1956年，形势已发生了变化，国际上的出席者包括罗切斯特、莫斯科和欧洲粒子物理研究所；次年，物理学家们创立了高能物理委员会，欧洲、美国和苏联各派两名成员来协调这个国际轮转会议。[39]

1956年罗切斯特会议中，联合委员会主席克林顿·安德森（Clinton Anderson）参议员从国际主义思想出发，提出建立国际原子能实验室。[40]欧洲核子研究中心新建的加速器实验室汇聚了12个欧洲国家的资源，可以为这个建议提供参照实例。1958年，为了回应对高能物理学的成长，以及联邦机构是否应该资助它的质疑，总咨询委员会和总统科学顾问委员会召集了有关这个项目的一个研究委员会。该专家小组由伊曼纽尔·皮奥里（Emmanuel Piore）担任主席，成员包括来自布鲁克海文的利兰·霍沃思和来自伯克利的埃德温·麦克米兰，他们并没有过多地抑制这个领域的成长而是建议开展国际合作探索。[41]

一年后，另一个委员会成立，以继续推进皮奥里小组的报告。新的小组成员包括霍沃思、来自伯克利的爱德华·洛芙根（Edward Lofgren），以及斯坦福的沃尔夫冈·帕诺夫斯基，他们在 1959 年 9 月的欧洲核子研究中心会议上会见了苏联和西欧的代表，商议高能物理研究方面的合作。国际加速器研究委员会的会议迫使实验室科学家们担当起外交官的角色：他们花费了大量时间在语义上争论不休，因为谈判可能因语言交流障碍而复杂化。[42]深思熟虑的结果包括 1959 年 11 月的协议，这产生自原子能委员会主席约翰·麦科恩（John McCone）和苏联的职位相当的瓦西里·伊迈雅诺夫（Vasily Emelyanov）关于美国和苏联之间核科学交流的平行谈判。他们达成的协议包含了关于合作"设计、建造大型新型加速器"的可能性。[43]

为此，1960 年春天，尽管不久前发生了 U-2 间谍飞机事件，一个美国物理学家团队还是访问了多个苏联加速器实验室，几个苏联物理学家也在夏天访问了美国实验室。9 月，苏联和美国物理学家在美国物理联合会会晤，并建议进行 300 亿电子伏的强聚焦同步加速器的合作研究。[44]尽管苏联试图排除其他国家，但美国代表承诺让欧洲核子研究中心的科学家也加入进来。一年后，美国和苏联物理学家在维也纳举行另一次会晤，拉比和霍沃思不得不重申对欧洲核子研究委员会的承诺。这表明该项目将归属维也纳国际原子能机构管辖，可能的实施地点包括一个新的国际中立区或者从柏林到西德的一条通道。[45]

欧洲科学家们不必担心他们受到排斥。美国物理学家已对合作的可行性产生了怀疑。合作研究需要美国和苏联的加速器专家迁移到其他国家，美国可能并不想这么做。伯克利和布鲁克海文正在争夺下一个美国机器的位置，美国中西部地区和加州理工学院的团队也参与其中。尽管在 1963 年的杜布纳会议上，讨论仍在继续，欧洲核子研究中心的代表也出席了此次会议，但前景开始暗淡。布鲁克海文主管、霍沃思的继任者莫里斯·戈德哈贝尔（Maurice Goldhaber）判断"与苏联进行合作的时机尚未成熟"。[46]

　　国际合作研究计划因为加速器与国家声誉和安全密切联系而失败。高能物理学家们可能声称他们的领域是"现代物理学最基础和最纯正的部分……几乎可以确定，这样的研究不可能产生什么实际应用"。[47]然而，即使可能的应用在 20 世纪 50 年代中期就逐渐式微，它们也依旧存在。1958 年，皮奥里小组和总统科学顾问委员会建议由国防部，而不是原子能委员会，资助斯坦福大学建造直线加速器，这是一项基于潜在反导用途和先进微波技术发展的建议。[48]美国科学家可能认为加速器和信息专家的国际交流，会给美国提供有价值的情报："俄罗斯很容易发现我们正在做什么，但我们很难获得关于他们工作的信息。"[49]苏联科学家意识到了相关的好处：1959 年，在与欧洲核子研究中心的沟通中，帕诺夫斯基认为"俄罗斯对我们在这些谈判中的动机高度怀疑"。机密工作并没有委托给杜布纳，因为杜布纳实验室接待了来自中国的物理学家。然而，苏联仍然害怕美国的来访者会从工程师们那里窥探具有军事价值的信息。[50]美国科学家也想要通过苏联加速器的使用权限获得关于苏联生产铜和铁的工业机密，这些在整个冷战期间都是有用的数据。他们的苏联同行意识到了这种可能性，在关于国际性的加速器在生物医学应用方面的讨论中，苏联科学家暗示："如果启动这样一个项目，他们将会慎重考虑在与诸如钢铁、铜有关的技术和工业实践方面的重大开放。"[51]因此，尽管给了欧洲核子研究中心同行保证，美国科学家们更强调与苏联实验室的合作：美国已经可以轻松与欧洲核子研究中心接触和交流，因为它们背后资助的国家都是美国在冷战时期的同盟者，所以不值得为了正式的合作而受到行政上的困扰。

美国加速器建造者的不耐烦情绪是国际合作失败的另一个原因。他们在推进自己的计划，而不愿等待不确定的外交进展。[52]如同电力反应堆一样，国内在国家实验室间开展的加速器竞争在国际竞争中持续。行动迟缓的实验室科学家们可能在下一代加速器中输给国内的竞争对手，这对于科学家个人的影响就是在高能物理的国际竞争中落后。在 20 世纪 60 年代初，来自伯克利和布鲁克海文的竞争性提案，以及让新团队加入高能"赌局"的呼吁，让美国加速器建造者偏离了走向合作的方向，最后注定了合作的失败。

核聚变

民族主义和国际主义相结合也体现在研究受控热核反应的舍伍德项目中。二战期间，核聚变反应用作能源的可能性被提出，但首次得到广泛关注则是在 1951 年，一个移居海外的德国人在阿根廷宣布其受控热核反应成果之后。该成果随后被证明是一个谬误。直到 1952 年，原子能委员会同意支持利弗莫尔、洛斯阿拉莫斯、普林斯顿和橡树岭进行小型保密项目。最初三个组（包括普林斯顿的一个理论小组）的兴趣与建造氢弹的速成计划一致。1953 年 7 月，当刘易斯·斯特劳斯登上委员会主席宝座，原子能委员会就拨款 50 万美元支持约 30 个科学家进行核聚变研究。[53]

斯特劳斯将其对核聚变项目强烈的个人兴趣带到了原子能委员会，该兴趣源于他早期对氢弹的支持和他对原子能和平利用的决心。他的信念与艾森豪威尔"和平使用原子能"计划的同步发展。如果裂变反应堆是为了提供便宜能源并且有益于统一世界，核聚变反应则提供了一种更加安全、清洁和用之不竭的能源。原子能委员会接下来在此支持力度上考虑了一个"量子跃迁"。其顾问中的一些人——尤其是拉比和冯·诺依曼——则谨慎地应对新项目的快速扩张。原子能委员会工作人员的态度同样模棱两可：研究部的托马斯·约翰逊想维持当前的支持力度，而无论是军事应用部的肯尼斯·菲尔兹（Kenneth Fields），还是利弗莫尔和洛斯阿拉莫斯的主管，都不想从热核武器工作中转变过来。为满足研究核聚变的科学家们，原子能委员会否决了顾问、工作人员和实验室主管的主张，并要求项目进行重组，将预算增加到目前的 3 倍。[54]

　　原子能委员会的动机不仅仅源于国际人道主义关怀。如果是，就不会保守舍伍德项目的高度机密性了。从核聚变能量的成果看，斯特劳斯对舍伍德项目的支持部分源于他想在冷战中证明美国资本主义的优势。项目也缺少意识形态的来源：原子能委员会知道英国正在研究核聚变，而且预计如果核聚变成功会带来的"真正经济利益"。[55]核聚变研究并没有直接的军事用途，尽管一个核聚变反应堆可能可以作为生产武器材料的中子源。[56]国家间意识形态、科学、经济和军事上竞争的结合使得舍伍德被保持机密状态。因此，美国代表团在第一次日内瓦会议上并未披露任何核聚变研究。在会议主席、印度的霍米·巴巴（Homi Bhabha）在其主题演讲中吹捧核聚变能源的潜力时，美国也不得不保持沉默。

　　日内瓦会议产生了矛盾的效果。霍米·巴巴的演讲迫使原子能委员会披露其项目的存在，并重新考虑其保密性。核聚变竞争也开始了。1956 年 4 月，领导苏联武器项目的物理学家伊格尔·库尔恰托夫（Igor Kurchatov）访问了哈维尔的英国原子能实验室，让主人吃惊的是，他详细地描述了苏联的核聚变研究情况。不久后，斯特劳斯就提出将核聚变写进由美国和英国签署的"和平利用原子能"合作协议之中。然而，交换的条件是让美国参与英国仍然保密的项目中。[57]随着核聚变研究浮出水面，对竞争对手进展情况的了解加剧了国际间的竞争。苏联、英国和联邦德国项目的情况刺激了原子能委员会，"如果我们要享有第一个拥有掌握受控热核反应堆能力的荣誉，就得扩展我们的工作。"[58]1957年8月，英国建成了一条新设备线，并很快宣布引人注目的成功——第一次产生受控热核中子。美国科学家不久就找到了英国声明中的漏洞，在他们发现漏洞之前，他们也担心自己已输掉了比赛，并想加快工作。[59]

就在英美两国严阵以待之时，苏联发射了人造卫星。这颗卫星激励了原子能委员会力争在1958年第二次日内瓦会议上展示核聚变。之前要在日内瓦会议展示美国项目的建议只得到了不温不火的回应，因为没有足够的突破性进展来支持一场精彩的展示。然而，斯特劳斯担心苏联可能会进行展示，并宣称"其设备正在生产热核中子，虽然无法在会议期间证实这个断言"。顶着来自实验室科学家们和原子能委员会职员的反对意见，在利比的支持下，斯特劳斯还是敦促舍伍德项目的科学家们"去获得'热核中子'，并在日内瓦会议展示令人满意的热核设备——这将引起全世界的关注"。[60]

1958年9月，美国在日内瓦会议上没有成功展示产生热核中子，但仍被认为是成功的。洛斯阿拉莫斯、橡树岭、普林斯顿、利弗莫尔和伯克利实验室对这次展示功不可没，他们成为会议的中心，吸引了10万名来访者。[61]美国将成功归结于原子能委员愿意承诺给核聚变项目资源，这些又进一步来源于和平利用核聚变的潜力，以及国际竞争的刺激因素。资源还包括科学家（原子能委员愿意让他们放弃武器研究）和经费。从1953年起，当斯特劳斯重新加入原子能委员会时，就开始培育这个项目，拨给核聚变的业务预算从80万美元增长到1958年的1 840万美元（表3）。1956年5月，正如一个科学家在调查这个领域后说：

"此项工作绝对不缺钱。实际上，在访问各家实验室时，可以感觉到每一个好想法可获得的美元数量都多得让人不自在，肯定存在花掉这些经费的压力。"[62]洛斯阿拉莫斯物理学部负责人凯洛格（J. M. B. Kellogg）试图在下半年花掉一些钱："舍伍德项目几乎确定不会缩减，我认为我们应该在 6 个星期内开始全面开展舍伍德工作。"[63]

表3　国家实验室中可控热核研究的运行经费

实验室	阿贡	伯克利	洛斯阿拉莫斯	利弗莫尔	橡树岭
1953 年	—	—	0.1	0.3	—
1954 年	—	—	0.3	0.7	0.1
1955 年	—	—	1.0	2.2	0.4
1956 年	—	—	1.1	3.2	0.4
1957 年	—	0.5	1.8	4.1	0.9
1958 年	0.2	0.8	2.3	5.6	3.4
1959 年	0.1	1.0	3.0	5.3	4.0
1960 年	0.1	1.3	3.3	5.5	5.6

来源：《未来的角色》（*The Future Role*），实验室的独立经费。
注：所有数据的单位为百万现值美元。1960 年的数据为估计值。大多数项目当付款项都用在了普林斯顿。

尽管应急方案在 1958 年日内瓦会议后冷却下来，并成为一个旨在研究而非发展的长期工作，但其直到 50 年代结束时一直持续增长。自由流动的资金催生了几个互相竞争的团体，日内瓦会议上的核聚变展览就是明证。又一次地说明，国际竞争并不意味着国内的力量会一起努力。凯洛格催促道，"我有一种不安的感觉，我们不想被指责为故意拖延舍伍德项目，但有些事情可能就会公开。如果公开了，希望它尽量发生在洛斯阿拉莫斯而不是伯克利吧。"[64]正如加速器和反应堆，还有之前的曼哈顿计划，当项目变成一个国际性竞赛后，政府愿意给多个平行方案拨款。

<h1 style="text-align:center">边 界 纷 争</h1>

当国家实验室开始发展国际关系时，它们也面临着来自国内机构的相对孤立。1954 年前后，人们对安全性的关注减少，使得国家实验室大规模项目暴露出三个方面的机构间摩擦：与工业界在应用研究和发展位置上的摩擦，与大学在基础研究和教育特权上的摩擦，与其他联邦机构间在原子能以外其他延伸领域上的摩擦。这些纷争表明了国家实验室系统难以严格定义边界。

实验室和工业界

国家实验室核科技的发展需要实验室与军方和工业界之间的互动。按今天的说法，这种互动关乎技术转化的问题，随之而来的是：什么时候转化？比如说，这个问题适用于放射相关的仪器，如放射性剂量仪和闪烁体计数机，这些仪器都是国家实验室为自身需求开发建造的。1950 年，原子能委员会指出："实际上，每个原子能装置都有一个设备实验室。"[65] 委员会转而鼓励放射设备工业的发展，到 1952 年该领域业务已发展到 2 000 万美元，其中超过四分之一来自原子能委员会的采购，另外的 50% 来自军方。[66] 然而，实验室科学家们发现工业界并不满足他们所有的需求，而工业界的代表则向国会抱怨说，实验室正在继续建造自己的设备而不是从市场上购买。[67]

这个问题也存在于反应堆项目中，因此在其他实验室加入橡树岭和阿贡的反应堆工作时，就演变成了整个系统的问题。反应堆问题从20 世纪 50 年代初出现，此时阿贡和橡树岭的战后项目通过几个电力反应堆设计取得了一定成果。原子能委员会从一开始就假定，当这些设计可用于反应堆建造时，国家实验室会将反应堆出让给工业界。最常援引的模式是飞机工业和国家航空咨询委员会（National Advisory Committee on Aeronautics，NACA，美国国家航空航天局 NASA 的前身），NACA 支持有关航空和飞机部件的实验室基础研究，但将整体飞机项目留给工业界。然而，NACA 模式假设存在一个能自行生产发展的工业。但在 20 世纪 50 年代初，新兴的核工业仍受保密性阻碍，还未准备好承接大型项目。至少温伯格认为这样不行："核能实验室……被叠加在一个尚未真正建立的工业之上……由于这一原因，核能实验室现在不能完全借鉴 NACA 的模式。它们必须为大型反应堆或化学项目负责，必须完成这些项目，其中很可能会与有意帮助建立核能工业的关系方合作。"[68]

原子能委员会的职员和委员们理解了温伯格的意图（阿贡也这么想），但原子能委员会并没有鼓励国家实验室来完成全盘开发，而是建议："增加工业团队的参与，可能会使委员会的国家实验室更多地开展支撑性工作，而不是用于反应堆的建造和运行。"[69] 原子能委员会希望将国家实验室限制为"NACA 模式"，并将反应堆模型和试验工厂的建造留给工业界。但它自己推广核能的尝试被联合委员会的热情所推动，迫使其反应堆发展部门的职员让国家实验室实现原子能委员会所要求的进展。津恩"假定国家实验室深入参与这些项目，不是由于实验室工作人员的要求……总的来说，已经建立了一些项目来满足美国原子能委员会的需要"。[70]

不仅国家实验室因原子能委员会的需求和工业界能力缺乏远离了NACA 模型，实验室的科学家们也希望通过自行建造来推进他们的项目。反应堆发展部门主任劳伦斯·哈夫斯塔德抱怨"橡树岭实验室明显热衷于越来越大的建造工作"，特别是均相反应器。但他预计，如果原子能委员会把这个反应堆让给工业界建造，"橡树岭的情绪会受打击"。[71] 布鲁克海文进入动力反应堆领域体现了科学家们的明智和创业精神。国家实验室的第一个研究反应堆显示了大型建设项目的困难：该项目在 1950 年情况危急，比原定计划落后许多年，同时预算超出了 1 000 万美元。[72] 崩溃之际，布鲁克海文中的一个行政人员说："科研人员不希望再承担其他重大建造项目。"[73] 研究反应堆建设完成后，国家实验室的反应堆工程师开始为动力反应堆寻求液体金属燃料，且在 1951 年企图通过开发一个特别的设计来追寻有前景的成果。一些美国联合大学公司的理事认为反应堆工作"非常可取"，但其他人则试图聚焦于基础研究，霍沃思认为开发计划还"不成熟"。[74] 直到 1952 年，反应堆支持者在实验室经过"狂热而激烈的讨论"获得了胜利，原子能委员会在布鲁克海文建立了一个液态金属燃料反应堆的新项目。[75]

3 年后，反应堆工程师们已经忘却了第一个反应堆的遭遇，并希望开展针对反应堆设计的大规模实验。[76] 这个建议在美国联合大学公司的理事之间引发了另一场争论——他们再次质疑实验室是否应该专注于基础研究。该计划的论据在于工业界的缺位和实验室核能工程师追求的愿望：这个计划将保持士气，并向国家实验室职员表明他们能自由研究那些好想法。尽管他们没有明说，其实理事谈论的正是"克林顿效应"，希望避免项目被拒带来的情感伤害和士气低落。其他理事，特别是拉比，则强烈反对该开发项目，但他们最后还是投票支持了反应堆及其工程师。[77] 因此，霍沃思在 1955 年附和了温伯格，认同国家实验室正面临一个基本问题："是否要鼓励国家实验室去继续开展如此繁重的工程活动，或者是否要像 NACA 一样将这些任务全部交予核能工业界。"[78]

有人认为，国家实验室必须承担大型项目，以免反应堆在发展阶段踟蹰不前。1954 年后，反应堆工业发展削弱了这种论点，但并未阻止科学家们继续推进重型工程。对此，工业界忽略了自己最初对原子能领域缺乏兴趣的情况，并谴责国家实验室做了工业界的事情。为聚焦其兴趣，初出茅庐的企业加入了原子工业论坛，该论坛由前原子能委员会委员基斯·格伦南建立，旨在促进工业界参与核能。[79] 1959 年，该论坛面临"考虑国家实验室的问题"。尽管代表们表现出对国家实验室"尊重"的态度，而且只有少数企业指责国家实验室"与工业界竞争"，但论坛赞同原子能委员会还是"应该寻求一个积极的方式，将项目从国家实验室转至工业界"。国家实验室领导用同样宽容的态度回应道"当研究与开发概念完全成熟后，工业界可以也应该去接管"，但他们不能以"尊重"回报工业界："工业界尚不具备开发及维护大型项目所需的组织机构。"[80] 转移"完全成熟"技术的"积极方式"含糊陈词，并不能解决国家实验室和工业界之间不甚明确的边界。

实验室和大学

当工业界抗议国家实验室越界到应用研究和开发领域时，国家实验室的基础研究与学术界的利益也相抵触。国家实验室不顾总咨询委员会和其他学术界科学家的反对意见，制定了基础研究计划，但原子能委员会继续支持大学的研究，并为它们提供以前仅供国家实验室使用的大型设施。随着国家科学基金会的成长，特别是在苏联人造卫星的成功发射促成了 1958 年的"国防教育法"，并意外刺激了研究合同的诞生后，具有新生力量的大学开始挑战国家实验室从事基础研究的权利。大学有理由为自己辩护：国家实验室不仅固守其基础研究项目，还侵犯到学术界的教育领域。

国家实验室最初的正当理由之一为：它们是新科学家的培训基地。20 世纪 50 年代初期，国家实验室已发展出更明确的教育项目来填补一个学术空白：大学没有核工程课程，因为它们没有足够的工程师和设备用于教学，还因为该领域仍属保密。1950 年，橡树岭开设了自己的反应堆技术学院，给新进的大学毕业生和政府与工厂雇员提供为期一年的核工程课程。学院第一年录取了 46 名学生（所有人都必须通过安全审查），其规模为了满足需求而快速扩大。[81] 几年后，美国联合大学公司在布鲁克海文的理事们指出，国家实验室中对一些教学活动"情绪高涨"，这种情绪不仅来自可选的教师（高级员工），还来自于可能的学生（初级员工、实验室技术员和毕业生）。哥伦比亚大学和纽约大学也要求布鲁克海文实验室向他们的研究生提供核工程课程。理事们同意考虑设立这一课程，但坚持各大学对其进行管理："布鲁克海文在任何意义上都不应承担大学的职能。"[82] 阿贡实验室在 1955 年设立了自己的核能科学与工程学院，以推行"和平利用原子能"计划，当时它也表现出类似的考虑：该学院"本质上是临时的，一直到美国各大学有能力承担这一任务为止。学院不授予任何学位，且课程不超过一年。"[83]

国家实验室所能提供的训练有素的核工程师犹如滴水，无法填补大学那样的院系空缺，尤其是在不断发展的反应堆工业分流了大部分人才之后。核能科学家和工程师短缺现象在人才竞争中显而易见，这一现象在 20 世纪 50 年代一直持续着，随着冷战逐渐扩展到核能科学和技术，原子能委员会和联合委员会开始鼓励教育活动。1954 年的《原子能法》对反应堆信息保密的解除，使得大学教授和工业公司都能进入该领域。国会于 1957 年修订了该法案，强调培训是原子能委员会的一个职能。[84] 前一年的委员萨姆纳·派克曾经质疑了布鲁克海文和美国东北部大学间的关系——不是质疑国家实验室存在访问学者，而是质疑国家实验室在大学中扮演的角色。派克似乎想建议布鲁克海文实验室可以帮助大学设计课程，并且提供自己的正式课程。霍沃思反对道："我们在布鲁克海文从没感觉到，在东北地区发挥这种作用是实验室的任务。"不过，布鲁克海文确实给核工程师和一个暑期学校提供了一些放射物理学方面的特色课程，实验室认为这些活动"实际上应当继续，而且应当深化"。[85]

霍沃思不能冒犯东北部大学的特权，因为他必须对美国联合大学公司董事会的代表有交代，其他实验室则没有那么多的限制。派克以橡树岭核研究所的情况作为案例，该研究所是以美国联合大学公司为模板由 24 所南方大学组成的联盟，但又与橡树岭实验室相互独立。原子能委员会支持该研究所，使得研究所不仅将大学教授及其学生带入实验室进行研究和培训，还提供课程，成为将橡树岭的专业知识传递给南方大学的桥梁。实验室在这方面也付出了自己的努力：1957 年，反应堆技术学院开始与 6 所大学合作提供一套标准的两年制课程。[86]

原子能委员会在伯克利开了另一个先例，这里的国家实验室与大学校园融合，形成了一种混合状态。辐射实验室每年给加州大学伯克利分校百余名研究生提供教学空间，那些既在实验室任职又在大学授课的教授们深入浅出地给本科生们传授知识。实验室工作人员将"科学家和工程师的培训"描述为"与获得实际研究成果具有同等重要性"。[87]研究生人数从 1957 年的 130 名增至 1958 年的 180 名，这反映了高功率质子回旋加速器的可用性，也预示了在苏联人造卫星发射之后对科学培训的又一热潮兴起。[88]为抵抗苏联而在《国防教育法》中立法推广教育的做法，促使一些国家实验室考虑扩展自身的功能。美国联合大学公司的理事们现在批准了布鲁克海文开设有学分的学术课程，这些课程不止有核工程，还有放射生物学和核医学。[89]

虽然国家实验室承担了一些大学的传统功能，但大学也侵占了实验室领域。这种侵占在对应的业务预算水平上不会即刻显现：1958 年，对外合同仍占研究部业务预算的 30% 左右。相反，设备领域的入侵显而易见：内部研究与对外研究的经费总额之比从 1950 年的 4∶1 降至 1958

年的 2∶1。[90]为保有其教育功能，大学必须获取那些被认为是当代科学核心的大型设备，但它们将因此让国家实验室失去存在的最初理由。在国家实验室所做的研究帮助大学找到低成本的方法。橡树岭为第一次日内瓦会议开发的泳池型反应堆，给大学反应堆研究提供了模型。阿贡在第二次会议中展示的"阿尔戈"号（Argonaut）反应器是作为一个低成本教学用反应堆特别设计的。在原子能委员会的支持下，北卡罗来纳州立大学于 1952 年建造了第一台大学校园反应堆。随后，可负担的反应堆型号和反应堆信息公开化加速了这种趋势。两年后，温伯格指出，这种非保密的、廉价的反应堆已在大学可承担的范围内。[91]

同样，布鲁克海文实验室发现的强聚焦也再次使高能加速器置于大学的掌控之中。此发现之后，研究部同意除布鲁克海文外，还支持普林斯顿大学和麻省理工学院对强聚焦的研究。[92]这一支持鼓励了加州理工团队与哈佛大学的联合，他们提议在剑桥市建一个 150 亿电子伏的机器。总咨询委员会将该计划看作是对国家实验室理念（尤其是对布鲁克海文）的威胁。加速器对大学的正常职能没有什么用处，它属于特殊的先进设备。在拉比的授意下，总咨询委员会建议高能仪器进驻国家实验室，而强聚焦设计进驻布鲁克海文。[93]

大学的科学家们和他们在国家实验室中的同行一样执著。第二年，普林斯顿和剑桥的团队都再次提出几十亿电子伏加速器计划。他们的申请书中也囊括了中西部大学的科学家们。总咨询委员会再次进行辩论并产生了一些不同意见，提出了新加速器的总体政策：最优先考虑的应该是国家实验室"或其他原子能委员会的大型实验室"，其中包括洛斯阿拉莫斯和橡树岭；第二优先的是大学群体，如中西部大学研究学会或者哈佛-麻省理工联合团体；最后是大学个体，如普林斯顿。总咨询委员会并未特别指明伯克利在这个方案中属于何种情况。[94]研究部迫于学术界科学家们的压力，建议原子能委员会同意两个来自大学的加速器申请。尽管原子能委员会总经理不同意，但是利比委员说服了原子能委员会批准大学的加速器申请，其理由是"最好的研究通常由年轻人完成"，而这正是年老的国家实验室所欠缺的。原子能委员会批准了剑桥的60亿电子伏电子加速器和普林斯顿的30亿电子伏质子同步加速器的申请，其中普林斯顿注意到了总咨询委员会制定的优先级别，故将宾夕法尼亚大学拉入了自己的计划。[95]

尽管这两个加速器在能量上不及那些已经批准在阿贡和布鲁克海文建设的加速器，但它们确实给大学开创了一条通往高能物理的途径，实验室管理者们原先阻碍了这一可能性。温伯格在1955年12月特地警告总咨询委员会，那种"提供给国家实验室的设施将是独一无二的"想法，已不再适用于研究性反应堆，他"预感加速器也会走上这条路"。[96]10年前，格罗夫斯将军曾警告说，布鲁克海文作为一个区域性机构，对其支持可能会激起一种群体性的扩散，每个团体都会寻求自己的区域实验室。原子能委员会对中西部科学家和其他大学团体的支持威胁到战后的分配格局，总咨询委员会的优先级激发了其他大学间的合作，他们不仅要将高能加速器据为己有，而且诉求进入国家实验室系统。

宾夕法尼亚大学和普林斯顿大学的合作，源于宾州在1955年的提案，希望为核教育与科学建立一套新的设施，其中包括反应堆和加速器，建立地点则选在大西洋沿岸中部的州，即费城地区；尽管宾州（和普林斯顿）与布鲁克海文更近，而且它还是美国联合大学公司的成员。[97]原子能委员会用一个新的加速器作为回报认可了它们不局限于区域的行为。一年后，在得克萨斯州国会议员支持下，得克萨斯大学、莱斯大学、得州农工大学及罗伯特·A.韦尔奇基金会（Robert A. Welch Foundation）提出成立一所针对西南地区的新实验室，选址最好在休斯敦附近。得克萨斯人的设想很宏伟：如果原子能委员会拨款3 000万—4 000万美元的话，就可能得到一个高通量反应堆、一台高速计算机、一个大型回旋加速器、一个医疗中心和"往来邻近大学的直升机服务"。原子能委员会的工作人员意识到这个计划"显然是要建造另一个国家实验室",因而拒绝了。[98]

大学团队达成了共识,认为大科学设施对学术功能而言是必要的,联邦政府应当为它们付费。中西部的科学家表示,他们有权"获得联邦政府对昂贵研究设备的资助,这些设备对促进中西部的科学研究和教育至关重要。"[99] 比起现有实验室的设备,这些团队都更喜欢它们大学中的新设备,这也反映了实验室内部职员以牺牲访问者为代价垄断了实验室设备。因此,无论宾州还是得州的提案中,都没有提到大学与现有的某个实验室有多近,比如得州提案中就没有提洛斯阿拉莫斯,该实验室正在寻求一台属于自己的加速器,并在考虑如何使自己变得更像一个"国家"实验室。同时,其他 20 所西南部的大学通过两年的基础工作,于 1959 年 5 月成立联合洛基山脉大学联盟(Associated Rocky Mountain Universities),学校的宗旨就是在成员机构中为大学寻找设备。[100]

这一趋势在位于伯克利不远的一所大学的一份提案中达到了顶峰。1954 年,斯坦福大学的科学家们就表示了他们对可达 100 亿电子伏以上的线性电子加速器(或简称 linac)的兴趣。剑桥市的加速器淘汰了他们。不过,斯坦福在 1957 年再次申请 7 800 万美元的建造费用,外加 1 400 万美元的年运营成本,要在斯坦福建造一个 2 英里长的线性电子加速器,这一加速器至少能达到 150 亿电子伏。这些费用使原子能委员会有关国家实验室系统的政策及该系统与大学间的关系受到审查。总咨询委员会的沃伦·约翰逊想知道,大学校园是否应该拥有这样的机器,但他还是接受实验室系统增加新成员:"如果期望建造一台这样的机器,它应该或是建在一个现有的国家实验室,或是新建的国家实验室中。"当这份提案历经各部门争论最终到达国会后,联合委员会害怕它会成为建立一个新国家实验室的先例。委员会尽管批准了提案，但前提是仅当伯克利没有空间放置这个长直线加速器，以及利弗莫尔地质不稳定的情况下，提案才能成立（尽管斯坦福大学就位于圣安德烈亚斯断层）。[101]

实验室的科学家没有把斯坦福大学的提案看作比预算枯竭更令人担忧的先例——这更多的是一个事实中的而非原则的威胁。斯坦福项目的领头人沃尔夫冈·帕诺夫斯基是辐射实验室的毕业生，也是伯克利实验室新主管麦克米兰的好朋友。国家实验室的高能物理学似乎是安全的：阿贡和布鲁克海文正在建造它们的新机器，而伯克利正计划建造新一代设备。更重要的是，尽管理论上外部用户也可以使用设备，但斯坦福加速器不需要一个多用途实验室。[102]最后，伯克利再次提供了一个先例：如同辐射实验室看起来像国家实验室一样训练学生，但从相反角度看，它表现得像一个大学里有组织的研究单位，同时这个单位也是原子能委员会的实验室。然而，斯坦福大学表现出来的趋势既影响了反应堆研究，也影响了加速器项目。尽管国家实验室尽力巩固其基础，甚至借用大学的教育职能，但这种趋势仍削弱了国家实验室存在的理由。因此，到1958年，原子能委员会的职员建议重新定位布鲁克海文的项目，或许可以转向应用性方向，因为大学正在自己购买大型设备。[103]不过，伯克利的案例是国家实验室和大学研究单位混合的例子，它可以作为一种警示，说明要平衡原子能委员会的任务与教育的需求是多么困难，或者说界定国家实验室和学术界的边界有多么困难。

为他人工作

伯克利的辐射实验室为跨界进入提供了先例。虽然其战后的大部分支持来自原子能委员会，但由于其历史及混合状态，该实验室一直接受来自其他机构的支持：比如，为海军研究辐射的生物学危害以及为公共卫生局研究动脉粥样硬化。其他一些实验室羡慕这样的安排，也尝试寻求这种被原子能委员会称为"为他人工作"的方式。随着国家实验室超越其最初的任务范畴，进行更多样的研究，"为他人工作"的方式越发吸引着到处搜罗资金的国家实验室。原子能委员会正疑惑为什么它在为自身任务之外的工作付费，同时政府其他部门看到了国家实验室在专业知识方面的资源。

从一开始（或者更早，早至曼哈顿计划时），原子能委员会和国家实验室就与军方往来密切。军事控制还是民用控制原子能的问题并未随着 1946 年《原子能法》的出台而解决。国家实验室最初几年的计划性工作大多是军方的项目，不仅有武器项目，还有海军和空军的反应堆项目。原子能委员会在原子能产业上拥有合法的垄断性地位，因此仍然不得不支付那些在经费预算外的费用。在预算局和国会审核时，原子能委员会需要使用军方提供的需求来论证这些花费的合理性。比如，为了继续支持橡树岭的飞行器反应堆研究，原子能委员会需要从军事联合委员会那里获得声明，证明他们需要这种反应堆。[104] 这一过程提倡对军方不加约束，即军方可以随心所欲要求各式机器而不用付钱。至少在预算局看来就是如此，它在 1956 年察觉到"一种几乎自动将可行性技术转化为军事需要的趋势"。核武器设计的激增和飞行器与火箭推进器项目就是极好的例子。为了对其进行限制，预算局主任建议国防部资助部分军事反应堆项目。原子能委员会对此提出抗议：预算控制可能会导致项目控制权落入其他机构之手。军方也不想负责任，他们更喜欢当前无拘无束的状况。[105]

原子能委员会手中还有一些政府其他机构通过转移资金资助的项目，比如武器效力测试。军方通过武装部队特别武器项目或为南太平洋测试建立的联合工作队，来为原子能委员会参与的项目支付资金。其他机构也得到了原子能委员会的支持，如陆军和海军实验室的武器开发工作，以及大学中与海军研究办公室合作的加速器和核物理研究项目。[106]尽管这些转化打开了一扇大门，使其他机构的资助变得更为直接，但实验室预算仍在原子能委员会的掌控之中。

1952 年，由于原子能委员会 1953 年的研究预算惨遭国会拨款委员会打压，布鲁克海文的管理者考虑接受其他机构的项目，以求"增加更多筹码"。[107]美国联合大学公司主席劳埃德·伯克纳已增加了一份筹码，他在一份提案中建议海军研究部门在布鲁克海文实验室进行电离层和无线电波传播的研究。伯克纳和霍沃思提出了东河项目（Project East River）的先例，在该项目中，美国联合大学公司执行军事合约，虽然该项目不是发生在布鲁克海文。原子能委员会的地方代表 E. L. 范·霍恩转而建议构建一个与现有格局相类似的体系，让海军将研究资金转移至原子能委员会。范·霍恩指出，其他机构对布鲁克海文工作的直接资助将创立一个先例，于是他提交了一份关于"如何在华盛顿层面更全面考量"的提案。[108]

希尔兹·沃伦（Shields Warren）是原子能委员会内部布鲁克海文实验室的协调员，他对这一计划提出了若干反对意见。其他机构的预算形式未必比原子能委员会优越，寻求其他机构资助可能不能保证提供稳定的资金流，而且只会使原子能委员会更难以维护自己的拨款。为其他机构工作将使国家实验室丧失项目经理、原子能委员会和联合委员会三者之间所形成的互补优势。沃伦警告说，如果布鲁克海文"变成一个多用途的政府机构和私营工业通用的实验室，我可以预见其目标将被稀释，实验室的连续性和同质性都将遭受损伤。此外，我可以预见，实验室的财务将变得越来越不稳定，而不是每年的资助稳步增加，这是因为实验室将不再是一个机构的主要利益，而成为几个机构的外围利益。"[109]

美国联合大学公司的理事们不情愿地承认布鲁克海文的工作应该在

原子能委员会的掌控下进行。[110]但其他实验室也在向外寻求资助来维持不断减少的项目。飞行器反应堆项目在 20 世纪 50 年代末逐渐变得平民化，橡树岭因此有了许多闲置设备来进行防护研究；有企业精神的科学家们将它们用于辐射军车研究，以及 NASA、弹道导弹办公室和国防原子支持机构的防御研究。[111]国家实验室步入多元化研究领域，促进了"为他人工作"现象的增多和新兴机构的出现，比如 NASA 和军事高级研究计划署（ARPA）等新兴机构。原子能委员会与 NASA 模仿海军反应堆研究部成立了一个联合办公室。ARPA 将在利弗莫尔资助一台电子加速器，在橡树岭资助激光器用作研制反导装置。[112]

当多元化为国家实验室吸引了除原子能委员会之外的其他赞助商的关注时，多元化的赞助也可能反过来促进实验室的多元化。当洛斯阿拉莫斯和利弗莫尔要暂停武器试验又要保留关键人员时，总咨询委员会讨论后建议两个实验室可以为 NASA 和 ARPA 工作。[113]多元主义促进了自主性，这就解释了为何实验室科学家们寻求多个赞助商，尽管他们的工作可能会失去统一表征。不过，为其他机构工作也能使国家实验室开阔眼界，就像"车间"一样。这个术语的创造者温伯格也没有限制橡树岭的科学家去寻求外部资助，而是努力引领他们去赢得外部机构的直接资助。但最终，正是这些国家实验室寻找来的机构可能威胁到它们的项目。随着国家实验室的多元化超出了原子能领域，新的机构带着自己的项目和实验室出现了，原来对职能重叠的担心进一步被加强。因此，"为他人工作"的问题提出了另一个有关国家实验室创立目的的根本问题：它们应当把注意力集中在原子能问题上，抑或国家实验室就该研究任何关乎国家利益的东西？

未来的角色

1959 年初，原子能委员会要求实验室复审其项目，并对其未来

5 年的发展进行预测。联合委员会随后要求原子能委员会将这一预测期限扩展到 10 年，同时要求提供实验室现状和任务的自我总结材料。1960 年，联合委员会将这一结果发表于名为《原子能委员会实验室未来的角色》（以下简称《未来的角色》）的报告中。[114] 该报告从三个方面考察了国家实验室系统中的模糊边界，以及实验室成长和多样化的问题，但未能给出简明的解决办法。

《未来的角色》报告中包括了原子能委员会所有实验室提交的计划性项目的陈述，总咨询委员会及原子能委员会也进行了补充，报告还包括联合委员会从学术界及工业界利益相关方征集的对结果的回应。多项目实验室据其特点建议更多地发展和多样化。阿贡和伯克利希望在 10 年内规模翻倍，布鲁克海文希望增加 50% 的员工，而利弗莫尔想要每年增长 5%。洛斯阿拉莫斯仍受限于台地上的房屋规模，决定在 10 年间只增长 10% ～ 15%。橡树岭尽管表示过"除在生物和化学等部分领域外并不想大幅度扩张"，但也"对 5 年预期扩张 20% 没有重大反对意见"。[115]

总咨询委员会和原子能委员会的职员在预测报告前就已感到惴惴不安，因为"原子能实验室建议其最佳规模的总体趋势是当前规模的120%"。从某个时候起，委员会认为实验室会变得太大而难以管理，而且独立科学家和项目会在调整中迷失。[116] 总咨询委员会建议实验室应强调"质量而不是规模"，放弃产出少的项目和科学家，以便更好地支持好的项目和科学家。实验室主管们为他们扩张的趋势提出了证据，由伯克利的麦克米兰来说明，"一定程度的增长对于任何实验室保持健康和活力都是必需的。"在原子能委员会委员约翰·弗洛伯格（John Floberg）质疑这一理论后，麦克米兰承认伯克利可能不需要两倍规模，但是任何小于 40% 的增长将"严重制约其发展"，而这个数字是让总咨询委员会不安的数字的两倍。[117]

在某种意义上，系统性可能已经缓解了规模的问题：拥有几个实验室让原子能委员会得以在几个较小的实验室中支持科学家，比在单一的大实验室中能支持的科学家数量要多得多。相比之下，英国努力将其原子能实验室——哈韦尔实验室控制在可管理的规模。总咨询委员会指出，哈韦尔实验室拥有 7 200 名员工，而且正在尝试裁员。[118]然而，保留几个多项目实验室意味着需要对各领域的每个点的科学家提供支持，这会导致多样化。原子能委员会在刚开始做武器和反应堆时曾希望，之后在核聚变项目中也曾被建议，将每个实验室限制在一个项目上可能已经限制了扩张的压力。正如弗洛伯格委员在实验室负责人会上提到的，一些站点的增长也会引发重复增长的威胁。例如，弗洛伯格提到"他参观过的每个原子能委员会机构似乎都成了'老鼠房'，而且每个地方都有超过成百上千只'老鼠'或者其他动物……他希望知道为什么这些重复全部都是必需的，这难道不是同类工作在很多地方进行着却没被当作重复的证据吗？幸运的是，"在原子能委员会成员记录的讨论中提到，"一些实验室负责人有力地抨击了这一论点，"认为没有出现"不必要的重复实验"。尽管他们没有明确的必要性标准，但弗洛伯格"在这一点上退让了"。[119]

当弗洛伯格担心重复研究时，其余的原子能委员会委员们质疑实验室所有的基础研究。委员会认为其对联合委员会的回应基于原子能委员会的任务，包括武器、反应堆和放射性同位素的研发，但研究不在其列。原子能委员会委员约翰·格雷厄姆（John Graham）认为，"更多的基础研究工作应当由大学这样的传统学习渠道完成，而不是由实验室来完成。"[120]总咨询委员会提出异议，它现在从原则上支持实验室基础研究，并敦促原子能委员会将基础研究纳入核心任务。委员们仍然担心与学术研究竞争，因为大学得到了大型设备，日益增长的实验室内部人员也在大学院系中进行着重复的研究。然而，他们发现了几类适合实验室进行的基础研究：与应用计划相关联的研究，或是需要昂贵设备和大型团队的试验，抑或是涉及昂贵的、有危险的或者机密的项目，或者是在实验室作为科学家随时待命之处的理论中，"使实验室能吸引足够数量的一流科学家所需的研究"。原子能委员会的最后草案中包含了实验室的基础研究。[121]

　　总咨询委员会对研究的辩护中包括了一个新理由：需要大型研究团队。咨询委员会接受了詹姆斯·麦克雷（James McRae）的论点，即实验室的"跨学科安排"可以让他们做在大学做不成的研究。[122]桑迪亚实验室的前任负责人麦克雷呼应了他在多项目实验室的同行提出的跨学科概念，他意识到，这一特点可以从学术研究中区分和维护他们的项目。学术安排不鼓励越过纪律边界的行为，只是勉强容忍它，因为教职人员需经过部门内同行评审以获得或保留任期。实验室开始鼓励这种形式，它们对跨学科研究的呼吁可能帮助推广了这个词本身：尽管使用"学科"来描述了一个知识的分支可以追溯到中世纪，"跨学科"似乎是在20世纪30年代首次出现的，主要运用在社会科学中，而到了20世纪50年代被实验室科学家们提及后，它得到了更广泛的传播。[123]

　　因此，诺曼·希尔伯里指出"只有国家实验室集中了足够数量和质量的各种学科复合型人才"。杰拉尔德·泰普（Gerald Tape）指出布鲁克海文医疗中心"除了培训医学领域人员外，也利用了反应堆技术、辐射试验和众多其他相关领域的专家……眼下没有哪个大学拥有足以运作这样一个医疗中心的各类人才。"布拉德伯里受到温伯格的支持，寻求"足够多样的知识领域……这样政府实验室总能拥有比'临界量'还要多的人"。他继续说："唯一做得很好的大型项目是政府在政府实验室里完成的，这些实验室由工业界或学术承包商运营……大学自己也做了一些不错但未经协调的研究项目。"[124]温伯格在1963年一份著名宣言中，使跨学科成为政府进行科学资助的主要标准。[125]

多学科性作为原子能委员会筛选实验室项目的正当理由，委员会意识到"'团队'这条路的优势和益处……特别是认识到了'异花授粉'过程的价值，而这赋予了生命科学家特别的优势，他们能够与同一机构中同样关心核能问题的专家讨论问题，包括化学家、物理学家、工程师、冶金学家等"。[126] 因此，原子能委员会的报告认为："每个多程序实验室都被组织起来，集中于一个中心，包括各种学科以及必要的设施。这些学科相互支持、扩充，也相互激励。"[127] 1961 年，布鲁克海文的负责人霍沃思履新原子能委员会委员后，给原子能委员会带去的信息是："一个'国家'实验室最独特的贡献之一，就在于它开展跨学科研究的能力。"[128]

多学科性及其推动的跨学科研究，将实验室和大学在基础研究方面区分开来。报告没有显示界定实验室与工业界间在应用研究界限方面的可比因素。尽管原子能委员会将其关系定义为"互补"，而橡树岭坚持"其建设和操作任何规格试验设备的特权，只要这些设备是运行实验室技术职责所需要的"，包括原型反应堆。工业界代表在对该报告的回应中否认这一特权，坚持寻求对工业界发展更大的支持。[129]

其他联邦机构作为第三方介入，有助于减轻工业界的压力。向原子能以外的领域进行多元化发展，减少了与工业界的主要竞争点——反应堆项目的投入。原子能委员会在其多项目实验室的功能概述中承认其扩展的任务："实验室的强大能力不是在原子能领域独占资源，他们是在为整个国家代为保管。当其他联邦机构在国家关注的事项上有紧急工作需要实验室技能时，这些工作将被纳入实验室中。"联合委员会可能察觉到其政治地位的衰落，要求实验室对从事非核能研究的可能性进行回复。总咨询委员会做出了肯定的回应：目前在核能方面的工作并不少，但如果将来紧急的问题出现在非核能领域，实验室应不受任何制约地解决这些问题。"委员会所属的实验室，特别是多项目实验室，是重要的国家资产，他们应当为国家的福利和安全提供当下最好的服务。"[130]

持续的争论

《未来的角色》引发了很多讨论，却没人行动。预算局审查员称赞这份报告"温和、合理"，但也指出报告没有提出如何改变现状。相反，该报告接受了国家实验室的现状及职能，只鼓励向增长和多样化的方向发展，这两点在包含国家实验室自己声明的那卷报告中尤为明显。[131] 该报告支持大学、工业界和其他机构彼此互补，但没有解决三者间的界限争议问题。同时，实验室组织架构问题仍没有解决，1961年还出现了实验室领导层躁动不安的新问题。那一年，应原子能委员会新任主席西博格的要求，总咨询委员会在一系列大范围讨论时审议了若干围绕国家实验室的问题，这些讨论一直延续到1962年。

苏联人造卫星升空之后，美国普遍推进科学教育改革，这进一步鼓励了国家实验室朝着学术功能方向发展。1960年11月，由西博格主持的总统科学顾问委员会（President's Science Advisory Committee，PSAC）小组发布了一份有关科学教育的报告，支持实验室科学家参与邻近大学的研究生教育工作。[132] 原子能委员会成立了一个核教育和培训部门，来思考国家实验室应如何为此做出贡献；罗素·普尔（Russell S. Poor）被任命为该部门领导，他不想看到国家实验室沦为大学或研究生院。总咨询委员会同意了他的意见，认为博士后训练更为适合，这与医院训练从医学院毕业的医生相类似。[133]

国家实验室测试了原子能委员会政策的底线。温伯格指出，国家实验室雇用了约10%的美国科学博士，为什么不用他们来培养更多的科学家呢？橡树岭最初打算在实验室下建立一个国家科学技术研究所，后来想建立一所独立的橡树岭科学技术研究生院，它与田纳西大学设立了一个合作项目，在实验室训练研究生，并让实验室工作人员去大学任教。[134] 联合洛基山脉大学联盟在 1962 年与洛斯阿拉莫斯达成了一个类似的协议，该联盟最初是为了帮助大学寻求设备而建立的。[135] 阿贡建议芝加哥大学把实验室作为大学里的一个研究生院，让约 80 位阿贡的科学家在实验室教授几百名学生。然而，实验室和大学没能说服其他美国中西部的学者，后者在 20 世纪 50 年代的加速器事件之后仍对实验室持怀疑态度，因而在他们的反对声中，这一计划流产了。[136]

在利弗莫尔，科学家们在实验室提供了硕士学位的拓展课程。1960 年，特勒试图在利弗莫尔建立一个加州大学伯克利分校名下的应用科学学院。加州大学在戴维斯建立了一个更近的校园，这使得该建议更加可行。1963 年，利弗莫尔实验室重启建立应用科学部门的计划，该部门由特勒领导，并由加州大学戴维斯分校管理。[137] 该部门将在不干扰正常工作的基础上使用实验室设施，包括泳池型反应堆、加速器、计算机和舍伍德设备，而大学为这些设备及实验室职员的教学，向原子能委员会付费；研究生将从事非机密研究，虽然一些博士生可能想要申请审查许可才能使用一些限制级的设备。原子能委员会担心外籍人员可能会利用这一项目进入实验室，并且实验室运营的间接成本可能会在不经意间流失，但他们同时也提到这个项目将培训未来的实验室员工，而且学生可能会促进实验室项目。大学同意限制外国学生参与，并让所有学生的档案接受 FBI 审查（就像无法获得审查许可的原子能委员会雇员必须做的一样），原子能委员会批准了这一计划。[138]

20 世纪 60 年代早期，在国家实验室接受培训的研究生数量增多，这加剧了大学方面的抵制。美国联合大学公司中美国东北部大学的代表们持续抵制布鲁克海文任何正规的教育功能。[139] 总咨询委员会中的大学科学家，如明尼苏达大学的约翰·威廉姆斯（John H. Williams）抗议道："太大一部分联邦基金以牺牲大学利益为代价，被转移到国家实验室。"[140]威廉姆斯还是美国中西部学术物理学家的带头人，他们要求获得新一代的高能加速器，这一加速器比布鲁克海文的交变梯度同步加速器性能优越。中西部大学研究协会（MURA）和伯克利实验室是该机器的主要竞争者，南加州的一个新大学联盟也加入了竞争。[141]当实验室承担了教育职能，而大学又追求大型昂贵的设备时，国家实验室与学术界的边界就模糊不清了。

在应用开发领域，国家实验室也在持续与工业界争夺地盘。大型反应堆项目仍然是竞争焦点，工业界代表一直催促国家实验室在工厂试点阶段放弃反应堆设计。[142]工业界还必须阐明自己从国家实验室手中接手项目的意愿和能力；至少，这种意愿无疑显现在20世纪60年代初有关电力设施的能量反应堆申请书大增之上，但并不是所有这些能量堆在建造时都表现得符合预期。在反应堆以外的项目上，工业界仍是一个不情愿的合作伙伴。例如，原子能委员会试图推进商用放射性同位素和辐射源的发展，并希望几家工业公司进行申请。当没有公司想要投资时，原子能委员会求助于布鲁克海文实验室，尽管后者宣称不愿意接受这种被认为是技术开发而不是研究的项目，但它还是接受了。[143]

国家实验室又一次在非核领域扩张，缓解了它与工业界在边界上的压力。特别是橡树岭，它在《未来的角色》报告中的声明对安抚工业界没起什么作用，而是试图在原子能委员会的领土外寻求良田。1959年，实验室的均相反应器项目被取消。1960年秋天，温伯格为橡树岭的高级职员举办了一系列的先进技术研讨会，以考虑新的工作任务及赞助商。温伯格为可能的项目制定了一些标准：它们应当是"大型的、昂贵的"，这样才能"长期保证橡树岭国家实验室的许多成员有充足的工作"。"对于国家利益这种说法，应该进行更广泛的解读，赋予其较为长期的特性。"[144]1961年3月，肯尼迪总统取消了航空核推进装置项目后，橡树岭有了更多激励因素来考虑替代项目。项目取消后，总统科学顾问委员会认为，橡树岭实验室可能在"毫无进展地消磨时光，对紧急需求没什么大用处"。西博格列出了一堆问题：海水淡化、环境污染、海洋学、地质学、分子生物学和远程电力传输，并建议国家实验室"可以协助解决其中一些问题，即使这与它们现在的原子能项目相去甚远"。[145]

同年 4 月，总咨询委员会考虑了橡树岭所面对的特殊问题，以及肯尼斯·皮策提出的一般性问题："当一个大型实验室不再有应用性任务时，是应该给它一个新的应用任务或者通用的研究任务，还是应该关闭这个实验室？"[146] 在《未来的角色》中，总咨询委员会回顾了它对非核研究的支持，并在利比的鼓励下，接受了"实验室是整个国家的资产，而不仅属于原子能委员会"这种观点，审查了为其他机构工作的可能性。顾问们察觉到了一些问题，这些问题早在 10 年前就已被沃伦指出：丧失行政控制、预算无保障、项目重点偏离。委员会认为，一个联邦的"国家实验室部门"也许可以控制国家实验室的资金并为其分配不同的问题。委员会没有得出结论，更不敢用关闭任何实验室的建议来回答皮策的问题。[147]

总咨询委员会认识到，实验室科学家可能不具备解决国家面临的每个问题的专业知识。国家实验室可能已经回答了这一问题，即多元化将有助于为它们提供机遇。与此同时，它们试图运用已知的知识。在 20 世纪 60 年代后期，所有国家实验室都在原子能委员会和国会的批准下，寻求为其他联邦机构工作，这些机构上至国立卫生研究院下至交通部。但是，赞助商的多样化阻碍了实验室问题的解决。就在原子能委员会处理来自实验室负责人对国家实验室被当作"工作车间"的投诉的同时，国家实验室还在扩大客户的多样性。不过，当实验室到了抉择是忍受成为车间的屈辱，还是完全失业的时候，答案是显而易见的。面对日益减少的项目，实验室负责人和科学家们都在想方设法将他们的机构维持下去。

第三部分

后
果

6. 适应策略

多元化的项目有可能吸引多元化的赞助者，这也是国家实验室的系统性和对外界环境的适应性造成的另一种结果。实验室也显现出专业化的适应策略，它和多元化一起将重新定义何为国家实验室。

专 业 化

从冷战早期在实验室项目中增加高能加速器项目，到20世纪50年代关于核能反应堆、加速器和受控核聚变项目的国际竞争，我们可知国家实验室信奉的是并行的努力而非重复的工作。这是一个重要差别，也是国家实验室体系的一个特征。该特征不仅仅适用于类似曼哈顿项目或20世纪50年代的核聚变这类紧急的项目，更适用于实验室大部分的项目。经费审查人会很谨慎地检查以防止出现重复的项目，因此实验室科学家和原子能委员会的项目管理人将他们的项目进行了细分，如果不这样做，经费预算局或者国会很可能淘汰这些项目。因此，当利弗莫尔实验室启动核聚变项目时，它故意采用了一种不同于洛斯阿拉莫斯和普林斯顿项目组已进行了一段时间的方法。[1]类似大型项目内的专业化分工也体现在诸如武器、动力和研究反应堆和核火箭项目中，国家实验室通过共同协议或者上层强制命令来达成这种专业化。由于实验室彼此间的竞争地位，从它们研究项目的特殊性到普通的机构制度，都少有重复。

武器项目

利弗莫尔新建的实验室给武器项目带来了竞争。从它建成起，利弗莫尔就面临着一个可能与洛斯阿拉莫斯实验室存在重复劳动的问题。劳伦斯在 1952 年 9 月向原子能委员会保证："洛斯阿拉莫斯与利弗莫尔实验室将开展良好的合作，杜绝重复劳动的可能。"最初几年的合作中，利弗莫尔实验室要避开那些已被洛斯阿拉莫斯涉足过的领域。1952 年秋天，利弗莫尔选择了一个与热核反应武器设计相关的原子裂变装置作为启动项目，洛斯阿拉莫斯实验室之前考虑过该装置的研究，但最终放弃了。在接下来一年中，利弗莫尔开展了一个为军队使用的原子炮提供小口径武器的项目，该项目也是之前洛斯阿拉莫斯为把精力集中在空军的高产量设计上而放弃的。[2]

专业化的现象从具体的项目延伸至实验室的一般问题上。因为洛斯阿拉莫斯实验室成功研发出了热核武器，原子能委员会含糊地提出，最早作为第二武器实验室建立的利弗莫尔应该有一些"新的想法"，故而后者把这作为自己的任务与追求。1954 年，冯·诺依曼认识到利弗莫尔的目的是"做一些比洛斯阿拉莫斯更冒险的事情"。[3]1953 年至 1954 年间，利弗莫尔最初几次冒险的尝试都以失败告终，直到 1955 年春天，"茶壶"系列测试项目（Teapot test series）终于有设备按照设计的那样运行起来。[4]失败的实验反而增加了利弗莫尔的筹码。在 1954 年 7 月的总咨询委员会会议上，泰勒先是简单描述了实验室的失败，但接着就用一个极度大胆的实验震惊在场的顾问：一个 1 万兆吨的热核武器的设计，比在三个月前炸平比基尼环礁中伊鲁吉拉伯岛的"城堡"系列"刺客"试验还要强劲 600 倍。拉比就此提案向总咨询委员会提出建议："这是一个广告噱头，不能太把它当回事。"[5]自此，洛斯阿拉莫斯实验室进入了青少年期，成长为一个更懂事的"哥哥"的角色，变得更为保守。利弗莫尔实验室继续提出一些乐观的设计，正如它在 1956 年为海军做的项目一样；而洛斯阿拉莫斯则继续忽视这些设计，将其当作"使人眼珠发光"的广告。1963 年，原子能委员会成员仍然认为利弗莫尔的实验设计是"典型的狂热实验方案"。[6]

利弗莫尔实验室的热情一部分可能源于它与伯克利的关联。劳伦斯支持、偏好大型的冒险实验，这多少会削弱利弗莫尔的武器研究。同伯克利实验性粒子加速器一样，利弗莫尔更倾向于追求和测试一些没有被论证过的设计，而洛斯阿拉莫斯则通过自身更强的理论基础减少了对实验的需求。利弗莫尔对实验的侧重将走向采用一些有实验依据的模型来进行计算机运算的方向。[7]但是，利弗莫尔的探险精神也源于它与洛斯阿拉莫斯实验室的关系，利弗莫尔作为当时实验室的新贵，可以通过一些令人惊叹的成功来证明自己继续存在的意义。

到 1955 年，这个新贵实验室发展良好，完成了一系列成功的实验，已有 1 500 名员工，其中三分之一是科学家和工程师。在 50 年代剩下的岁月中，两个实验室都不缺项目。为了满足艾森豪威尔的新防线及其对核武器的需求，武器项目的经费预算激增，用于为海陆空三军所需的各式运输车提供核装备。在这个繁荣的时代，武器实验室可以协商在彼此间分配新的设计项目。1956 年，洛斯阿拉莫斯的诺里斯·布拉德伯里向利弗莫尔的赫伯特·约克提议，由实验室主管决定"哪个实验室将单独进行未来必要的试验，每个系统由哪个实验室开发"。原子能委员会和总咨询委员会都支持这项分工，两个实验室的资深代表于 1956 年 8 月会面协商了未来的分工。洛斯阿拉莫斯实验室分到了最大的那块蛋糕,负责"阿特拉斯"导弹(Atlas missile)的弹头;利弗莫尔则赢得了一个安慰奖,负责"阿特拉斯"的后备项目,设计"泰坦"导弹(Titan missile)。利弗莫尔同时也会继续开展原子弹工作,两个实验室将分别为海军和陆军提供小型火箭弹头。接下来的一年,约克不断向布拉德伯里提议举行另一个会议来决定分工,于是原子能委员会同意将这一会议作为常务会议。接下来的一次会议于1958年12月在作为"中立地区"的洛杉矶举行,来自两个实验室的职员"瓜分"了国防部要求的28个武器项目。[8]

然而,这两个实验室并不是总能达成友好协议。当利弗莫尔实验室发现军队对原子弹有需求后,洛斯阿拉莫斯的裂变武器研究中心主任要求布拉德伯里不要忽视这个竞争项目的潜力。同样地,在两个实验室达成协议将阿特拉斯弹头的项目分配给洛斯阿拉莫斯之前,它们一直进行着并行的设计。通过竞争,国家实验室满足了国会联合委员会对竞争的期待,当年正是以竞争为由促成了利弗莫尔的成立。利弗莫尔的主席是新墨西哥的克林顿·安德森,就像他在1955年5月做的那样,他力求确保国家实验室能满足委员会的利益需求。在这个事例中,安德森信奉的竞争理念打消了洛斯阿拉莫斯对现实问题的担忧,即洛斯阿拉莫斯担心会输给新贵利弗莫尔。安德森可能已经认识到,当国家实验室间的关系是竞争而非合作时,实验室才会允许项目管理者与政策制定者决定它们的优先次序。例如,利弗莫尔决定接手洛斯阿拉莫斯一些前期工作——小型核聚变武器项目是因为发生了实验的失败,原子能委员会不得不因产量和质量原因取消了这个项目,并使洛斯阿拉莫斯转向为新的B-47飞机做武器设计。军方吸取了让两个实验室共谋的教训:当军队最喜欢的洛斯阿拉莫斯将"泰坦"的设计让给利弗莫尔时,空军表示了不满;陆军和海军也更喜欢洛斯阿拉莫斯来完成他们的工作,而对利弗莫尔缺少一些信心,但当两个实验室私底下自己划分蛋糕的时候，他们并不能控制任务的去向。[9]

即使当各实验室同意瓜分武器设计这个蛋糕时，机构间的竞争仍然存在。布拉德伯里一开始就抱怨利弗莫尔是多余的："建立利弗莫尔实验室的初衷是让它探索洛斯阿拉莫斯不关注和不在乎的想法或系统。虽然有些人认为卓越的新想法是在竞争中诞生的……但（到目前为止）绝妙的新想法都还未出现。"他认为科技限制会减少可选设计的数量，而武器设计的过程"就像是让飞机制造者们去'竞争'设计新的飞机一样……所有设计基本上都是一样的，因为空气动力学是一门科学而不是艺术，没有制造者会因为自己的竞争者提出可以建造只有原来一半重的飞机，而去提议建造一架速度可比原来快两倍或距离能比原来飞两倍远的飞机。"因此，单一实验室（如洛斯阿拉莫斯）里的科学家可以不需要竞争就能做出最优的设计。布拉德伯里的评论当然是为了他自己实验室的利益，但拉比（现任总咨询委员会主席）在 1956 年也承认道："这两个实验室在设计和重要性上趋同。"虽然科学限制了国家实验室的选择，然而，实验室间的抄袭仍需被限制。要求实验室间竞争航空器合同的政策，也起到了维持武器实验室间制度的竞争作用，并确保实验室间不会抄袭彼此的项目。科学和政策共同加强了多元化现象。布拉德伯里的行为违背了他原先说的话。1954 年秋天，他一边将对利弗莫尔的指控寄给军事应用部门，一边正计划着同利弗莫尔协调他们之间的项目和报告，使原子能委员会相信他们两个实验室在用不同的方案设计小型核聚变武器。[10]

反应堆项目

当实验室集中化失败后，竞争恢复了，橡树岭实验室重新进入，或者说是继续参与反应堆项目，并因此专攻反应堆研究。20 世纪 40 年代后期，当橡树岭实验室提出一个新的反应堆项目时，它着重强调了自己的专业能力，并特意将这个反应堆的设计与当时阿贡的其他反应堆设计进行了区分。原子能委员会曾经将反应堆项目从橡树岭的任务中移除，让它能够把重心集中在化学技术上。温伯格长期以来都对均相反应堆非常感兴趣，这是被当时热衷于沸水反应堆和快中子增殖反应堆的阿贡实验室所忽视的研究，他将原子能委员会的决定视作对这一项目的支持。因此，整个 20 世纪 50 年代，橡树岭实验室都在从事一系列的流体燃料反应堆研究。与此同时，阿贡进行的都是一些固体燃料反应堆实验，尤其是用快中子的钚增殖反应堆。橡树岭在流体燃料上的设计重心从原子核反应堆拓展到航空器的核动力推进项目上，该项目中，科学家采用熔化的盐作为燃料，以提供更高温度满足飞行器引擎的需求，这是固体燃料无法做到的。1953 年，温伯格告诉联合委员会，"我自己是一名均相反应堆科学家……但是我绝不会说，作为快中子反应堆科学家的津恩博士，他的研究不如我。"[11]

和武器项目一样，专业化不仅仅与反应堆实验室的具体设计有关，还影响着每个实验室的基本理念。1947 年，在关于中心反应堆实验室的辩论中，奥本海默就已预言了实验室集中化会"使阿贡成为反应堆实验室中的洛斯阿拉莫斯"。[12]这一评论被精确地验证了，但并非在本来的意义上。阿贡如同洛斯阿拉莫斯一样，扮演着老大哥的角色，成为竞争性项目中相对保守的一个实验室；橡树岭如同利弗莫尔一样，扮演着一个性情急躁的新贵角色。20 世纪 50 年代早期，阿贡和洛斯阿拉莫斯有着稳定的项目，而且，它们与这些项目的出资方和获益方关系融洽。前者是反应堆开发部，后者是军事应用部和军方，国会联合委员会则既是出资方又是获益方。为克服自己天生起步晚的劣势，橡树岭和利弗莫尔采用了一种高风险高收益的方案，将自己的项目与那些有着深厚基础的对手们的项目区分开。因此，温伯格将两个实验室申请的反应堆项目进行了比较，他评价道："阿贡的项目'在一个安全的轨道上'，并且几乎肯定会取得成功，而橡树岭的项目则不会那么保守，存在更大的危险系数，但如果成功了便会获得更大的回报。"[13]飞机核动力推进项目在这方面是这样构成橡树岭的任务定位的（至少像橡树岭实验室在 1958 年的自我定义一样）："去进行大型而复杂的项目吧，即使失败概率很高。"[14]项目的多元化再一次加强了国家实验室体系中每个实验室的个性。

核聚变项目

利弗莫尔和橡树岭的支持者在武器和反应堆研发上力陈实验室间竞争的好处以同时得到关于一个领域的更多设计与方案。相同的言论也出现在舍伍德计划上。在可控核聚变项目的国际竞赛中，原子能委员会同时支持了 4 个团队，分别是普林斯顿、橡树岭、洛斯阿拉莫斯和利弗莫尔。但与武器和反应堆项目一样，核聚变项目的竞争出现在原子能委员会尝试实验室集中化之后。

1953 年 9 月，当刘易斯·斯特劳斯确保了自己原子能委员会主席的位置并决定推动核聚变项目后，原子能委员会工作人员递交了一份关于集中在某一实验室进行核聚变项目利弊的分析报告。一方面，由于洛斯阿拉莫斯实验室的例子支持了实验室集中化的理论：一个单独的中心实验室能更专注地工作，确保快速便捷地交流，同时能更好地保密，避免工作、设备和设施的重复。另一方面，当这个集中化的实验室还只是初具雏形时，原子能委员会又必须克服把现有项目都集中到一个实验室所面临的困难。原子能委员会亲身经历了制度惯性，即不愿建立一个新的实验室："仅凭某人提出实验室的某一项目不可行，就想关闭这个实验室，这是很困难的。"但是，反对实验室集中化的主要理由是竞争："在某一领域缩减及许多方案被取消前，非集中化似乎为健康的竞争比试提供了最佳的基础，它能确保每个方案在背后最强支持者的引导下按照自身优势发展，（每个方案）都会被各擅所长的科学家们用不同的观点检查、评判和修正。"[15] 原子能委员会保持现状，并决定仅由舍伍德指导委员会对现存项目安排更好的合作，委员会由各实验室项目的代表组成。[16]

国家实验室出于自身的考虑，将其项目从一开始就进行了区分。1951 年，普林斯顿的小莱曼·斯必泽（Lyman Spitzer, Jr.）及其项目组第一个进入了核聚变领域。他们选用环面改造成一个 "8" 字结构的设备（他们称之为仿星器），两个环面外周上环绕的通电环线圈产生了一个轴向的磁场。斯必泽项目的消息很快就传到了洛斯阿拉莫斯和詹姆斯·塔克（James Tuck）那里。塔克为了开展氢弹工作，那时已经从英国回到了洛斯阿拉莫斯，他在英国研发出了被称作 "箍夹"（pinch）的装置，1952 年塔克在洛斯阿拉莫斯重新启用了箍夹。与仿星器不同的是，箍夹的功能是通过沿环面中轴线向下的电流产生环形磁场来约束等离子体。另外，箍夹是个快速脉冲设备，而不像稳态的仿星器。塔克觉得箍夹比仿星器更有前景，而且它满足了他的项目组最关心的问题——如何避免重复普林斯顿已在进行的项目。当利弗莫尔确立了一种项目方案时，同样的考虑也使得约克选择另一种不同的方案。与洛斯阿拉莫斯不同但与普林斯顿相同的是，约克决定用外源产生的轴向磁场；而与普林斯顿和洛斯阿拉莫斯都不同的是，约克选择了一个圆柱形。为了能封住末端并且限制螺旋运动的等离子粒子，他提出使用无线电波（后来因被证实太弱，最后被替代而使用了更强的磁场）。当橡树岭实验室为了参加第二次日内瓦会议而努力时，他们将项目集中在等离子体源使用分子离子而不是原子离子（尽管他们使用了利弗莫尔的磁镜设计）。[17]

专业化使得原子能委员会可以继续享用因竞争产生的收益。"项目组之间的竞争加快了项目进程。"[18] 同时，这也允许各实验室使出浑身解数，在必要时转而使用其他实验室的专业强项。洛斯阿拉莫斯使用为武器测试研发的快速诊断技术对脉冲箍夹装置的信号进行毫秒级的测量；利弗莫尔充分利用它与伯克利加速器间及射频场的关系。约克——一个曾经研究 184 英寸加速器和材料测试加速器的伯克利研究生，把在伯克利麦克米兰同步加速器组的理查德·坡斯特（Richard F. Post）（他被称为射频坡斯特）招募到利弗莫尔的聚变项目。橡树岭凭借其在离子源上的长期经验进入了核聚变领域，离子源是其开发重离子加速器的理由之一。橡树岭科学家初期仅帮助利弗莫尔准备新的离子源，之后根据自己的新思路拓展出一个属于自己的成熟的项目。[19]

　　原子能委员会几乎所有的核聚变预算都用于 4 个主要的聚变实验室，步入 20 世纪 60 年代后，这些实验室将会继续沿着它们不同的方向工作。来自原子能委员会内部和外部的压力使项目继续保持着多样性：1958 年，总咨询委员会警告"不同实验室的项目进展有着趋同的趋势，这会导致重复劳动"，预算局质疑多途径的必要性。[20] 60 年代早期到中期，实验室的科学家们因预算收紧的压力，面临一个到多个聚变项目组被关闭的威胁，他们开始寻找新的方向。例如，橡树岭这个从一开始就重复利弗莫尔磁镜设计的实验室，在 60 年代中期也提出要注入中性原子而不是他们最初努力研究的分子离子；指导委员会牢记来自预算局和国会对于核聚变经费的质疑和批评，建议终止橡树岭项目。橡树岭实验室则通过采用一个新的苏联研究进展来回应指导委员会——托卡马克装置，这是一个被其他所有实验室忽视，但最后成为了一个新的蓬勃发展计划的核心装置。[21]

"探测器"项目和"冥王星"项目

　　在不愿重复同事工作的实验室科学家的倡议下，舍伍德项目实现了专业化。之后，核聚变项目的充足预算允许后续对平行项目进行继续支持。然而，幸运女神并不会一直眷顾国家实验室，正如研究原子能火箭推动力的探测器和冥王星项目所示，有时候预算压力会迫使实验室从上层分化。

战后，将核能用于火箭推动力的想法开始冒头，但大部分是些过于乐观的奇思妙想。1954 年前后，洛斯阿拉莫斯和利弗莫尔实验室分别重新提出了这个想法，并得到了空军的米尔斯委员会和原子能委员会的官方许可，他们要求这两个武器实验室启动一些小项目。为什么会选洛斯阿拉莫斯和利弗莫尔呢？这部分工作要用到反应堆设计，并最终归入反应堆开发部，满足这些条件的实验室原本应该是阿贡和橡树岭实验室。布拉德伯里和约克之所以认为这是一个军事项目，可能是因为战后的早期设计被用于推动力研究，更可能因为该项目与空军关系密切。尽管有了橡树岭的飞机核动力和阿贡的海军反应堆这两个先前的项目，原子能委员会的工作人员注意到武器实验室也早已开展并一直研究着这个问题，因而决定让这两个实验室继续下去。[22]

武器实验室仍然可以求助于反应堆实验室的专业技术支持。洛斯阿拉莫斯从罗伯特·巴萨德（Robert Bussard）的设计中获得了灵感，后者是来自橡树岭实验室的反应堆物理学家，经常到洛斯阿拉莫斯实验室进行交流访问。巴萨德曾提议设计一个被称为热交换器的反应堆，它能在高温下（2 000 华氏度以上）运作，将热能传递给诸如氢气之类的推进燃料，然后使其经过反应堆活性区，最后通过火箭喷管向外喷出。巴萨德向洛斯阿拉莫斯的科学家详细地阐述了这一想法，将其用于一个用化学助推器发射火箭的分段系统中，最后一旦火箭达到最高速，核能用于供能，氢气用来推进。[23]

1955 年 3 月，洛斯阿拉莫斯实验室向米尔斯委员会展示了它的计划。在同一会议上，约克和其他利弗莫尔的科学家勾勒了一个全核能模式火箭的初步设计。在之后几周的另一个会议上，当洛斯阿拉莫斯的达罗·弗罗曼听到约克宣布说，利弗莫尔已经判定用化学助推器和热转换的核能火箭项目是最好的方案，他感到"十分震惊"，因为洛斯阿拉莫斯正致力于研究同一个系统。弗罗曼注意到洛斯阿拉莫斯曾描述过类似的系统，并将该系统详细技术报告的副本寄给了利弗莫尔，他说："我印象中记得，我们说明过这一点。"利弗莫尔现在居然胆敢入侵早就被洛斯阿拉莫斯占据的领域。但这两个设计并不完全相同，正如约克所指出的：洛斯阿拉莫斯使用负载铀-235 的全石墨核心，并且被铍反射器包围；利弗莫尔则采用异构核心将铍、铀和石墨混合在一起。[24]

这个双项目增加了实验室集中化的可能性。原子能委员会担心核能火箭项目会使武器实验室在其主要任务上分心。委员威拉得·利比建议，"当需要大量资金支出时，原子能委员会应建立一个独立实验室。"反应堆开发部的主任 W. 肯尼斯·戴维斯（W. Kenneth Davis）指出，最初的小规模项目决定了将来的实验室集中化。[25] 在总咨询委员会面前，拉比就曾两次质疑平行实验是否是最有效的途径；军事应用部的主任阿尔弗雷德·斯塔伯德（Alfred Starbird）上校辩称，竞争是"实验室积极性"造成的结果，他指出上述两个进行平行实验的实验室依旧在竞争"阿特拉斯"弹头项目。[26] 在上述两个例子中，原子能委员会和总咨询委员会委员都建议实验室集中化，而且原子能委员会的项目经理们支持平行项目。原子能委员会暂时同意以双项目的方式继续核能火箭推进器研究，并称之为"探测器"项目。

这两个实验室不需要明确的指令去区分他们的项目。洛斯阿拉莫斯坚持最初的计划，但采用氨作为推进燃料；而利弗莫尔计划在一个仅有中心风管部分的大规模模型中（并非整个系统中的一个小规模模型），先用氦气，再用氢气作燃料。1956 年 7 月的总咨询委员会会议上，当实验室集中化的问题被再次提及，委员会成员针对平行项目，同意詹姆斯·费斯克所说的：任何重复"只不过是健康和合理的"；狭义的方法可能忽略了一些有前景的观点。拉比虽然同意这一说法，但仍坚持这两个设计最终必须融合成一体。沃伦·约翰逊补充道，"融合工作应该在大量经费被花在内华达州之前就进行，"内华达州是国家实验室建造和测试设计方案的地方。作为洛斯阿拉莫斯的带头人，约克和勒默·施雷伯同时宣称国家实验室间的非正式合作将避免重复工作。约克将武器项目作为类比：国家实验室在研究阶段通过非正式地交流参与竞争，而后某一实验室赢得某些特殊设计的所有权。约克承认这一类比暗示了"融合"的思想，即只选择其中一个实验室发展，但他坚持这一情况最快也要三年后才会发生。[27]

委员会成员达成了一个共识，"我们不关心现阶段是平行还是重复工作"，但他们不满足于非正式交流，并建议"实验室间应该考虑紧密合作的可能性而非竞争"，为此，委员会从两个实验室里甄选人员组成了一个联合委员会来协调工作。[28]原子能委员会并未建立任何正式的委员会，可能是因为他们相信反应堆开发部，后者负责项目管理及日常监督。约克和布拉德伯里给开发部写了一封联名信，提议促进合作并提出得到两个实验室认可的差异"互补方法"。他们的项目涉及不同领域，"从低碳-铀比的小反应堆、复杂的调节和控制方案，再到高碳-铀比的大反应堆，以及简单的审核和控制问题。洛斯阿拉莫斯的科学实验室已经开始了在尺寸范围的底端上的研究，并逐渐向上，而利弗莫尔实验室则开始在顶端开展研究，并逐渐向下。"[29]

实验室间的区别不仅体现在它们特殊的设计上，也表现在发展的一般方法上，这再次揭示了每个实验室的理念：利弗莫尔雄心勃勃的经验主义与洛斯阿拉莫斯小心谨慎的理论主义。从一开始，洛斯阿拉莫斯的科学家就表明他们的计划"相当简单"，而利弗莫尔则正相反，后者探求"另类"的体系。即使后来利弗莫尔选择了洛斯阿拉莫斯拥护的热交换器，它仍继续探索"先进的设计"，比如所谓的慢性爆炸系统，该系统将利用一次小型核爆炸或多次爆炸的脉冲来发射火箭。不出意外地，这一想法由于所需燃料负载过重失败了。[30]尽管如此，后续计划，或许不那么极端，也呈现了相同的趋势。利弗莫尔在内华达州对一个全尺寸反应堆中的吹风管进行测试，该测试依赖于"早期的核加热测试，而不是在任何核能测试前用电加热对一系列的本地组件进行测试"；这些测试"旨在开发一个相对大的高能的测试引擎"。洛斯阿拉莫斯则坚持更小更保守的设计，然后等上一年去测试它，更倾向于"对独立的设计细节和组件进行广泛的细节分析测试"，同时，运用电加热而不是核能加热来测试组件。[31]

　　军队对该项目的热情及其投入的预算，允许平行项目持续进行。1955 年初，美国国家安全局将洲际弹道导弹研发列为最高级别的项目。原子能委员会接到了这一指令，总咨询委员会的若干成员总结说，原子能委员会有两个首要任务：用轻量、高产的热核武器来武装洲际弹道导弹，并用核能火箭推进器为其供能。[32]约克和弗罗曼曾指出，在"阿特拉斯"项目中运用核能的优势是：核能提供更高的排气速度，射程只受到装载的推进剂量的限制，因此对于洲际范围而言，火箭质量至少可以减少一半或是允许更高的载荷。同时也避免了在大气层上进行第二阶段化学燃烧带来的问题。他们二位都只是顺带提及了放射性的危险，正如弗罗曼所说，"顺带一提，配备化学助推器的核能火箭不会对发射地造成放射性污染。"[33]

　　约克和弗罗曼的观点说服了国防部，国防部在 1956 年 4 月向原子能委员会提出要求，希望委员会能分别在 1959 年初和 1962 年进行核动力火箭发动机的地面测试及飞行测试。作为回应，原子能委员会把国家实验室的预算提上了议程。洛斯阿拉莫斯在 1956 财政年度的运营费用达到了 220 万美元，利弗莫尔的运营费用则为 150 万美元。原子能委员会在 1957 财政年度要求双倍的"探测器"项目预算经费，同时也把 2 500 万美元的建造费用算在项目之中。这一应急计划支持双重但不重复的项目，并能维持两个实验室的竞争：原子能委员会向联合委员会强调，这样的扩充正是"非重叠的双边实验室方案"。[34]

早期的热情很快开始衰退，因为快速发展的化学洲际导弹发动机，使得需要长期项目支持的昂贵核动力发动机的吸引力减退了。1956年秋天，预算编制者开始注意到预算的走向并尝试修正它。到 10 月份，原子能委员会提交了 1958 年的财政预算：3 000 万美元用于运营，2 000 万用于支持建造双边实验室。预算局开始犹豫：他们将运营预算减少到 1 200 万美元，整体取消了建设项目，同时将已下拨的 1957 财年建造预算减少 1 000 万美元，他们也要求军方重新考虑"探测器"项目的优先级别。国防部不得不设立了一个委员会，该委员会得出的结论是，军方只能做出适度的支持。[35]

没有军方的支持，原子能委员会就失去了预算决定权。反应堆发展和军事应用部门的主任们决定取消利弗莫尔的"探测器"工作，单独留下洛斯阿拉莫斯进行核火箭项目。调整的项目并不一定意味着费用减少：洛斯阿拉莫斯 1958 年的运营预算提高到 800 万美元，同时把建设预算增加到 1 500 万美元，其中一大部分将会用于内华达州的试验场。军事应用部主任估计，原子能委员会将会在 1959 财政年度后期从"探测器"项目的整合上减少最多 30% 的预算。[36]

节省下来的部分资金流向了利弗莫尔，它没有把这笔钱全部亏损掉：它从"探测器"项目中拿出 200 万美元用于另一个项目，该项目的出现或许决定了洛斯阿拉莫斯实验室会接手"探测器"项目。自1956 年 1 月起，利弗莫尔就一直进行着材料研究，这些材料用于研发一种核能冲压喷气机。洛斯阿拉莫斯在 1955 年的早期研究中就开始考虑核能冲压喷气机的可能性，同年 10 月，国防部长要求原子能委员会对其进行调研。一方面，与在大气层上运行的弹道导弹不同，吸气式冲压发动机可以利用核反应堆几乎无限的能量而不需要携带推进燃料；另一方面，空气的存在使其容易发生化学燃烧。原子能委员会将其命名为"冥王星"项目，并将任务分配给了柯蒂斯－莱特航空公司（Curtiss-Wright Aircraft Corporation），而材料研究则分配给了利弗莫尔实验室和北美航空公司（North American Aviation）。该项目最初的设立是为了引发柯蒂斯－莱特航空公司和利弗莫尔之间的竞争。[37]

预算审查员再次挫败了委员会对该项目早期的热情：原子能委员会提议将"冥王星"运营预算从 1957 财政年度的 400 万美元提高到 1958 财政年度的 1 000 万美元，此外还有 900 万美元的建设经费；预算局只批准了 300 万美元的运营预算，但允许原子能委员会能从其他方案至多转移 200 万美元。原子能委员会领会了其中的含义。1957 年 3 月，利弗莫尔"探测器"项目被取消的几个月后，反应堆开发部推荐利弗莫尔成为唯一的"冥王星"项目承包商。国防部支持该计划，而原子能委员会取消了与柯蒂斯－莱特航空公司的合同。为什么选择利弗莫尔实验室呢？因为其材料研究力量解决了高温陶瓷方面的一个主要问题，而且利弗莫尔可以将"探测器"项目的经验和设施应用到"冥王星"项目上。[38] 这也给"探测器"项目问题提供了一个简洁的解决方案。原子能委员会不愿意在它的一个大型实验室中终止一个持续项目，更何况这个项目是 5 年前在国会和军方极大压力下创立的。而柯蒂斯－莱特航空公司作为一家新接触核能业务的飞机制造商，与原子能委员会并没有像利弗莫尔那样的附属关系。

1957 年末的最终结果是两个实验室间进行了分工。洛斯阿拉莫斯接管了"探测器"项目中所有关于核动力火箭发动机的工作，而利弗莫尔则专注于"冥王星"项目的核能冲压喷气发动机。两个实验室间在"探测器"项目中的早期分化并没有阻止利弗莫尔终结"探测器"项目的工作；柯蒂斯－莱特航空公司在"冥王星"项目上遭受了相同的命运。在紧急计划缺乏预算支持的情况下，原子能委员会采取从上层进行劳动分工的策略，实现在实验室自身专业化基础上更深层次的分化。在"探测器"和"冥王星"项目中，这些意外产生的项目使原子能委员会能简单地增强专业化，而不必中止大型实验室程序背后的制度惯性。原子能委员会可以将利弗莫尔"探测器"项目中的动能转移到"冥王星"项目，并将项目终止的压力从自己的实验室转移到行业内承包商的身上。国家实验室拥有的可选项目为原子能委员会提供了这一选项优势。

研究性反应堆项目

研究性反应堆项目从头至尾都展现出分化性。1952 年在爱达荷州建成的材料测试反应堆，从 50 年代中期以来一直保持着前沿的地位，而 20 世纪 50 年代早期批准的阿贡实验室的研究性反应堆项目（CP-5 反应堆）和橡树岭的项目（橡树岭研究性反应堆，简称 ORR）达不到其中子通量。1956 年初，反应堆开发部逐渐意识到材料问题是动力和推进反应堆项目的瓶颈，因此决定支持更前沿的研究性反应堆项目并征集提案。实验室科学家们欣然接受了邀请。短短几个月内，阿贡、布鲁克海文和橡树岭实验室做出回应，提出高通量研究性反应堆的提案。[39]

提案中的反应堆设计反映了不同团队的需求和每个实验室的偏好。化学家们为了通过捕获中子来产生重同位素，因而推崇内部高通量。反应堆工程师和冶金学家也寻求更高的内部通量用以测试材料和组件，液压或气动的"兔子"会将样品传进反应堆堆芯。物理学家则期望更高强度的外部光束来进行中子反应截面和衍射研究。

布鲁克海文实验室选择满足物理学家们的需求。实验室成立之初就曾计划兴建排名第二、更高通量的研究性反应堆。由于原子能委员会对这一方向很感兴趣，受其鼓舞，布鲁克海文实验室于 1956 年 8 月成立了一个由中子物理组组长唐纳德·休斯（Donald Hughes）主持的研究小组，组内包括其他一些对固态物理和中子衍射感兴趣的研究人员。小组成员依据自己的兴趣选择了一种反应堆——一个被重水慢化剂包围的小型反应堆堆芯，慢化剂能将热中子集中在堆芯周围。由于径向管会从堆芯输送更多快速的中子，束射管与慢化剂相切会进一步增加低速中子的通量。这个耗费了 1 000 万美元的设计被称为高通量束反应堆，将提供 5×10^{14}—7×10^{14} 个 /（厘米 $^2 \cdot$ 秒）的外部热中子通量，约为实验室现有石墨反应堆内部流量的 20 倍。[40]

橡树岭反应堆的设计源于实验室对化学和同位素生产的重视。与布鲁克海文实验室一样，在原子能委员会征集提案时，橡树岭实验室已在考虑下一代的研究性反应堆。1956 年秋天，橡树岭实验室成立了一个小组来研究一个新反应堆。实验室中只有研究超铀元素的化学家们对这一设计表现出特殊的兴趣。于是，橡树岭实验室提议用圆柱形环芯的"通量阱"反应堆将中子集中在反应堆中心，并通过淡水来慢化冷却。这个方案的名称——高通量同位素反应堆，反映出了它的主要目的。[41]

阿贡实验室采取了截然不同的策略。在 1957 年初的会议上，实验室的物理学家、化学家、冶金学家们对新反应堆产生了兴趣。反应堆设计人员决定满足他们所有人，即相比于"一个专为单个使用者和单个实验设计的反应堆"，他们选择了能提供内部辐射和外部光照的多功能反应堆。同橡树岭实验室一样，他们也使用环形芯，但用重水进行冷却慢化，以产生 5×10^{15} 个 /（厘米 $^2 \cdot$ 秒）的热中子通量，这一数量大约是 CP-5 反应堆的 4 倍。反应堆被命名为"大力鼠"，其灵感来源于这一设计的"小身材大肌肉"。虽然实验室拒绝了 CBS 电视台将反应堆用于"大力鼠"动画片的宣传，但电视台仍允许他们使用这一名字。[42]这对于电视台而言是幸运的，因为该方案最终做不到名副其实。

经过一年左右的工作，各实验室将各种反应堆设计依次送到原子能委员会面前。布鲁克海文实验室的计划第一个获得原子能委员会的认可，这也许是因为橡树岭和阿贡实验室已经拥有更新的研究性反应堆项目，也可能就像阿贡实验室的一位科学家所指出的："布鲁克海文国家实验室的反应堆似乎拥有最独特的功能，如果（委员会）要选一个反应堆项目，那就是它。"[43]与此同时，阿贡和橡树岭实验室运用手段抢占了有利位置，其中阿贡实验室一开始就位居首位，这显然也是因为橡树岭实验室已经有了较新的反应堆项目。[44]然而，原子能委员会的工作人员迅速遏制住了雄心勃勃的"大力鼠"，它的多功能设计使其标价高达6 500万美元。该提案在华盛顿缺乏拥护者：研究部没有资金支持这一先进的反应堆设计的发展，而反应堆开发部则拒绝资助这么一个被看作是研究设备的设计。与"大力鼠"设计者预期的相反，两个部门都没有收到潜在用户对"大力鼠"强力支持的声明。原子能委员会在1958年7月否决了"大力鼠"计划。[45]

阿贡实验室追悔莫及，但它并未认输。实验室收敛了自己的雄心壮志，但仍坚持自己的一贯路线。那个秋天，它回归了"紧缩模式"，虽然仍保留着"大力鼠"的设计和意图，但终止了一些更复杂的实验功能，比如角度光束孔和低温，并停止给访问者提供实验室和办公室场所。它假定"实验工作人员大部分都是阿贡国家实验室的员工"。因此，阿贡实验室放弃了国家实验室的原则，将开支缩减至2 600万美元。[46]这个新的提案成功地唤醒了（美国）对苏联的恐惧："这种反应堆看起来很有可能会被建在其他地方，很可能是苏联……如果它们不是被建在这里，不是在阿贡，甚至不是在美国，（美国）可能会在这个迄今为止一直领先全球的科学领域里落后"。[47]

与此同时，橡树岭实验室继续支持自己的同位素生产反应堆项目。两个实验室的代表于1958年11月抵达华盛顿，和原子能委员会的工作人员会面并尝试达成共识。该会议会取得何种成果完全取决于观察员。研究部的约翰·威廉姆斯汇报说，各方都同意进行专业化："反应堆设计的重点应当是，针对某一特定的研究领域设计一个最适合的反应堆，而不是一个可以满足所有需求的反应堆。"因此，威廉姆斯推断说，原子能委员会可能会支持一个给化学家的通量阱反应堆和一个给物理学家的束孔反应堆项目，而不是一个试着合并两者功能的反应堆项目。根据威廉姆斯所说，参与人员鉴于橡树岭实验室在同位素生产和研究领域的研究传统，"一致同意"它来为化学家建造同位素生产器。阿贡实验室则会为了未来考虑，开发一个物理反应堆的方案。[48]

然而，阿贡的莱昂纳德·林克（Leonard Link）认为橡树岭建造同位素生产器只是一个"初步决定"。[49] 由于原子能委员会似乎把同位素反应堆视为最优先任务，阿贡实验室的职员争论道，比起橡树岭实验室，他们的实验室可以提供一个和橡树岭一样，甚至更好的条件，橡树岭在同位素生产领域的经验还没发展到元素周期表上的钚元素之后。[50] 林克揣酌着，阿贡是否要为了一个同位素生产器（不管它有没有束孔）对橡树岭实验室发起挑战，并进入"一个为了得到原子能委员会的支持而惨烈竞争的境地"。[51] 但阿贡实验室的工作人员倾向于多功能性，并质疑威廉姆斯专业化的前提是什么。阿贡化学部的带头人温斯顿·曼宁（Winston Manning）认为，化学家和物理学家所用的两种反应堆之间并不是全然"分割的"——"如果只需要增加一点点的成本就能在一个高通量反应堆里增加几个束孔，那不去建造（束孔）似乎是件不幸的事。"[52]

就在阿贡实验室抗议之时，橡树岭实验室已经开始在它的设计中增加束孔。曼宁和阿贡实验室的其他人预测了这个设计的可行性和应用潜力。"第二个反应堆会比第一个更难找出建设理由，特别是如果第一个反应堆中有一些束孔设备的话"。[53] 因此，阿贡实验室试图"进行所有能让两个反应堆维持不同的尝试。如果能成功，那么它就能除去两个实验室的'竞争'，并能维持两个独立系统的特性，每个设计都将满足两个机构的要求"。[54] 然而，橡树岭实验室成功地将束流管置于通量阱反应堆上运行，并说服威廉姆斯允许他们添加束流管。[55]

尽管阿贡明显违反了协议，但威廉姆斯仍试图去兑现其承诺，给阿贡一个反应堆项目。橡树岭的同位素反应堆项目在 1961 年进入了原子能委员会的预算计划，阿贡的提案在 1962 年紧随其后。[56] 威廉姆斯曾要求阿贡实验室提供一些"实验室以外的物理学家"对高通量反应堆怀抱"热情的证据"，因此阿贡实验室努力争取一些中西部大学科学家的支持。这些"营销活动中收集到的推荐信"得到了不温不火的支持。[57] 原子能委员会从 1962 年到 1963 年的预算中忽视了这个提案。阿贡的管理者对国会联合委员会进行游说，后者中包括两个来自伊利诺伊州的成员，然后成功地提交了一条新的苏联反应堆的相关信息；这一举措非常有用，委员会将这个反应堆项目加入 1964 年的预算中。[58] 但是，技术问题和成本超支困扰着这个项目，4 年后，联合委员会站到了预算局一边，取消了对该项目的预算授权。布鲁克海文和橡树岭实验室的反应堆在 1965 年已达到了临界。阿贡实验室只有一个留在地上的深坑，来展示着它过去 12 年的工作。[59]

"大力鼠"的传奇及其阿贡实验室的继承者们，强调了国家实验室发展中的两个主流趋势——用户友好性和专业化。阿贡的提案在两个方面都未达到要求。布鲁克海文最初的研究性反应堆已为许多来自工业和军事实验室的访问者提供了中子束，而且，它承诺新反应堆会改善这一服务。橡树岭的高通量同位素反应堆得到了来自外部组织的兴趣和支持——伯克利的格伦·西博格手下的超钚化学家，尽管他们本身也是来自国家实验室体系内的。相对地，阿贡承认从 1958 年起，确实在鼓吹它的反应堆只服务于阿贡的工作人员。阿贡的方案再一次说明了它对外来用户的忽视。原子能委员会问，"大力鼠"反应堆"能不能解决中西部大学研究协会（MURA）的问题？？！！！"[60] "大力鼠"的设计者称这是"一个为全国服务的、而不是'阿贡专用'的机器"，并以此来推脱原子能委员会提出的需求。项目被取消之后，他们才尝到了"把自己划在这个所谓的'国家'范围里的苦果。我们无忧无虑地动用所有的设备和金钱"。[61]但一本来自阿贡内部的备忘录上记载着阿贡员工可能使用了 50% ～ 75% 的"大力鼠"项目设施；而且最初的方案也承认了："尽管阿贡宣称不会是反应堆的唯一使用者，但是主要的使用者。"[62]"大力鼠"很难解决 MURA 的问题或者作为一个合格的"国家的"设备。阿贡以后的提案甚至不会再这么做了。

从实验室体系的外部来看，"国家"实验室的概念曾经意味着区域性实验室：为附近机构的访问学者提供一个设施。阿贡与 MURA 的争议源于这个定义。但是，专业化意味着"国家"这个词含义上的转变。之前在阿贡实验室的研究性反应堆——CP-5、布鲁克海文的石墨研究性反应堆和橡树岭的研究性反应堆，都是通用的，这些反应堆在实际应用或是在设计上，都适用于各种组织机构。20 世纪 50 年代后期，新一代的研究性反应堆进行了专业化，以满足特殊的需求。反应堆的名称也反映了这种变化：从布鲁克海文和橡树岭早期的"研究性反应堆"到高通量束反应堆与高通量同位素反应堆，一个反应堆是提供给物理学家的，另一个则是给化学家的。阿贡实验室将一系列的提案统称为"阿贡先进研究性反应堆"，并试图以此去取悦所有人，但最终失败了。阿贡实验室没有紧跟美国特殊的时代潮流，即单一用途的设备，这是专业化结果。如果国家实验室没有复制体系内其他实验室的设施，那么每台设备将不仅仅被用于服务一个区域，更要服务整个国家。

多 元 化

1952 年 6 月，在国家处于紧急状况以及核武器综合设施快速扩张之时，原子能委员会主席戈登·迪安起草了一份预测未来的备忘录。原子能委员会的生产设备肯定能在 20 世纪 60 年代初就生产出数量充足的核武器库存。"这对于现在被委员会以公共资金资助的国家实验室意味着什么呢？……假设我们处在今天这样一个位置，淡然地对实验室主任们说美国将会在 1964 年武器库存过多以至于会停止原子武器的建造。"他们会怎么回应呢？政府可能会继续支持国家实验室的研究，但洛斯阿拉莫斯将会是个例外："武器研究实验室在这个时候是不是一定会走向衰败呢？"[63] 迪安并不是唯一在思考这个问题的人。实验室的科学家也时刻关注着未来的风云变幻，这能帮助他们在不断变化的环境中存活并茁壮成长。

他们通过多元化做到了这一点。武器实验室的核导弹和核聚变项目、布鲁克海文的动力反应堆项目和橡树岭的聚变项目，这些都表明了这个由竞争带来的额外后果。国家实验室对多项目的追求使得它们多元化，竞争精神也鼓励它们这样做。如同我们所描述的这些例子，国家实验室间的多元化也会并行发生。原子能委员会曾经定义自己的任务包括对某几个领域提供支持，而这几个领域是所有实验室都能自由进入的。因此，布鲁克海文和洛斯阿拉莫斯开始进行动力反应堆研究，而洛斯阿拉莫斯、橡树岭和阿贡开始了加速器项目竞赛。但这些实验室并不会将自己局限于获批项目。当外部改变的环境威胁到了它们最初的使命，即无限扩张的库存、放射性粉尘和武器项目中禁止核试验，国家实验室也找到了一个新的发展方向——核电工业反应堆的发展。环境限制了各实验室，但它们从同种环境中发现了机遇。

并行发生的多元化

1954 年，"城堡"系列中的"刺客"试验标志着建造氢弹这个紧急计划的结束，对武器实验室来说也是一个不确定的新阶段的开端。氢弹项目曾使洛斯阿拉莫斯达到自身的极限，因而促生了利弗莫尔实验室以分担部分任务。当时的情况并不允许再获得额外的项目。1953 年，当斯特劳斯尝试去扩展舍伍德项目时，他了解到："因为该项目与武器项目之间的关系，布拉德伯里博士和约克博士都不希望受控热核反应堆项目继续扩张下去。"[64]

"城堡"核试验中"刺客"行动的放射性粉尘和影响，使武器实验室开始明白迪安两年前就悟出并写在墙上的话。1954年末，原子能委员会针对禁止核能测试的言论提出了一项异议，该异议就是对武器实验室产生了一定影响。[65]接下来的一年中，洛斯阿拉莫斯的布拉德伯里指出了该实验室的未来方向。他预测，在未来5到10年间，"所有人最终会得到所有他们想得到的武器种类。"不会再有如同氢弹这样的重大进展，武器研究将会转为对现有武器的调整和修补。"基于这个预测，也因为实验室必须给员工一个清晰的、现实的且激动人心的未来，如果现在员工们要在武器上保持或更努力地研究，我们必须在反应堆领域、核动力推进领域、舍伍德计划涉及的领域和基础研究上拓宽我们的兴趣并为之努力"。[66]

之前，武器实验室主任和项目经理早前还反对转移到舍伍德项目上，现在他们都认为这个新项目可以帮助他们。员工支持探测器项目的文件指出，虽然员工可能与其他反应堆项目存在竞争，但"最后，核动力火箭推进器项目可能通过吸引人才至实验室，来使武器项目获益。"[67]1956年—1958年间，如何让科学家们继续专心地在武器实验室工作的问题困扰了当时正在考虑禁止核试验的特别顾问小组。1958年10月，当禁止核试验禁令开始生效时，科学家们参加了总咨询委员会在周末举行的会议。[68]原子能委员会问总咨询委员会："在禁止核试验的期间，什么领域的研究和发展能让武器实验室感兴趣？如果禁令解除了，什么能让他们继续为武器研究发展保持昂扬的斗志和高效率？"总咨询委员会建议扩展"探测器"、"冥王星"和舍伍德项目，发展小型可携带的反应堆，然后在材料问题上进行更为基础的研究，这些都可能帮助这些反应堆计划实验室和橡树岭飞行器反应堆计划。因为原子能委员会已开始并一直在支持上述所有项目，所以，总咨询委员会可以得出这样的结论，"实验室不会因为禁止核试验而在工作上不知所措。"[69]

因此，核试验禁令促使舍伍德（已由 1958 年的日内瓦会议推进）、"探测器"和"冥王星"项目的扩张。附加后两个项目的理由早在一年前就已显而易见。由于苏联的"伴侣号"人造卫星给美国公众带来的恐慌，原子能委员会需要一个飞行器核动力推进器的紧急计划，而且特别扩大了探测器项目的规模。[70]缩减"探测器"和"冥王星"人力并省下项目经费的计划最终由于"伴侣号"并未实施。相反，两个项目的运行经费从 1957 年到 1960 年翻了 3 倍，然后在接下去的 3 年中又翻了一倍。联合委员会，特别是来自新墨西哥州的参议员克林顿·安德森将该项目誉为让原子能委员会和联合委员会进入太空项目的途径。正如布拉德伯里所言，"如果天上在下钱雨，你不会说'不，我不想要'……你会一言不发地拿出你的水桶。"[71]

"探测器"项目也间接地帮助洛斯阿拉莫斯实验室进入了核反应堆研究领域。由于 20 世纪 50 年代早期，生产总量增大，原子能委员会是当时美国最大的电力消费者（大概消耗了 1957 年生产的电力总和的 12%）。[72]国家实验室消耗着他们分到的电力：加速器、真空泵和循环反应燃料和冷却液，更多的能源需求就要征用当地电网了。1956 年，因为"探测器"子项目中的电加热试验和规划中的加速器带来的额外负担，反应堆开发部规划给洛斯阿拉莫斯提供 30 兆瓦功率的电量。反应堆开发部答应给实验室资助一个尚在试验阶段的核反应堆项目来提供电能。[73]洛斯阿拉莫斯在战时已经建造了一系列研究性反应堆，并开展了一些重要实验，最近则开始进行若干关于核反应堆的小实验。洛斯阿拉莫斯接到新的指示开展的熔融钚反应堆实验（LAMPRE）项目，到 1961 年 4 月时已经运转到关键时刻。LAMPRE 是一个使用熔融燃料快速增殖的反应堆，它从阿贡和橡树岭项目中借鉴了一些要素，但不同的是它使用的是液态钚。布拉德伯里宣称，洛斯阿拉莫斯是"这个领域中对钚最了解的实验室"。[74]

同样地，"冥王星"项目使利弗莫尔实验室进入动力反应堆发展领域。一份撰写于 1959 年的关于未来实验室项目的章程中，列出了"冥王星"项目的经验并提议建造一座小规模的原型用于民用供电。利弗莫尔小心地将其提议与阿贡、布鲁克海文以及橡树岭实验室现有的反应堆项目区分开来，"一项基本原则就是我们不希望竞争。因此我们想收缩我们在超高温、气冷反应堆等特殊领域的工作。"实验室的努力得到了回报，在 20 世纪 60 年代早期的几年中，它的一个关于电力反应堆的小项目得到批准。[75]

核试验禁令和聚变国际竞赛促进了核聚变和反应堆发展，加快了它们进入所谓的武器实验室项目中的速度。在 1957 财政年度预算中，洛斯阿拉莫斯和利弗莫尔实验室中的四分之一的项目皆与武器无关（表 4）。到 1961 年，把物理研究也列入考虑的话，洛斯阿拉莫斯只花了三分之一的工作量在武器项目上，而利弗莫尔则只是一半。[76]

武器实验室的多元化给总咨询委员会敲响了警钟，1960 年，一些总咨询委员会委员觉得洛斯阿拉莫斯在做核反应堆的事情。布拉德伯里不得不游说原子能委员会和总咨询委员会，让他们同意 LAMPRE 继续下去。接下去的一年，总咨询委员会担心利弗莫尔在禁令期的工作，尤其是洛斯阿拉莫斯已经失去了工作焦点并对万一禁令结束这种情况毫无准备。它建议"原子能委员会再次告诉洛斯阿拉莫斯和利弗莫尔，它们主要的任务是武器研究"。[77] 1961 年 9 月，苏联突然重新进行的试验让美国有点措手不及，但实验室可以从不同项目中分配科学家去从事武器工作。利弗莫尔快速从"冥王星"项目中抽调了 125 名科学家，舍伍德

表 4　洛斯阿拉莫斯与利弗莫尔实验室运行预算（1956—1963 财政年度，单位：百万美元）

		1956	1957	1958	1959	1960	1961	1962	1963
洛斯阿拉莫斯实验室	空间反应堆项目	2.8	5.9	7.9	12.2	13.4	20.3	27.3	29
	动力反应堆项目	1.5	2.2	3	3.2	5.5	5.9	5.7	7.3
	含伍德项目	1.1	1.8	2.3	3	3.3	2	1.9	2
	生物医药项目	0.8	0.9	0.9	1	0.9	1	1	1
	实验室总运营费	46.4	43.7	52	57.9	58.4	65.9	79.3	82.1
利弗莫尔实验室	空间反应堆项目	1.5	3.3	2.9	6.9	13.9	18.6	19.2	21.5
	动力反应堆项目	—	—	—	—	—	0.1	0.2	0.2
	含伍德项目	3.2	4.1	5.6	5.3	5.5	6.1	6.5	7
	实验室总运营费	22	29.7	38.3	48.8	66	75.5	100.5	103.7

来源："多项目实验室，运营成本总结"，1966 年 5 月（GM，5625/15）；含伍德 1960 年数据来源于《未来的角色》。

的 50 名科学家和来自"犁头"项目的 50 名科学家去从事武器设计，另外再聘用了 175 名新员工。短短几个月内，它在武器上的工作量增长了 40%，大部分来自于储备科学家。之前，在职员工开展了大部分的初期工作，然后在新人来接班之后回到了自己原先的项目组。在最初的核试验禁令恐慌过后，部分核禁止试验条约仍在继续协商，两个实验室都想方设法去扩张自己的非武器工作，甚至将其作为首要目标。几个洛斯阿拉莫斯的科学家同总咨询委员会说，实验室正在"失去其对武器研究的热情，他们更乐意见到实验室的主要目标是成为与西南部大学紧密联系的多功能实验室，就如同阿贡或者布鲁克海文的模式"。[78]

　　洛斯阿拉莫斯和利弗莫尔项目多样性的增加冲淡了它们武器实验室的身份。在新的形势下，人们更愿意将其视为反应堆实验室。到 1960 年，在反应堆工作量方面，利弗莫尔已接近阿贡，而洛斯阿拉莫斯已超越了阿贡。1962 年，洛斯阿拉莫斯已超过橡树岭，拥有了原子能委员会最大的反应堆项目（图 3）。好在差异能被一并消除。两个实

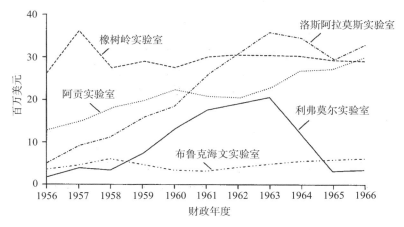

图 3　各实验室反应堆发展项目运营成本（1956—1966 财政年度）
来源：实验主任会议材料，1966 年 5 月（GM，5625/15）。

验室多种多样的项目使其容易获得国家实验室的证书和头衔，而且，洛斯阿拉莫斯和利弗莫尔并不是那时期内唯一进行多元化的实验室。

洛斯阿拉莫斯和利弗莫尔进入电力核反应堆发展领域的行为，掩盖了国家实验室未来长期的反应堆工作中的不确定性。1954 年，"和平利用原子能"计划与《原子能法》的修订旨在推动原子能的快速发展及其与电力设施的结合。如同洛斯阿拉莫斯和利弗莫尔一样，反应堆实验室被自己的成功所累：反应堆从研究转到了开发和建设阶段。1954 年，原子能委员会同意在宾夕法尼亚的平港建造第一座商用核电站，基于阿贡为海军推进器设计的压水反应堆。一些新的工业公司正在加入西屋电气和通用电气的反应堆业务中，其中一些公司来自航空业。[79]

温伯格指出了这一趋势并提出疑问，即当主要的反应堆问题被解决时，国家实验室会如何？他还针对预测，这一问题将会在 20 年内发生。他预测到国家实验室有两种选择："它们可以不急不缓、很从容地只关心一些核能方面最基础的研究；或者……去探究一些与核能不太相关，但与我们在生物学和地理学上生存相关的最基础的问题。"温伯格倾向于后者。"我有理由认为基础研究会逐渐多样化，并认为那些基础框架原先都是核能的实验室，可能在一代人之后，就会有许多其他相关的研究工作，譬如光合作用或者癌症研究。"[80]

温伯格并未注意到橡树岭和其他实验室已经在进行光合作用和癌症的相关研究。如同武器实验室一样，橡树岭和阿贡发现进入一些原子能委员会已经确定会资助的领域是最简单的。因此，两个实验室抢着进入核聚变领域，阿贡在 50 年代后期开展了一个每年经费有 10 万—20 万美元的项目，这笔费用相对于橡树岭为应对 1958 年日内瓦会议的紧急项目来说微不足道。[81]阿贡也抢到了大量资金，一些是"探测器"项目的，还有一个是关于离心力的紧急项目。1962 年，阿贡提出了一个气冷的、陶瓷－金属燃料的火箭反应堆，作为洛斯阿拉莫斯设计的一个备用选项，该装置得到了原子能委员会每年 300 万美元的支持，并资助到 1966 年。[82]

　　阿贡和橡树岭也涉足了伯克利和布鲁克海文实验室的主要研究领域。强聚焦原理的发现和发展促使其他实验室重新思考高能量加速器的研究。阿贡已将其在 1953 年初的设计升级成一个固定场的、交变梯度的机器方案，该机器第二阶段的目标是达到 250 亿电子伏，强度是布鲁克海文 AGS 的 100 倍。尽管最终获批的能量为 120 亿电子伏，已经是伯克利从质子加速器中所获能量的两倍，但阿贡只是勉强接受了这一等级的加速器——它只是为在高能量领域尽快打败苏联而建。正如武器实验室，多元化已经威胁到它的最主要任务。在为阿贡实验室协调加速器时，原子能委员会也强调，反应堆始终是实验室的首要任务。[83]

　　同样地，橡树岭实验室在高能物理领域取得了一席之地。1953 年，温伯格任命了一个委员会去考虑"橡树岭国家实验室在未来 10 年内可能会做的物理研究"的问题，特别是该不该包括高能物理。委员会支持进行一个在实验室核电子研究部名下运行的设计项目。[84] 1956 年初，威尔顿（T. A. Welton）已设计了一个基于扇形聚焦这一新想法的回旋加速器，这个加速器的原理是汤姆斯（L. H. Thomas）在 1938 年就提出的，目的是解决加速粒子能量相对论限制问题。汤姆斯的设计中，它随半径的增大而增大，这样会使更快更重的粒子在更大的轨道中发生弯曲，但同时让连续的饼状回旋加速器在强场和弱场之间交替，使粒子保持在平面轨道上。伯克利实验室已经在 MTA 项目中的一个小型回旋加速器模型中验证了这一原理，而阿贡实验室的竞争者——MURA 麾下的中西部科学家，则将这一原理同强聚焦结合起来。[85] 1956 年 3 月，当橡树岭实验室向原子能委员会推销饼型回旋加速器时，威尔顿已同 MURA 项目组合作，设计了一个用螺旋而不是饼型的扇形回旋加速器。[86]

　　扇形聚焦回旋加速器提供了一个可与同步回旋加速器、质子回旋加速器相并列的可选择路径，该加速器可以通过改变电场频率来达到同样的结果。扇形聚焦回旋加速器的固定频率允许连续操作，因此相比于脉冲机器（如直线加速器和回旋加速器）来说强度更高。阿贡最早关于 250 亿电子伏功率的机器提案和威尔顿提供给橡树岭的设计，都使用了固定电场以达到高强度条件，因此不同于伯克利和布鲁克海文的加速器设计和实验目的。高强度机器给予了统计上的高精确性，因此可应用于电子逻辑计数器，而低强度机器则依靠来自于云室、气泡室的照片或者核乳胶来发现罕见的"金色事件"。冷战政策迅速压倒了阿贡的差异化设计，并迫使实验室建一个与布鲁克海文 AGS 相似的装置。但是一年后，当针对杜布纳（苏联的实验室）的最初行动被搁置后，一个来自国家自然科学基金的评审组将强度列为除了高能量之外的另一个非常有价值的目标。原子能委员会修改了原先的提案，允许阿贡去建造一个高强度、低聚焦的装置。[87]

　　橡树岭实验室的设计也在往几个方向展开。威尔顿的回旋加速器目标是加速到 10 亿—20 亿电子伏，这个数值并不能保证一定会在 18 亿电子伏（K 介子的阈能）时产生 K 介子。温伯格和威尔顿继续推进研究，两人就加速器能否在低于 10 亿电子伏时仍能产生 π 介子这一问题互相争论。最近汉斯·贝特认为在结合能区 π 介子可能比 K 介子是更为重要的介子，而"橡树岭国家实验室的主要任务是在结合能核物理学领域"。温伯格和威尔顿也同时强调说，橡树岭实验室应该"在最先进的物理学领域中维持部分积极的研究"，而一个加速器项目并不会将他们的工作重心从反应堆或其他应用项目上转走。总咨询委员会支持他们的计划，但原子能委员会关注的仍是阿贡和 MURA 的加速器提案。[88]

　　与此同时，另一个小组批评了国家实验室中庸的、任务导向性的研究方法。与阿贡不同的是，橡树岭实验室从当地的大学中得到支持，但是大学的科学家们的首要目标可能与实验室的不同。橡树岭核研究所的成员一起组建了一个联合加速器委员会，核研究所是一个旨在充分利用实验室设施的南方大学联盟。该机构的理论科学家拒绝了威尔顿关于研究回旋加速器的提议，并坚持认为实验室应当把目标放在"至少"80 亿电子伏的高强度，以便研究伯克利质子回旋加速器最近生成的稀有反核子。实验室同意去调查该方案的可行性，并派科学家去咨询布鲁克海文、伯克利和 MURA 的加速器设计师。但是，橡树岭的科学家也在寻找如何满足标准的方法，在"橡树岭国家实验室以及很可能是在原子能委员会的管理下……我们应该想出一个独特的方案"。[89]

　　1957 年 5 月，橡树岭实验室将给它的改良方案递交给原子能委员会。它将一个螺旋成脊的扇形聚焦回旋加速器在 900 兆电子伏时，注入一个强聚焦同步加速器中，以此达到 80 亿电子伏这个"迄今为止世界上最高"的强度。[90] 该设计试图让所有人满意，然而它失败了。尽管温伯格和威尔顿早先也承认了，橡树岭"并不一定有必要去冲击 200 亿电子伏"，但实验室在南方学术科学家的坚持下，发现自己正在向 120 亿电子伏推进。[91] 伯克利的物理学家们坚守着自己的领地，以及他们高能量而不是高强度的"教条"。路易斯·阿尔瓦雷茨建造了一个猛犸象气泡室来捕捉罕见的高能量事件，还发了一个纲领性的声明——"高强度是不重要的"。[92] 原子能委员会面对这 2 000 万—2 500 万美元的提案犹豫不决起来，他们在布鲁克海文和阿贡的加速器上已经花费良多，MURA 小组也还在嗷嗷待哺中，一些大学里正在进行小项目，他们又刚收到斯坦福直线加速器提案价值 7 800 万美元的预估成本。

　　也许是为了让预算官员更满意自己的提案，橡树岭将回旋加速器注入器作为重点，并暗示高能部分可以作为第二阶段留待将来建设。

换言之，橡树岭实验室回到了其最初的计划，即更加紧扣任务，并将束流注入这个技术难题搁置一边。当地的科学家们随后提醒橡树岭实验室，两个阶段是"不可分割的"，而总咨询委员会则认为该提案"仍是反映了小部分仪器制造者的热情，而不是去满足科学团体的需求"。[93]只有总咨询委员会对该提案给予了冷淡的支持，因此，原子能委员会否决了整个计划。[94]

与此同时，为了不被排除在外，洛斯阿拉莫斯和利弗莫尔也开始开展高能物理项目。利弗莫尔推迟了在伯克利实验室建造主实验室的计划，而且不打算自己构建新的加速器，它使用 MTA 剩余的设施维持了一个小型高能项目。[95] 1955 年 10 月，洛斯阿拉莫斯的两位物理学家阿戈（H. V. Argo）和里伯（F. L. Ribe），起草了一个关于螺旋脊扇形聚焦回旋加速器的计划来实现 20 亿电子伏的能量指标，他们认为使用大半径的频率调节器可以保持光束聚焦，达拉赫·纳格尔（Darragh Nagle）建议使用几个叠加的射频场，不仅能增加固定场装置的强度，还能提高发射装置的负载比。[96] 然而，除了这些变化外，该计划只是模仿了威尔顿在橡树岭设计的装置。洛斯阿拉莫斯科学家承认模仿了后者的一些设计特征，但辩解道，创新不是问题的关键："对我们来说，一个高能研究设备不管怎么设计，只有建成才有意义。"[97] 和橡树岭一样，洛斯阿拉莫斯很快就将目标定得更高，开始设计一个预计将花费 1 500 万美元的 120 亿电子伏质子回旋加速器。[98] 重复的设计不会讨原子能委员会喜欢，尽管布拉德伯里恳求斯特劳斯不要在加速器竞赛中忽视洛斯阿拉莫斯，但洛斯阿拉莫斯的计划并未能实施到那一步。[99]

1956 年夏天，乐观的纳格尔正在考察实验室中哪里可以建造一个加速器。[100] 但不是所有洛斯阿拉莫斯的人都想要进入加速器的热潮中。一些物理学家认为他们实验室起步太晚，"整个关于新粒子项目上的'所有的奶油都被撇去了'，剩下的都是些难啃的部分，人们对这个方向的热情将只是一时的兴趣。"一个加速器项目将会从舍伍德和其他项目中抽调科学家。物理部的主席凯洛格倾向于"全力开展舍伍德项目"；"我们已有了舍伍德，为什么还要在加速器计划上浪费时间呢？"一个新的加速器项目将会"缓慢地"加重住房短缺情况。而加速器项目的支持者则承认，（加速器在）"目前武器项目中是优先级最高的……在某些其他项目中是优先级较高的。"他们承认，一个加速器项目将会"与其他次级项目竞争人力、预财力和空间"。[101] 但是，如同他们在橡树岭的同事一样，当加速器浪潮来临之时，他们也不想错过。在未来5—10年内，高能物理学将会是"最高产和最有魅力的研究"，而且会得到很好的支持："在未来几年中，大量政府基金一定会花费在建设加速器上，其中一些将直接用于保护现存于洛斯阿拉莫斯的政府额外资产。"[102]

艾森豪威尔于 1958 年 8 月 22 日宣布，美国将于当年 10 月 31 日停止核试验，在之后的一年，如何让科学家继续保持火力全开这一问题变得愈发迫切。在消息公布不到一周之内，洛斯阿拉莫斯的物理学家就重新启动了一个建造加速器的计划："现在这一事情的转折意味着几十亿电子伏大功率机器的主题将会重新热门起来。"[103] 他们认为核物理研究吸引了一些科学家来到了实验室，随后对项目提供了帮助。"但是，如果直接以他们现在研究的项目来说，其中很多人现在就可能不会被聘用了。"时代的潮流已经告诉我们："低能核物理学将不会再像以前那样成为最吸引人的领域了。"替代它的将会是什么呢？"现在，最吸引人的领域就是高能物理学和基本粒子物理学。"[104] 如果没有一台加速器，"许多对核物理和亚原子核物理学领域有兴趣的人很有可能会感到灰心而离开。"为了增加被认可的概率，实验室可能需要来自当地大学的资助，如同橡树岭曾经做过的那样："能否让部分洛斯阿拉莫斯的实验室成为'国家实验室',这可能会解决部分问题,无论是部分经费还是其他别的什么。"[105]

在洛斯阿拉莫斯建造一个加速器的争论可以提炼为一个本质想法,即"因为这里的人们想要一个"。[106]但是,原子能委员会需要更强有力的理由。如果仅仅是为了在禁令时期帮助维持武器实验室,原子能委员会的成员和总咨询委员会不会在这么多可选择项目中考虑加速器项目。[107]原子能委员会之所以会拒绝接受洛斯阿拉莫斯和橡树岭的加速器项目,并不是因为任何限制加速器项目的官方政策。其他地方的装置多元化(如阿贡的),就与这些政策不符,但仍获得了原本可能用于装置多元化进一步研发的资金。

因此,原子能委员会对橡树岭和洛斯阿拉莫斯的高能项目泼了冷水,但这并未浇灭他们的热情。实验室科学家们再次表示他们不会接受这个坏消息,而且两个实验室关于新装置提案的成稿速度,已经快过原子能委员会拒绝他们的速度。1959年,在原子能委员会拒绝其提案短短几个月后,橡树岭科学家在回到他们之前原来打算建造的用于π介子物理学研究的850兆电子伏回旋加速器之前,就考虑了能否在当地大学中建造按比例缩小的布鲁克海文AGS装置,以期达到120亿电子伏。[108]洛斯阿拉莫斯回到了之前关于产生π介子的直线加速器计划,在1毫安强度下达到800兆电子伏。[109]

两个实验室都小心翼翼地用自身现有的传统优势来调整未来计划。橡树岭将其回旋加速器项目定位为:"对核结构兴趣的自然拓展而不是进入高能物理领域的科学探索。"同时,洛斯阿拉莫斯将自己直线加速器的研究目的放在"核物理上,用于同高能物理进行区分"。[110]这些诡辩都建立在"高能"的定义上,这个定义到60年代中期已不是它10年前的意思了。[111]依赖于不断模糊的国家实验室的分类定义,原来任务不断缩减的前武器实验室和核反应堆实验室得以稍作休息,并进入加速器行业。

　　伯克利和布鲁克海文是加速器浪潮中的贵宾，其他实验室觊觎着他们现在的位置。因此，他们也在其他领域寻找一些能够突破的任务。聚变提供了一个机会。伯克利为了支持利弗莫尔的工作一直维持着小型聚变项目，该项目的预算从 1957 年到 1959 年翻了一番，成为一个 100 万美元的项目。[112] 在布鲁克海文，1958 年期间，霍沃思倾向于让实验室去探索核聚变的小规模理论工作，而不是大规模的仪器建造项目。联合大学公司理事同意了该提议，但力劝实验室的长远计划中一定要包括聚变工作。[113]

　　核聚变项目不会在布鲁克海文得到太多支持，但这并不是因为实验室拒绝去建造大型设备。尽管霍沃思和其他主管对反应堆项目始终抱有疑虑，但它还是发展到了全盛期。在研究性反应堆项目建设完成之后，布鲁克海文的冶金学家和化学工程师开始寻找核反应堆的液态金属燃料和增殖反应堆覆盖层。他们很快设计了一个用熔融铀-233 和铋合金流过穿孔的石墨柱，外面覆盖一层钍，通过中子捕捉产生更多的铀-233。霍沃思强调，该项目并未重复其他实验室的反应堆工作。原子能委员会的研究部支持前期的化学和冶金工作，但当实验室工程师实现了他们的设计后，反应堆开发部接管了之后的工作。[114] 布鲁克海文的液态金属燃料反应堆（LMFR）在 1955 年一年就花费了 110 万美元，大约是整个实验室总经费的 10%。1955 年，实验室和原子能委员会反应堆组的人员加快了该项工作的步伐；在花费最多的 1958 年，整个项目用了 420 万美元，占整个实验室项目经费的四分之一。虽然原子能委员会在下一年取消了这个项目，布鲁克海文仍一直继续开展反应堆研究，到 60 年代中期已恢复到之前的巅峰状态，并在火箭推进领域增加了一个小的项目。[115]

　　布鲁克海文的 LMFR 项目展示了实验室科学家在实验室管理人员抵制的情况下，仍然可以通过多种多样的实验途径进入实验室项目之外研究领域的能力。在这个例子中，一个国家实验室内部对基础研究的支持，促进了原子能委员会支持项目活动的多元化。阿贡、橡树岭和洛斯阿拉莫斯对加速器的追求，表明了多元化也可能从反方向产生，即从项目发展到基础研究产生多元化。这些方向，包括反应堆和加速器，都仍在原子能委员会的任务之内。不过，实验室也会进入新的领域并检测其可接受任务的界限。

分歧导致的多元化

国家实验室开展基础研究的主要目的，分为两类：一类是为了继续发掘可能会在原子能应用领域工作的科学家，一类是支持国家实验室为访问科学家提供的设施。两类都支持多元化。对于第一类目的，霍沃思指出，"那是不可能的，而且事实上，僵硬地疏导一流科学家的想法是不对的。"因此，国家实验室的"关注点一定程度上限制在了'原子能'上，但他们的兴趣会根据需求而诞生，并且发展到更广阔的领域中去"。对于第二类目的，他建议："鉴于布鲁克海文的项目都是与他人合作的，去维持一个广泛的、多元化的基础"用于服务"潜在访问者的不同兴趣"似乎很合适。[116]普适的基础研究帮助实验室科学家们应对原子能委员会的领域掌控，例如，进入天体物理学和分子生物学。就算原子能委员会接受的大型项目也可以从小项目开始，自主经费给了洛斯阿拉莫斯和橡树岭的核聚变研究最早的建设条件，而布鲁克海文的反应堆项目是以最基础的冶金和化学研究开始的。我仅列举了几个科学史中隐藏着的小科学项目的例子，但它们为多元化提供了重要的证据。

小科学项目仍需要在某些时候通过原子能委员会项目管理人的审核，因此通往新领域的最简单的途径是从已接受的任务开始。反应堆废料处理和放射性尘埃解放了生态学研究；放射性尘埃和反应堆排放的气体则维持了气象学研究；地下武器实验促进了地震学研究。如同布拉德伯里在洛斯阿拉莫斯解释自己策略时所说："你先把你的公众注意力主要放在所谓的武器研究工作上，然后你接着说：'我不能继续做这个了，除非我有一个大型的、活跃的基础研究项目，以及所有同核武器有关的领域。'那么，孩子，我一定能成功拓展到相关领域。"[117]以下一些例子说明了实验室科学家们是如何通过将自己的研究，从已接受实验项目延伸至新的领域。

计算机　国家实验室用于开拓新领域的工具之一就是电子计算机。原子能委员会的武器计划孕育了早期计算机的发展。战时机械台式计算机的计算力束缚了洛斯阿拉莫斯的科学家，因此他们求助于宾夕法尼亚大学的电子计算机——ENIAC（电子数字积分计算机）。ENIAC最早计划用于计算弹道表，但在 1945 年末被洛斯阿拉莫斯用于流体力学计算。战后的洛斯阿拉莫斯对电子计算机的需求促使原子能委员会去发展第二代电子计算机。普林斯顿高等研究院的约翰·冯·诺依曼对其进行了研究开发，洛斯阿拉莫斯的尼古拉斯·梅特罗波利斯（Nicholas Metropolis）也建造了一台相似计算机 MANIAC，这两台机器都在 1952 年的氢弹项目中进行了第一次计算测试。[118]

计算机对武器项目的重要性使得原子能委员会资助计算机工业的发展。冯·诺依曼在总咨询委员会和原子能委员会所发表的讲话中称，"高速计算机项目对原子能委员会的发展来说，与……高速粒子加速器项目一样重要。"原子能委员会给计算机工业提供了双重的人力和物力支持，而实验室的科学家发展技术，然后转给工业生产，最后再卖给实验室。1955 年，利弗莫尔从雷明顿·兰德（Remington Rand）公司购买了一台计算机——利弗莫尔自动化研究计算机（LARC），这是利弗莫尔的工程师帮忙研发的。类似的，洛斯阿拉莫斯从 IBM 购买的所谓 STRETCH 计算机，也是洛斯阿拉莫斯的科学家帮助设计的。IBM 和雷明顿·兰德的未来生产线都反映出与实验室科学家合作的革新发展。[119]

　　系统性促进了计算机的普及与功能多样化。利弗莫尔一开始就缺少计算机，于是将其员工送到洛斯阿拉莫斯去使用那里的 IBM701 计算机。利弗莫尔的访问者只能在半夜到第二天早上八点间使用计算机，这无疑激励了他们去获得自己的计算机。[120] 40 年代末，在武器项目的再次推动下，橡树岭实验室在阿尔斯通·豪斯霍尔德（Alston Householder）和卡斯伯特·赫德（Cuthbert Hurd）带领下开始实施了一个计算机项目——计算铀分离中气体扩散过程间的相互联系。[121] 阿贡的计算机项目全靠它的员工朱（J. C. Chu）（他曾经帮助建造 ENIAC）和唐纳德·弗兰德斯（Donald Flanders）（战时曾在洛斯阿拉莫斯组织过机械计算机项目）。朱和弗兰德斯为阿贡复制了冯·诺依曼的计算机设计，并将其称为 AVIDAC，然后与橡树岭小组合作开发了一个更强的版本——ORACLE。这个新计算机于 1953 年投入运行，阿贡和橡树岭的科学家将其用于反应堆运算中，但很快就发现了其他有趣的问题。橡树岭为了高能加速器的设计，用 ORACLE 去绘制粒子轨迹，阿贡的科学家则用 AVIDAC 去追踪基本粒子间的关系。ORACLE 被用于核聚变和保健物理工作，而 AVIDAC 则被用于放射生物学和固体物理学研究。[122]

　　国家实验室之所以要进行计算机研究，全是源于项目需要。但随着人们对计算机科学用途的深入了解，计算机逐渐成为研究的设备之一。菲利普·莫尔斯教授早先曾建议布鲁克海文实验室购买一台计算机，然而该建议并未引起实验室或原子能委员会"浓厚的兴趣"。[123] 而后，原子能委员会于 1952 年决定向雷明顿·兰德公司购买一台 UNIVAC，并将其置于东北部的某个地方，主要服务于普林斯顿的约翰·惠勒的氢弹工作。惠勒觉得一台计算机服务于一个大学有点大材小用，而布鲁克海文的理事觉得实验室可以为当地大学的科学家们提供一台计算机作为一个"独特的设备"，就像反应堆一样。原子能委员会注意到其他的国家实验室都有计算机，于是催促布鲁克海文接手 UNIVAC。然而，霍沃思再次汇报说，布鲁克海文的员工"对计算机不怎么感兴趣"，特别是最近这两年大部分时间将用于解决武器问题。原子能委员会只得放弃，并将 UNIVAC 送给了纽约大学。[124]

布鲁克海文将为它的冷漠付出代价。事实上，实验室的物理学家很快就发现，UNIVAC 除了在交变梯度回旋加速器的计算之外，其他方面也都非常有用，而原子能委员会更是在 1954 年用一张 45 000 美元的计算机机时账单震惊了布鲁克海文实验室。那一年，霍沃思汇报道："实验室对计算机工作的兴趣显著增加了。"在第一次考虑要购买商用计算机后，布鲁克海文打算像阿贡和橡树岭一样，开始在实验室系统中充分利用计算机专业知识。1956 年，它开始建造洛斯阿拉莫斯 MANIAC II 计算机的复制机。[125] 人们对计算机的兴趣来自于加速器项目和日益增加的反应堆工作，同时也来自于固体物理学家，他们尝试计算辐射伤害的多体问题和晶格中的中子散射。[126]

因项目需要，功能强大的计算机出现在国家实验室中，并鼓励实验室的科学家们使用它。实验室的管理人员也是一样：橡树岭实验室的管理者用 ORACLE 分析实验室薪酬、人员归类以及其他管理的复杂工作。[127] 在武器项目中，核试验禁令增加了用计算机模拟代替实际测试的需求，但也激励武器实验室去寻找一些除计算机原本目的之外的用途。乔治·伽莫夫（George Gamow）和梅特罗波利斯已将 MANIAC 应用于计算 DNA 序列产生的氨基酸，洛斯阿拉莫斯和利弗莫尔的科学家随后将他们的计算机用于加速器设计、基本粒子物理学、材料科学、天体力学和天体物理学。[128]

气象学　在核试验禁令时期，利弗莫尔从计算机中发现了一个机遇——气象学。为了武器设计上的多维流体动力学而发展起来的计算机及其代码，也能模拟复杂的气候模式。利弗莫尔实验室再次通过武器和反应堆项目进入气象学领域。洛斯阿拉莫斯和利弗莫尔的科学家，通过研究气候模式来预测核试验带来的放射性尘埃，并在"城堡"系列试验的"刺客"行动后的辐射争议期间继续其工作。[129] 阿贡、橡树岭和布鲁克海文，之前就已建造了气象站来帮助他们检测反应堆产生的排放物。[130] 1952 年，原子能委员会提高了允许的辐射量标准，因此观测的需求降低，但霍沃思拒绝关闭布鲁克海文的气象站。"气象学（尤其是微气象学）还远未到将其结束的时候。"实验室有合适的设备和人员，实验室所处的平坦地带可使气象站产生较好的结果，原子能委员会需要气象学来辅助武器测试和军事防御。联合大学公司的理事质疑了最后这个观点，他们认为气象学"不是很接近委员会的研究项目"，但无论如何还是支持了该项目，同时建议气象设施应该对外来人员开放并按成本收费。原子能委员会同意支持一个 8 到 10 人规模的科学家小组，每天三分之二的时间开展基础的气象学研究，剩下的时间进行日常的检测。[131] 阿贡虽然也保留了气象小组，但到 50 年代末，实验室担心它之前"忽视"了气象学；为了纠正其疏忽，它试图去建立自己的微气象学研究设施，由一个小风洞开始，之后再完成完整版本。"这个计划会有很高的花费，但可以预见这会受保障。"但原子能委员会否决了这个想法。[132]

国家实验室并不满足于仅仅是预测天气，他们也在寻求改变。在"伴侣号"引起席卷美国的科技热潮中，科学家们回答了一个古老的谚语："每个人都在谈论天气，但没有人对其做任何事。"核弹爆炸可能会影响天气，特别是原子能委员会开始在内华达试验基地开展核试验后，这一可能的影响在 50 年代初不断增加。1953 年，来自亚拉巴马州的国会议员乔治·安德鲁斯（George Andrews）在原子能委员会的经费听证会上问道，"你们在新墨西哥州（疑有误）进行的试验有没有可能与这些席卷国家西南部的飓风和西南部、东南部的雨水过多存在联系呢？"

原子能委员会否认了这一点，但除了气象局的一份报告，并没有明显的证据支持，该报告里并没有发现任何的核试验和天气之间的联系。[133]

　　然而，在 20 世纪 50 年代后期，科学家们有了相反的观点。特勒在利弗莫尔未来项目描述中吹嘘有可能进行"气候改造"。利弗莫尔的科学家考虑热核武器在大气中的爆炸会改变当地气候模式，即炸弹可能通过产生的高温而融化两极的冰，改变了大气压力系统，驱散了飓风中心或者将海洋中的水汽化上升，形成更多的降雨云（这个转化的水汽"可能用于清洁底层空气中的污染物"，很明显指的不是辐射性尘埃）。[134] 1961 年，阿贡的科学家改进他们原先采用机载核反应堆的计划，用"悬停式飞机或者气球中"将热量传给降雨云从而导致降雨。[135] 阿贡和利弗莫尔的计划说明二者极度自大，与建造横跨白令海峡或直布罗陀海峡的大坝来控制气候的想法相当。[136]

　　"犁头"项目　为了在探索核能同时保证它的和平使用，利弗莫尔对技术的热情在"犁头"项目中受到了官方认可。这项目也说明了人们想要以其他方式使用核能，尤其是使用核武器的意愿，当然，找到后者的替代用途更为困难。"犁头"二字源于圣经预言，斯特劳斯在他 1953 年的就职宣言中引道，"他们要将刀剑打成犁头。"特勒在 1960 年的《大众机械》中进行布道，传播项目团队的宗教热情，他写道："我们将创造奇迹。"[137]

　　1956 年 10 月，利弗莫尔的赫伯特·约克提议召开关于如何在和平时期使用核弹的会议，这就成为了"犁头"项目的起源。约克注意到，利弗莫尔、洛斯阿拉莫斯和桑迪亚的科学家已经在考虑以下几个可能性：发电、钚生产及挖掘开矿，包括从页岩层提取石油。尽管原子能委员会担心和平项目会分走国家实验室在武器研究上的精力，但仍支持在 1957 年 2 月召开保密大会，在这个会议上，与会者结论是未来研究的主题仍需更深入的研究。军事应用部同意每年用低于 10 万美元的金额支持一个小项目。雷尼尔核试验是一次地下试验，受其有趣的结果的激励，利弗莫尔快速应对，想要在 1959 年前将经费扩至 300 万美元。他们的计划引起了斯特劳斯和威拉得·利比专员的兴趣，原子能委员会同意这一经费增长，并将其命名为"犁头"项目。[138]

"犁头"项目就其演化过程而言有两个源头，"老鼠"（MICE）和"蝙蝠"（BATS）。最晚自 1955 年年中起，原子能委员会就在研究部授意下支持这两个项目；西奥多·泰勒（Theodore Taylor）是洛斯阿拉莫斯的武器设计专家，上述两个项目正是源于他的主意，即用核武器测试产生更多的氚和钚。举例来说，通过由环绕的氧化钍层捕获中子可以达到上述目的。"老鼠"项目研究的是地下测试，"蝙蝠"则是地上测试。阿贡和橡树岭在化学工程和武器材料生产方面有着长期的经验，它们在这些项目中代表了国家实验室；1955 年 9 月，阿贡出资赞助了一个关于"老鼠"项目中化学问题的会议，而橡树岭实验室则扮演了一个更重要的角色。直到 1958 年，原子能委员会在"老鼠"项目上每年花费 20 万美元，这笔资金约一半进了美国地质考察部的口袋，用于现场研究（合适的环境介质包括淡水和盐丘，淡水就如深湖或格林兰冰冠），不足四分之一的资金进了橡树岭实验室。原子能委员会计划于 1958 年秋天测试泰勒的主意。[139]

约克在他最初的方案中引用了"老鼠"和"蝙蝠"项目，而这两个项目为在利弗莫尔召开的会议提供了讨论基础。"老鼠"项目继续与"犁头"项目一起并行开展，但两者分处不同的实验室、不同的原子能委员会员工部门。直到 1958 年，这两个项目才融合：原子能委员会正计划着于 1959 年春天在盐丘进行第二次"老鼠"项目测试，此次也将测试爆炸中水变成蒸汽可能产生多少电能。100 万吨的炸弹可能使一家 300 兆瓦的发电厂运行几个月（如果蒸汽管道能承受住炸弹的震荡的话）；计算成本为 5 密尔 /（千瓦·时）或 6 密尔 /（千瓦·时），高于传统发电厂的 3 密

尔 /（千瓦·时），但比西平波特第一家核能发电站的 8 密尔 /（千瓦·时）
低（1 密尔 =0.001 美元）。"犁头"项目因核能生产这一目的进入了大众
的视野，该项目最初仅作为一个"老鼠"项目，而后变成一个双目的测
试。[140] 然而，核禁令推迟了原先建议进行的测试，并威胁到了"老鼠"、
"蝙蝠"和"犁头"项目的生存。原子能委员会和特勒将这个现象翻转
过来："犁头"项目的潜能使禁令失效了。[141] 利弗莫尔实验室科学家对
"犁头"项目充满热情，认为项目的潜能被低估了，但这不能克服禁令背
后地缘政治的势头，尽管禁令同时也促进了"犁头"项目的相关研究（如
果不是现场试验的话），它使闲置的武器科学家们有事可做。[142]

约克最初建议了几个核爆炸可能的应用方式。第一种是核能发电，
与传统核能发电厂相比，电能生产成本高，而且防止发电厂受冲击波
影响有一定困难性，这些原因阻止了第一种应用。第二个应用是武器
原料的生产，这与和平应用并不完全相符。那就只剩下挖掘、采矿、
石油提取这条有前景的途径值得探索了。战后美国对石油的依赖度越
来越高，这刺激了国内能源资源独立的发展（这与推动核能发展的冲
动相类似），这些发展工作包括了 20 世纪 40 年代后期从页岩中提取石
油的努力。在科罗拉多州和犹他州的落基山脉西坡，有着丰富的存储
着原油的页岩层，通过粉碎和加热岩石，比如说一次核爆炸，就能释
放原油。直到 20 世纪 50 年代，低价的进口石油使得通过核爆炸生产
汽油的方法太过昂贵且低效；20 世纪 70 年代的能源危机使得这一系列
想法再次冒头，之前"犁头"项目主要专注于天然气井的开发。[143] 尽
管军事应用部用一个无意的比喻——"蘑菇"，描述期望中大量出现的
来自石油行业的需求，但石油企业并未出现这一情况。[144]

而"犁头"项目的科学家应该注意到了总咨询委员会的建议，并
专注于"挖沟"。[145] 利弗莫尔的科学家在 1958 年年中前，一直计划着
1960 年的"战车"项目（Project Chariot），该项目旨在使用 6 个炸弹在

阿拉斯加北极海岸炸出个港口。"战车"项目并未引起利弗莫尔以外人员的共鸣。建议的港口位置一年中有 9 个月处于冰封期（假设没有气候控制者尝试在白令海峡建坝的话）；特勒在阿拉斯加巡游，竭力争取支持，然而"发现此时无人能认可此港口的建设，无论是出于经济目的还是军事目的"。核禁令延迟了这一项目，并给了当地反对党时间允许其组织起来，1962 年，原子能委员会取消了"战车"项目。[146]

一段时间内，"挖沟"工作在较为暖和的气候下进展顺利。1947年，巴拿马运河的管理者曾建议，修建一个新的与海平面持平的运河来代替最初的船闸区段，这一区段不堪持续增长的船舶尺寸和拥堵的交通所带来的沉重负担。这一建议被搁置着，直至 1955 年，当预算局询问斯特劳斯，"鉴于早期报告后核武器的主要发展"，是否可以用核武器建造计划中的运河。斯特劳斯回应道，一个炸弹陨石坑会阻断任何运河，但比起船闸区段，与海平面齐平的运河可能不那么容易受到核武器的损伤。[147]1956 年的苏伊士危机凸显出一条候选运河的优势，并使利弗莫尔的科学家开始思考如何去挖掘一条；科学家们想到了核爆炸。能否利用核能挖掘一条运河，成为"犁头"项目的一个主要关注点，即使是在"伴侣号"事件后，运河计划退居后位，太空计划上场；运河计划在 20 世纪 60 年代后期复苏，最终在 70 年代衰败。[148]

上述所有的"犁头"项目促进了国家实验室的多元化。挖掘及石油提取工作激发了利弗莫尔的地质学和地震学研究，这些研究也是监测核试验是否终止所必需的。[149]1963 年，"犁头"项目推动利弗莫尔建立一个生物医学部门，主要用于监测放射性尘埃的生物和环境影响。[150]"犁头"项目也鼓励实验室科学家拓宽思路，在核能和聚变能之外思考能源问题。最终，它帮助利弗莫尔撑过了核禁令期：直到 1960 年，利弗莫尔将大约 100 名科学家和 5% 的预算用于"犁头"项目。

"犁头"项目集中在利弗莫尔实验室，但并未限制在其中。在苏联宣称乔 1 号核弹爆炸之后，美国检测到了此次爆炸，洛斯阿拉莫斯的弗雷德里克·莱因斯于 1950 年就考虑过和平使用核能的可能性，他只想用这种方法来创造些"必须要用到大范围的爆炸工作和应用到最先进的技术方法"的项目。莱因斯总结道，苏联并没有那么天真，利用核弹的和平工程"充其量只能小范围使用"。[151] 20 世纪 50 年代后期，莱因斯改变了他的想法，开始研究电能生产，尽管他认为核禁令会且应该阻碍核能和平使用的发展。斯坦尼斯瓦夫·乌拉姆是莱茵斯在洛斯阿拉莫斯的一个同事，他通过"犁头"项目的讨论会，重提了将核炸弹作为火箭推动力的念头。[152] 阿贡实验室，早期曾涉及"老鼠"项目，现尝试参与到繁荣的"犁头"工作中。[153]"犁头"项目并不仅限于工程。布鲁克海文实验室的唐纳德·休斯计划利用"犁头"项目在盐丘的测试（该测试被称为"土地神"测试），来为高分辨光谱学提供中子。1960 年休斯逝世后，布鲁克海文的其他科学家参考了"土地神"测试中关于裂变、中子捕获截面和伽马分布的实验。[154]

太空计划 国家实验室寻求的新机遇中，太空项目可能是最热门的方向了。甚至早在"伴侣号"事件前，国家实验室就有几个理由认为外太空和上层大气是个值得探索的合适地方。宇宙射线持续提供一些实验室加速器无法提供或成本更低的能量。"探测器"和"冥王星"项目使洛斯阿拉莫斯和利弗莫尔实验室进入了火箭推进器领域。舍伍德项目中的等离子体物理学问题与恒星物理学研究相关。"伴侣号"事件后，这种刺激只会增加。这些专业知识和组织出现在国家实验室中，原子能委员会和国会联合委员会受到鼓励，建议原子能委员会接手开张一项美国太空项目。由原子能委员会开展一项太空项目的可能性重新提出了实验室集中化的问题。总咨询委员会曾经再次支持集中化：如果原子能委员会得到了这一太空项目，顾问们建议委员会分配出一个实验

室，最好是利弗莫尔，作为太空研究设备的集中地。原子能委员会和
联合委员会对外太空项目的设计最终不了了之，在国会和行政部门的
政治操纵下，太空项目最终流向了美国国家航空航天局（NASA）。[155]
然而，不管是 NASA 的创立还是关于集中实验室的言论，都不能阻止
国家实验室凝望太空。

核试验禁令给了洛斯阿拉莫斯和利弗莫尔理由去考虑太空研究。
1958 年秋天，当总咨询委员会建议用替代项目来维持住这两个实验室
时，在众多项目可能性中，也包含了太空研究。[156] 与此同时，武器测
试给了实验室开展太空研究的理由。1958 年最后一轮的测试包括几个
高空射击测试，用来研究核武器的电磁效应以及弹道导弹防御的可能
性。高空测试包括 3 次发射，这是"百眼巨人"行动的一部分，也是
利弗莫尔的尼古拉斯·克里斯托菲洛斯的主意。"伴侣号"事件震惊了
克里斯托菲洛斯，使其想要找到一种防苏联导弹的方法，而利弗莫尔
的太空探险丰富了他的想象力。他提出可以用核爆炸将高能电子射入
地球的电磁层，电子被地球的磁场困住，可能会生成一个辐射盾来抵
御弹道导弹。直到 1958 年 8 月，美国准备了一颗卫星用于测量这一效
应，而实验在离南大西洋上空 300 英里的地方进行。"百眼巨人"行动
并未提供导弹防御的方法，因为地球的磁场太弱了，无法提供足量的
电子。但它确实将利弗莫尔送入了大气物理学研究领域。[157] 核禁令期
间对违例监控的需求促成了更多的研究，特勒断言道，"我们已经在高
层大气物理学和大气电现象方面得到一些经验，可用于观察、检测和
隐藏核爆炸。"[158]

同样的，高空核测试让洛斯阿拉莫斯开始考虑一些放射性粉尘现
象。研究武器测试有一个主题名录，包括地磁学、月球和行星间的磁
场、太阳风对粒子轨迹的影响、一次核爆炸引起的日冕和日珥或金
星极光脉冲，以及使用炸弹在金星大气层上钻一个洞用来观测金星表

面。[159]核测试的缺席刺激了太空科学的发展，用一名不知名的员工的话来说，后者能在核测试禁令期间为"洛斯阿拉莫斯提供一个明天"。[160]为了"使实验室站在最前线"，洛斯阿拉莫斯物理学家小约翰·布洛利（John Brolley, Jr.），建议实验室为航天科学成立一个新的"A部门"，用来负责探测器项目及研究物质-反物质推进力、重力及相对论问题、太空学及太空物理学和宇宙射线。其他实验室的物理学家认为，太空飞行可以为等离子体物理、能量和热交换及固体辐射损伤的基础研究提供依据。[161]

舍伍德项目已为洛斯阿拉莫斯的科学家带入了等离子体物理学和磁流体动力学上的问题，因而为他们提供了另一条探索天体物理学的途径。天体物理学和高能物理学可替代低能核物理学形成洛斯阿拉莫斯物理研究的新重点。[162]洛斯阿拉莫斯并未为宇航学开辟一个新部门，然而在1959年早期，物理部从原来的科克罗夫特-沃尔顿加速器项目中选立了一个高空物理学研究小组，之前的项目工作已经连着好多年持续紧缩。另一个太空科学小组开发卫星和火箭测量的仪器，用于监测太空武器测试以及太空辐射测量，1959年后期，武器测试部（J部门）建立了自己的高空现象学研究小组。[163]

太空竞赛为其他实验室提供了一份新的项目租约。橡树岭实验室研究反应堆和放射性同位素，将其用于卫星动力源（太空核辅助动力项目，缩写为SNAP），实验室以此来抵消航空核推进项目日益降低的经费。[164]布鲁克海文实验室在原子能委员会取消了液态金属反应堆项目之后的几个月，核工程师尝试通过SNAP从NASA寻求帮助，考虑将项目方向重新定为无重力状态下的热传递。布鲁克海文的一位工程师德怀尔（O. E. Dwyer）注意到，包括橡树岭和阿贡的其他几个机构正在进入太空领域，并敦促布鲁克海文也"下海"："太空技术正快速崛起，'核工程'部门将自己纳入此次技术发展中是一个好主意。我们已经在冶金学上拥有了高温碱金属腐蚀项目。一项沸腾的热传递项目将拓宽阵地。"布鲁克海文核工程师的动议转而劝服原子能委员会的航空反应堆分部，用比他们能花费的更多经费继续这个项目。当肯尼迪总统在接下来的一年里取消航空反应堆项目时，从长远来看，布鲁克海文的工程师们日子很不好过；从近期来看，太空项目的前景已经恢复生机，并重新调整了已经停止的项目。[165]

太空项目同时激发了生物医药研究，并通过生物医药进而激发加速器研究。航空飞行会使宇航员遭受高量和间歇性的高能质子流以及低量而持续的重核流。国家实验室的生物医药研究人员借助加速器的优势，用它来评估太空航行的危害。布鲁克海文的生物学家在霍华德·柯蒂斯（Howard J. Curtis）的带领下，利用实验室里60英寸的回旋加速器来模拟宇宙射线对机体造成的损伤。[166]伯克利部分生物医学小组在科尼利厄斯·托比亚斯的带领下，继续战时在航空医药上的工作，研究高空航行对人的辐射损伤。伯克利在高能粒子的生物学效应方面的长期经验与太空计划的需要相吻合，到1962年，在NASA的支持下，实验室的HILAC和88英寸、184英寸的回旋加速器每周大约运行30个小时用于生物医学研究。1961年由于要争夺在这些机器上的研究时间，托比亚斯的小组提出需要一个生物医学加速器，用于提供10亿电子伏的质子和每个核子具125兆电子伏的重离子，该提案承诺会对NASA的问题"特别考虑"。[167]

伯克利的计划激励了橡树岭实验室，后者的生物学家正使用哈佛的加速器进行宇宙射线的研究，并等着1962年国家实验室76英寸的同位素加速器上线。伯克利的方案是建议橡树岭启动太空生物学研究，为实验室长期推迟的高强度回旋加速器提供理由，但实验室的生物学

家和物理学家同意"除非这是实验室获利并支持自己的 850 兆电子
伏回旋加速器的唯一方法，否则盲目地跟生物加速器的风是很不明智
的"。[168] 两年多的拒绝最终说服回旋加速器制造者上了船，1963 年国
家实验室的回旋加速器方案中将太空生物学作为一个（但不是唯一一
个）理由。[169]

分子生物学　太空项目的生物学研究是国家实验室进入新领域的
最后一个例子。20 世纪 50 年代后期，随着 DNA 的发现，分子生物学
开始以各种形式进入国家实验室。实验室科学家们总是能快速发现趋
势，正如他们被高能物理学的魅力折服那样，物理学家和生物学家意
识到分子生物学研究是个机遇。国家实验室在生物研究领域占据了早
期的立足点，包括强大的遗传学实力及其储备充分的方法、仪器，以
及物理学科的人员，而这个新领域，被看作以物理学为基石。[170] 伯
克利的生物医药小组已经从核医学领域撤出，进军分子生物学（或者
被他们称为"生物物理学"）。[171] 1958 年 11 月，约翰·曼利（John
Manley）建议洛斯阿拉莫斯的物理部门将"生物物理学"加入太空物
理学和固态物理学，取代日益衰弱的核物理研究。[172] 下一个的 11 月，
布拉德伯里断言：

> 由于发现了 DNA 和 RNA 在活体中的基础地位，分子与理论
> 生物学现在就像当初在核物理学中发现中子一样。可以预期接下
> 来的几十年里，生物学和医学会在基础理论方法上取得重大进展。
> 假若核武器弱化，或长期处于禁止核试验状态，那么接下来的 10
> 年里，实验室会实质性地大力增加理论和细胞生物学研究。[173]

同月，布鲁克海文生物部催促道，"应大力提升对分子生物学
的关注"，关注点包括自由基化学、蛋白质和核酸的生物合成、蛋
白质结构、酶的作用机制。因此，橡树岭生物部的生物化学组计划

要"可观地拓展……核酸和蛋白质生物合成中基因互作和基因控制方面的研究,研究生物合成中基因的作用以及分子层面上的细胞异质"。[174]分子生物学激发了跨学科合作,比如与固态物理学家共享晶体技术。在布鲁克海文,一名年轻的生物学家小丹尼尔·科什兰(Daniel Koshland,Jr.),提议成立一个结合了物理学和生物学的交叉学科机构。几年后,布鲁克海文的理事询问,自从大学配备了设备并开展分子生物学研究后,实验室中分子生物学的进展如何。因分子生物学会使用反应堆的中子衍射技术并与实验室中物理和化学部门的互动,他们接受了这一学科。[175]

多元化的影响

多元化使实验室问题复杂化,尤其对洛斯阿拉莫斯和利弗莫尔实验室影响巨大,多元化在抗议中把两个实验室从军事应用部的庇护中硬拖出来。洛斯阿拉莫斯和利弗莫尔通过"探测器"和"冥王星"项目进入了反应堆研究领域,这造成了认知问题。从一开始布拉德伯里和约克就催促军事应用部负责"探测器"项目。两人将该项目看成是武器相关项目,自此,这一部门还要负责这两个实验室。此外,任何初期的测试必须在内华达州的测试场进行,这个测试场也由这一部门负责。但是,从该部门员工所写文书的字里行间可以看出,他们认为这个问题更接近反应堆而不是武器,他们还引用了航空核推进力项目的例子,这个项目是放在反应堆开发部名下的。这些报告同样指出,军事应用部主要(但不完全)负责洛斯阿拉莫斯和利弗莫尔实验室,诸如生物医药等其他部门,也指导两个实验室中的某些项目。因此,反应堆开发部在1957财政年度承担了火箭项目的预算和技术责任。[176]同样地,早期的聚变研究由研究部资助橡树岭和普林斯顿、军事应用部资助洛斯阿拉莫斯、反应堆开发部资助利弗莫尔,后来原子能委员

会才将项目整合到研究部。从上述两个例子中看出，项目在国家实验
室体系中进行扩散，项目的责任进而缠绕不清，这说明要决定新项目
可能适合原子能委员会中的哪个部门是一件困难的事情。

　　没有一个实验室会放弃它最初的重点任务。实验室科学家们一
直小心地强调，新的研究不会有损于原来的项目工作。尽管禁止了
核测试，美国的武器库也一直在累积增长，但武器科学家们仍在追
求新的创意，比如由特勒和其他利弗莫尔设计者支持的所谓清洁武
器，该武器确保武器预算不会降得太多（见附录）。反应堆研究继
续受到强有力的支持，洛斯阿拉莫斯和布鲁克海文进入了核能反
应堆领域，可见，温伯格预见的形势回落从长远看也只是一种可能
性。为了保住各自的根基，国家实验室通过增加新的科学家而不是
分流原有项目中的科学家来开展新的工作。从 20 世纪 50 年代初到
末，所有实验室科学家大量增长；洛斯阿拉莫斯和橡树岭的技术人
员几乎翻了个倍，而利弗莫尔一跃超过了阿贡、伯克利和布鲁克海
文（表 5）。

　　外部的压力再次促生了多元化。放射性粉尘的恐惧、武器测试的
禁令和核能工厂的发展，这些都迫使国家实验室向新方向寻求任务。
同样地，国家实验室面临太空竞赛的挑战：NASA 威胁要削减资金，
这在国家实验室中激起人们对太空探索前景的怀疑。在最初对"伴侣
号"做出的反应中，拉比警告说，太空研究可能会从基础研究中吸取
资源。温伯格在一次橡树岭召开的太空-核能联合会议上，当着美国火
箭协会人员的面说，比起继续资助的核能研究和分子生物学而言，载
人太空飞行是一件危险而又浪费时间和金钱的事。[177] 如果温伯格是对
的，太空项目就是在浪费橡树岭的资金：1962 年橡树岭花费 300 万美
元用于支持 160 名科学家研究太空飞行的相关问题。[178] 特勒的情况从
最初的受阻变成后期的机遇：在特勒对抗测试禁令的过程中，他开始

表 5　1951—1959 年每个实验室科研／工程员数和总雇员数

实验室	1951	1952	1953	1954	1955	1956	1957	1958	1959
阿贡国家实验室：科研／工程	513	521	519	488	531	577	698	800	844
阿贡国家实验室：总雇员	2 827	2 983	2 709	2 316	2 351	2 488	2 914	3 299	3 579
布鲁克海文国家实验室：科研／工程	285	319	331	342	366	368	379	408	440
布鲁克海文国家实验室：总雇员	1 377	1 415	1 423	1 387	1 458	1 503	1 585	1 676	1 835
洛斯阿拉莫斯国家实验室：科研／工程	464	529	602	679	725	778	857	934	979
洛斯阿拉莫斯国家实验室：总雇员	3 195	3 739	3 812	3 910	3 727	3 846	3 995	4 061	4 073
橡树岭国家实验室：科研／工程	763	884	1 011	1 028	1 143	1 223	1 350	1 398	1 457
橡树岭国家实验室：总雇员	3 257	3 836	3 985	3 971	4 178	4 414	4 763	4 728	5 023
加利福尼亚大学辐射实验室-伯克利：科研／工程	546	556	519	493	495	536	588	624	693
加利福尼亚大学辐射实验室-伯克利：总雇员	1 581	1 580	1 668	1 541	1 524	1 709	1 765	1 907	2 194
加利福尼亚大学辐射实验室-利弗莫尔：科研／工程	—	—	275	428	535	654	778	885	931
加利福尼亚大学辐射实验室-利弗莫尔：总雇员	—	—	625	1 039	1 504	2 072	2 661	3 026	3 642
科研／工程雇员数	2 571	2 809	3 257	3 458	3 795	4 136	4 650	5 049	5 344
总雇员数	12 237	13 553	13 597	14 164	14 742	16 032	17 683	18 697	20 346

来源：依据《未来的角色》中每个实验室的数据编撰。

注意：所有数据的统计日期为每年 6 月 30 日。阿贡实验室的数据包括爱达荷州国家反应堆测试站的员工（在那里归属阿贡的雇员总数从未过百）。

被利弗莫尔的专业知识所折服，这些知识源自地震学、大气科学以及其他与核试禁令相关的学科领域。

实验室体系的竞争结构激励科学家们去探索各个导向上的机遇。从这些热门的研究主题和潮流可推知，身处其中的实验室科学家们有着不进则退的危机感。比起个人或单个项目，每个实验室成长为一个机构主体的需求也在驱动多元化。洛斯阿拉莫斯和利弗莫尔就是显而易见的例子，它们的科学家在总咨询委员和原子能委员会员工的帮助下，自发地设计能让他们熬过核禁令的替代项目；这也适用于所有国家实验室，多元化为它们提供了更多的希望，让这些机构能在充满变化的外部环境中生存下来。尽管（或者可以说是因为）他们始终担忧自己将来的前途，但是（因而）他们非常成功。1960 年，在和几个欧洲实验室主任一起参加的会议上，美国人听说了欧洲同僚在面对紧缩的项目（尤其是核能项目）时，十分忧虑自己的机构能否生存下去。"然而，美国实验室的领导对不久的将来充满信心，他们认为自己将保持充实的工作量。"[179]

7. 典型新增领域

本章以生物医学和固态材料科学两个领域为例，说明国家实验室的科学家们有能力找到新的机遇并对之进行探索。生物医学和固态材料科学以项目形式出现并成长起来，二者的兴起时间与国家实验室历史上的两个阶段大致吻合，即 1947 至 1954 年间是生物医学，1954 至 1962 年间是固态材料科学。这两个领域都源于（实验室的）规划目标，科学家们在实验室使命规定的界限处试探，并成功说服领导层去支持多元化项目。生物医学和固态材料科学项目的优势在于，这两个学科的规模很小，且领域内的项目有一定的分化自由。生物医学和固态材料科学也是一个跨学科交叉研究的范例，比如分子生物学家在实验室中将固态科学家的技术用于花的授粉。

生物医学（1947—1954）

和加速器项目一样，生物医学是国家实验室新涉及领域之一。所有的国家实验室最终都设立了生物医学项目，尽管这一举措对实现实验室的主要研究目的可能并没什么帮助（除了放射性物质战争，生物医学在国家核能安全方面并没有什么应用前景）。生物医学研究不需要诸如反应堆和高能加速器之类的巨大而又昂贵的仪器。因此，当沃尔特·巴特基在 1945 年的委员会专家组提案中提出，要为地区实验室购置大型仪器时，只有生物医学专家们持反对意见。然而，放射性物质战争、核武器的使用及其产物造成的危害，这一切促生了研究辐射生物效应的秘密项目。实验室的科学家们迅速感知到这一机遇，他们将早已被物理学家们熟练掌握的反应堆和加速器用于新的生物医学研究中。出乎意料的是，政府大力支持国家实验室发展生命科学，生物医学才得以稳定存在。

从曼哈顿计划到比基尼环礁核试验

想了解国家实验室生物医学研究的来龙去脉，就必然要回溯 20 世纪 30 年代曼哈顿计划中伯克利实验室的经历。

欧内斯特·劳伦斯已经意识到他的回旋加速器产生的辐射光束、放射性同位素，以及加速器带来的慈善事业和政府基金，都具有生物医学上的应用潜力。他将两个辐射实验室分立出来用于生物医学研究：约瑟夫·汉密尔顿（Joseph Hamilton）管理的克罗克实验室（Crocker Laboratory），该实验室建有一台 60 英寸的"医用回旋加速器"；欧内斯特的兄弟约翰·劳伦斯（John Lawrence）管理的唐纳实验室（Donner Laboratory），会进一步利用克罗克回旋加速器生成的产物。第二次世界大战使克罗克实验室和唐纳实验室联合剩余的辐射实验室，共同向军事研究方面转型。当唐纳实验室的科学家正专心研究航空医学时，克罗克的回旋加速器为冶金实验室和洛斯阿拉莫斯实验室生产镎、钚和轻核素，这些核素都是在裂变过程中生成的。[1]

与此同时，冶金实验室的科学家们已经预见到生物医学在原子能方面的应用前景。20 世纪最初几十年间，X 射线和放射性的科学研究已经证实辐射会对人体健康产生危害，冶金实验室的工作人员意识到，他们的链式反应堆的危险程度要大得多。1942 年 7 月，亚瑟·康普顿在冶金实验室成立了一个健康部门，并任命罗伯特·斯通（Robert Stone）全权管理。斯通是旧金山加州医学院的放射学家，他曾与伯克利放射实验室合作开展针对高压 X 射线和中子的治疗试验，因而非常熟悉辐射的医疗功效。健康部门共分为四部分：生物学、医学研究、保健物理学，还有一个研究放射性战争的临时军事部。健康部门开始着手研究链式反应堆项目中放射性物质和有毒化学物质的特殊危害；研发检测危害的探测器和放射量检测仪，设计保障工作人员安全的流程。[2]

位于芝加哥的核弹研究项目，以自身为中心向外围扩散，也给生物医学研究带来了机遇。最初，由于缺乏科研材料和了解辐射效应的专家，健康部门的工作受到了阻碍。于是他们向伯克利实验室的汉密尔顿寻求帮助，后者的手上有一些克罗克回旋加速器产生的核素，可用于研究裂变元素和裂变产物的嬗变机制。克林顿实验室建造了一个大型反应堆和一些同位素分离仪器，这促使克林顿实验室成立了另一个健康部门。如同克林顿实验室的其他员工一样，这个新成立的小组中，大部分工作人员都来自芝加哥。[3]洛斯阿拉莫斯的奥本海默也认识到健康安全防范研究的必要性，并聘用一位年轻医生小路易斯·亨佩尔曼（Louis Hempelmann Jr.）负责一个健康小组，小路易斯曾在伯克利实验室研究辐射生物学。[4]为了协调这些新增的项目，1943 年夏天，在罗切斯特大学放射学家斯塔福德·沃伦（Stafford Warren）的带领下，曼哈顿工程区建立起了一个项目级别的医学研究部门。

这些工作很难与基础研究挂上钩。冶金实验室的健康部门，包括其生物学研究部，都将目光着眼于"与项目当前问题直接相关的工作"

上。1943 年 5 月，斯通提出冶金实验室的生物研究应进一步"显著扩张"，但曼哈顿工程区拒绝资助这一方案，工程区对其他的长期项目也有类似态度。[5] 伯克利实验室的汉密尔顿表示实验室对工人健康有强烈关切。[6] 在洛斯阿拉莫斯，奥本海默否决了亨佩尔曼想要进行基础研究的建议，他说："我们没有从事生物实验的仪器。"实验室的化学家们对自己长期暴露于钚环境中感到忧心忡忡，他们说服奥本海默于1944 年 8 月增加一些科研人员去开展一项小型研究。但是，奥本海默仍试图将这个项目转派给其他实验室，并设置诸多限制防止实验室的关注重点从"紧急问题"上分散至这一项目，他甚至将健康小组和其他服务小组都归到实验室行政部门的编制下。[7] 曼哈顿工程区总部的沃伦也是一个"独断和强硬"的人，他始终紧盯着辐射安全及其监控这一短期问题。他认为："绝不允许有人以各种方式将工程区的精力转移至战后问题。"[8]

　　健康项目并未因战争的结束而终结。1944 年 11 月，杰弗里斯做了一个关于核科学发展前景的报告（斯通对此有巨大贡献），报告中就提到了生物和医学的应用。[9] 直到 1945 年 1 月，斯通仍在采取"积极措施……为健康项目寻找除军队以外的赞助者"。[10] 战争的终结迫使斯通直面顽固的沃伦，催促他开展一个战后研究项目。[11] 但是，斯通的同事们却正在背弃他：克林顿的霍华德·柯蒂斯和冶金实验室的雷蒙德·齐尔克尔（Raymond Zirkle），这两人迫切希望终止健康项目，并从政府或其他私人企业处获得赞助，从而回归大学的生物学研究。克林顿的保罗·亨肖（Paul Henshaw）建议美国公共事业服务机构接手健康项目的相关工作。[12] 其他生命科学家也相继离开了实验室。斯通作为实验室撤离潮中的一员，也回到了旧金山，而沃伦则被任命为加州大学洛杉矶分校新建医学院的院长。斯通和沃伦都利用他们在曼哈顿工程区中的人脉，得到了原子能委员会对他们研究上的支持。斯通谨慎地说明，他提议的项目"绝不包括基础研究"。[13]

然而，如果斯通做出让步，其他科学家们就会接手生物医学研究。1945 年 6 月，曼哈顿工程区研究项目中的科学专家组中，有另一个小组委员会提出了战后生物研究的互惠互利计划，即原子核物理学需要生物学来解释核辐射对于健康和安全的影响，而生物学也能利用原子核物理学提供的新型工具。[14]伯克利的汉密尔顿并不打算拓展任何基础研究，但他还是看到了克林顿和芝加哥提供的机遇，因为在这种"完全不同的境况"下，他扩大研究设施规模的愿望可能会实现。[15]克林顿的亨肖也已经转变了看法。最初，他的态度是——"直到最近亲眼看到这个实验室里设立了生物学的战后项目，（我）才加入相关研究中"。而在战争结束后，他认为——"可能没有比这里更适合进行生物学基础研究的地方了"。[16]

亨肖有个可以开展的研究课题列表，其中癌症研究排在首位。这一领域的研究能提供特殊的机遇，包括：在外部放射性物质照射下进行致癌机制研究，利用放射性同位素示踪法研究致癌的内部途径和机制，发展放射疗法。曼哈顿工程区力图削减其他常规基础研究，尤其是平抑对癌症研究的热情。伯克利在战前就已开展癌症研究，但现在曼哈顿工程区的一位管理者提醒欧内斯特·劳伦斯，工程区"不能支持这样的工作"（他将其称为"学术生物研究"）。[17]然而，1946 年 7 月，曼哈顿工程区宣布，它将在每个医药项目中允许比例高达 15% 的基础研究。在引发一些争议后，曼哈顿工程区严格细化了这一定义："'基础研究'和'基础学术研究'这两个词仅可用于恶性组织治疗研究。"[18]格罗夫斯同样对规定中 15% 的条款做出了限定，即必须与严格意义上的生物或医药研究机构签订研究合约，比如伯克利或芝加哥；这一规定并不适用于那些"与操作问题直接相关"的机构，如克林顿实验室，很可能还包括洛斯阿拉莫斯实验室。[19]

15% 基础研究的规定受到了医学顾问委员会（Medical Advisory Committee）的支持，该委员会是工程区授权沃伦负责的，负责处理战后项目。1946 年 9 月的委员会会议中，委员会批准了这一规定，并将其从癌症研究推广至"那些（与癌症研究）联系微弱的、不能即时获得可用信息的问题研究"上。既然"当前研究需求的很大一部分并不是源于研究者的自发选择"，那么基础研究将会开拓出新的机遇，并能遏止科学家们从研究计划中撤离。这是一种研究模式的早期形态，以科学家们为中心，依赖于委员会对基础研究的支持，同时结合了科学家们自身希望对有前景的领域进行探索的意愿。[20] 国家实验室增添了第三种使命（该使命日后将成为规范准则），即阿贡、克林顿和洛斯阿拉莫斯实验室必须负责对新员工进行放射学技术和放射安全培训，这些新人都是为 1947 年的研究项目招收的。[21]

尽管管理者们仍对 15% 基础研究这一条款感到困惑不解，曼哈顿工程区还是试图拓宽基础研究的定义，将其用于癌症研究之外。[22] 在逐年增加的生物医学预算中，基础研究占了小数额的却不可忽略的部分：在 1946—1947 财政年度，阿贡在生物医学上花费了 120 万美元，伯克利花费了 23.5 万美元，克林顿花费了 18 万美元，洛斯阿拉莫斯花费了 10 万美元。[23] 当原子能委员会接手这一项目之时，生物医学已在国家实验室里站稳了脚跟，但对于长期的基础研究而言，其前景还是不甚明朗。生命科学家们将不得不说服原子能委员会，使之确信生物医学研究是国家实验室研究的重要使命之一。

生物医学和原子能委员会

生物医学在刚成立的原子能委员会中找不到赞助者。总咨询委员会并不"总"括所有学科，相反地，它局限于物理科学和工程领域，原子能委员会中唯一的科学家就是物理学家。研究部的领导是物理学家，部门内的代表们也都与生物医学研究无关。委员会逐渐意识到这一缺点，于 1947 年 1 月重新召集了沃伦的委员会成员并进行扩招，该委员会被称为临时医学委员会（Interim Medical Committee）。长远来看，新委员会竭力主张扩张生物医学研究；而就目前而言，它推荐继续当前的项目。同时，它还建议，针对"健康-安全"这个问题成立一个类似于总咨询委员会的咨询委员会，以及一个健康安全部门用于服务原子能委员会里其他法定工作人员。[24] 在随后的一次会议中，新委员会成功地说服了原子能委员会，将每个项目中基础研究的比例提升至 20%，用于吸引并留住顶尖的科学家。同年 6 月，一个由杰出生物学者组成的医学评审理事会（Medical Board of Review）也曾提出过同样的建议。[25]

尽管原子能委员会内外的生物学家都支持生物医学，但他们仍需克服委员会内部的矛盾。加速器研究的负责人詹姆斯·费斯克发现，"生物研究与所有项目的关系还不明晰。但是，在法律规定的范围内，我们几乎可以在生物领域内开展所有的研究。"[26]1946 年颁布的《原子能法》允许实验室研究如何"将可聚变的和放射性的材料用于医疗和健康"，以及研究"科研和生产期间的健康防护"问题。[27] 这些条款给了原子能委员会支持生物医学研究的理由。面对国会，委员会援引自己的职责，即它有义务"拓展核辐射和生命物质间互作关系的基础知识"，从这点来说，基础研究能有助于推进健康防护，并降低巨额的安全保护开支。[28] 这个道理同样也适用于实验室承包商，芝加哥大学的威廉·哈勒尔说："我们深深地感到，这些工作会对健康造成危害。"[29] 临时医学委员会和医学评审理事会都强烈要求政府支持基础研究，以在物理学、放射生物学领域吸引顶尖科学家与培养青年人才。

当临时医学委员会（委员会的代表都来自战时的各机构）争取在国家实验室里继续进行研究的时候，评审理事会中的学术界科学家们却忙着附和总咨询委员会早期对待物理研究的立场。虽然国家实验室可以为大学培训学生及提供仪器，但临时委员会更喜欢学术研究者们"在实验室探究各种新研究项目的萌芽（虽然国家实验室并不特别适合进行如此基础的研究）。但这样一来将保留科研人力，使科学成就更为突出，教师们也能留在大学了"。[30] 和总咨询委员会一样，医学评审理事会认为，从长远来看，比起吸引稀缺人才进国家实验室，在大学里培训新的科学家会对生物医学项目更加有利。

原子能委员会并没有在（国家实验室的）原有架构中并入生物医学，而是为其组建了一个独立的机构。它任命了一个生物和医药顾问委员会（该委员会于 1947 年初次成立），并开始建立一个后期将成为生物和医学部的团体。希尔兹·沃伦同意在原子能委员会为该部门找到一个常任理事前，去领导该部门。[31] 顾问委员会将拥有"不同寻常的、积极活跃的顾问能力"；顾问委员会只能给予原子能委员会技术层面上的建议，而经营决策的工作将交由生物和医学部，但是后者的员工通常会与顾问委员会一起，对项目和一些特殊的决议进行审查。[32] 就像早期的总咨询委员会那样，顾问委员会有原子能委员会的信任，但生物医药委员会有一点并不像总咨询委员，它仍旧维持着自己的影响力——1955 年，一项原子能委员会的员工调研显示，原子能委员会"尤为经常地"接受生物医药顾问委员会的建议。[33] 生物医药顾问委员会还有一个地方与总咨询委员会相似，即尽管委员会的定位是客观建议者的角色，但它经常支持实验室，尤其是会抵制削减预算。此外，生物医药顾问委员会还将成为国家实验室进一步多元化发展的助力。1948 年 12 月以及接下来的一年中，顾问委员会敦促实验室除了进行放射性生物研究以外，还要继续扩展生物医药项目，因为（目前）"对生命物质的常规结构和功能认识存在着相当大的不足，而且……缺乏这些知识的话，与放射性影响相关的问题就不能解决"。[34]

随着原子能委员会逐渐整顿好自身的内部事务，它延缓了让国家实验室进行基础研究的进程，委员会只同意国家实验室在 1947 年这一年中继续当前的项目。[35] 实验室的科学家们并没有虚度光阴，所有的国家实验室都草拟了雄心勃勃的生物医学研究计划，这使得临时医学委员会有限的权限受到了挑战。阿贡和伯克利想要继续并拓展一些非常成熟的项目。由奥斯汀·布鲁斯（Austin Brues）负责管理的阿贡的生物部门，为 1947 年度提议了一个该实验室内排名第二大的项目（第一是化学的项目）。与阿贡实验室的核物理实验组相比，阿贡的生物部门曾拥有更多的科研人员以及两倍的经费预算（核物理实验组的员工在战争时期被调派至洛斯阿拉莫斯实验室）。阿贡实验室对保健物理学部门和医学部门也很支持，这两个部门都承担了一些用于支撑各自服务功能的研究。[36] 约翰·劳伦斯和汉密尔顿负责的伯克利生物医学项目组，在 1947 年上半年间工作尤为努力，并计划在随后一年里再增加 1/3 的项目；到 1948 年中期，辐射实验室共拥有 10 位生物学家、6 位医师和 6 位生化学家。[37]

卡尔·摩根领导的克林顿实验室战后仍保留有自己的保健物理小组，该小组除了完成辐射监控的服务工作外，还将自身 1/3 的人力物力用于科研。[38] 为推进生物学研究，实验室于 1946 年 11 月聘请美国公共卫生部（U. S. Public Health Service）的亚历山大·霍兰德（Alexander Hollaender）来领导生物部门。[39] 霍兰德是"一个功勋卓绝的科学领导者""一个知道怎样去支持别人和怎样去赚钱的商业人才"，他很快着手在橡树岭建起了一个帝国。[40] 他计划聘用至少 47 名员工（其中包括实验室技术员），并扩招至 75 名正式员工。由于此计划野心毕露，遭到曼哈顿工程区医学委员会的否决；2 个月后，霍兰德带着几乎一模一样的提案又回来了。[41] 到 1948 年初时，他的生物部门已拥有近 66 名员工，其中 57 名至少是学士，26 名有科学或医学博士学位。生物部门还有一个新的生物有机化学小组（该小组是从化学部门转来的），而小鼠遗传学项目促进了生物部门的扩张，并与现有小组加入细胞生物学、微生物学、生理学、药理学和生物化学研究中。然而，并不知足的霍兰德计划将总员工人数进一步扩展至112名，其中包括80名科学家。[42]生物部门花了两年时间才达成这一目标。1950年3月，霍兰德决定让115名员工中的大半数人加入基础研究中，虽然他很不愿意公布这一实情，并不是害怕有人向原子能委员会通风报信，而是因为50%的项目工作量对他的科学家员工来说似乎太多了。"我们在机构设定上最大的优势就是，我们的员工在这里不会觉得自己正在按照规划纲领开展研究，虽然实际上他们做的绝大多数工作都属此类。"[43]

在洛斯阿拉莫斯，亨佩尔曼继续以牺牲（规划性）项目活动为代价来推动（基础）研究。1947年秋天，一位原子能委员会的工业健康安全顾问理事在他的项目报告中说，"比起为实验室建立安全的良好规范流程，最初的那个健康小组现在对潜在的研究问题更感兴趣。"[44]亨佩尔曼提议的1947—1948财政年度计划项目中，提名了35名正式编制的研究人员，外加6—11名实习生的职位。[45]1948年，亨佩尔曼离职后，托马斯·希普曼（Thomas Shipman）接管了健康小组，后者延续了前者的一贯作风。希普曼说："有时（我）会被问到这样一个问题——为什么要在一个武器研发实验室中而不是其他相似的机构中开展医学研究呢？洛斯阿拉莫斯的人会用不同的方式来询问这个问题，他们想知道，是否有人能想出一个好理由来阻止洛斯阿拉莫斯展开生物医学研究。"洛斯阿拉莫斯拥有实验室设施、各个学科的专家；"这些领域的工作者们和他们使用的绝妙仪器大部分都是世界上独一无二的，所以这些人和物可以也应该被用于医学研究。"[46]

为了更好地把握住机遇，洛斯阿拉莫斯实验室的健康小组组织了22名科学家员工建立起一个放射生物学分部（1947年11月，健康小组的技术人员加起来总共才60名）。1948年，放射生物学分部估算了一下，它将近一半时间都用在"与洛斯阿拉莫斯实验室直接相关问题的工作"上，此外，它还为其他部门提供一些服务。剩下的 27% 时间用于"基础性工作以及与实验室间接相关的工作"，14% 用于"与最近的研究问题不相干的工作"。这类基础研究中，大部分都属于有机化学和生物化学范畴，包括研究用碳-14 标记的化合物的合成及其代谢的新项目。[47] 原子能委员会注意到项目的规模和多元化问题，它根据委员罗伯特·巴切尔的意见，尝试"在一个主要任务仍是武器研究和发展的实验室中，确保只开展最为必要的生物学和医学研究"。原子能委员会的生物医学顾问们思考着洛斯阿拉莫斯项目（尤其是实验室隔离和选址问题上）的"可取程度"，但他们仍建议洛斯阿拉莫斯继续它的"顶尖科学家储备理论"。原子能委员会接受了他们的建议。[48]

布鲁克海文实验室是个特殊的例子，在这个案例中，实验室阻碍了生物医学研究的开展，而生命科学家们则需要与之抗衡。与其他国家实验室不同，布鲁克海文没有从曼哈顿计划中得到任何资源；它最初的目的是为东北地区的学术界科学家们提供大型仪器，因此不需要生物医学研究项目；实验室计划委员会中大多数委员都是物理学家，美国联合大学公司的理事会成员组成也是如此。[49] 尽管如此，可能由于布鲁克海文的创立者们之前是将现有的实验室作为参照模型，而这些实验室中最初的项目都涉及生物和医学部门，因此布鲁克海文实验室也试着从零开始（建立生物医学部门）。[50] 生物部门的第一位领导是莱斯利·尼姆（Leslie Nims），和他在其他国家实验室的同事一样，尼姆拥有雄心壮志，却缺少些政治才干。他起草了生物部门的发展计划，最初招收 100 名员工，其中 40 名为科学家，其余大部分都是实验室技术人员。他期望到 1952 年部门员工数量最少能达到 250 名，年度预算能达到 140 万美元。[51] 这一计划与布鲁克海文其他部门对自身的期望一致，而且彼此的命运也相同。原子能委员会的生物医学咨询委员会想知道，为什么一个为外来访问者服务的实验室自己会需要那么多生物学家。咨询委员会对"尼姆博士对项目的判断是否成熟"这一问题表示质疑；原子能委员会同意了咨询委员会的意见，将该处生物部门的终身科学家人数名额冻结在 24 名。[52]

　　布鲁克海文医学部门的发展就曲折多了。威廉·桑德曼（F. William Sundermann）同意在部门建设期间担任临时负责人。就像尼姆制定的宏大计划那样，桑德曼也打算投入近 500 万美元来建造一家能容纳 200 张床位的研究医院，另外还需投入 250 万美元用来购买设备。[53]实验室主任菲利普·莫尔斯对反应堆中子束或者高能粒子在临床研究中的应用潜能表示质疑，进而怀疑是否需要这些研究医院。[54]美国联合大学公司的理事会意识到，他们并不需要医学研究项目，因而削减了这一部分的预算，保留了仅能满足服务需求的钱款；这是理事会在国家实验室提议的 2 900 万美元预算中唯一削减的项目。[55]尽管一些地区性机构的医生对在布鲁克海文实验室内开设（生物医学）项目表示欢迎，但其他人（主要是纽约市的那些人）认为，一个孤立的实验室会吓跑研究员和患者。纽约市纪念医院的罗兹（C. P. Rhoads）屈尊指导新进人员时说："临床研究基本上应该在那些拥有最好的诊所和最好的研究员的地方开展，因为这两个因素都需要数年时间才能发展起来。而最好的诊所和研究员主要存在于大城市的教学中心。"罗兹建议，在城市里建一个"放射生物学机构"，也许可以从原子能委员会处获得支持，配备当地医学院和教学医院的员工。[56]阿贡和橡树岭实验室也持有相似的看法，最终，在芝加哥大学和橡树岭核研究所（Oak Ridge Institute of Nuclear Studies）名下成立了独立于国家实验室的医疗机构。[57]

　　布鲁克海文的医学研究还面临着不同于其他国家实验室的难题：它让人觉得不够基础化。布鲁克海文的创始人认为，他们的实验室"主要从事纯基础研究",因而他们囊括了生物学研究而舍弃了医药研究。理事会认为,让一个医学项目中的"理论研究生物学家听从于应用型研究科学家是……不明智的"。"相比于医学实验室,生物实验室可能更容易(在布鲁克海文)发展起来。"[58]这一态度将会推动布鲁克海文实验室最终开展医学和生物两种研究。1948 年初,事情有了转机,桑德曼不再受美国联合大学公司理事会的欢迎,并辞职离开了医学部门,而退休海军工程师康拉德(R. D. Conrad)接手了项目。为了挽回该项目,美国联合大学公司劝说唐纳德·范·斯莱克(Donald Van Slyke)——一位刚从洛克菲勒医学研究所退休的资深人士,担任布鲁克海文的兼职咨询顾问,随后他将转成正式咨询顾问。[59]

范·斯莱克从一开始就获得了美国联合大学公司的信任。理事会认为"范·斯莱克博士的出现带来了极大的希望……他将提升科学家的水平,而这正是我们最需要的"。原子能委员会的生物医学顾问和员工也觉得他是"一个难得的人才",可以让他们不再继续批评布鲁克海文。[60]范·斯莱克自己也正酝酿着一个生物医学项目大计划,而他聘用的人也善于把蓝图落为现实。[61]1948 年秋天,范·斯莱克最先聘请了杜邦的李·法尔(Lee Farr)来领导医学部门。而对桑德曼,用霍沃思的话说,他已经"不想再从头开始了"。法尔并没有好高骛远,医学部门不需要医院,这也将临床研究限定在少数几个特殊案例中,避免了与美国联合大学公司的机构产生竞争。[62]他的小心谨慎赢得了美国联合大学公司董事会和原子能委员会员工的支持,他们同意让法尔进行有限的临床研究。[63]范·斯莱克最终还找到了一个能代替尼姆担任生物部门领导的人——霍华德·柯蒂斯。在战时,他是克林顿实验室的老员工,且与原子能委员会的工作人员很熟。1950 年年中,柯蒂斯接管了生物部门。从这些微小的地方起步,法尔和柯蒂斯将会打造一个蓬勃发展的项目,项目里的一个新医学中心还拥有了自己的反应堆。

　　希尔兹·沃伦明确指出，（国家实验室的）系统性在布鲁克海文的生物医学研究建设中存在一些影响。他认为，多元化源于其他国家实验室项目中得到的知识。"所有的国家实验室里一直都存在这种趋势，即增加自己的设备使每个实验室都可以参与一些与其他实验室同类型的工作。"沃伦力劝布鲁克海文抵制这一趋势，并"发展一类与众不同的工作"。他在原子能委员会的员工"强调生物项目急需以特殊设施为中心，特别是反应堆和回旋加速器"。[64]

　　原子能委员会允许了国家实验室施展抱负，接受了生物医学项目，虽然实验室工作人员仍需与以下的声音做斗争——"原子能委员会的生物研究被认为是一种奢侈的工作，或是对诸如癌症治疗或细胞生物学等领域的侵犯"，同时，实验室工作人员也需要说服"预算局里多疑的代表们"。[65]就像布鲁克海文实验室的早期历史显露出来的那样，仅仅有野心是不够的；实验室科学家们必须用能力和成果去支持野心。1949年夏天，原子能委员会在向国会半年一次的汇报中，吹嘘自己积累的成果：放射性同位素示踪方面有伯克利关于血液体积与体内水分的研究，布鲁克海文关于血细胞的放射性铁和糖代谢中的放射性磷的研究，洛斯阿拉莫斯的B族维生素，以及阿贡用碳-14标记的有机物生物合成研究；所有的国家实验室都进行了遗传学项目，包括橡树岭扩展的小鼠项目；农业项目有诸如布鲁克海文的"伽马农田"，该项目用钴-60对农田里的植物进行辐照；生物化学项目研究了辐射对核酸、酶和血细胞的损伤；而癌症研究则有伯克利用磷-32治疗白血病和红细胞增多症，及阿贡将放射性砷用于白血病。[66]

和平工作

　　由于当时的政治格局提供了资源，原子能委员会才能允许生物医学的扎根和发展。原子能委员会向国会做了一次关于生命科学的汇报，以此回应公众和政府，并呼吁大家能够支持原子能的和平利用。[67] 1949 年，国会的原子能联合委员会对原子能委员会进行调查，期间，代表梅尔文·普来斯（Melvin Price）抱怨听证会上武器项目的报告太多了，他建议听一些关于"和平时期原子能应用"的报告。原子能委员会不得不整理了一份生物医学项目的总结报告，其中，1/3 的项目是基础生物研究，另外的 1/3 是基础医学研究——这与曼哈顿计划规定的 15% 规则相去甚远。联合委员会对生物医学项目表示了肯定，并抨击了之前拨款委员会削减生物医学项目预算的行为。[68]

联合委员会的态度与利连索尔的一致，后者发现生物医药"不像武器那样"，它是"一个相当有前途的研究主题"。斯特劳斯也持相同观点，他也很早就接受了和平时代利用生物医药的可能性，并在担任委员会领导期间，一直支持生物医学的和平使用研究。[69]而受到联合委员会批评的拨款委员会，相比其他项目而言，常常会优待生物医学代表，项目预算上也更为宽松。原子能委员会的生物医学员工扭转了戈尔代表的观点："之前的（项目）会让我感到害怕，但我们完成的这项惊人发现，改变了我的态度，我深深被其造福人类的可能性和潜力所吸引。"[70]这种情绪甚至影响了预算局：1948 财政年度中，预算局将原子能委员会最初的物理学研究经费削减了半数之多，剩余约 530 万美元；与此同时，生物医学的研究经费只削减了 8%，许可近 460 万美元。[71]

类似的举措延续到 20 世纪 50 年代。比如，1954 财政年度，生物医学项目在艾森豪威尔的预算局和拨款委员会的手下毫发无损，只有原子能委员会项目受到了这种保护。[72]当全国处于紧急状态时，生物医学项目变成了国家安全问题之一（其他安全问题还有中子与氚毒性、核辐射战争和放射性尘埃），和其他原子能委员会的项目一样，它们仍执行着沃伦赋予的职能，提醒人们，原子能"并不只是一种杀人的方式；……这种方式同样也能有效地帮助人类"。[73]《时代》周刊上一篇主题为"原子医药"的文章里，画了一幅约翰·劳伦斯和伯克利的汉密尔顿的图画，还配了一段华丽的辞藻："在蘑菇云笼罩的原子时代，危险步步紧逼人类，岌岌可危，黑暗中，名为'智慧'的祥瑞降下一道希望之光。自显微镜发明以来，陡然激增的放射性元素成为医学研究者们最重要的新武器。"更夸张的描述出现在一篇名为"科利尔"（*Collier*）的文章中，"原子奇迹：科学在一位女士的大脑中引爆了一个原子"，这篇文章讲的是布鲁克海文的科研专用反应堆和硼中子俘获疗法的内容。[74]

美国众议院拨款委员会不但容忍了原子能委员会提议的预算，更提供一笔额外的费用迫使原子能委员会进入一个它一直避免的领域，从而确保国家实验室内生物医学的研究现状。战后，癌症治疗重获美国人的关注，逐渐恢复的经济使他们开始关心起自己的健康问题，并有能力设立基金来确保健康。[75]1947 年春天，正当独立办公室的附属委员会在考虑原子能委员会的初步预算时，艾维特·德克森（Everett Dirksen）代表提起了癌症这一话题。德克森承认癌症对于他而言"有点神圣""有点像一场远征"。他指出，每三分钟就有一个美国人死于癌症，每年死于癌症的人数是珍珠港事件中死亡人数的 72 倍，"如果我们准备将几亿美元投入原子能领域来完善杀人的手段，那么让我们用这些钱中的一小部分来发展一种保护生命的方法吧。"德克森的同事们赞成他的说法：癌症研究"是一个'很牛'的点子，我们必须（为它）做些什么""放射性难道不是科学家们苦苦寻找的癌症治疗的唯一希望吗？"德克森建议将 5%～10% 的原子能委员会预算用于癌症研究比较合适，折算下来大约是 2 500 万美元，委员会批准了这一提议。[76]

众议院的举动迫使参议院拨款委员会和原子能委员会不得不恢复财政紧缩的状态。参议员克莱德·里德（Clyde Reed）提到国会已向国家癌症研究所提供资助，并正在考虑建立一个国家科学基金会，而美国癌症协会也大幅提高了自己的捐赠资金，他说："我不知道我们为什么都要把原子能委员会拉进癌症研究中。"利连索尔回答说，原子能委员会并没有要求也并不想要进行癌症研究，虽然"我们会去做国会想要我们做的事情"。他还补充道："即使不增加这些次要任务，我们的工作已经很繁重了。"斯特劳斯意识到，原子能委员会想要花完这2 500万美元可能有点困难。[77]参议员将预算减至500万美元，而原子能委员会开始想方设法去花掉这笔钱。起初，委员会只找到一些有价值的项目，这些项目仅花费了200万美元，其中1/5的经费是给国家实验室让它们为癌症患者提供免费床位；国家实验室外部的研究合同花去了大部分经费。然而，原子能委员会很快就发现，它能在国家实验室的内部研究中消化掉剩下的几百万美元，3/4的费用用于阿贡实验室，而剩下的用在伯克利和橡树岭实验室，还有在布鲁克海文、芝加哥和橡树岭建造癌症诊所。[78]

　　之后，国家实验室从这场抗癌战的战利品中获益良多。不久，有声音指责原子能委员会重复了其他机构的工作，同一个拨款委员会调整了经费，要让一切回归最初状态。作为回应，一些委员建议让癌症研究回归大学和其他机构。[79]在原子能委员会中，生物医学咨询委员会呼吁"人道主义责任"，委员亨利·史密斯主张"积极利用原子能"，这两种呼声压制了其他异议；而在国会中，就像有成员抱怨的那样："要拒绝议员提出鼓励癌症研究的请求，是件很困难的事情。"[80]州政府也计划着：1947年春天去一次克罗克和唐纳实验室，给加利福尼亚州州长——厄尔·沃伦（Earl Warren）一点激励，让他拿出大约25万美元用于支持加州大学系统的癌症研究；其中，唐纳实验室占最大头，它会在接下来的几年中回报更多。[81]

　　这种关于原子能和平利用的呼声让实验室的科学家和他们的支持

者们心存感激："公众对整个原子能项目的态度和支持，很大程度是受了布鲁克海文医学部门的影响。这是一种和平工作以及对人道主义的努力：对公众来说，这是一种很好的摆脱战争和破坏的方式。"[82]政策支持带来的资源很快使生物医学研究壮大起来，足以与其他项目（包括反应堆项目）平起平坐。在将反应堆集中在阿贡进行管理之后，温伯格想到了让橡树岭重返反应堆领域并建立一个新反应堆的理由："关于（建立）橡树岭实验室反应堆的动机问题已经和津恩讨论过了，和费米也私下提过。总的说来，生产同位素可能是建造反应堆最正当的理由了，尤其是在除了生物研究，其他项目提议的预算都被削减的情况下，反应堆生产同位素的应用主要被局限于生物医学领域内。"[83]

　　一直到 20 世纪 50 年代初期，政策上的支持稳固了国家实验室内生物医学研究的地位。1950 年 1 月，生物医学项目占阿贡（名义上是反应堆实验室）所有项目的 20% 左右，为物理研究提供的生物医学项目也占了相同的份额。[84]与此同时，伯克利实验室中生物医学项目占所有辐射实验室项目的近 1/3，而且到下一年为止，（生物医学项目）从原子能委员会获得的专款金额与 1947 年的相比，已经跳了一个数量级。伯克利实验室进一步从外部基金获益：1950 年唐纳实验室再次从州政府和私募基金那里获得的钱款相当于原子能委员会一半的预算。[85]1951 财政年度中，橡树岭实验室得到了 190 万美元的生物医学研究支持资金，这一数额比橡树岭自 1947 年以来最乐观的估计金额还多，它占了实验室总项目经费的 12%，同年，布鲁克海文将自己约 1/4 的研究项目都设成生物医学项目。[86]

　　尽管生物医学研究有很多的大型项目，诸如橡树岭的百万小鼠项目、布鲁克海文的医学反应堆和医学诊所建设，但大多数生物医学研究都属于小科学。由各个实验室递交至生物医学部的预算需求主要由许多小项目构成，而每个小项目需要耗费几个研究人员和大约 10 万美元（甚至更少）的预算。例如，1952 年，橡树岭生物部门将 160 万美元的预算以及 73 位科学家分配在 14 个项目中，其中最大的一个项目是百万小鼠项目，12 位科学家参与其中，26 万美元的预算被消耗掉。实验室的保健物理学部门更是划分出更小的项目。[87] 同年，伯克利将 160 万美元的生物医学项目预算和 67 位科学家分配在 23 个项目中，其中最大的项目占了 10 名科学家和 18.2 万美元的经费预算。[88] 布鲁克海文的医学项目也有类似的分配，只有李·法尔的硼中子捕获疗法项目兴许能称得上是大科学（该项目使用了反应堆），也只有医学中心和反应堆的建造，能引起除了原子能委员会项目负责人之外的华盛顿领导层的关注。[89]

生物医学科学家们的低姿态有助于他们继续在基础研究上向多元化发展。就像伯克利的约翰·戈夫曼（John Gofman）和哈丁·琼斯，他们有个开创性的项目是研究动脉粥样硬化的（动脉硬化的一种形式）。血清中脂蛋白的放射性损伤研究衍生出该项工作，它还与伯克利的癌症研究相关，并从州政府的癌症基金中获得了部分资助。通过一项对脂蛋白产生率和使用率的研究，戈夫曼假定，在动脉粥样硬化中，脂蛋白是导致动脉阻塞的元凶。该假说给心脏疾病研究带来了希望。在原子能委员会的支持下，戈夫曼很快又设立了一个单独的项目，该项目用离心机分离血液样本，包括辐射实验室志愿者的、其他捐赠者的，其中包括布鲁克海文患者的。[90] 然而，这个扩展项目与原子能委员会的使命不再那么有关联。沃伦想知道是否让国立心脏研究所接手这项工作会比较合适，即使戈夫曼和约翰·劳伦斯以项目中有放射性标记的胆固醇和磷脂为由，努力维持原子能委员会对该项目的支持。[91]

虽然沃伦十分保守，但他还是选择接受项目的多元化发展。伯克利的员工们遇到的困境是，"沃伦博士手下的员工在应该支持什么项目、支持到什么程度这些问题上存在很大分歧。在员工会议上，沃伦博士条理清晰地阐明，他个人觉得原子能委员会能够很好地承担起为一些好的大分子理化研究提供额外支持的工作，而琼斯博士和戈夫曼博士正在研究的项目中包括了这种研究。"[92]和癌症研究相似，沃伦对该项目的宽容可能是受了政策影响，以及受国会成员对心脏疾病的兴趣推动所致。戈夫曼安排测试了布莱恩·麦克马洪及其员工的血液样品，麦克马洪是美国国会联合委员会主席。[93]在拨款的听证会上，戈尔代表希望沃伦"能汇报一些心脏疾病治疗上的进展"，沃伦不得不汇报了戈夫曼关于胆固醇的研究结果。[94]

虽然戈夫曼得到了公共卫生署的资助进行临床研究，原子能委员会仍继续支持他的实验室研究，这足以让戈夫曼的项目在1952年间成为伯克利实验室最大的生物医学项目。戈夫曼回忆说："能够得到这样非常慷慨的资助对我来说实在是太好了。我得到了我想要的一切。"[95]可能有人会在小科学中找到相似的例子，小科学扩散至原子能委员会使命边界外的各领域中，弥漫进其他国家实验室的生物医学项目中。实验室的科学家们十分享受能在现有项目中自由地追寻有开发前景的项目，如果这些项目偏离了原子能委员会的使命，富有同情心的项目管理者们，会选择在自己的自由裁量权界线内，睁一只眼闭一只眼。随着时间的流逝，点滴扩散进新领域的小科学会汇聚成河，拓宽了实验室项目的多元化程度。日后在国家实验室中成为热点的分子生物学证明了这种可能性。

固态和材料科学（1954—1962）

固体物理学始于20世纪50年代，是一个由数个领域整合而成的独立学科，包括晶体学、磁学、晶体缺陷理论、金属与半导体物理学和固体量子理论。国家实验室是最早接受这个新学科的机构之一，尽管实验室之前可能已经接触过固体物理学（有时是通过一种混合的形式，其中还包括化学和冶金学；有时是将其作为材料科学）。[96]固态与材料科学之所以能在国家实验室里安营扎寨，一是由于它提供了新的研究工具（尤其是用于衍射和辐射损伤研究的反应堆中子束），二是实验室的项目也需要了解能耐受高辐射环境的材料。固态科学的项目唤醒了国家实验室内的学科交叉之风，但学科交叉的属性也使得这些项目的归属性变得复杂起来。

外部助力与内部需求

20 世纪 50 年代年间，总咨询委员会和原子能委员会对材料科学的需求逐渐增加。原子能委员会及其科学家们早就认识到反应堆燃料元件、反应堆慢化剂及反应堆冷却系统制造过程中的实际问题，因而促进了材料测试反应堆的建设。到 1951 年时，总咨询委员会已经接受了国家实验室进行基础研究这一事实，它建议最先进行研究的领域之一就是材料研究，这是它断定的反应堆项目中的瓶颈所在。[97]用于航空器和火箭推进器的反应堆处于高温、高辐射的环境之中，可用于这种环境下的现有材料少之又少。1955 年后，总咨询委员会继续支持材料研究，它认为比起生产硬件设备的应急项目，原子能委员会更应该关注对材料基本性质的长期研究。原子能委员会同意加速自己的项目。[98]直到 1959 年，原子能委员会已将研究部中化学、物理以及冶金领域的材料研究资助提升至每年 1 320 万美元，其中一半资金被分配进阿贡、布鲁克海文、伯克利和橡树岭四个实验室。相比于反应堆研发部投入到它自己的材料研究中的 8 350 万美元，这样的预算仍是相形见绌。这 8 000 多万中，大部分流入了国家实验室，而有一部分，按照研究项目管理者的话说，落入了"纯工程学与基础研究之间灰色区域的缝隙中"。[99]

　　华盛顿将材料研究纳入支持规划中，这将国家实验室拉进了该领域；而实验室科学家们认识到固态科学的潜力，这将推动他们于 20 世纪 50 年代间在国家实验室内建立起新的研究团队并不断进行扩张。橡树岭实验室是首个进行固态科学研究的实验室，它的项目一开始就涉及"固态研究"和"固体物理学"，其中包含了中子衍射和辐射效应研究。[100] 克利福德·沙尔（Clifford Shull）和欧内斯特·沃兰（Ernest Wollan）开展了中子散射的开创性研究（相关成果使沙尔在 1994 年荣获诺贝尔奖），同时，越来越多的人认识到"固体物理科学和核物理一样，是反应堆技术的基础"，这些情况促使橡树岭的科学家们决定加强这部分工作。橡树岭实验室计划于 1950 年建立一个固态科学部，在冶金学家提出要独立出一个机构去进行辐射损伤研究后，实验室改为在冶金学学科下建立一个固体物理研究所，1952 年，固体物理研究所最终成为一个独立的部门。[101] 1956 年，来物理部和化学部访问的委员们建议这两个部门也拓展一下固态科学方面的工作。接下来的一年中，橡树岭的固态科学项目规模增长至核物理研究的一半之多。[102] 1960 年，固态科学研究部已有员工 72 人，其中包括 57 名科学家，在接下来的一年内，实验室还将继续增设金属和陶瓷研究部。[103]

　　其他实验室也效仿了这一过程。布鲁克海文化学部和物理部的最初计划中就包含了中子衍射研究。[104] 物理部从阿贡聘请了唐纳德·休斯来开展中子散射研究项目，而化学部则试图在实验室反应堆项目里提升自己的地位，它资助了莱斯特·科利斯（Lester Corliss）和尤利乌斯·黑斯廷斯（Julius Hastings）的中子衍射研究。1950 年，物理部建立起一个固态科学研究小组，并于来年聘请乔治·迪耶纳（George Dienes）担任小组的领导，研究小组最初着眼于石墨放射性损伤（冶金部门也在进行这一问题的研究）。[105] 这个新生的项目受益于一项为期一年的访问交流——斯莱特（J. C. Slater）和他的学生们在 1951 至

1952 年间拜访了研究小组，霍沃思因此增加了对该项目的投入。[106]

为什么布鲁克海文要用正式员工去新建一个固态科学项目？原子能委员会之所以对石墨放射性损伤研究的兴趣极大，是因为它的反应堆都需要解决"维格纳病"（Wigner disease）问题，即在受中子辐射后，石墨晶格内会存储能量并引发爆炸。汉福德反应堆和布鲁克海文的研究用反应堆都饱受这一问题的困扰。1952 年，一个英国的生产反应堆突然发生储能泄露，更突显出这个问题。因此，迪耶纳和他的小组致力于通过高温给反应堆退火来解决"维格纳病"。[107]然而，反应堆问题并不足以解释实验室内部不断增长的中子衍射项目，研究用反应堆产生的中子束本来是要供访问学者们使用的。虽然中子束确实吸引了不少访问学者，但其中来自企业和军事实验室的学者要多于来自大学的，中子束也成为实验室中仅次于高能物理的第二大访问学者项目。[108]实验室内部的员工数目也在发展壮大，到了 1958 年，迪耶纳提出进一步扩大实验室规模。他似乎是出于实验室准则才这么提议的，即实验室需要各个潜在领域的代表，以便陪同项目中的访问学者，他说："布鲁克海文的员工有点太少了，无法满足所有重要活动的需求。"实验室准则建议："团队需要慢慢变得更加全面。"比如说，实验室拓宽项目领域，并容纳半导体、电子特性、晶体生长以及低温物理学。[109]

迪耶纳的接班人乔治·温亚德（George Vineyard）在几年后详细阐述了实验室的准则，以此建议"布鲁克海文的固态科学研究范围应当更广泛些""为了能够在某些领域中取得好结果，我们应当先确保其相关领域的发展。"温亚德补充说，为了让布鲁克海文实验室"有能力将最聪慧的年轻人吸引至固态科学领域，我们必须拥有一个相当大的项目"。他还暗示了项目中一些具有潜在应用价值的地方，例如加速器和气泡室中的低温剂，实验室物理部门的访问委员会也建议过超导电性的应用。[110]

　　虽然有这些支持固态科学学发展的言论，但仍有一些批判的声音认为固态研究似乎已偏离正轨太远。1954 年，原子能委员会的一个当地官员对布鲁克海文实验室的保罗·利维（Paul Levy）进行的伽马射线和中子晶体光学性质研究提出了质疑。利维提出了应用于放射性探测器的可能性作为回应。数年之后，布鲁克海文物理部门的主管塞缪尔·古德斯米特问道："非金属材料的放射性损伤研究是否还有必要作为布鲁克海文物理研究项目中不可或缺的一部分？"一位物理学部访问委员会的成员给了他肯定的答复。利维的计划得以保留，但又再次遭到质疑，这次是美国联合大学公司的理事会，他们中的一些人想知道既然大学和企业已经为固态科学研究提供了帮助，布鲁克海文实验室为什么还要支持这一学科。[111] 物理部门、实验室行政机构和理事会对于布鲁克海文高能物理的关注，可能导致了他们对固态科学的抵制行为。古德斯米特承认："我一直难以对一些固态科学工作进行评价。"他和实验室的管理者都漫不经心地用各种方案去重组物理部门，期望能同时安置高能和低能物理学。[112] 1961 年，温亚德被任命为物理部主管，固态科学在布鲁克海文实验室的研究地位才得到稳固，其应用前景也得以展现。

　　阿贡实验室的固态科学研究并未受到高能物理学家的抵制，令实验室的物理学家们十分懊恼的是，阿贡实验室的固态科学之路绕过了物理学部。1947 年，实验室最初的项目中就包含了一个化学部门名下的固态研究小组，该小组一开始是由奥利弗·辛普森（Oliver Simpson）领导的。这个项目从一开始就得到了很好的指导。当从德国逃亡出来的光谱学专家——彼得·普林斯海姆（Peter Pringsheim）经过芝加哥时，他已经超过 65 岁了，大学不会再聘请他，辛普森赶紧把他请来阿贡实验室，并将固态研究小组交由他领导。[113] 普林斯海姆决定从碱卤晶体中的色心开始研究，或是从辐射引起的晶体结构缺陷进行光学研究。[114]

色心研究需要用到紫外或 X 射线照射，因此看起来与原子能或大科学关系不大。辛普森认为这项研究有助于了解晶体辐射损伤的基本原理，同时也能将其应用于石墨研究，故批准了该项目。[115] 50 年代初，除了化学家，冶金部的西杜（S. S. Sidhu）将在铀反应堆 X 射线和中子衍射方面的研究转向更基础的晶体结构和磁性方面的研究。[116]

1959 年，化学部的固态研究组科学家人数增长至 15 名左右。辛普森不再满足于当前缓慢的发展状态。在实验室审查委员会对冶金学和固体材料科学的支持下，辛普森提议在接下来 5 年内扩大项目规模，员工增至 50 名，建立一个独立的固态研究部。[117] 这一建议说服了实验室主任诺曼·希尔伯里和实验室政策咨询委员会的其他成员，前者认为"在过去十年间，固态科学从本质上已成为一个专业的独立学科"。[118] 希尔伯里和委员会的成员一来担心辛普森会离开实验室，二来害怕在没能扩大项目规模和成立新部门前，招不到有实力的员工，此外，他们还注意到了原子能委员会对材料科学研究的支持以及筹集资金的可能性。因此，他们一致同意了这一计划。就在这个夏天，实验室从化学团队中独立出一个固态科学部门，一年之内，这个新部门的规模就扩大了一倍。[119] 如同布鲁克海文一样，阿贡也制定了陪护准则来保证多元化的发展：区域性的实验室仍然需要一个大的内部项目，就像物理审查委员会说的那样，因为"大部分所谓的使用者都还是新手，他们要在阿贡实验室工作人员的密切监控下才能开展工作"。[120]

固体物理学也吸引了洛斯阿拉莫斯科学家们的目光，他们一直在寻找能够替代武器研发的工作。最初，他们不得不说明为什么实验室需要一个固态科学项目。就像他们生物医学领域的同事在十年前做的那样，赞成成立固态研究小组的科学家们提出了一个反问句："实验室能够安于缺少这样的固态物理研究小组的情形吗？"一位员工这样评价："当前 1/3 的物理学研究和 9/10 的物理学应用都与固态科学相关。"既然洛斯阿拉莫斯这里有一个反应堆，它就应该承担一项中子衍射项目，而且，一项固态科学项目可以帮助实验室进一步多元化发展："随着实验室研究重心的转移，这个'固态研究'小组将会变得越来越重要。"[121]但是，洛斯阿拉莫斯的固态科学研究发展十分缓慢，一位不愿透露姓名的员工称"洛斯阿拉莫斯并没把固态科学看成一个物理学研究中的重要领域"，而固态科学研究也并未为其他研究组提供服务。[122]

因为洛斯阿拉莫斯的科学家们之前在加速器研究中成果斐然，他们一开始就将自己定位在"现在研究方向的最前列"。物理部门的巴沙尔（H. H. Barschall）认为"除了核能和高能物理，固态科学目前可能是物理学研究中最活跃的一个领域""洛斯阿拉莫斯是为数不多的几个大型物理实验室"，但是，"它几乎没有组织力量投入到固态科学研究中"。约翰·曼利赞成这一观点，他在洛斯阿拉莫斯进行一项加速器研究之时，将固态物理作为一种支持物理学的研究手段加以推动其发展。[123]曼利不断劝实验室要抓住"物理研究的……未来潮流"，但直到1978年，洛斯阿拉莫斯才在物理部门的中子研究小组之外，正式成立一个固态研究小组。[124]

伯克利实验室赶上了这波潮流。和阿贡实验室一样，辐射实验室的化学家们在固态科学研究背后推了一把。1955年，伯克利在固态科学领域的研究并不多，他们只关注了一些X射线晶体学、稀土元素和锕系元素的磁化率，以及重元素的热动力学。[125]最后一个项目源于利奥·布鲁尔（Leo Brewer）在热动力学和高温化学领域里的部分工作。50年代后期，在总咨询委员会工作的伯克利化学家肯尼斯·皮策为重元素项目提供了助力，在他的协助下，这个项目感受到了固态科学与材料研究的吸引力。1955年，原子能委员会要求伯克利的皮策、布鲁尔和温德尔·拉蒂默（Wendell Latimer）担任一个加速材料研究项目的顾问；1959年，皮策将总咨询委员会和原子能委员会仍对材料研究感兴趣一事告知了伯克利的同事们，作为回应，后者提议成立一个材料研究所。原子能委员会不负众望，于 1960 年批准了辐射实验室的提案。[126] 1962 年，在这个新机构建成之前，布鲁尔负责的材料研究项目就已经拥有 24 名研究人员和 44 名博士后，其规模超过了高能物理项目的一半之多；这个研究项目还吸引到了 86 位研究生，可见这个研究方向已有了与高能物理一比高下的声望。[127]

固体的材料，流体的边界

通过体制内的设备、人才和信息共享，固态科学项目不断壮大发展。1950 年，当布鲁克海文的研究用反应堆还在逐渐完善时，实验室的固态科学研究小组借用橡树岭的反应堆来启动并推进这一项目。[128] 1958 年，迪耶纳在洛斯阿拉莫斯度过了部分夏天，之后洛斯阿拉莫斯的员工为了快速启动他们自己的研究项目，很快就计划访问橡树岭的固态科学部。[129] 这些固态科学研究项目一旦建成，就会在其他国家实验室站点的帮助下进一步拓宽边界。比如，阿贡的团队从洛斯阿拉莫斯的工作中获得信息，并将其用于石墨和超导体中的穆斯堡尔效应研究中。[130]

人们逐渐认识到国家实验室的一大优势就是学科交叉，而固态科学研究则有效地利用了这一点。格伦·西博格在他担任原子能委员会主席期间，将伯克利的无机材料研究实验室打造成国家实验室中交叉学科研究的范例。[131] 一名阿贡的物理审查委员会委员也认为固体物理学的研究前景大好："也许只有这些需要高度学科交叉的领域，才是适合地方实验室的。"[132] 学科领域的互相交叉显然也给国家实验室带来了一些问题，即无法用设置传统学科的方法去判定交叉学科的归属。布鲁克海文的冶金学家和物理学家们致力于辐射损伤研究，随后核工程师们也加入这一研究，布鲁克海文的中子衍射项目中既有化学家也有物理学家。在橡树岭实验室，固态科学部、物理部和化学部的成员都进行着中子衍射项目，而冶金学家、反应堆工程师以及固态科学家们都在研究放射损伤和金属的表面性质问题。如橡树岭固态科学部的建立激怒了冶金学家们一样，阿贡相似的做法也引起了化学部、物理部和冶金部的不满。这三个部门都不愿意放弃这一项目及其相关工作人员。阿贡在命名新部门时有意识地回避了已有的学科名称。希尔伯里表示，"我们当然要选择固态科学，而不是固体物理学这个名字。"[133]

阿贡和橡树岭都认为新型交叉学科部门带来的收益远超出学科争议造成的损耗。如同阿贡的辛普森所言，"我觉得跨学科研究是一种很重要的、能将各学科融合在一起的方法，因此，我认为为其成立一个独立的部门很有必要。"[134]但传统学科的研究者们持反对意见：如果从物理学或化学部门的各种项目中抽调出一些研究人员至新的跨学科专业，这些研究人员的科研能力将会受到影响；如果固态科学的研究学者们仅仅是与其他固态科学研究组合作，他们可能就不会再与理化学家或者是研究穆斯堡尔效应的物理学家们互相交流了。因此，阿贡的化学和物理审查委员会成员们对建立一个固态科学部门可能导致的"分裂"现象提出谴责。[135]交叉学科形成过程中的归属难题反映了一种矛盾倾向：在拓宽传统领域的同时，交叉学科事实上又被限制在一个新的专业方向中。

国家实验室呼吁交叉学科能够将自己的工作与传统学术研究区分开来。但固态科学的发展在学术界引发了更多争论。1955年，原子能委员会研究部打算新建一个长期项目，即建立一个新的实验中心用于材料研究工作，他们想让国家实验室中的某个实验室的固态科学部门负责这一项目，这个实验中心可向不同的国家实验室分配任务，或者向大学求助。考虑到上述问题，成立了一个由8位科学家组成的委员会，其中5位来自大学，2位来自工厂，还有1位是研究部材料项目的负责人，委员会中并没有来自实验室的代表人员。不足为奇的是，大多数学术委员赞成在大学建立实验中心，用以培养所需的材料科学家。但总咨询委员会认为这一做法有些本末倒置，坚称原子能委员会应支持国家实验室进行材料研究工作，而不是去建立新的大学研究机构。[136]

　　总咨询委员会的反对使得这一计划被搁置至 20 世纪 50 年代后期。与此同时，物理学家约翰·威廉姆斯对原子能委员会研究部的发展方向提出了建议，他曾经帮助中西部大学与阿贡竞争加速器项目。1959年春，联邦科学技术委员会成立了一个材料研究委员会，由威廉姆斯担任领导，委员会成员都是对材料研究有兴趣的不同联邦机构的代表，他们建议在大学里建立跨学科的材料研究机构以增加科学家人数。威廉姆斯取消了在阿贡为固体材料科学研究建楼的计划，转而将上述建议转化为原子能委员会研究部的行动。[137]

　　然而，原子能委员会本身并不像其研究部主任那样热衷该计划。原子能委员会认为该计划脱离了"政府控制，承包商实施"的实验室政策。因为委员会出资建造的所有设备事实上都会成为大学资产，重新分配或者利用这些资产的可能性小之又小。而且，与外包项目不同，原子能委员会需要为所有设施付钱，这就等于同意提供长期资助。原子能委员会没有在大学建设加速器装置的先例，譬如斯坦福直线加速器或者位于艾姆斯的爱荷华州立大学材料研究实验室。[138]虽然预算局找到了先例，但他们仍然不想让原子能委员会的经费成为"满足大学实验建设需求的资金来源"。预算局对固体材料科学的反对给了原子能委员会一个借口，从而规避来自联邦科学技术委员会的压力，它背后有总统科学咨询委员会和国会联合委员会站台。[139]预算局本可以指出，伯克利是原子能委员会所属设备在大学运行的一个先例。伯克利的混合身份得天独厚，在现有的框架体制内，它和大学间的合作能够满足国家实验室对新人培训的需求，这将助其成为该计划所需的一处选址。

　　这一事件说明，想在美国科学的社会生态中实现国家实验室的多样性仍需要不断做调整，也说明多样化发展的一个普遍结果是：国家实验室正在向大学或其他政府机构垂涎的领域扩展。在此情况下，和其他政府机构合作不失为一个解决方法。除 NASA 外，国防部也对材料科学有着极为浓厚的兴趣。国防部的高级研究计划局（ARPA）在1960年为材料研究提供了 1 700 万美元的经费支持，其中大部分给了大学机构。原子能委员会只向伊利诺伊州的学术机构提供少量资金，但 ARPA 资助了这些学院。[140] 这一解决方案让各方都很满意。因为苏联发射人类第一颗人造卫星"伴侣号"之后，随着可用资源的增加，一场非零和的博弈解决了难题。

　　各大学进行固态科学研究的方式说明，固态科学不是一类大科学。虽然固态科学研究需要使用反应堆中子束，并且可被应用于反应堆设计，但它仍然以小型团队和小规模预算项目的形式开展。以1958年财政年度的橡树岭物理研究项目为例，实验室预算将项目分成几个部分，它们分别是中子衍射与低温、核能、固体物理学，高温、结构化学和化学腐蚀，及冶金和陶瓷的数个项目。在被粗分为固态科学相关的约10个项目中，规模最大的是固体辐射损伤研究。这个项目包括了13位科学家和45.5万美元预算，剩下的项目则有5到6位科学家以及将近10万美元的预算。[141] 原子能委员会的项目管理者将这些小项目合并进部门预算之前会进行审查。虽然阿贡和橡树岭都有为固态科学项目准备的建筑计划被预算官员推迟或取消，但这些举动也只是限制了扩展空间，不会限制研究计划的广度。

　　尽管上层只对设施的重复性提出过疑问，但从未质疑过科研项目的多样性，实验室科学家们仍然可以使他们的小规模科研项目尽可能多样化。多样的选择既可能是来自项目管理者的建议，也可能是源于他们自己的非正式合作和避免重复产出的想法。比如，布鲁克海文和橡树岭早就建立了中子散射项目。橡树岭的沙尔和沃伦都使用与晶体中晶格距离同量级波长的中子做弹性散射实验，并根据中子散射方向获得晶体结构信息。当布鲁克海文的唐纳德·休斯研究小组进入这一领域时，使用的是慢速非弹性中子散射，这种情况下中子会将能量转移至晶体晶格中。散射中子的能量谱阐明了晶格动力学。这两个项目的不同重点——橡树岭用弹性散射研究晶体结构而布鲁克海文用非弹性散射研究晶体动力学——贯穿 20 世纪 50 年代。[142]

第四部分

尾声和结语

8. 尾声（1962—1974）

随后发生的事情证实国家实验室的多样化发展是明智之举。约翰逊总统对越南战争和"伟大社会（The Great Society）"的追求以及太空竞赛，导致实验室的经费和人员停止扩增。与此同时，实验室最初的使命也在缩减。《禁止核试验条约》（*The Limited Test Ban Treaty*）限制了核武器项目的进行，当时的核武器项目早已从创新研发转向了小型化和定制化。20 世纪 60 年代初，市场中流行着所谓的"核电建设潮（bandwagon reactor）"，在此形势下，反应堆研发加速向工业应用转型；同时，支持核火箭推进研发的军事和政治力量也逐渐分崩离析，大型项目全部终结。在高能物理领域，费米实验室的新型单功能设施结束了多项目实验室的主导地位，而在个别大学和工业企业的研究型反应堆仍在增多。为了应对这种情况，实验室开始寻找新项目和新资助。例如，柏林和古巴危机后，以及 20 世纪 60 年代初洲际弹道导弹（ICBM）部署后的民防系统；1962 年蕾切尔·卡森（Rachel Carson）《寂静的春天》（*Silent Spring*）出版后的环境研究；以及 20 世纪 70 年代早期能源危机时的替代能源研究。多样化发展加之能源危机，原子能委员会作为原子能监管者和推进者的双重身份被广泛质疑。最终后果很严重：1974 年末，原子能委员会卷铺盖走人了，国家实验室发现自己开始为一个新的联邦机构——能源研究与开发署（Energy Research and Development Administration，ERDA）工作，该机构于 1977 年被划入美国能源部（Department of Energy）。

正如原子能委员会从战时实验室演变而来（实验室创新科技的同时也会带来政治问题，因而推动了原子能委员会的产生），能源研究与开发署和能源部也以相类似的方式来源于多样化的原子能委员会。监管问题原本可以不借助新的机构来解决。1974 年成立的核管理委员会（Nuclear Regulatory Commission，NRC）本可以保全原子能委员会的促进作用。核能并不被视为解决能源危机的简便之法，还存在安全和废料处理问题，美国民众更注重寻找其他新能源和环境保护。然而，联邦政府新瓶装旧酒，将原子能委员会变成了能源研究与开发署和能源部，而不是建立一个新机构来解决能源危机。多元化的国家实验室系统已对能源危机做出响应，使新机构全盘接手各实验室及其母机构成为可能。

框　架

系统附属物

实验室系统并非一成不变。战后布鲁克海文和伯克利一同加入了国家实验室系统，利弗莫尔则在 6 年后成立。原子能委员会则在限制系统的人员数量，拒绝在加利福尼亚州南部、得克萨斯州和大西洋中部沿岸各州设立区域实验室，也拒绝让其他地区的现有实验室逐步加入实验室系统。但国家实验室并不是唯一多样化发展的实验室。原子能委员会的生产和工程实验室主动地或在政策的支持下，将项目类型拓展至科研领域，试图敲开实验室系统的大门。

　　但实验室系统并不欢迎新成员。原子能委员会断然否决了战后汉福德的初步计划，拒绝增加用于基础研究相关的项目和设备，他们认为"将汉福德建设成另一个国家实验室是不明智的"。[1]从洛斯阿拉莫斯国家实验室分离出的桑迪亚武器工程实验室最初采纳了研发部门领导的意见："真正的基础研究可能是十分模糊和抽象的，而且在多数情况下是无用的。"但到了1956年，桑迪亚的科学家们要求进行一个针对核辐射对武器部件影响的内部研究项目，并于次年建立了一个物理研究小组。[2]然而，当桑迪亚的科学家们在核试验暂停期提议扩大基础研究规模时，原子能委员会的总咨询委员会拒绝了他们的努力并称其"令人担忧"。[3]不久，坚持不懈的汉福德和原子能委员会在萨凡纳河的生产设施机构提出了研究项目。总咨询委员会敦促原子能委员会"坚决拒绝花费大量资金来建立新的多功能实验室"。[4]几年后，到了1963年，汉福德、萨凡纳河和爱达荷州反应堆测试站提出，他们可以承担一些教育功能，原子能委员会职员则认为"这些都不是多项目实验室"，总咨询委员会担心如果接受汉福德计划或其他计划可能是变相鼓励它们"成为国家实验室"。[5]

　　高层的政治决策对国家实验室的特殊地位带来挑战。到1960年，综合核产能达到顶峰，50年代初预定的新设备现已投入运行，每年可赶制相当于70兆吨当量的铀、钚和氚，足够制造5 000个核弹头。[6]与此同时，洛斯阿拉莫斯和利弗莫尔已满足军队对多种核装置的需求，从战术炮弹到百万吨级导弹弹头。[7]1964年1月，约翰逊总统在他的国情咨文演讲中宣布减少核材料生产，包括关停汉福德反应堆。在当地居民的提醒下，原子能委员会意识到华盛顿州的里斯兰社区是一个依靠汉福德的单一型工业城镇。因此，原子能委员会选择使项目朝多样化发展，而不是缩减汉福德的项目。[8]

重组的实验室现更名为太平洋西北实验室（Pacific Northwest Laboratory），1965 年启用，拥有员工 1 800 人，预算 2 000 万美元，相较现有的多项目实验室规模更小，致力于核燃料的循环利用，包括反应堆工程和废料处理，以及核能对健康和环境的危害，因此引入了放射生物学、癌症研究、海洋生物学、气象学和生态学。[9] 新的承包商，同时也是巴特尔纪念研究所（Battelle Memorial Institute）主任，作为新领导小心翼翼地在几个实验室间周旋，试探性地向温伯格提出："一个十分粗浅的非正式建议……太平洋西北实验室应当要求转为国家实验室。"[10] 但直到原子能委员会将实验室系统移交给能源研究与开发署，太平洋西北实验室也未能成功获得"国家"的头衔，但它已经跻身多项目实验室行列。在这些实验室中，阿贡、布鲁克海文和橡树岭是名义上仅存的"国家"实验室，而洛斯阿拉莫斯、伯克利和利弗莫尔仍然没有这个称号。原子能委员会于 1973 年继续将桑迪亚归为工程发展实验室，就像诺尔斯（Knolls）和贝蒂斯（Bettis）一样。[11]

太平洋西北实验室地位的提升，显示了国家实验室系统中地方社区和政治代表持续增长的利益和影响力。国会代表学会了将大型科学项目看作是一块实实在在的大肥肉，尤其是 1963 年联合委员会获得了批准原子能委员会拨款项目的权力之后。[12] 20 世纪 60 年代中期，实验室强烈游说新型高能加速器研究，其潜在好处十分明显，将当地商会、州政府和受影响的国会选区代表带入科学政治。呼声最高的是在 20 世纪 50 年代中西部大学研究协会（MURA）与阿贡间的争端中怀有积怨的中西部政治家和科学家。当年的争端以阿贡得到零梯度同步加速器，而中西部大学获得进入阿贡的访问权而告终。俄亥俄州州长詹姆斯·罗德（James A. Rhodes）在关于费米实验室选址的讨论中表明其态度："我们长久以来受到歧视……我们不是想从这里索取什么，我们拥有所有权。"[13]

政治赋予的所有权帮助中西部大学研究协会赢得了国家加速器实验室，也就是后来的费米实验室。就在汉福德和桑迪亚的生产和工程设施试图从一个方向进入国家实验室系统时，高能物理领域的新研究设施试着另辟蹊径。斯坦福直线加速器中心（Stanford Linear Accelerator Center，SLAC）和费米实验室继续获得原子能委员会对单功能加速器实验室的支持，但现在新设备的性能已达到并超过多项目国家实验室的加速器。太平洋西北实验室和费米实验室重新定义了国家实验室的概念。太平洋西北实验室承担了更多的研发工作，从总体上也更加说明这样的管理模式开始被接受，即实验室既是地区的也是国家的，即使他们的既定目标已完成，联邦政府仍会维持实验室的运行。单功能费米实验室将国家实验室的定义扩大至多功能实验室之外，强调为访问者提供设施是"国家"这一称号的核心意义。新型机构中与以往截然不同的项目的增加，使得原有实验室之间的联系更为密切。

管理干预

随着实验室系统的发展，监管实验室的官僚也在增长。实验室科学家们对行政监管多有抱怨，在他们看来这就是吹毛求疵，并且这种情绪也在随着实验室的发展与日俱增。诸多因素促进了官僚化。越来越多的管制源于持续的行政压力和国会预算审查员对细节的追求，对此，原子能委员会最多只能抗拒而无法减少。为了应对"核电建设潮市场"下对反应堆的监管，反应堆开发部愈发指手画脚。1964年，原子能委员会任命米尔顿·肖（Milton Shaw）领导该部门，他是海军上将海曼·里科弗（Hyman Rickover）在核海军部门中的属下。肖采用了里科弗的处事风格，对华盛顿的反应堆项目实施集中化管理，实行严格的监管和控制。

其他在早期享有一些灵活性的项目也越来越集中化。例如，1966年左右开始实施的核聚变转变成为一个受到原子能委员会职员和华盛顿委员会更多监管的"项目"组织。[14]1968年，在原子能委员会新成立的计划与报告部门的职员会议上，阿贡的官员控诉"原子能委员会似乎在缩紧领导工作，并且给实验室的主动权和自由度也越来越少。"[15]生物医药项目经理在1973年警告各实验室主任："未来你们的活动将会受到更严密的监督，你们的产品将会受到更严格的审查，也会达到你们未曾经历过的深度介入。"对此方案的回应包括将原子能委员会地区业务处重新安插在实验室与华盛顿项目办公室之间，因此也抵消了1961年重组的一个主要成就。[16]在越来越多的行政化推动之下，这些特定因素都反映出责任制这个日益普遍的政治潮流。该趋势在这一时期推进迅速，除财政、合同和采购控制外，实验室开始应对新的环境、职业安全和机会均等规则。

这段历史时期有另外三种特征——电子计算机技术、系统工程管理技术和整体技术官僚趋势——都集中体现在国家实验室的管理中。20世纪60年代初，原子能委员会采取的措施之一是计划评审技术（Program Evaluation and Review Technique，PERT）的计划流程。该技术诞生于1958年，目的是管理海军的北极星导弹系统（Polaris Missile System）研发。[17]它包括项目每一步的详细计划，考虑了项目在成本和进度等多方面的反馈影响。计划评审技术及类似系统保证了效率，以及北极星计划巨大的成功，这说服了联邦政府将它们扩展应用到其他机构，包括1962年应用到原子能委员会上。[18]

新的管理技术包括复杂网络计算，及依赖于商业公司供应的数字电子计算机。对计算机技术的需求是因为技术越来越复杂。1959年的一篇兰德报告（RAND Report）强调了武器研发项目的预算超支和进度缓慢问题。到 20 世纪 60 年代初，预算审查员开始将重要的军事和航天项目的预算增加了两到三倍。[19]原子能委员会的大型项目也同样超额严重，譬如布鲁克海文的交变梯度同步加速器最终花费 3 100 万美元，超过最初 2 000 万美元的预算。

新技术与科学管理的大趋势之间产生了共鸣，科学管理的概念最初因 20 世纪早期弗雷德里克·泰勒（Frederick Taylor）和其他美国社会工程师的管理技术的兴起，并在 20 世纪 50 年代末至 60 年代达到顶峰。[20]运筹学的定量技术在"二战"期间发展起来，并在"管理科学"出现的 50 年代进入工业领域，它将数学方法和电子计算机处理能力应用于商业管理。20 世纪 60 年代，罗伯特·麦克那马拉（Robert McNamara）和他的"灵光小子（Whiz Kids）"领导下的国防部技术官僚方法证实了理想化的理性管理。[21]计划评审技术的出现也诠释了相同趋势，它在国家实验室的应用表明科学已变得庞大和复杂，需要工业化的管理技术。[22]洛斯阿拉莫斯将计划评审技术应用于自己的介子物理所（Meson Physics Facility），阿贡则在零梯度同步加速器的最后建设阶段，同时应用了计划评审技术和关键路径法（Critical Path Method，CPM）。洛斯阿拉莫斯准时完成了直线加速器，花费仅比预算多了几个百分点。但该技术没能阻止阿贡的零梯度同步加速器的花费达到最初预算的两倍。[23]

实验室主任俱乐部的回归

实验室主任俱乐部从 20 世纪 60 年代到 70 年代一直存在。这些聚会引发了对原子能委员会的"技术和行政'控制'新方法"的"一种相互同情的感觉"和"无用却兴许有趣的讨论"，但没什么积极的成果。[24]直到 20 世纪 70 年代早期，1961 年的重组已经在后视镜中逐渐远去，实验室主任们又可以抱怨"与原子能委员会的关系越来越官方和疏远……实验室和原子能委员会高层间的联系好像减弱了"。老问题采用老办法解决：温伯格再次用他的提案来授予实验室主任公务上的责任，并由此将"实验室主任俱乐部从一个散漫的社团组织转变为一股真正的力量"。[25]

20 世纪 70 年代初，人员代际更替的同时，管理问题也越来越多。曼哈顿计划中的强大人物逐渐从银幕上消失，实验室的早期领导者开始流失。1970 年，诺里斯·布拉德伯里退休，结束了 25 年的洛斯阿拉莫斯临时主任工作。1972 年末，阿尔文·温伯格被橡树岭辞退，他对反应堆发展的观点让他与反应堆项目员工和联合委员会国会议员日益不和；1972 年，在做了 11 年布鲁克海文主任后，莫里斯·戈德哈贝尔（Maurice Goldhaber）退休；而在 1973 年，埃德温·麦克米兰在继任劳伦斯 15 年后离开了伯克利。实验室主任们的继任者身份显示了项目方向的转变：布鲁克海文并未选择核能或者高能物理学家，而是选择了固体材料物理学家乔治·温亚德来继承戈德哈贝尔，伯克利则在 1980 年选择了材料科学家大卫·谢利（David Shirley）来接替加速器物理学家安德鲁·舍施利（Andrew Sessler）的主任职位。

主管人员更替同样发生在华盛顿。1971 年，格伦·西博格在做了 10 年委员会主席后辞职，由兰德经济学家詹姆斯·斯勒辛格（James Schlesinger）继任主席。新的年轻面孔开始出现在总咨询委员会，同时展示出学科多样化。在 20 世纪 60 年代早期，总咨询委员会成员只来自物理学家和工程学家。1964 年，第一位生物学家约翰·博格（John Bugher）加入了委员会。在 20 世纪 70 年代，土木工程师、植物学家、经济学家、政治学家和财政家也开始加入。[26]鉴于他们在原子能委员会和总统科学咨询委员会所担任的职能，20 世纪 60 年代或许是战时领导者们最后的权力巅峰时间，也是他们所支持的实验室体系自治最后盛行的时间。

环　　境

社会压力

实验室在 20 世纪 60 年代的十年规划中提出的快速扩张并未发生。利弗莫尔在 1965 年减少了 9% 的预算。同年，洛斯阿拉莫斯则稍减少一些。在接下来的几年中，伯克利和布鲁克海文的预算基本维持原来水平或稍有减少。数额不变的资金无法维持实验室的运营。20 世纪 60 年代后期，美国的通货膨胀自 1951 年以来首次超过五个百分点。[27] 橡树岭眼睁睁看着预算的价值在 1965 年至 1970 年间缩水近 25%。[28] 结果，实验室不得不裁员，这对某些实验室来说还是第一次。整个过程因为没有终身职位而进行得相对顺利。橡树岭的职员数从 1968 年的 5 500 人锐减到 1973 年的 3 800 人，减少了 30%。阿贡也在这一时期采取了类似的裁员行动。[29] 新的财政环境在国家实验室内产生了一种危机感，科学家们对实验室能否获得联邦的长期承诺失去信心，时刻警惕新一轮的裁员。

预算压力来自外部环境变化。越南战争和约翰逊的"伟大社会"转移了原属于核能研究的资源。对于仍用于科学技术的资源，载人登月计划占据了很大一部分。随着太空竞赛的到来，核科学开始衰落而火箭科学开始兴起。太空物理取代了核物理，成为预算支持的新热门领域。NASA 的成长并非完全以牺牲原子能委员会为代价，国家实验室也继续为航天机构工作。但是，在时代的大势下，原子能委员会邀请 NASA 员工到橡树岭、汉福德和萨凡纳河国家实验室，看一看新兴太空项目是否能振兴逐渐萧条的原子能项目。[30]

实验室也在与美国社会中反科学的大趋势抗争。这源于 20 世纪 60 年代的反主流文化运动、反越战，以及对技术官僚政府的人文主义批判。针对军事用途和环境危害的批评主要集中在核武器和反应堆技术上。[31]国家实验室因此自然成为抗议的目标，但偏远的地理位置、安全性管制下的访问限制，以及实验室经济在地方经济中的独立性，保护了实验室免受公众示威的影响。温伯格在1969年访问波士顿后表示："我们在橡树岭就像生活在受庇护的科学安乐乡，并不知道受困的大学科研人员正面临着什么。当本想走进高校中心去参加一个例行科研会议，撞见的却是科研机构与愤怒的年轻人的全面对抗，这多令人震惊啊。"[32]但相对容易抵达的实验室也遭受了反对性示威——尤其是利弗莫尔成为了游行示威反对加州大学管理核武器研究的目标。抗议最终迫使加州大学于1971年将利弗莫尔从伯克利分离出去。[33]

将实验室隔离保护并不能使之免受自己员工的激进行为。布鲁克海文主任戈德哈贝尔批准了1969年10月15日反对越战的全国性游行示威中一个抗议活动。尽管限制在实验室内，但抗议活动还是集结了很大一批反战积极分子，来对抗一群激烈质问者和相继而来的激进分子。实验室的自由激进分子和周围社区的政治保守主义者产生了摩擦。一名当地居民在写给尼克松总统的信中说道："各派别的民主党人正影响着共和党的长岛……请纠正这种情况。"[34]抗议者们也因此将实验室内部划分成移民科学家与本地辅助职员。其他时代问题也在实验室显现，包括种族和两性关系。比如，阿贡启动了一项积极的平权运动，但仍旧没有达到原子能委员会制定的招聘少数族裔员工和向女性支付平等薪金的新标准。[35]

美国政治系统必然使广泛的公共运动直接或间接地影响实验室。布鲁克海文主任乔治·温亚德认为，公众对专家尤其是核能科学家们的不信任，导致了华盛顿的监管加强："正因为公众对技术问题的担忧与日俱增，已影响到国会和联邦机构，来自上面的监管才愈发严格。"[36]

项目压力

20 世纪 60 年代建立国家实验室的初衷——发展核技术，为外部用户提供大型、昂贵的设备——紧迫性逐渐降低。从武器和动力反应堆到研究反应堆和高能加速器，首要项目面临的压力会激励实验室寻找次要项目。

武器　武器项目在 20 世纪 60 年代进入新阶段。1963 年的《部分禁止核试验条约》束缚了新设计的开发工作，即便实验室仍可将武器测试转入地下。新武器设计的测试越来越少：如洛斯阿拉莫斯的达罗·弗罗曼所言，在氢弹引发的核武器革新之后，武器设计成为一种"进展缓慢且改进不显著的饰品——类似汽车产业"。利弗莫尔的设计师们对设计出"清洁"炮弹和原子手榴弹的可能性更为乐观，但军方和洛斯阿拉莫斯的职员对此并不热衷。[37] 肯尼迪政府将国家安全政策调整为灵活反应策略，这在一定程度上降低了对核武器的依赖，也因此减少了对国家实验室的需求。[38] 以当前和考虑通胀后的美金计算，在原子能防御项目上的花费在 1960 年左右达到顶峰，之后一直在下降，直至 70 年代中期。20 世纪 60 年代后期，只有一款新式弹头被大量储备，这与过去每年有数款的情况大相径庭。[39]

在将原子能委员会重组为能源研究与开发署的计划中，包括将武器实验室转入国防部的讨论。[40] 但这一可能性也仅限于讨论，也许是认识到这些所谓的武器实验室投入大量精力进行非武器工作。对新型武器设计的需求下降，促使武器科学家们去寻找新的研究方向和新的赞助方，虽然他们也没有完全放弃武器研究。冷战中期，美国对核武器的投入保证了武器科学家一直有工作。在洛斯阿拉莫斯，更有利弗莫尔，其职员们不断探索一些新的问题，包括增强和抑制辐射的设备。[41] 但是军事应用的预算并不一定随新型武器需求量缩减而相应削减。比如，实验室开展了几个成果丰硕的激光项目。1961 年，利弗莫尔实验室的武器科学家雷·基德尔（Ray Kidder）试图应用新开发的激光来模拟热核爆炸。几年后，利弗莫尔实验室的约翰·卢克尔（John Nuckolls）和罗威尔·伍德（Lowell Wood）开始将激光用于受控热核发电，洛斯阿拉莫斯的肯思·博伊尔（Keith Boyer）也进行了同样的尝试。和往常一样，两个实验室使用了不同的研究方法：利弗莫尔使用钕玻璃激光（1 060 纳米短波长）；洛斯阿拉莫斯使用二氧化碳气体激光（10 000 纳米波长），比利弗莫尔的激光提供更多能量，但等离子体更不稳定。在 20 世纪 70 年代初期，利弗莫尔实验室和洛斯阿拉莫斯实验室开始研究将激光用于分离制造武器和反应堆材料的同位素，也是采取了不同的方法。[42] 利弗莫尔实验室的激光研究工作最终引发了 20 世纪 80 年代的 "星球大战"。另一个例子是洛斯阿拉莫斯实验室的 "船帆座" 号项目（Vela program），项目包括了卫星和陆基大气核试验探测器，用以落实《部分禁止核试验条约》。[43]

换言之，洛斯阿拉莫斯实验室和利弗莫尔实验室在军事应用方面的多样化使得寻找新的赞助者不再重要。而其他项目的取消，尤其是核能火箭项目，让计划性项目的重点回归到了武器研究上。因此，到 1973 年，武器项目的资金来源占比在洛斯阿拉莫斯提升至 68%，在利弗莫尔提升至 80%，但这不只包括核武器设计。[44] 在所谓的武器实验室的项目中，军事应用以外的研究仍占 1/5 到 1/3 的份额。

反应堆　核反应堆的需求没有衰退，反而达到新的高峰。1962 年 1 月，仅有 3 个反应堆在运转发电，而到了 1965 年 1 月，有 14 个在美国和波多黎各运行，另有 5 个在建设中，还有 3 个处于筹备阶段。[45] 需求来自公用事业，需要的不是尖端研究，而是现有设计的建设。需求还来自一个政治联盟，它将快中子增殖反应堆作为未来的规划，并力求快速实现。

由于轻水反应堆在 20 世纪 60 年代初的产业化转型十分成功，原子能委员会指望将增殖反应堆作为新一代反应堆，因为增殖反应堆不仅能产生低廉的能量，甚至还能生产供自身工作的燃料，可以看作是一种核永动机（perpetuum mobile）。增殖反应堆工作时，在裂变反应堆燃料周围包围着非裂变钍-232 或铀-238，它们可以从反应堆中心获取中子来产生铀-233 或者钚-239。原子能委员会赋予了增殖反应堆最高优先权，并让阿贡实验室主要负责，命名为"液态金属燃料增殖反应堆（LMFBR）"项目。这一任命祸福参半。一方面，它帮助阿贡实验室重新获得在能量反应堆开发项目中的领先地位，这是在 20 世纪 60 年代为数不多的获得预算提升的项目之一，它有助于抵消其他领域的预算减少，并缓和了裁员冲击。另一方面，阿贡实验室是否应该继续将长期研究目标放在比当前开发项目更重要的位置上，米尔顿·肖与原子能委员会的反应堆职员发生了意见冲突。20 世纪 60 年代末的数年间，肖持续不断地要求阿贡建立更多的学科类型，更加严格地问责，并要求更快速地得到结果。[46]

增殖反应堆紧急项目再次让动力反应堆项目受到集中化的压力。在国会联合委员会的意志驱动下，集中化的向心力量与将反应堆工作分散到洛斯阿拉莫斯和布鲁克海文的离心力量对抗。20 世纪 50 年代，布鲁克海文已经在液态金属燃料应用领域居于领先，而且直到 60 年代都在持续进行反应堆研究，尽管是基于热中子增殖反应堆而非快中子增殖反应堆。然而，肖将布鲁克海文视为"一个乡村俱乐部"，并最终取消了它的动力反应堆研究工作。[47]洛斯阿拉莫斯的处境更好一些：在 20 世纪 60 年代中期，实验室将自己的项目调整为高温、熔融钚反应堆，以便应用于 LMFBR 项目，而且就在肖申斥阿贡的时候，洛斯阿拉莫斯的科学家和工程师的表现赢得了原子能委员会反应堆职员的赞扬。[48]而阿贡本身并没有像 1948 年成为中央反应堆实验室那般渴望成为 60 年代增殖反应堆发展的单功能实验室，而是试图保持多项目的状态。[49]

因此，尽管原子能委员会指派阿贡实验室为 LMFBR 的项目中心，但其他实验室也加入了这一工作，原子能委员会将快通量试验反应堆的开发工作由阿贡转移至太平洋西北实验室。与此同时，橡树岭走上了一条并行的道路。在 1961 年肯尼迪总统取消了飞机核推进（aircraft nuclear propulsion，ANP）计划后，橡树岭的工程师们将其熔盐技术应用于增殖反应堆。1965 年，他们开展了一项使用熔融氟化铀和氟化钍作为燃料的增殖反应堆实验，其增殖是由热中子而非阿贡 LMFBR 项目中的快中子产生的。在获得有前景的结果后，橡树岭提议扩大设计规模，但肖对阿贡反应堆的重视使得熔盐反应堆计划逐渐式微，仅靠有限的资金撑过 1969—1973 年这段时间，直到原子能委员会将其从苦难中解脱。加之 1966 年被终止的气冷反应堆（gas-cooled reactor），橡树岭未留下任何一个大型反应堆项目。然而，橡树岭反应堆工程师已经在此期间加入了 LMFBR 项目，而 LMFBR 项目在熔盐项目逐渐缩减时却在实验室发展壮大。去集中化再次占据上风：原子能委员会最后的举措之一是在橡树岭的科林奇河对 LMFBR 项目进行全面演示，该决定得到了橡树岭和阿贡的共同支持。[50]对核安全性越来越多的担忧日后将搁置并最终终止科林奇河工厂的运作。但无论如何，核反应堆从研发转型到生产，从实验室转型成工厂，以及公众对核能越来越激烈的抗议，都预示了国家实验室反应堆开发的不稳定状态。

大型设备　国家实验室的另一项主要任务——供应大型设备，同样面临着未来的不确定性。实验室最初配备的是研究用反应堆，之后在个别大学和工业公司中不断增多，并且大学不断侵蚀着国家实验室系统在高能加速器领域的主导地位。斯坦福直线加速器中心（SLAC）的 200 亿电子伏直线加速器于 1967 年上线，能量可以匹敌布鲁克海文的交变梯度同步加速器（AGS）。而 MURA 和一个以加州理工学院为中心的新大学团体极力争夺建造新一代高能加速器的权利。1962 年，总咨询委员会和总统科学顾问委员会召集了一个联合小组，由哈佛大学诺曼·拉姆齐担任主席，因此也称为拉姆齐小组。联合小组就美国的高能加速器项目政策谏言，在 1963 年 4 月的报告中建议立即建造一个 2 000 亿电子伏质子同步加速器，之后再建造一个 6 000 亿—1 万亿电子伏的加速器。联合小组批准 1948 年的加速器协定生效，当时设想让伯克利建立第一台加速器，布鲁克海文实验室建立第二台。[51] 而政治干预随之而来，中西部科学家和政治家的强烈抗议，导致 2 000 亿电子伏加速器选址在费米实验室。[52]

　　国家实验室并没有就此轻易放弃高能物理研究的主导地位。下一台 1 万亿电子伏加速器的开发计划仍摆在台面上，布鲁克海文实验室接下了这个项目。但由于费米实验室加速器的高昂花费且建设迟缓，致使第二台加速器项目延后，布鲁克海文实验室因此重新考虑了之前建造碰撞束质子加速器（colliding-beam proton accelerator）的想法。这种装置中，粒子之间正面对撞获得能量，这比通过撞击固定目标获得的能量更大，但它需要对质子束进行精确控制来产生碰撞。20 世纪 70 年代初期，布鲁克海文实验室设计了一个叫作伊莎贝拉（Isabelle）的对撞机，它拥有超导磁体，用交变梯度同步加速器（AGS）作为注入器，储存环能够使质子能量最高达 2 000 亿电子伏。[53] 这台仪器在草稿纸上停留了 10 年，直到 1983 年让位于超导超级对撞机（superconducting super collider，SSC），而超导超级对撞机在此之前也经历了类似的昏暗十年。

　　现存的国家实验室在中、低能核物理上缩减开支，伯克利和布鲁克海文实验室的越级提升被费米实验室中断，现在只能与其他国家实验室在相同层次上竞争。20 世纪 60 年代初，为了研究核力和原子核中核子、电荷和磁矩的分布，核物理学家们开始看好能量低于 10 亿电子伏的粒子的潜力。在核子间很小的距离内，短波长的高能探针能提供有关其核心结构的信息，这是低能静电加速器做不到的。核物理学家尤其关注从高强度质子加速器里产生的 π 和 μ 介子次级束。20 世纪 60 年代初期，一些小组急切地提出使用"介子工厂"的计划。[54]在橡树岭由阿瑟·斯纳尔（Arthur Snell）和亚历山大·佐克尔（Alexander Zucker）领导的小组重新设计了扇形聚焦回旋加速器注入器（sector-focused cyclotron injector），让它从已取消的高能设备变为所谓的"Mc² 回旋加速器"，以提供 800 兆电子伏下的 100 微安质子束流。[55]洛斯阿拉莫斯的路易斯·罗森（Louis Rosen）建议建立一个具有相同能量但束流强度更高的 1 毫安直线加速器。[56]布鲁克海文实验室虽然希望能建造 1 万亿电子伏的设备，但也做了两手准备，建议设计一个注入器来提高交变梯度同步加速器（AGS）的工作强度，之后可能作为介子工厂。[57]MURA 在自己的计划被取消前抓住一根救命稻草，提出它的高强度 100 亿电子伏加速器可以提供与计划中的介子工厂强度接近的 π 介子。[58]

与往常一样，竞争再一次引发了多样化设计。洛斯阿拉莫斯的罗森及其同事们最初考虑采用螺旋脊回旋加速器，但最终选定直线加速器以获得更高的强度和可变的能量。橡树岭认为洛斯阿拉莫斯的脉冲直线加速器无法像回旋加速器一样持续输出，会给研究带来限制。布拉德伯里认为橡树岭不但美化而且高估了脉冲占空比，而尖端的回旋加速器还只是一个未经验证的设计，而且就像过去一样，橡树岭的提案更多地考虑了加速器建造者的利益，而不是用户利益。[59]还是同往常一样，实验室间不只有竞争：洛斯阿拉莫斯的科学家与阿贡、伯克利及布鲁克海文的团队在技术层面开展合作，设计了 200 兆电子伏的直线加速器，作为同步回旋加速器的注入器，类似于洛斯阿拉莫斯直线加速器的第一阶段。原子能委员会的研究部鼓励通过正式的协调委员会开展合作。[60]洛斯阿拉莫斯最终在竞争中胜出，赢得了中能介子工厂。另一个总统科学顾问委员会和总咨询委员会联合小组由汉斯·贝特领导，致力于研究介子工厂，他们更喜欢可以产生可变能量的设备，因此更偏好洛斯阿拉莫斯的直线加速器。罗森精心安排了一场游说，最终说服国会和预算局同意为洛斯阿拉莫斯介子物理所（Los Alamos Meson Physics Facility，LAMPF）提供 5 500 万美元预算，该设备在 1972 年正式上线。[61]

这些装置的使用范围从核物理延伸至用负 π 介子进行癌症放疗和载人航天的射线影响研究。橡树岭在其原始提案中加入了用于癌症研究的医疗设施，洛斯阿拉莫斯则为 LAMPF 添加了一项生物医疗设施。[62]洛斯阿拉莫斯的提案还提及了 LAMPF 与武器项目的关联，即制造短时间高密度的中子爆炸，可用于制造氚和其他同位素，也可以研究中子诱导的破坏，以及武器强化。介子工厂会确保"所有可用于国防应用的科学都不会被忽视，或者被其他国家抢先发现"。一个由军事应用部资助的武器中子研究设施可通过直线加速器获得质子束，并且罗森向国会强调了该设施的军事及医疗应用。[63]LAMPF 提案也强调了加速器的重要性，这是为了在禁止部分核试验期间，让实验室员工相信"洛斯阿拉莫斯的前景与是否进行武器测试无关"。[64]

洛斯阿莫斯也把加速器用作"国家设施"。但仅限一半时间允许外来实验使用，且由洛斯阿拉莫斯委员会或外部研究员对实验进行评估。机密武器应用的出现让国家实验室这个概念变得更复杂。监管委员会可能会对来访人员进行安全排查，外来的实验可能只能受限使用加速器。保密事宜增加了访问者使用洛斯阿拉莫斯设备的阻力。[65]尽管实验室成功地将武器研究分隔出来，缩小了保密工作的影响，但生物医学及武器科研人员的存在还是会在实验室提供的一半访问时间中，与核物理学家竞争实验设施的使用权。

橡树岭回旋加速器尽管在 1964 年被原子能委员会职员取消，但在整个 20 世纪 60 年代还是借助各种伪装被多次提出。直到 1969 年，实验室转移阵地，提出了建造重离子加速器。对元素周期表底部区域的"稳定岛"理论推测表明，新的超重离子可能具有较长的半衰期，而核化学家和物理学家开始探索铀离子在铀靶上的加速，以合成超重元素。橡树岭的重元素物理及化学加速器，利用了实验室重离子方面的经验，并吸引了原子能委员会主席西博格的兴趣，正如温伯格所承认的。但该计划也很快面临阿贡实验室相似提案的竞争。1969 年，这两个实验室都提议将范德格拉夫加速器串联进回旋加速器中，总计花费 2 500 万美元。[66]

取而代之的是，原子能委员会选择资助了一个更实惠的办法，即利用一种新离子源将伯克利的重离子直线加速器（Hilac）升级到超重离子直线加速器（SuperHilac），以此来帮助评估超重领域的前景。阿贡和橡树岭实验室在接下来的几年中重新提出了自己的提案，设计几乎完全相同，得依靠其他因素发挥作用。橡树岭倚仗高通量同位素反应堆，强调自己在超铀元素化学和同位素生产上的经验；阿贡则倚仗自己在超铀元素化学和核物理研究方面的强大能力。橡树岭抱怨自己是唯一一个没有大型加速器的国家实验室；阿贡则指出橡树岭已经有了高通量反应堆，而他们自己的 A^2R^2 研究型反应堆最近则被取消了，认为这次应该轮到自己，但橡树岭指责阿贡搞砸了反应堆项目，并补充道："为什么要让橡树岭国家实验室为阿贡国家实验室的错误负责呢？"橡树岭敏锐地发现阿贡声称自己的重离子设备会变得"区域化"，即向中西部大学提供服务。相反，橡树岭宣称自己的加速器会变成"国家的"设备，并欢迎中西部大学和其他任何地区的人来使用。为强调这一观点，橡树岭将其提案重新命名为"国家重离子实验室"，并于 1974 年获批。[67]

重离子加速器也有自己的应用领域：橡树岭列举了重离子加速器在癌症治疗中的可能应用，并得到了伯克利重离子直线加速器最近实验结果的支持。[68] 1972 年，洛斯阿拉莫斯的理查德·塔司切克（Richard Taschek）提出了重离子和核武器的相关性：稳定的超重元素也许是可分裂的，有望作为新型武器的材料来源。洛斯阿拉莫斯因此提案建造自己的重离子设备——一个基于 LAMPF 早期设计的螺旋直线加速器。橡树岭的斯纳尔已在与洛斯阿拉莫斯对介子工厂的争夺中失败，没想到洛斯阿拉莫斯对再一次焕发活力的 LAMPF 还不满足，他表示：“我们不能错过这个，我们有一场仗要打。”[69] 洛斯阿拉莫斯在这场博弈中入场太晚，但即使在橡树岭加速器正式批准之后还有其他复制品被建设：伯克利实验室在那之后马上将刚刚升级的重离子直线加速器与高功率质子回旋加速器（Bevatron）合并，称为 Bevalac；布鲁克海文实验室在伊莎贝拉对撞机取消之后，也会进入重离子研究领域，20 世纪 90 年代的旗舰级加速器是相对论重离子对撞机（Relativistic Heavy Ion Collider）。

国家实验室在高能物理探测器项目上也发现了新机遇。新一代粒子探测器在 20 世纪 50 年代末进入大科学领域，因为探测器的大型气泡室和电子计数器在规模、复杂度和花费上都超出了大学小团队的建造能力。因此，20 世纪 60 年代，探测器被列入由国家实验室提供的大设备目录。20 世纪 60 年代中叶，阿贡实验室和布鲁克海文实验室提出了相似的液氢气泡室项目，阿贡实验室提出的仪器直径为 12 英尺，布鲁克海文实验室提出的仪器的直径是 14 英尺，两台仪器价格均为 1 700 万美元左右。预算局的弗雷多·谢尔德（Fred Schuldt）言辞犀利，让原子能委员会指出两份建议书的相似处，并质疑是否真的需要两台设备及其需要理由，他们是不是应该花钱建两台一样的设备。两个实验室的探测器设计者都表达了独立拥有仪器的需求，也解释了为两个站点分别定制加速器的原因。他们也提议"通过划分两个独立的小组，并以各自的方式解决问题，这样气泡室设计就能进一步优化"。原子能委员会研究部经理保罗·麦克丹尼尔（Paul McDaniel）也认可"实验室之间存在一定竞争是有益的"。[70]

呼吁良性竞争并证明非正式合作的好处并未让预算部门动摇分毫，在1964年只通过了阿贡实验室直径12英尺的气泡室。布鲁克海文实验室4年后重新提交了修订后的提案，但无济于事。当费米实验室的建设者开始将关注点从加速器转移至探测器时，他们以系统性为由挖走了布鲁克海文实验室气泡室研究小组的几位成员，从而激怒了小组负责人。[71]

发展国家加速器而非地区加速器增强了系统性。特定实验室的科学家只能使用国家实验室系统中其他站点的设备，而不能反复建造同样的设备。比如，布鲁克海文关闭质子同步加速器之后，实验室的中能物理学家们开始使用伯克利的高功率质子回旋加速器，并计划使用洛斯阿拉莫斯的介子工厂进行实验。而两个实验室的高能物理学家们都将在费米实验室开展实验。[72]名义上一个国家实验室应该为外来访问的学术和企业研究者提供设备，但费米实验室反而接待了其他国家实验室的员工。为完成角色改变，伯克利实验室将为斯坦福直线加速器中心（SLAC）建造探测器，国家实验室的科学家也就此为大学实验室的加速器设计探测器。

该趋势破坏了国家实验室保持永久职员的传统理由，他们本应提高自己实验室的质量，并招待访问学者。为什么要在他们没有坐班的情况下长久保持其职位呢？允许永久职工在其他实验室工作，确实能让有天赋的顶级科学家们留在国家实验室体系中，只要不总待在某个特定的实验室。但这也迫使实验室科学家们和可能的访问学者争夺资源——以加速器为例，指的是大学实验室科学家，他们需在国家实验室里争取设备的实验时间。在费米实验室启用之时，大学实验室科学家们对布鲁克海文实验室提交的需求数目表示担忧。[73]戈德哈贝尔表示，布鲁克海文的职员不应该与学术实验争抢资源，而应该只为特殊实验提交申请，或者申请对布鲁克海文的项目有贡献的实验。他并未说明哪些算是特殊实验，也没有留意布鲁克海文实验室的项目大体上就是其他国家实验室的项目。[74]

回　　应

使命偏离：不只是原子能项目

　　谋求联邦政府以外的其他联邦机构的项目和赞助，国家实验室填补了财政和项目上的短缺。他们受早先的对原子能领域以外工作放宽的政策的鼓励，该政策于 1960 年发表于《未来的角色》，以及原子能委员会主席格伦·西博格做出的声明，它为实验室未来的发展提出了新方向。1964 年，原子能委员会发布了指导性意见，批准为其他政府机构工作并划定批准的项目。原子能委员会在指导意见中强调，为他人工作并不新奇，但原子能委员会之前从未制定过任何官方政策。这份指导声明在 1932 年的《经济法》中找到了法定先例：只要不影响原子能委员会自己的项目且不需增加人员或设备，或者私营企业开展研究不及国家实验室便宜、方便时，实验室就可以为他人工作，即"一般而言，在其他机构的项目关乎国家利益，只有或几乎只有使用原子能委员会的设备才能完成它们的时候，可以为其工作"。研究部副总经理斯波弗德·英格里希指出，为其他机构工作能降低原子能委员会预算削减对实验室造成的影响。但他警告称："我们的设备不要成为'工作车间'（job shops）。"为防止这一可能性的发生，英格里希将为他人工作的每年度上限定为：任意一个实验室相当于 20 人干一年的工作量。他还指出，橡树岭可免除该限制，因为它目前为其他实验室开展的工作已经超过了这一限制，大约相当于 110 人做一年。[75]

所有实验室都能从为其他机构提供服务中受益，从国立卫生研究院（NIH）的癌症研究到五角大楼高级研究计划局（Pentagon's Advanced Research Projects Agency）的激光研究。这正是国家实验室寻求多样化发展机遇的缩影，符合新的国家优先事项：环境和能源研究。

环境保护主义　环境运动是从反核辐射尘运动开始的。《核信息》杂志于 20 世纪 50 年代创刊，时值针对核辐射尘的辩论，后演变为《环境》杂志，成为环境保护运动的主要载体。20 世纪 60 年代，《环境》杂志和生态批评的背后推手巴里·康芒纳（Barry Commoner）声明："1953 年，我从美国原子能委员会那里了解到关于环境的信息。"蕾切尔·卡森的畅销书《寂静的春天》推动了环境保护热潮，她也指出了核辐射尘带来的问题："我们有理由担心辐射对基因造成的影响；那我们如何能对遍洒环境中的化学物质视而不见呢？"[76]但是，即便环境保护主义与实验室成果起了直接冲突，也不会阻止实验室进行环境研究。相反，实验室科学家们宣称，他们拥有专业知识，可以很好地发现和处理环境问题。实验室的科学家们不接受环境保护运动下的反技术情绪，而是拿出了技术方案以解决烟尘、放射性废料处置及其他迫在眉睫的环境问题。

阿尔文·温伯格自认为是个"技术修理王"。[77]橡树岭在 1960 年召开温伯格先进技术研讨会时，环境研究还未出现，但几年后的一个类似的系列研讨会将环境研究视为一个很有潜力的领域。实验室在认可环保对公众利益方面起到了一定的作用。1966 年 6 月，联合委员会的代表切特·霍利菲尔德（Chet Holifield）建议国家实验室开展环境研究，而原子能委员会的总经理在当年也紧随其后征集提案。霍利菲尔德可能同时考虑了政治和污染问题，将环境治理责任加入原子能委员会的任务中，会扩大他在国会中的发言权，正如联合委员会在"伴侣号"出现之后谋求对太空的控制权。1967 年，霍利菲尔德引导国会修订《原子能法》，放开研究限制，不仅限于原子能领域，也包括"与保护公众健康和安全相关"的研究领域。修订法案与同年颁布的《清洁空气法》（Clean Air Act）传达出联邦政府对解决环境问题的承诺。[78]

橡树岭顺势提出成立一个专门研究环境保护的机构，以此涵盖社会科学研究的很大一部分内容。尽管这一机构没有建成，橡树岭的大规模环境项目仍旧在 1970 年获得了国家自然科学基金跨学科倡议资金 150 万美元，这笔资金一直使用到转入能源研究与开发署。[79] 但作为对国会提议的回应，橡树岭并不需要从零开始创立一套环保项目。克林顿实验室在战时的健康项目早已开始对当地的白橡树溪流和湖泊开展环境监测，因为实验室经常将放射性污染物排入其中，并进一步汇入科林奇河。二战之后，由卡尔·摩根领导的实验室健康物理部继续将白橡树污水的辐射生态学研究作为废弃物处理研究的一部分。20 世纪 50 年代中期，实验室扩大了这一项目并引进专业的生态学家，以期用生态系统的方式来处理环境中的放射性废弃物问题。1970 年，橡树岭将放射生态研究小组升格为新的生态科学部，并于两年后成为环境科学部。[80]

阿贡与橡树岭一样，回应了原子能委员会和霍利菲尔德关于开展环境研究的建议，并同样基于实验室早前的研究迈入环境领域。1966年末，实验室主任阿尔伯特·克鲁（Albert Crewe）收到来自原子能委员会的信件之后，在阿贡建立了一个环境污染研究小组。1967 年 2 月，该小组的报告指出，阿贡在环境问题上有长期的经验，可以追溯到战时的冶金实验室，研究内容包括放射物理学、工业安全、核能的生物医学效应、化工和气象学。不出所料，小组提出建立环境研究部。该部门研究的核心问题很快就从渐渐式微的反应堆和核动力火箭项目转移到气象学项目和反应堆工程。[81]

　　研究小组的第一个项目由原子能委员会和国家大气污染控制管理局（National Air Pollution Control Administration）资助，包括为芝加哥市建立的二氧化硫模型。三年的努力充分利用了在反应堆开发中积累的系统分析和建模经验，以及从气象学项目中获得的当地天气数据，开发了一种重要的污染气体扩散建模方法。1969 年 12 月，阿贡实验室主任罗伯特·杜菲尔德（Robert Duffield）将环境研究工作正式交给由莱昂纳德·林克担任主任的环境研究中心。该中心明确是多学科的，集中了生物学家、反应堆工程师、化学家和气象学家。研究中心虽然是用上级实验室的经费建立的，但之后要依靠外部赞助方自食其力，包括国家自然科学基金、环境保护署（Environment Protection Agency）、联邦航空局（Federal Aviation Administration）和其他一些州和地方机构。原子能委员会最后也加入其中。因此，到 1973 年，阿贡环境工作的经费达到了 500 万美元，超过实验室所有项目经费总和的 5%。同年，研究中心被纳入实验室主流项目中，隶属新的能源与环境系统部（Energy and Environmental Systems Division）。[82]

　　阿贡和橡树岭开展环境保护研究，展现了国家实验室中，小科学的研究是如何引出大规模研究项目的。最初橡树岭只有一两位生态学家，阿贡只有一两位气象学家，但随着时间的推移，两个实验室各自成立了重要部门，有数十名科学家和数百万美元预算专攻环境研究，且阿贡和橡树岭并不是唯一进入该领域的。尽管布鲁克海文想要扩展海洋生态学研究的提案在 1966 年被戈德哈贝尔驳回，它还是通过生物医药研究保留了一个小的辐射生态学项目。然而，第二年，在原子能委员会的要求下，布鲁克海文在其气象学部增加了空气污染大气采样项目。[83]伯克利于 1970 年建立了一个环境研究小组，涵盖了 70 个已有或计划中的项目，包括污染导致的大气气溶胶和疾病等。研究小组很快扩大为研究部，之后又成为实验室最大的研究部，估计承担了实验室四分之一的工作。1977 年，该研究部拆分为两个部门：能源与环境、地球科学。[84] 利弗莫尔也进行了环境研究，与伯克利合作研究超音速飞机对地球臭氧收支的影响，并开发了旧金山湾区的"烟雾地图"模型。利弗莫尔在 1972 年到账的 340 万美元项目经费中，大部分来自原子能委员会，但也有来自加州政府、太平洋煤气电力公司（Pacific Gas and Electric Company）、国家科学基金、交通部和环境保护署的款项。[85] 原子能委员会将各实验室开展的环境工作重组为生物医学与环境科学部。

国家实验室可以多样化发展，但不能摒弃初始目标或赞助商。1969 年，国会议员霍利菲尔德赞许国家实验室及各界对环境研究的日益关注，但他也希望"要警惕一个令人担忧的发展趋势，即让特定科技领域的专家去承担所有领域的全能角色"。[86] 温伯格联络了参议院空气和水污染小组委员会成员——田纳西州参议员霍华德·贝克（Howard Baker），商讨建立橡树岭环境研究机构的提案。在贝克的要求下，橡树岭的一个科学委员会准备了一份专题报告，《国家环境实验室案例》（*The Case for National Environmental Laboratories*）。这份报告为 1970 年贝克所在委员会提出的议案奠定了基础，即呼吁建立 6 个国家环境实验室，并凑巧包括了"将原子能委员会或其他任何联邦机构下属的国家实验室的特定研究功能和设备进行转化"的可能。[87]

面对一个国家实验室被由国会委员会领导的其他机构夺走的风险，霍利菲尔德和联合委员会警告各实验室，尤其是橡树岭实验室，多样化是有限制的：

联合委员会想要警告，在与原子能委员会的国家实验室合作项目时要谨慎。国家实验室是重要的国有资产，它们因原子能委员会的核任务而被创立，存在，并被需要。考虑到这些实验室在环境保护和其他健康安全问题等与核研究无关的领域中，可以提供有价值的协助，在联合委员会的倡议下，国会于1967年修改了法律……在议会讨论（该修正案）时，明确表示增加的权力不被用于建立"帝国大厦"……

联合委员会看到了原子能委员会的国家实验室在追求当前能力和任务所涉领域之外的新知识和专业性的期望……激励着至少一个实验室去争取与自己的原子能项目无关的工作，以及自己当前没有特殊竞争力和专业人士的项目。[88]

任何一个实验室建立起来的"帝国大厦"，都需要协助联合委员会"帝国大厦"的扩张，而不是削弱其影响力。

从那时起，原子能委员会开始向实验室主任提供指南，提醒他们核能研究仍然是其主要任务，任何协助他人的工作都要经过原子能委员会批准，不得独立为其他机构发起提案。此外，实验室只有在已具备专业能力时才可以为他人工作，不能借此开拓新领域。最后一道谕旨明确了社会科学领域不在国家实验室的能力范围。[89]

能源 1965年，一场大规模停电使美国东北部陷入黑暗之中。这场停电显示出美国社会对可靠能源的依赖。随后几年间的停电和限电体现了能源供不应求。1973年，阿以战争导致阿拉伯国家对美国的石油禁运，将能源危机推向了高潮。[90]纽约人靠蜡烛度过漫漫长夜，东北部人民在没有暖气的寒冬中瑟瑟发抖，在没有空调的夏季里大汗淋漓。令人无法想象的是，美国的汽车没有汽油可用——所有的恐慌印证了能源将成为国家第一要务。公众和政治的焦点转向能源，使得原子能委员会转变成能源研究与开发署。国家实验室在行政改革中，进而在美国应对危机的反应中，发挥了重要作用。

原子能委员会对核能源的责任并不包括替代能源。原子能委员会借着最近环保法令的机会扩展了其能源责任。1971 年 6 月，尼克松总统向国会提交了"洁净"能源供应的需求，仍由霍利菲尔德和联合委员会领导的国会再次修订了《原子能法》，允许原子能委员会开展"保护和改善生存环境的项目，通过开发更有效的方式来满足国家的能源需求"。委员会向国会施压："实验室在历史上一直关心环境影响，在核能开发中积累的科学技术经验，使其成为新的国家能源政策中的重要技术发展角色的有力竞争者。"[91] 阿贡和伯克利将能源和环境研究放在一个部门，体现了与环保主义的尴尬关系。

通往能源研究的路有很多，环境研究是其中之一。1967 年，《原子能法》修订之后，阿贡的管理层鼓励实验室化学工程部开展空气污染研究，并下拨自主经费作为项目启动资金。由阿尔伯特·琼克（Albert Jonke）领导的研究小组发现，在美国相对丰富的能源——煤，含有大量硫，在进行燃煤发电时会造成严重的空气污染。阿贡的化学工程师有数十年为反应堆生产六氟化铀燃料的经验，实验中使用石灰岩和流化床技术控制二氧化硫的产生。琼克的研究小组认为可以将相同的流程用于煤炭燃烧。他们的流化床煤燃烧器燃烧的是粉末状悬浮的煤和石灰岩混合物。令人满意的结果先后赢得了国家大气污染控制管理局、环境保护署和煤炭研究办公室的支持。流化床技术项目在 20 世纪 70 年代带动了大范围的煤研究热潮，阿贡试图让煤研究成为实验室任务的主要部分。[92]

高能物理提供了另一条途径。1961 年，贝尔实验室研究员宣布成功获得了一种新型超导材料。不像普通或 I 型超导会在弱磁场中失去超导能力，他们获得的铌化合物，就算在强磁场中也可以无电阻地导电。II 型超导电性物质发布后不久，国家实验室科学家们就开始探索其在高能物理中的应用——尤其是用超导线制作电磁铁的可能性。布鲁克海文研究了可用于加速器的超导磁铁，而阿贡和布鲁克海文实验室为其大型气泡室设计了超导磁铁。超导材料的潜在用途也引发了核聚变科学家们的兴趣，利弗莫尔和橡树岭实验室随后在核聚变反应堆中安装超导磁铁。原子能委员会的超导电性物质研究经费从 1964 年的 170 万美元上升到 1967 年的 430 万美元。国家实验室的研究很大程度上来源于材料和冶金研究的蓬勃发展。[93]

能量无损耗的电力传输也将为电力工业带来革命，尽管超导体需要冷冻到液氦温度，只比绝对零度高几度。20 世纪 70 年代初，布鲁克海文实验室将自己的加速器超导磁铁研究加入国家自然科学基金会的超导电力传动装置重大项目中发展，而橡树岭和洛斯阿拉莫斯实验室也着手超导项目的研究。[94] 在 20 世纪 80 年代的高温超导材料发展壮大后，能源部指定阿贡、布鲁克海文和阿姆斯实验室作为国家超导研发中心。[95]

粒子物理学为阿贡实验室增添了商用太阳能业务。1973 年，芝加哥大学的罗伯特·萨克斯（Robert Sachs）被任命为阿贡实验室主任，他在芝加哥大学的一位同事已发现一项能够检测切伦科夫辐射（Cerenkov radiation）的新技术。复合抛物面聚光器（compound parabolic concentrator）能收集各个方向的射线，可以解决太阳能集热器需要在空中追踪太阳的问题。阿贡实验室很快获得了国家自然科学基金会对太阳能集热器研究项目的支持，原子能委员会和能源研究与开发署随后也投资了该项目。[96] 另一方面，伯克利光化学家在植物光合作用中开拓性探索所积累的经验，也让伯克利参与到光能项目中。此外，光能项目还包括源于新兴材料研究项目的太阳能光电板。[97]

除了急需解决的核能问题，核反应堆也可用于能源研究。20 世纪 60 年代初，阿贡的化学工程师正着手研究以熔融盐和液态金属为燃料的高温电化学反应。研究结果表明电化学电池可以热激再生，埃尔顿·凯恩斯（Elton Cairns）领导的研究小组致力于探索这种可能。热激再生似乎需要极度高温条件，因此凯恩斯带领小组测试了多种电极材料尝试电再生。他们发现，用锂作为正电极，用熔融硫作为负电极，并使用熔盐做电解质，可以获得在 725 ℉（385℃）下工作的更轻、更高效的可充电电池。该项目得到了原子能委员会的支持，最多时拥有 40 位研究人员。在高优先级的增殖反应堆迫使原子能委员会停止资助该项目后，凯恩斯又获得了国家大气污染控制管理局的经费支持，因为这种电池具有用于无污染电动车的潜在价值。1972 年，国家自然科学基金会接手资助该工作，凯恩斯将研究方向改为开发在非用电高峰时段将发电厂的电能储存起来的电池组。第二年，原子能委员会得到可以进行能源研究的法律许可后，继续资助该项目。[98] 实验室科学家们再次展示了他们钻研有趣技术问题的动力，以及他们满足国家需求的能力。原子能委员会在 70 年代初无须从头开始能源项目，因为实验室的科学家们早已打下了基础。

系统性的含义

国家实验室确立的新项目是从科学家到总统的多种利益的集中体现。他们也再次引发了集中化与竞争的争议，特别是在谈及"国家环境实验室"和海水淡化项目时尤其凸显。虽然 20 世纪 50 年代中期原子能委员会职员忽视了核反应堆为海水蒸馏提供热源的潜力，但洛斯阿拉莫斯和阿贡一直在探索设备小型化的可能性。橡树岭想得更远：在实验室先进技术研讨会上首次证明海水淡化的可能性之后，实验室向内政部提出了一个雄心勃勃的项目，及建立一个"中央水实验室"。1962 年，内政部和原子能委员会启动了一项规模较小的项目，最初并非聚焦于核能。橡树岭科学家和原子能委员会职员一样，质疑核能脱盐工厂的经济效益，转而进行化学脱盐的基础研究。实验室在溶液化学、分离过程和腐蚀方面的经验，为化学脱盐研究打下了基础。但是，根据洛斯阿拉莫斯反应堆工程师哈蒙德（R. P. Hammond）的计算，规模经济下核能脱盐系统的可行性更高。温伯格动用自主资金聘请哈蒙德担任顾问。橡树岭很快又提出另一个大规模双功能核电站项目，也可以进行海水淡化。肯尼迪总统在 1963 年 9 月的一次演讲中吹捧"核动力综合企业"的前景，约翰逊总统也在 1964 年 7 月宣布了一项紧急计划。[99]

截至 1968 年，核能淡化项目经费增长到 300 万美元，约占橡树岭反应堆总经费的 10%。虽然橡树岭是聚焦核能海水淡化系统的重点实验室，但其他国家实验室也参与了该项目。例如，布鲁克海文将之前的反应堆屏蔽研究运用到为海水淡化工厂提供聚合物混凝土材料的重要项目上。[100]政治上的额外支持进一步推动了项目的多样化，甚至扩展到社会科学领域。1967 年，中东六日战争结束后，两位长期推动和平利用核能的人——原子能委员会前委员刘易斯·斯特劳斯和前总统艾森豪威尔，着手利用海水淡化系统来化解中东政治问题。核反应堆综合体能够为海水淡化工厂供能，进而为沙漠地区供水。大量工厂、水库和管道建设可以为阿拉伯难民提供工作岗位，他们可以在农业和工业领域找到工作。水和能源将使这一切成为可能。原子能委员会相应地指派橡树岭开展中东研究，实验室因此雇用了经济学家和政治学家。斯特劳斯-艾森豪威尔计划无果而终，橡树岭的核反应堆科学家们并不能通过科技手段解决中东地区持续数千年的种族和宗教冲突。但该计划的可能性支撑了实验室的一个重大研究项目，并使之在原子能委员会的首肯下延伸到了社会科学方向，尽管委员会之后反对在环境项目中进行社会科学研究。[101]

海水淡化的例子表明，国家实验室的项目可以对更广阔的发展产生重大影响。之后，反馈效应进一步促进多样性。布鲁克海文的聚合物混凝土材料研究服务于运输部来开发新筑路材料。同样地，通过确保苏联承诺和继续美国地下试验的可能性，实验室科学家使核禁试条约成为可能。反过来，核禁试条约促进了地下试验方法、地球物理学和气象学的改进，以进行探测隐秘测试，并推动了使用闪光 X 射线直线加速器、激光器、计算机流体力学和传统烈性炸药等的进一步发展。在每种情况下，实验室科学家不仅仅对社会和政治发展做出回应，而且还帮助他们发展。在海水淡化以及核禁试条约中，实验室科学家在科学、技术和项目上的兴趣是与来自政府内外和美国国内外各方利益相互融合的。

为外界赞助商进行的研究一直继续并激励着实验室科学家们，但同时也带来一些问题。国家实验室对新赞助商的追求推动了他们曾批判过的"工作车间"概念，并且实验室科学家开始对不同的赞助商负责，而不仅仅是对原子能委员会负责。然而，这些实验室早已成为原子能委员会的任务车间，不管实验室的项目来自于原子能委员会所属部门，还是多个不同的机构。[102] 原子能委员会职员并不会像希尔兹·沃伦在 50 年代初那样，担忧国家实验室在政治支持上的分散和在经济集中支持上的损失。斯波弗德·英格里希在 1964 年指令中的点评却表达了对原子能委员会项目受到干扰的忧虑，他还担心其他机构会突然解散项目，而使实验室员工无所适从。但这两种担忧似乎都不紧迫，为他人工作反而有利于原子能委员会的项目，并且大多数的外围工作，至少橡树岭如此，获得了长期支持。[103] 先前，如果实验室不得不在成为工作车间和无所事事之间选的话，答案是明确的。

国家实验室没有在原子能委员会和联合委员会的怂恿下，畅通无阻地将研究扩展到环境和能源领域，其他怀着各自政治目的的机构也在各自领域主张权利。1970 年成立的环境保护署与环境研究利害关系最密切；在能源方面，内政部、运输部、住房和城市发展部以及环境保护署都表现出了极大的兴趣。1972 年，总咨询委员会指出其中一些机构，特别是环保署，在寻求建立他们自己的非核能源研究中心实验室。[104] 就在国家实验室向这些机构请求支持时，它们的提案进入了一个多元化机构池。国家实验室发现，它们面临的竞争不仅存在于实验室之间，也不只是与原子能委员会的实验室或承包商，还包括其赞助商的研究实验室和其他潜在的多元化实验室。由此产生的相互作用进一步削减了国家实验室体系的独立性。

赞助商多元化的另一个后果是短期应用型研究取代了长期研究。20 世纪 60 年代的反科学思潮使得人们越来越重视应用科学。如果联邦政府要支持科学研究，而纳税人期望看到回报，不仅仅是发现新元素。约翰逊总统询问科学家他们能为普通民众做些什么，并在 1966 年宣称"大部分基础研究已经做完……我认为现在是时候将目标放在充分应用这些知识上了"。[105] 美国联合大学公司理事会认为，布鲁克海文为其他机构进行的工作通常寻求短平快的结果，而不进行基础研究。[106] 布鲁克海文将其新赞助者安顿在应用科学部，该部门是从旧的核工程部划分出来的，并且实验室的科学家们在对国会的证词中强调了他们研究的实际应用价值。[107]

多元化行动可以源于实验室层级体系的不同层面。温伯格从主任层面驱动了橡树岭的多元化，在他组织的研讨会上表达了他的企业家型的激进主义，以探索更多项目。与之不同的是，阿贡的多元化出现在高级科学家中，如莱昂纳德·林克或其他更低层级的科学家，他们为自己寻找充满前景的课题并找到行之有效的方法。[108] 多元化的推动力也来自一如既往地渴望扩大影响力的国会联合委员会，以及原子能委员会自身，它为联合委员会传达建议并容忍了转型。同样，每个层级也对多元化设置限制：布鲁克海文实验室主任和理事会最初拒绝扩展生态学项目，原子能委员会职员尽力将为他人工作限制在实验室项目中的一小部分，联合委员会警告实验室不能放弃原子能。

　　为他人工作到什么程度了呢？ 1973 年，为他人工作占阿贡实验室工作预算的 4%，占洛斯阿拉莫斯的 10%；橡树岭最多，有 17% 的外部工作量，尽管太平洋西北实验室的外部工作量占到了 42%。整个国家实验室系统内，实验室有 13% 的工作量用作了外部任务（见附录）。这个数量并非微不足道：5 亿美元的 13% 在当年可以做很多研究项目，即使在今天（2003 年）也是，并且外部工作量的增长率也很显著。以布鲁克海文为例，非原子能委员会的工作从 1966 年的 7 万美元上涨到 1970 年的 90 万美元，到 1971 年时翻了一番，1972 年再翻一番。[109]不过，这也表明原子能委员会允许国家实验室在自己的项目范围内，可以有很大程度的多元化发展。

　　国家实验室并不是唯一为应对财政压力和新的国家优先事项而进行多样化发展的科研机构。第一轮激烈的太空竞赛之后，国家航空航天局的各个中心，例如喷气推进实验室在 20 世纪 70 年代找到了新的项目和赞助商，包括能源部赞助的能源项目。而国防部下属的实验室也是如此，如麻省理工学院电子系统工程中心（MITRE）。1969 年，国防部长允许并鼓励国防部实验室接受来自其他机构的工作，包括运输部、住房和城市发展部、污染控制管理局以及卫生部。作为回应，MITRE 在 70 年代的前 5 年将其外围工作增加了不止一倍，项目的三分之一是非国防工作。审计总署警告 MITRE 偏离其军事任务太远了。[110]

　　然而，这些实验室是在跟随原子能委员会的国家实验室引领的潮流，其多元化在 20 世纪 60 年代末到 70 年代仅仅是将其初始任务的流程进行了拓展。生物医学研究并不是实验室最初的任务，它衍生出了辐射生态学，进而又增加了环境研究。高能物理衍生出了超导和输电研究。国家实验室的多项目状态允许并鼓励多元化，正如它们的名字"国家"实验室对其科学家和管理人员所暗示的，利用国家资源去满足国家的需求。因此，试图把这个词用在特定的领域是失败的。20世纪50年代末讨论的"国家太空实验室"，以及10年后讨论的"国家环境实验室"不得要领。国家实验室涉及各个领域，并且可以不断涉足新领域来满足新的国家优先需要。

9. 结语：策略与结构

国家实验室在核时代的 50 多年中得以幸存并倍增。尽管它们的特性已经为适应冷战后的环境而发生了改变，但它们依然属于美国科技界最重要的机构。实验室的历史证实，这一适应过程始于国家实验室体系的早期，而该体系的架构从一开始起就鼓励这种适应。然而，体系本身并非自然发展而来，它源于战争时期的军事应急计划，并不需要在和平时期由民间机构加以维持。战时，实验室的生存，特别是洛斯阿拉莫斯实验室和橡树岭实验室也不是一直都得到保障的，同样还有伯克利和布鲁克海文实验室。最后，利弗莫尔也不得不加入该体系。实验室的科学家和美国原子能委员会（AEC）职员重新定义了实验室使命、管理政策，以及最重要的集权与竞争之间的平衡。

国家实验室体系的历史诠释了在巨大社会制度演化过程中，其策略和结构之间的相互影响。[1]国家实验室体系的策略，即实验室目标的确定和为完成这些目标的资源配置，是由实验室和其政治框架中的无数行动者共同协商决定的。这个体系的结构本身就是一个集体决定的产物，限制着随后的策略选择。若干站点的存在，使得各个实验室的科学家们及其监管者在进行规划时得参考其他实验室当下和未来的项目。国家实验室的系统结构对历史的行动者们产生了重要影响，也标志着国家实验室是种崭新的、典型美国式的科学制度。

行 动 者 们

国家实验室体系的发展是由不同类型的人们完成的。科学家、实验室主任、学术与工业管理员、项目经理、委员、科学顾问、预算员、将军、立法者及理事们在这个体系中都有着各自的利益，也都在联合其他人帮自己获取利益。这个实验室体系受到利益团体之间的复杂的影响，也受到利益团体内部在特定问题上的利益竞争影响，这个体系就是在这样的情况下逐渐发展起来。在利益的复杂变化下，有两个群体需要特别关注：第一个是实验室的科学家，他们书写了历史；第二个则是项目经理，他们最终什么也不是。

科学家的独立性

战后的美国科学研究都指向国家安全，这让科学史学家（尤其是物理史学家）感到困惑。保罗·弗曼（Paul Forman）当时提出了一种观点：美国物理学家已经被军队赞助奴役，而且"与其说他们在利用美国社会资源并探索新的形态，不如说他们自己才是被利用和探索的一方"。国家实验室关于国家安全的工作已导致一些史学家（包括弗曼）将国家实验室归类为军队机构。[2]实验室科学家在国家安全计划上确实贡献了许多，也确实表示愿意在非常时刻让其计划更贴近军队的需求。但是，他们也为争论的另一端提供了论据：战后科学家们发现了"智力上引人注目的调查领域"，这与国家安全是否相关？同时，弗曼认为，"一些确实基础的物理学领域"中的物理学家在战后被分流了。[3] 抛开争论中违反事实的和学科层面的内容，对国家实验室的详细调查表明，尽管他们的工作大部分是为了国家安全，但实验室科学家们确实擅长寻求科学的独立性。

20 世纪 50 年代末期，实验室负责人俱乐部概述了他们对国家实验室的不同设想。一种是机构化的观点，他们认为，实验室应当雇用最优秀的科学家，并让他们决定在实验室主任指示下应当做什么。相反，另一种项目化的观点认为，实验室所进行的项目都是由原子能委员会所委派并监管的，实验室只是聘请科学家进行特定的工作。换句话说，从机构化角度看，实验室是追求个人利益的人群的集合；而从项目化角度看，实验室则是政府掌控的许多项目的集合。无论如何，这两个层面都考虑了科学家们的独立性。为了吸收顶尖的科学家，他们采用了对科学家们而言更为自由的模式。例如，让洛斯阿拉莫斯的弗雷德里克·莱因斯和克莱德·考恩停止武器研究，去休息一下做基础研究，结果他们探测到了中微子并获得了诺贝尔奖。原子能委员会及其顾问们一直在密切关注实验室科学家们的士气状态，因此其研究计划受到足够重视。实验室科学家们也可对实习的访问科学家和正在培训的年轻科学家声称，他们的研究是对知识宝库的贡献。

项目化的观点给实验室科学家不一定就下了被动定义。对于切合他们的目的并且还能让科学家们充满干劲的项目，实验室主任会非常乐意接受。温伯格和橡树岭的化学及反应堆工程师将建立均相反应堆作为一项有趣的技术问题而立项，并得到了原子能委员会的支持，这一举措延缓了反应堆的集中化过程。布鲁克海文的核工程师必须克服实验室行政长官的限制，去建立其液体金属燃料反应堆。核反应堆确实合乎整个国家的利益，大量资金都流入反应堆项目中，吸引着人们进入实验室研究核工程。但是，国家利益并不只是从联邦政府流入实验室这么简单。反应堆技术本身在战前就已出现，科学家和工程师们将其推荐给政府，随即受到联邦政府的支持。反应堆技术有很强的科学性和技术性，这有助于建立国家层面的优先级。正如弗曼所言，科学是一个社会性的综合机构。[4]

实验室科学家并不仅仅利用主流社会和政治风向，他们甚至可以影响风向。布鲁克海文和橡树岭的反应堆项目对化学、冶金学、物理学和工程学提出了挑战，科学家们也积极主动地对其进行研究。类似地，欧内斯特·劳伦斯使原子能委员会相信，高能加速器是为国家利益、有教养的委员和国会议员服务的，从而确保来自伯克利的设计是经过深思熟虑的；伯克利科学家随后用它们发现了基本粒子世界。冷战早期的国家安全状况尽管占优先地位，但还不能算是坚如磐石。实验室科学家及其拥护者试着与政府在利益上进行竞争，以此来明确其目标。实验室负责人也有权力使用弹性预算为他们实验室培养小型计划，其中有些后来就成了主要项目。温伯格和布拉德伯里都使用了弹性预算去研究受控热核聚变技术，该技术经过充分的项目论证，也能为磁流体力学提供重要的理论工作。

诸如劳伦斯和温伯格等实验室负责人的企业家精神渐渐向下级实验室渗透。此处有两个不同领域、不同时间的例子：亚历山大·霍兰德在橡树岭接手了一个濒临关闭的生物学项目，其独特的创新精神和敏锐的政治头脑使得该项目到 1950 年时成为了原子能委员会最核心的生物医学项目，此时已包含诸如百万小鼠的大项目和其他一些更小的基础研究。刘易斯·罗森则被称作一个领头人和政客，用他自己的话说就是"一个天生不保守的人"。他在 20 世纪 60 年代的洛斯阿拉莫斯放下了武器研究，进入实验室研究加速器。罗森针对国会议员和预算管理员（还有顾问小组和原子能委员会职员）展开了"促销活动"，最终建立了洛斯阿拉莫斯介子物理所。[5] 尽管罗森引证了武器领域的潜在应用以获得批准，但加速器将进一步把洛斯阿拉莫斯项目的重点从武器上转移出来。

由于国家实验室体系的竞争天性及其政治架构，除了科研能力之外，其中的人员也需具有企业家和政治家天赋。看看在阿贡开发研究用反应堆过程中也出现过的"促销运动"，美国人企业家般的事业心由此可见一斑。像霍兰德和罗森这样的科学家发迹于国家实验室系统，而那些不具备他们这样驱动力和敏锐性的科学家（比如布鲁克海文早期的生物医学和固体物理研究领头人）则往往无法晋升或直接就被淘汰。

然而，这种新型的、具企业家精神的"实验室人"并不是国家实验室体系的唯一组成部分。从事小学科的候补科学家群体在企业家领导下逐渐壮大，"企业家"可以为他们提供稳定的支持，并保护他们免受来自华盛顿的干扰。实验室负责人和科学家在咨询委员会同事们的帮助下，会说服原子能委员会去支持诸如生物医学和固体物理学等的某些领域，这些领域要么是对国家安全的潜在贡献，要么作为武器项目的人道主义对冲而存在。在这些领域内，无论科学家们在哪，他们各自都具有探索感兴趣问题的自由，即使处于远离原子能的偏远地区（只要并非毫无关联）。约翰·戈夫曼在伯克利开展的有关动脉粥样硬化的研究就很能体现出科学家的独立性，阿贡的彼得·普林斯海姆和布鲁克海文的保罗·利维有关碱金属卤化物晶体的色心研究中同样有所体现。科学家们协同企业不断开拓并丰富科学这块沃土的行为，对人们口中他们只是由军队利用的被动工具的观点来说是最好的反驳。

经理们的利益冲突

正如总咨询委员会一开始就注意到的，原子能委员会注重"在实验室探索科学知识边际的自由和委员会制定的方向之间寻找合适的平衡"。[6] 科学自治权和政治义务之间的微妙平衡依赖于项目经理的表现，他们在战后美国科学界中的重要地位已受到了史学家们的足够重视。原子能委员会下设的研究部、军事应用部、生物和医学部、反应堆开发部的主任与职员们书写了国家实验室系统的历史极其重要的部分。实验室机构化和项目化两种设想在管理上体现为：机构化观点下的行政权力是实验室自己掌控的，这和实验室主任想要的一样；项目化观点下的权力仍然被原子能委员会职员保留。

原子能委员会内部项目化观点逐渐占据上风，是与项目经理的重要性与日俱增相伴发生的，但他们的存在也并未妨碍科学的自主性。项目经理是行政机构中会仔细审视每个实验室项目的人员里地位最高的。因此，他们会为基础研究划上界限，对多样性给以限制，并决定给实验室科学家多少自由——例如，希尔兹·沃伦一心想要原子能委员会支持戈夫曼在伯克利的项目。由于部门预算经常将实验室正在进行的项目细分为子项罗列，项目经理们恰能整体性地仔细考量这个系统。作为系统性的仲裁者，他们调停了多个实验室间的竞争。若实验室不能自行完成专门化，项目经理则会从旁助力。

有两种类型的利益冲突使得项目经理本就困难的地位变得更为复杂。第一种源于原子能委员会的聘用行为，他们会从实验室中寻找填补职员空缺的人选。许多项目经理（尤其是研究部中的）都是根据实验室雇员的排名先后挑选出来的。部门主任通常也曾是实验室的科学家，或是曾与实验室关系密切的。例如，曾是伯克利化学家的肯尼斯·皮策接替了第一任主任詹姆斯·费斯克的工作；曾是布鲁克海文物理学掌门人的托马斯·约翰逊接替了皮策；来自明尼苏达的物理学家、同时也是中西部大学研究协会中与阿贡谈判过的一员——约翰·威廉姆斯又接替了约翰逊。不仅是部门主任，部门职员也同样来自于实验室，譬如来自橡树岭的固体物理学家唐纳德·史蒂文斯

（Donald Stevens）适时地加入了研究部的冶金学和材料学分部，以便掌握 20 世纪 50 年代后期材料学研究方面的进展。又比如另一位橡树岭的老将斯波弗德·英格里希，他引领了化学研究的一个分部。1961 年的整顿与重组后，原子能委员会任命英格里希为负责研究和发展的第一个副总经理。

因此，项目经理在分配整个系统中的资源时，必须抵挡以前（和未来可能）的同事与朋友的利益的影响。威廉姆斯没有支持国家实验室中的扩展项目，而是支持了大学机构的材料学研究，除此之外，项目经理们的举措大概没有制度上的偏倚。正如原子能委员会所认识到的，实验室在原子能上有着先天的专业优势，也潜藏着候选的职员资源。在这方面，由于 20 世纪的美国越来越注重监管，原子能委员会和其他联邦管理部门一样，不得不在他们能监管的特定机构内寻找技术性的专业知识。

利益冲突已延伸到了总咨询委员会和原子能委员会本身。总咨询委员会部分与实验室有关的成员名单中包括奥本海默、拉比、西博格、冯·诺依曼、魏格纳、特勒，同时还有威廉姆斯和皮策。冯·诺依曼最先进入总咨询委员会，随后威廉姆斯离开原子能委员会加入总咨询委员会，接着西博格和霍沃思也一并加入。自从总咨询委员会职员保持全职工作后，他们就不得不面对直接的利益冲突。我们已经发现，拉比和西博格在布鲁克海文和伯克利对大型加速器的争议中有偏袒行为，而拉比 20 世纪 50 年代初期一直在委员会争论中偏袒布鲁克海文的利益。[7] 魏格纳是为数不多的会对总咨询委员会中可能发生冲突表现出疑虑的人。他回避了关于在他的雇主普林斯顿建设加速器的纷争，并拒绝出任阿贡反应堆审议委员会顾问。[8] 他的拒绝出任引发了人们讨论美国有关禁止政府雇员参与利益冲突的法规，以及强制让像魏格纳这样的专家回避可能对原子能委员会产生的影响。原子能委员会最终推断："国家实验室聘用制度并不在援引的该法规的考量之内"，尽管它确实希望总咨询委员会成员能回避有关他们雇主的讨论。[9]

在充斥着个人利益冲突的形势下，项目经理在申请预算的流程中有更多的纷争。项目经理在实验室和委员会、行政部门及国会之间扮演了一个调停者的角色。这就是说，他们要将科学目标转化为政治优先事项，并将政治目标转化为科学项目。因此，经理们得扮演双重角色：实验室的支持者——能推动实验室研究并在国会面前为实验室项目和预算进行辩护，以及可靠的管理者——能保证实验室处于财政控制下并作为一个系统努力工作以完成原子能委员会的任务。这种忠诚的推动作用和一丝不苟的管理相结合，反映了自治权和责任性之间的矛盾所在。各个项目部门通过不同方式处理了这个问题，这种差异和实验室所承担的计划性的研究任务量的多少并不完全相关。反应堆开发部要求其项目实行最严格的行政问责制，生物和医学部较为宽松，军事应用部是最宽松的。除了作为科学家的专业性和对知识的渴求，研究部职员在实验室中的个人经历使他们更倾向于捍卫自治权，并采取措施确保实验室科学家的独立自主性。

体系：一个新的物种

1949 年，温伯格曾提出："大型国家实验室已经成为一个新的实体，一个进行有组织研究的新实验"简言之，用我们的生态学词汇来说，就是"一个新的物种"。[10]这种实验室因以下几个特征有别于其他科学机构：第一，它们通过承包经营使公营与私营混合发展；其次，它们将基础研究与应用研发融为一体，并借此与学术界、工业界及政府建立了联系；第三个特征在于它们的项目以及项目所产生的影响，包括安全限制以及与核技术工作有关的一些道德问题。国家实验室有两个主要的区别于以往实验室的特征：实验室规模及架构。

规模和范围

国家实验室系统体现了美国科学技术的一个核心特征：规模。美国人对大型机器的痴迷给20世纪30年代的欧洲科学家留下了深刻印象："美国人工作似乎做得很不错，只是他们执着于把一切都尽可能地做大。"[11]在国家实验室，大科学和技术卓越都得到了充分的展示，不只是在机器的物理尺寸上，同时也表现在想象的范围上：用了1万只小鼠的遗传学实验；有1万吨磁体的加速器；100亿吨级核弹的设计；用于推动飞船或消除飓风的核爆炸；以及用于沙漠开发计划的核能海水淡化系统。

国家实验室拥有成千上万的科学家、数百万美元的预算和庞大的机器设备，它们的这种规模比绝大多数战后美国的科学机构（一些工业实验室除外）都大。[12]实验室规模对研究的开展和实验室的发展所产生的影响，至今仍是一个有争议的问题。[13]然而，这种规模的确赋予了国家实验室一些特定功能，也即给予了实验室实施应急计划（crash program）的权力。应急计划是另一个遗留的曼哈顿项目，同时也是一个典型的美国式尝试，如同美国航空航天局的"阿波罗"项目。在冷战的第一个十年中，实验室职员与设备随时在为保证应急计划的成功而努力，例如氢弹、核潜艇反应器，以及飞机、火箭推进与受控核聚变。20世纪80年代，衍生于国家实验室工作的战略防御计划依旧保持了传统方式。

国家实验室不仅规模大，其可进行研究的范围也很广泛。实验室支持学科间的串联，也能提供大型设备，给跨学科研究提供了丰富的组合可能，比如生物物理学、生物有机化学和固态物理学。实验室科学家逐渐认识到，可以进行跨学科研究是国家实验室的独特优势，该特征也使国家实验室区别于一般的学术研究。大学中的科学家往往任职于某个固定的学科部门，任期委员会也并不鼓励他们冒险研究其他遥远的领域；而国家实验室的科学家来自于不同的学科，他们在反应堆和加速器间混杂穿梭，实验室负责人及顾问都积极鼓励他们跨越学科间的界限。因此，像布鲁克海文实验室就采取措施去进行其生物学、医学、物理学和化学等部门的交叉发展，他们认为这些部门或是有一定重叠，或是可以作为访问委员会的联合成员来邀请从事多学科研究的杰出科学家，譬如利奥·齐拉特和马克斯·德尔布吕克（Max Delbrück）。[14]这一过程有助于科学家去传播跨学科这一概念本身。

国家实验室并不仅是在做大科学，其总体规模掩盖了其大部分工作都是小科学的事实。哪怕身处某个国家实验室，双目所见与大学研究者们大概也无甚差别：无非是一小群科学家在使用放射性同位素示踪剂研究光合作用，或是在使用紫外线研究碱金属卤化物晶体。实验室系统的精细结构与"实验室只有大科学"这一普遍观念相矛盾。[15]

这种精细结构使实验室能够避免因规模造成的缺陷。尽管每个实验室的组织方式不同，但小科学的普遍存在使得实验室更灵活、行动更迅速，因而能更快地识别追求科学前沿研究的新领域。例如，由于各实验室有着自己的大型设施（比如阿贡的先进光子源、伯克利的先进光源、布鲁克海文的国家同步加速器光源）及应急项目（比如伯克利、洛斯阿拉莫斯和利弗莫尔都视作能源部核心主力的人类基因组计划），固态物理学和分子生物学成为了实验室的核心项目。并非巧合的是，实验室科学家认为这两个学科领域确实是他们所擅长的典型的跨学科研究。反过来，实验室对新领域的学术支持也为其发展成为新的学科做了很大贡献。

系统性

国家实验室的灵活源于其结构，也使其有别于其他科研机构。国家实验室的其他很多特征早已在更早的机构中出现。各国支持对自身有利的研究已有很长的历史，包括建立科学院、勘测站和天文台。其中有些类似于大科学，譬如16世纪丹麦国王资助建成的位于乌兰尼堡的第谷·布拉厄（Tycho Brahe）天文台。天文台有计算小组使用从大墙象限仪获得的数据，车间中也有能工巧匠来制造新仪器；除了天文设施外，他们还以拥有化学实验室而自豪；天文台也通过自己的出版社发表了一些研究成果；他们还维持了一种保密文化，并保留了他们一如既往的安全系统——大门旁边的一对大狗。[16] 此外，科学早已参与到军事技术的发展中：在法国大革命时期，有科学家建立了秘密武器实验室来开发新式炸药，而该实验室就是"洛斯阿拉莫斯的远古祖先"。[17]

在19世纪末20年代初，科学与经济和军事的融合，乃至向政治的融入过程，在包括美国在内的工业化国家和正向工业化转变的国家大大加速。19世纪后期，以科学为基础的工业（尤其是电力和光学）的兴起导致各国政府开始赞助实验室，以创造和维持这些行业的精准科学标准。德国帝国物理技术实验室（Germany's Physikalisch-Technische Reichsanstalt）（成立于1887年）、英国国家物理实验室（成立于1900年）和美国国家标准局（成立于1901年）供养基础研究以支持他们的计量任务，但他们过于重视能够迅速取得工业成果的工作。[18] 在基础研究方面，国家实验室的追求不同于国家标准局。军方的实验室以及国家航空咨询委员会还存在一些其他可能的先例，但这些先例也倾向于由政府直接经营，并开发项目；相比之下，美国国家实验室的承包经营引入了一种公有与私有混合的新方式，尽管这种经营方式依赖于公共的钱包。[19] 国家实验室还旨在为来访的研究者提供大型仪器设备，而不仅仅是针对内部工作人员；与洛克菲勒基金会为全国提供的帕洛马山上 200 英寸望远镜等类似大型设施不同，国家实验室为许多科学领域提供设备，这些设备由政府出资提供，同时也与国家安全计划息息相关。

　　但是，国家实验室的主要创新点还是在于其系统结构。不同于围绕一个学科、一种仪器或一项技术建立的单一中央实验室，国家实验室在学科、仪器以及任务的地理分布上有所重复。早先曾有人提出过关于建立美国中心实验室的提案，其中最引人注目的提案是受"将科学应用于第一次世界大战"的国家优先事项刺激产生的。该提案计划建立一个国家研究委员会物理科学实验室，需要私人资金的投入。几个区域实验室的反对提案引发了一场关于实验室集中化管理优劣的讨论，在大学科学家反对建立新制度的背景下，这些提案最终成为泡影。第二次世界大战后，政府资助的新模式和科学研究的新方法终于以系统的形式实现了国家实验室的构想。[20]

　　实验室间的差异本来由规模判定，而系统性带来了另一个评价维度。历史学家已经注意到大科学的蒸蒸日上，并经常指出国家实验室就是一个榜样。相比于工业大环境，每个实验室都表现出规模较大、资金投入集中、多学科交叉的团队研究，以及有着层级分明的官僚组织等典型特性。然而，国家实验室作为一个系统的布局较为分散，需要更高级别的组织化，这很接近现代工业公司的组织，即"一系列经营单位的集合，每个单位都有自己的特定设施和人员，它们的综合资源和活动中层和高层管理人员进行协调、监督和分配"。[21]国家实验室体系复杂的组织构成，使得原子能委员会和实验室科学家并不能完全掌控它，让科学家们感觉与其说是身处科学研究中，倒不如说更像是身处公司董事会当中一样。国家实验室中的项目经理有着像公司中层经理那样的重要协调作用，这反映出在机构化方面，复杂的科学组织已经逐渐拥有 20 世纪美国社会的某些特征了。

无论如何，国家实验室系统已展示了组织间和组织内的动力学。各实验室的个体特征和它们在项目上的相似性，使得它们会像每个工业公司那样在同行间进行竞争或谈判，而不是像公司内部各单元之间那样合作。竞争使它们充满危机感，并随时准备跳出常规化和项目化的围栏进入新领域，但同时也让自己的项目尽可能地与其他竞争对手不同。因系统性导致的专业化和多样化是国家实验室演变的重要驱动因素。

专业化刺激区域实验室向国家实验室转变。抛开其名称不谈，国家实验室成立之初是为地区服务的。20 世纪 50 年代后期，专业化使得实验室服务于整个国家时，它们才开始认识到并履行其在局部地区的义务。每个实验室都开始建立专业化的独特的设备，而不是简单复制其他实验室位点的设施。期间，安全快速的空中旅行的出现，使人们可以在整个国家内自由穿梭，而不仅仅是在他们自己的那块地方。20 世纪 50 年代末期的反应堆研究恰好说明了这一转变：物理学方面，布鲁克海文建立了一个专业化中子束反应堆；化学方面，橡树岭则有了通量阱反应堆，而这二者都是由原本分散在多个区域同时进行的反应堆研究转化而来的。这一趋势也可从随后几十年间加速器的历史中看出来。加速器及其运营成本的不断上涨，排除了非零博弈或重复设施的可能性。为建立比布鲁克海文的交变磁场梯度同步加速器（AGS）更厉害的新一代高能加速器，原子能委员会建立了一个独一无二的国家实验室——费米实验室，它有着单一而独特的机器设备、单一的特殊目的及支持者。

专业化以及全国范围的专有服务使得呼吁"真正的全国性"的支持者激增，这种声音在洛斯阿拉莫斯介子物理所和布鲁克海文的绝大多数地方（尤其是 AGS），还有橡树岭的电子加速与重离子加速实验室都出现，此外还有费米实验室。[22]重离子加速器的选址经过突出了专业化过程中的经验教训，虽然阿贡并未吸取这一教训，随后的橡树岭倒是对此消化得不错。1971年，橡树岭的物理访问委员会认为"未来趋势是朝着专业化的中心发展"，温伯格重新拟定了实验室目标，即"一个全国性的而非区域性的"重离子加速装置。相比之下，阿贡则重复了其以往研究中的错误，并提出将区域性的重离子加速装置作为目标，这使其输给了橡树岭的"国家重离子实验室"。[23]到20世纪70年代初，原子能委员会已批准3个新的加速器，分别用于能量谱的各个区域，并位于不同站点：橡树岭的重离子设施用于低能核物理，洛斯阿拉莫斯的介子工厂用于中能核物理，而费米实验室用于高能核物理。[24]

专业化通过扩大服务范围将区域实验室重新定义为真正的国家实验室，而多元化通过扩增其任务将原子能实验室转变为国家实验室。他们首先扩散到原子能委员会权限范围内的领域。阿贡、橡树岭和洛斯阿拉莫斯均设有大型加速器，这表明武器、反应堆和加速器实验室最初的粗略分类已消除，这在布鲁克海文，利弗莫尔和洛斯阿拉莫斯开启反应堆工作的情况中也很明显。到20世纪50年代后期，武器和反应堆的初始任务似乎没有长远潜力，而原子能委员会则向斯坦福直线加速器等单一用途实验室分配了新的高能加速器。这些实验室有远见地在核能之外寻找可维持实验室运营的研究，并扩展到气象学、天体物理学、分子生物学，以及其他与原子能委员会任务相去甚远的领域。20世纪60年代的事件随后促进了进一步的多样化，例如，对环境研究和非核能源的涉猎。在原子能委员会之后，国会也扩大了国家实验室的任务范围，允许其他机构开展工作，于是多元化的项目带来了多元化的赞助商。1974年，原子能委员会改组为能源研究与开发管理署（该机构不久后变成了能源部），从而使原子能以外的能源多样化也在机构改革中体现。

国家实验室与国家目标

顾名思义，实验室发展为国家实验室，这一身份的转变表明其与国家优先事项保持一致。尽管多元化和小科学为实验室科学家提供了一定的自主权，但系统性和政治框架迫使他们也必须考虑政治优先事项。就像完美的商业竞争可以确保其对市场的响应，竞争性的实验室体系也可以对原子能委员会、行政部门和国会等机构的优先事项做出响应。在 20 世纪 50 年代的紧急时期，所有实验室科学家都在为国防工作。在艾森豪威尔就"和平利用原子能"发表演讲之后，各实验室争先恐后地提出国际培训方案，并开始寻求新的反应堆设计。实验室进入太空竞赛的时候，就已经有了关于核火箭推进、大气研究以及促进科学教育方法的计划。20 世纪 60 年代和 70 年代的环境和能源危机中就有许多相似的例子。

组织学理论的一个学派从其他研究得出一个结论：政府官僚机构内部的竞争可以使决策上升到政策水平。如果利益冲突无法解决彼此之间对资源的要求，则决策者可以进行干预，行使自己的优先权。[25] 实验室负责人有时会合谋以避免上层做出政治决定，从而证明了对这一理论的预期：所以阿贡的津恩和橡树岭的温伯格规避了反应堆集中化的决定，利弗莫尔和洛斯阿拉莫斯分割了武器设计任务，伯克利和布鲁克海文同意了交替促进加速器能量跃升。在享有丰富资源的程序中出现合谋并非偶然。在能源匮乏的时代或项目中，竞争盛行，实验室的提议也提到了仲裁的层面，在这里政治优先级可能优先于实验室的程序优先级。因此，国家实验室之间的竞争确保了它们可以对国家优先事项做出回应。

但是，将实验室的响应能力归因于系统性并不能说明系统性本身的来源。为此，我们应将眼光放长远，而不是局限于目前的政治目标。国家实验室的系统性表现出美国长期以来对于竞争、分权和多样化的理想。实验室科学家、项目主管、委员会委员和国会议员再三呼吁自由放任的竞争原则，这是确保科学和技术进步的最可靠也最有效的途径。原子能委员会同样支持实验室的地域分散化和行政权力下放，并以此将科学资源和政策决定从中央政府转移到地方科学家和代表身上。这也体现了美国人传统上对遥远的中央政府长期保持谨慎态度。分权和承包商运营模式促进了实验室个性化，它们对区域政治、地理和科学界的适应产生了实验室体系内的机构多样性，以及在原子能委员会使命之内与之外的项目多样性。

为了突出美国主题在国家实验室中的表达，让我们对比一下其他国家的一些类似机构。战后不久的英国扩大了其国有化部门，并没有继承在战争压力下随意组装成的原子能机构。最终，从地理与随后的地理政治角度看，英国都无须建造或培养一个庞大的研究实验室体系，也没有能支撑起这个实验室的科学家与资金。因此，英国建立了哈韦尔实验室——一个由政府运作的独立实验室。[26] 布鲁克海文实验室代表在 1952 年的哈韦尔之行后写道："与这个国家不同，英国核能领域的工作（包括基础的和应用的）都集中在一处。"[27] 战后的法国甚至在更少的支持下也进行了工业国有化。破败的法国经济和科学家稀缺，延长了法国科学集中化的历史，法国原子能委员会计划将核能研究集中在萨克雷（Saclay）。[28] 英法两国的安全问题都进一步加剧了集中化的趋势。哈韦尔和萨克雷的例子表明，竞争和分权不一定能在民主国家的制度中体现。[29]

但是，如果这些是美国独特的主题，那么美国的国家实验室并非完美地反映它们。我们必须将描述与因果关系区分开；竞争的优劣通常在系统建立之后就会出现，利弗莫尔是个例外。呼吁竞争的确可以使实验室系统一旦建立便得以维持，项目和设施的竞争是真实而激烈的，作为其结果的专业化和多样化也是如此。然而，竞争并没有完全遵守自由放任原则，或是遵循我们的生态隐喻——即遵循达尔文的进化理论。诸如飞机核反应堆的实验室项目消失了，但实验室本身从未消失。从战后的复员开始，在任务减少的阶段中，联邦政府仍然支持着它们，因而安抚了实验室科学家、地方大学、国会代表、军队和其他利益集团。

国家实验室的保留和竞争的管理协调性表明美国背景的另一个特征。20 世纪，美国实施了监管性的国家和社会福利计划，以减轻自由市场竞争对个人和环境的影响，并且行业越来越多地被公司经理们所掌控。冷战时期，资本主义和共产主义之间的意识形态斗争将自由放任原则大幅抬高，与此同时，技术官僚主义的干预也提高到了新的高度。对国家实验室竞争优势的陈述起到一定的例证作用：在核武器生产应用和粒子物理学方面的资本主义式的竞争，确保了美国系统在社会政治、科学及技术上对抗苏维埃的最终胜利。因此，布鲁克海文实验室一名物理学家就其与阿贡实验室围绕大型气泡室的竞争，阐释了这样一个道理："苏联为单向途径提供了很好的例子。那里的加速器与其他设施正是……缺少竞争的明证。"[30]

正如实验室体系实施不完全的竞争一样，它也没有使其他的美国理想完全制度化。实验室和总咨询委员会的科学家们指出了战争期间洛斯阿拉莫斯和麻省理工学院辐射研究室的成就，又建议将反应堆集中在阿贡，并将武器工作继续集中在洛斯阿拉莫斯。政治家们会从财政角度对重复分散建设提出疑问。实验室科学家同样对行政分权持反对意见，这在他们和华盛顿的项目经理之间增加了另一个官僚阶层。相反地，实验室科学家们主张国家实验室的权力集中化。随后的实验室多样化和增长引来了原子能委员会和国会的调查。1995 年，广为人知的加尔文委员会（Galvin committee）也只是那被召集来考虑继续增加国家实验室使命的评议机构的长长名单中的最近一员而已。[31] 实验室的其他特征——保密、补贴、政府干预、合谋规避政治决定——与公认的美国精神背道而驰，不过它们并不是美国历史的对立面。我们应当将美国精神的不完美实现归咎于另外两种高尚的美国传统——猪肉桶政治（议员在国会制订拨款法时将钱拨给自己的州或选区，或自己特别热心的某个具体项目）、滚木立法（政客间相互投赞成票以通过对彼此有利的提案）。但如果实验室在不太理想的情况下完成了一般性目标，他们依然支持系统性，并且会因此鼓励实验室去实现更多的国家目标。对一般理想的体现和对具体优先事项的响应，都源于冷战时期美国社会和政治背景下国家实验室系统的状况。

附录 1
1948—1966 年实验室运行预算
（以百万美元计）

财政年度	武器	反应堆	研究	生物医学	其他	总计
阿贡国家实验室						
1948		无	2.3	无	无	无
1949		无	4.1	无	无	无
1950		6.0	4.6	无	无	无
1951		9.0	4.8	2.6	2.3	18.7
1952		8.0	5.5	2.8	4.3	20.6
1953		8.1	6.1	2.4	2.1	18.7
1954		8.5	6.2	2.6	0.3	17.6
1955		10.5	6.1	2.7	0.4	19.7
1956		12.0	6.8	2.8	0.6	22.2
1957		14.4	8.4	2.8	0.5	26.1
1958		17.9	9.2	2.9	1.0	31.0
1959		19.6	11.6	3.4	0.8	35.4

（续表）

财政年度	武器	反应堆	研究	生物医学	其他	总计
1960		22.3	13.3	3.8	0.8	40.2
1961		21.9	15.6	4.2	1.0	42.7
1962		21.3	19.2	4.8	1.1	46.4
1963		23.7	22.5	5.3	1.1	52.6
1964		27.3	27.8	5.8	1.2	62.1
1965		27.8	32.0	6.1	1.2	67.1
1966		31.7	34.8	6.8	1.0	74.3

布鲁克海文国家实验室

财政年度	武器	反应堆	研究	生物医学	其他	总计
1948		—	6.4	—	—	6.4
1949		—	4.3	0.8	—	5.1
1950		0.2	5.9	1.4	—	7.5
1951		0.5	5.1	1.8	0.1	7.5
1952		1.2	5.3	2.2	—	8.7
1953		1.7	5.5	2.2	—	9.4
1954		1.7	5.6	2.4	—	9.7
1955		1.9	5.8	2.6	—	10.3
1956		2.5	6.2	2.7	0.1	11.5
1957		3.7	7.0	2.9	0.1	13.7
1958		5.1	8.3	3.6	1.0	18.0
1959		4.4	9.4	4.2	0.3	18.3
1960		3.4	11.8	4.6	0.5	20.3
1961		3.2	16.6	4.8	0.7	25.3
1962		3.9	18.9	5.2	0.9	28.9

（续表）

财政年度	武器	反应堆	研究	生物医学	其他	总计
1963		4.7	24.3	5.8	1.3	36.1
1964		5.3	27.8	6.2	1.4	40.7
1965		5.7	30.2	6.6	1.4	43.9
1966		5.9	32.7	7.1	1.5	47.2
劳伦斯辐射实验室（伯克利）						
1948		—	3.8	1.9	—	5.7
1949		0.1	3.5	1.3	0.1	5.0
1950		—	4.2	1.3	—	5.5
1951			4.7	1.5	0.2	6.4
1952			4.8	1.6	3.4	9.8
1953		—	4.7	1.7	—	6.4
1954		—	4.6	1.7	—	6.3
1955			5.0	1.7	—	6.7
1956			10.4	1.8	—	12.2
1957		—	12.5	1.6	—	14.1
1958			17.0	1.9	—	18.9
1959			19.9	2.0	—	21.9
1960		—	17.6	2.2	—	19.8
1961		0.2	20.9	2.5	—	23.6
1962		0.2	23.6	2.6	—	26.4
1963		0.1	25.4	3.0	—	28.5
1964		—	27.9	3.2	—	31.1
1965			30.1	3.3	—	33.4
1966			32.1	3.8	—	35.9

（续表）

财政年度	武器	反应堆	研究	生物医学	其他	总计
劳伦斯辐射实验室（利弗莫尔）						
1953	8.8	1.2	0.3	—	—	11.3
1954	12.5	1.5	0.7	—	—	14.7
1955	无	2.5	2.2	—	—	无
1956	20.5	1.5	—	—	—	22.0
1957	26.4	3.3	—	—	—	29.7
1958	35.4	2.9	—	—	—	38.3
1959	41.9	6.9	—	—	—	48.8
1960	42.8	13.9	6.0	—	3.3	66.0
1961	47.0	18.7	6.1	—	3.7	75.5
1962	71.0	19.4	6.5	—	3.6	100.5
1963	70.7	21.7	7.0	0.2	4.1	103.7
1964	83.5	11.4	5.6	1.8	6.2	108.5
1965	83.5	3.1	5.9	3.0	5.9	101.4
1966	85.8	3.5	5.9	3.4	6.8	105.4
洛斯阿拉莫斯实验室						
1948	无	无	无	无		无
1949	无	无	无	无		无
1950	无	无	无	无		无
1951	无	—	0.1	0.7		无
1952	无	—	0.1	0.6		无
1953	48.0	—	0.1	0.7		48.8
1954	50.4	—	0.3	0.7		51.2
1955	无	无	1.0	0.7		无

（续表）

财政年度	武器	反应堆	研究	生物医学	其他	总计
1956	40.2	4.3	1.1	0.8		46.4
1957	32.9	8.1	1.8	0.9		43.7
1958	37.9	10.9	2.3	0.9		52.0
1959	38.5	15.4	3.0	1.0		57.9
1960	36.4	18.9	2.2	0.9		58.4
1961	36.7	26.2	2.0	1.0		65.9
1962	43.4	33.0	1.9	1.0		79.3
1963	42.8	36.3	2.0	1.0		82.1
1964	47.4	35.1	1.8	1.1		85.4
1965	49.0	31.8	1.8	1.3		83.9
1966	54.2	34.3	4.1	1.4		94.0
橡树岭国家实验室						
1948		无	5.7	1.6	无	14.4
1949		无	7.9	1.7	无	14.5
1950		无	6.4	1.7	无	15.0
1951		8.0	4.8	1.9	3.5	18.2
1952		11.2	6.0	2.2	5.0	24.4
1953		11.0	7.5	2.3	7.9	28.7
1954		11.4	7.8	2.3	7.5	29.0
1955		19.4	8.5	2.4	2.4	32.7
1956		26.5	8.6	3.8	2.0	40.9
1957		35.3	9.8	4.2	2.2	51.5
1958		27.5	13.3	3.7	3.6	48.1
1959		29.0	14.9	4.6	4.0	52.5

（续表）

财政年度	武器	反应堆	研究	生物医学	其他	总计
1960		27.7	17.7	5.3	5.8	56.5
1961		30.5	21.1	5.8	5.6	63.0
1962		32.3	23.8	6.5	3.7	66.3
1963		32.0	25.2	7.6	4.6	69.2
1964		31.2	25.9	8.6	5.0	70.7
1965		31.3	27.3	9.4	6.1	74.1
1966		31.1	30.1	10.2	6.6	78.0

来源：《未来的角色》（*The Future Role*）（1951—1955 年）；"实验室主管会议资料"，埃姆斯，1966 年 5 月（GM5625/15）（1956—1966 年）；美国原子能联合委员会第 95 次大会 2 次会议，物理调查计划（1958 年 2 月）738（1948—1950 年研究预算）。三个来源中有几处微小差异。

涉及美国原子能部门赞助的项目有：军事应用、反应堆研发、生物医药，"其他"项包括核材料生产和放射性同位素、训练、培训和信息。"无"表示相关资料无法获得。

布鲁克海文实验室的补充资料来源：1948 年运作成本显然用于研究；1949 年生物医学资料来自 C. Wilson to W. Kelley，1948-04-16（DBM, 20/MH & S: BNL）；1949 年反应堆数推测为零，而 1949 年"其他"也假设为零。1950 年的数据来自 Haworth to Fackenthal, 1950-06-16（BNL-DO, I-8）。

伯克利实验室的补充资料来源：1948 年预算来自预算概要，合同 W-7405-eng-48，1947-03-19，ORO-1397；1949 年资料来自 A. Tammaro to E. O. Lawrence，1948-11-18（DC, 5/Rad Lab: Budget）；1950 年生物医学资料来自 A. Tammaro to R. Underhill, 1950-01-09（DC, 7/Finance-Admin: Budget）。1949 年"其他"项涉及武器材料生产，1951 年、1952 年"其他"项是利弗莫尔项目支出。

利弗莫尔实验室的补充资料来源：来自美国原子能委员会 1953—1954 年武器预算，AEC 99/16（EHC, PLB & L-7: Los Alamos）。"总计"包括武器测试费用，若不包括测试预算，1953 年"武器"项为 610 万美元，1954 年为 850 万美元。"其他"项包含"犁头"项目。《未来的角色》将舍伍德项目（核聚变）列入物理研究的清单中，但是来自埃姆斯会议资料的有关利弗莫尔的数据显然是包括在武器项目下面的。

洛斯阿拉莫斯实验室的补充资料来源：1953—1954 年美国原子能委员会（AEC99/16）的武器预算，若不包括武器测试预算，1953 年"武器"项为 3 870 万美元，1954 年为 4 130 万美元。不清楚随后几年预算是否包括武器测试预算。1955 年以前反应堆预算估计为零。舍伍德计划的费用归入"研究"项。

橡树岭实验室的补充资料来源：1948—1950 年数据是从《暂定成本和人员计划》（1948-03-22，ORNL/CF-48-3-336）和"1949 年和 1951 年预算估计"（ORO-1476）及《预算和人员比较调查》，FY1949-50（ORNL-DO, Budget-Instructions and Procedure）中估计得来的。"其他"项主要指生产项目。

附录2
1973 年实验室运行预算
（以百万美元计）

实验室	阿贡	布鲁克海文	伯克利	利弗莫尔	洛斯阿拉莫斯	橡树岭
武器	—	—	—	107.4	77.4	—
反应堆	42	—	—	—	9.3	27
研究	34	37.9	29.0	—	9.4	32
生物医学/环境	9	8.3	4.1	3.3	2.8	14
受控热核研究	—	—	—	7.8	5.6	
"犁头"	—	—	—	5.2	—	
为他人工作	3.7	2.9	2.4	10.9	8.9	16.2
总计	92.9	49.1	35.5	135.6	113.4	93.2

来源：原子能委员会技术信息中心，《原子能委员会研发实验室：国家资源》[TID-26400（1973 年 9 月）]。类别分别对应原子能委员会中提供赞助的部门：军事应用、反应堆开发、物理研究、生物医学和环境研究、受控热核研究和核能民用，为他人工作是指完成联邦政府其他部门的项目。不包括通常用于生产核材料、放射性同位素、培训和教育，以及监管等小型项目。

附录 3
人名和机构名中英对照

人名中英对照

阿尔伯塔·戈尔	Albert Gore
阿尔伯特·克鲁	Albert Crewe
阿尔伯特·琼克	Albert Jonke
阿尔弗雷德·斯塔伯德	Alfred Starbird
阿尔斯通·豪斯霍尔德	Alston Householder
阿尔文·温伯格	Alvin Weinberg
阿方索·塔马罗	Alfonso Tammaro
阿戈	H. V. Argo
阿瑟·斯纳尔	Arthur Snell
埃德·洛夫格伦	Ed Lofgren
埃德温·麦克米兰	Edwin McMillan
埃尔顿·凯恩斯	Elton Cairns
埃米利奥·塞格雷	Emilio Segrè
艾维特·德克森	Everett Dirksen
爱德华·洛芙根	Edward Lofgren
爱德华·特勒	Edward Teller
安德鲁·舍施利	Andrew Sessler

奥利弗·巴克利	Oliver Buckley
奥利弗·辛普森	Oliver Simpson
奥斯汀·布鲁斯	Austin Brues
巴里·康芒纳	Barry Commoner
巴沙尔	H. H. Barschall
保罗·弗曼	Paul Forman
保罗·亨肖	Paul Henshaw
保罗·利维	Paul Levy
保罗·麦克丹尼尔	Paul McDaniel
彼得·普林斯海姆	Peter Pringsheim
波克·希肯卢珀	Bourke Hickenlooper
波曼	A. P. Pollman
波西米亚·格罗夫	Bohemian Grove
布莱恩·麦克马洪	Brien McMahon
布鲁诺·庞蒂科夫	Bruno Pontecorvo
查尔斯·托马斯	Charles Thomas
达拉赫·纳格尔	Darragh Nagle
达罗·弗罗曼	Darol Froman
大卫·霍尔	David Hall
大卫·利连索尔	David Lilienthal
大卫·谢利	David Shirley
德怀尔	O. E. Dwyer
第谷·布拉厄	Tycho Brahe
杜鲁门	Truman
厄尔·沃伦	Earl Warren
恩利克·费米	Enrico Fermi
法林顿·丹尼尔斯	Farrington Daniels
范·霍恩	E. L. Van Horn
菲尔比	E. T. Filbey
菲利普·莫尔斯	Philip Morse
冯·诺依曼	Von Neumann
弗兰克·斯佩丁	Frank Spedding
弗雷德·舒尔特	Fred Schuldt

克莱德·考恩	Clyde Cowan
克莱德·里德	Clyde Reed
克利福德·沙尔	Clifford Shull
克林顿·安德森	Clinton Anderson
肯尼思·普里斯特利	Kenneth Priestley
肯尼斯·戴维斯	W.Kenneth Davis
肯尼斯·菲尔兹	Kenneth Fields
肯尼斯·尼科尔斯	Kenneth Nichols
肯尼斯·皮策	Kenneth Pitzer
肯思·博伊尔	Keith Boyer
拉尔夫·约翰逊	Ralph Johnson
莱昂纳德·林克	Leonard Link
莱尔·博斯特	Lyle Borst
莱斯利·格罗夫斯	Leslie R. Groves
莱斯利·尼姆	Leslie Nims
莱斯特·科利斯	Lester Corliss
劳埃德·伯克纳	Lloyd Berkner
劳伦斯·哈夫斯塔德	Lawrence Hafstad
勒默·施雷伯	Raemer Schreiber
雷·基德尔	Ray Kidder
雷蒙德·齐尔克尔	Raymond Zirkle
蕾切尔·卡森	Rachel Carson
李·杜布里奇	Lee DuBridge
李·法尔	Lee Farr
里伯	F. L. Ribe
理查德·坡斯特	Richard F. Post
理查德·多德森	Richard W. Dodson
理查德·塔司切克	Richard Taschek
理查德·托尔曼	Richard Tolman
利奥·布鲁尔	Leo Brewer
利奥·齐拉特	Leo Szilard
利兰·霍沃思	Leland Haworth
列克星敦	Lexington

刘易斯·斯特劳斯	Lewis Strauss
路易斯·阿尔瓦雷茨	Louis Alvarez
路易斯·罗森	Louis Rosen
罗伯特·哈钦斯	Robert M. Hutchins
罗伯特·巴萨德	Robert Bussard
罗伯特·威尔逊	Robert R. Wilson
罗伯特·昂德希尔	Robert Underhill
罗伯特·奥本海默	J. Robert Oppenheimer
罗伯特·巴切尔	Robert Bacher
罗伯特·杜菲尔德	Robert Duffield
罗伯特·利文斯顿	Robert Livingston
罗伯特·麦克那马拉	Robert McNamara
罗伯特·萨克斯	Robert Sachs
罗伯特·塞伯	Robert Serber
罗伯特·桑顿	Robert Thornton
罗伯特·斯普劳尔	Robert Sproul
罗伯特·斯通	Robert Stone
罗素·普尔	Russell S.Poor
罗威尔·伍德	Lowell Wood
罗兹	C. P. Rhoads
马克·米尔斯	Mark Mills
马克斯·德尔布吕克	Max Delbrück
梅尔文·普来斯	Melvin Price
米尔顿·怀特	Milton White
米尔顿·肖	Milton Shaw
莫里斯·戈德哈贝尔	Maurice Goldhaber
尼尔森·拉克	C. Nelson Rucker
尼古拉斯·克里斯托菲洛斯	Nicholas Christofilos
尼古拉斯·梅特罗波利斯	Nicholas Metropolis
诺里斯·布拉德伯里	Norris Bradbury
诺曼·拉姆齐	Norman Ramsey
诺曼·希尔伯里	Norman Hilberry
欧内斯特·库兰特	Ernest Courant

欧内斯特·劳伦斯	Ernest Lawrence
欧内斯特·沃兰	Ernest Wollan
乔治·安德鲁斯	George Andrews
乔治·迪耶纳	George Dienes
乔治·伽莫夫	George Gamow
乔治·皮格勒姆	George B. Pegram
乔治·温亚德	George Vineyard
切特·霍利菲尔德	Chet Holifield
萨姆纳·派克	Sumner Pike
塞缪尔·埃里森	Samuel Allison
塞缪尔·古德斯米特	Samuel Goudsmit
斯波弗德·英格里希	Spofford English
斯莱特	J. C. Slater
斯塔福德·沃伦	Stafford Warren
斯坦利·利文斯顿	M.Stanley Livingston
斯坦尼斯瓦夫·乌拉姆	Stanislaw Ulam
汤姆斯	L. H. Thomas
唐纳德·范·斯莱克	Donald Van Slyke
唐纳德·弗兰德斯	Donald Flanders
唐纳德·库克西	Donald Cooksey
唐纳德·史蒂文斯	Donald Stevens
唐纳德·休斯	Donald Hughes
托马斯·H.约翰逊	Thomas H. Johnson
托马斯·穆雷	Thomas Murray
托马斯·希普曼	Thomas Shipman
托马斯·约翰逊	Thomas Johnson
瓦西里·伊迈雅诺夫	Vasily Emelyanov
万尼瓦尔·布什	Vannevar Bush
威尔顿	T.A.Welton
威拉得·利比	Willard Libby
威廉·哈勒尔	William B. Harrell
威廉·博登	William L. Borden
威廉·布洛贝克	William Brobeck

威廉·桑德曼	F.William Sundermann
温德尔·拉蒂默	Wendell Latimer
温斯顿·曼宁	Winston Manning
沃尔夫冈·帕诺夫斯基	Wolfgang Panofsky
沃尔夫冈·泡利	Wolfgang Pauli
沃尔特·巴特基	Walter Bartky
沃尔特·津恩	Walter Zinn
沃伦·韦弗	Warren Weaver
沃伦·约翰逊	Warren Johnson
西奥多·泰勒	Theodore Taylor
西杜	S. S. Sidhu
希尔兹·沃伦	Shields Warren
小丹尼尔·科什兰	Daniel Koshland, Jr.
小莱曼·斯必泽	Lyman Spitzer, Jr.
小路易斯·亨佩尔曼	Louis Hempelmann, Jr.
小约翰·布洛利	John Brolley, Jr.
亚历山大·霍兰德	Alexander Hollaender
亚历山大·佐克尔	Alexander Zucker
亚瑟·康普顿	Arthur Compton
伊格尔·库尔恰托夫	Igor Kurchatov
伊曼纽尔·皮奥里	Emmanuel Piore
伊西多·拉比	Isidor Rabi
尤金·魏格纳	Eugene Wigner
尤利乌斯·黑斯廷斯	Julius Hastings
约翰·威廉姆斯	John H. Williams
约翰·博格	John Bugher
约翰·冯·诺依曼	John von Neumann
约翰·弗洛伯格	John Floberg
约翰·戈夫曼	John Gofman
约翰·格雷厄姆	John Graham
约翰·海沃德	John Hayward
约翰·惠勒	John Wheeler
约翰·劳伦斯	John Lawrence

约翰·卢克尔	John Nuckolls
约翰·麦科恩	John McCone
约翰·曼利	John Manley
约翰·威廉姆斯	John Williams
约瑟夫·汉密尔顿	Joseph Hamilton
泽恩·杰弗里斯	Zay Jeffries
詹姆斯·罗德	James A. Rhodes
詹姆斯·费斯克	James Fisk
詹姆斯·科南特	James Conant
詹姆斯·麦克雷	James McRae
詹姆斯·斯勒辛格	James Schlesinger
詹姆斯·绥	James Lum
詹姆斯·塔克	James Tuck
朱	J. C. Chu

机构名中英对照 *

国防部高级研究计划局	Advanced Research Projects Agency，ARPA
生物与医学咨询委员会	Advisory Committee for Biology and Medicine
研究和发展咨询委员会	Advisory Committee on Research and Development
阿贡国家实验室	Argonne National Laboratory
联合洛基山脉大学联盟	Associated Rocky Mountain Universities
联合大学有限公司	Associated University, Inc.，AUI
布鲁克海文国家实验室	Brookhaven National Laboratory
预算局	Bureau of the Budget
克林顿实验室	Clinton Laboratories
克罗克实验室	Crocker Lab
国防部	Department of Defense
能源部	Department of Energy
交通部	Department of Transportation
能源研究与开发署	Energy Research and Development Administration，ERDA

＊ 如无特别说明，均为美国的组织机构——译注

环境保护署	Environmental Protection Agency
欧洲核子研究中心， 　欧洲核子研究委员会	European Council for Nuclear Research，CERN
费米实验室	Fermilab
总咨询委员会	General Advisory Committee
众议院拨款委员会	House Appropriations Committee
初始大学集团	Initiatory University Group，IUG
国会原子能联合委员会	Joint Committee on Atomic Energy
诺尔斯原子能实验室	Knolls Atomic Power Laboratory
实验室主任俱乐部	Lab Directors' Club
劳伦斯利弗莫尔实验室	Lawrence Livermore Laboratory
洛斯阿拉莫斯实验室	Los Alamos Scientific Laboratory
曼哈顿工程区	Manhattan Engineer District
材料测试加速器	Materials Testing Accelerator
材料测试反应堆	Materials Testing Reactor
冶金实验室	Metallurgical Laboratory, Met Lab
中西部大学研究协会	Midwestern Universities Research Association, MURA
孟山都化学公司	Monsanto Chemical Company
国家航空咨询委员会	National Advisory Committee for Aeronautics
国家标准局	National Bureau of Standards
国家科学基金会	National Science Foundation
橡树岭国家实验室	Oak Ridge National Laboratory
海军研究办公室	Office of Naval Research
科学研究与发展办公室	Office of Scientific Research and Development,OSRD
总统科学顾问委员会	President's Science Advisory Committee
伯克利辐射实验室	Radiation Laboratory (Berkeley)
辐射实验室（利弗莫尔）	Radiation Laboratory (Livermore)
麻省理工学院辐射实验室	Radiation Laboratory (MIT)
参议院拨款委员会	Senate Appropriations Committee
斯坦福直线加速器中心	Stanford Linear Accelerator Center
田纳西河流域管理局	Tennessee Valley Authority
联合碳化物公司	Union Carbide Corporation

注　释

以下注释的内容引述了相关记录在 1996—1998 年的收藏位置，其中一些信息可能已经被移走。对于引用多项文件的注释，除非另有说明，一般是按照被引用内容在书中出现的顺序来排列的。

引言

1. Lowell Wood and John Nuckolls. "The Development of Nuclear Explosives," in Hans Mark and Lowell Wood, eds., *Energy in Physics, War, and Peace* (Boston, 1988), 311–317, on 316.

2. *The Future Role*, 3. 实验室的数据由各试验预算求和得到。Physical science 不包括工程。

3. ACBM 45, 25–26 Jun 1954; AEC minutes, 22 Sep 1955 (Sec'y 51–58, 176/BAF-2: 1957, vol. 1).

4. 例：杜邦公司在 1956 年研发投入为 1.4 亿美元，包含生产与销售的技术支持。David A. Hounshell and John Kenly Smith, Jr., *Science and Corporate Strategy: Du Pont R&D, 1902–1980* (Cambridge, 1988), 328, 335. 关于各大工业企业员工规模的比较，可参见 *Industrial Research Laboratories of the United States*, 9th ed. (Washington, D.C., 1950), 10th ed. (Washington, D.C., 1956), and 11th ed. (Washington, D.C., 1960).

5. Hewlett and Anderson; Hewlett and Duncan; Hewlett and Holl.

6. 关于加速器 : Daniel S. Greenberg, *The Politics of Pure Science* (New York, 1967); Leonard Greenbaum, *A Special Interest: The AEC, Argonne National Laboratory, and the Midwestern Universities* (Ann Arbor, 1971); Zuoyue Wang, "The Politics of Big Science in the Cold War: PSAC and the Funding of SLAC," *HSPS*, 25:2 (1995), 329–356; Catherine Westfall, "The First 'Truly National Laboratory': The Birth of Fermilab" (Ph.D. diss., Michigan State University, 1988); Elizabeth Paris, "Lords of the Ring: The Fight to Build the First U.S. Electron-Positron Collider," *HSPS*, 31:2 (2001), 355–380; Lillian Hoddeson and Adrienne W. Kolb, "The Superconducting Super Collider's Frontier Outpost, 1983–1988," *Minerva*, 38 (2000), 271–310. 关于武器项目 : Sybil Francis, "Warhead Politics: Livermore and the Competitive System of Nuclear Weapon Design" (Ph.D. diss., MIT, 1996); Richard Rhodes, *Dark Sun: The Making of the Hydrogen Bomb* (New York, 1995). 关于聚变 : Joan Lisa Bromberg, *Fusion: Science, Politics, and the Invention of a New Energy Source* (Cambridge, Mass., 1982).

7. Heilbron, Seidel, and Wheaton; Robert W. Seidel, "Accelerating Science: The Postwar Transformation of the Lawrence Radiation Laboratory," *HSPS*, 13:2 (1983), 375–400; Johnson and Schaffer; Holl; Crease. 另见 Joanne Abel Goldman, "National Science in the Nation's Heartland: The Ames Laboratory and Iowa State University, 1942–1965," *Technology and Culture*, 41:3 (2000), 435–459; Necah Furman, *Sandia National Laboratories: The Postwar Decade* (Albuquerque, 1989), and Leland Johnson, *Sandia National Laboratories: A History of Exceptional Service in the National Interest*, ed. Carl Mora, John Taylor, and Rebecca Ullrich (SAND07–1029, Sandia National Laboratory, 1997).

8. Robert W. Seidel, "A Home for Big Science: The AEC's Laboratory System," *HSPS*, 16:1 (1986), 135–175.

9. Nathan Reingold, "Vannevar Bush's New Deal for Research: or, The Triumph of the Old Order," *HSPS*, 17:2 (1987), 299–344; David M. Hart, *Forged Consensus: Science, Technology, and Economic Policy in the United States, 1921–1953* (Princeton, 1998); James G. Hershberg, *James B. Conant: Harvard to Hiroshima and the Making of the Nuclear Age* (New York, 1993); Daniel J. Kevles, *The Physicists: The History of a Scientific Community in Modern America* (New York, 1978), 324–366; Peter Galison, *Image and Logic* (Chicago,

1997), 239–311; Peter Galison and Barton Bernstein, "In Any Light: Scientists and the Decision to Build the Superbomb, 1952–1954," *HSPS*, 19:2 (1989), 267–347; Roger L. Geiger, *Research and Relevant Knowledge: American Research Universities since World War II* (New York, 1993); Rebecca S. Lowen, *Creating the Cold War University: The Transformation of Stanford* (Berkeley, 1997); Michael Aaron Dennis, "'Our First Line of Defense': Two University Laboratories in the Postwar American State," *Isis*, 85:3 (1994), 427–455; Jessica Wang, *American Science in an Age of Anxiety: Scientists, Anticommunism, and the Cold War* (Chapel Hill, 1999); Walter A. McDougall, *The Heavens and the Earth: A Political History of the Space Age* (New York, 1985).

10. Paul Forman, "Behind Quantum Electronics: National Security as Basis for Physical Research," *HSPS*, 18:1 (1987), 149–229; Stuart W. Leslie, *The Cold War and American Science: The Military-Industrial Complex at MIT and Stanford* (New York, 1993); Daniel J. Kevles, "Cold War and Hot Physics: Science, Security, and the American State, 1945–1956," *HSPS*, 20:2 (1990), 239–264; Roger L. Geiger, book review of Leslie, in *Technology and Culture*, 35:3 (1994), 629–631.

11. Arnold Kanter, *Defense Politics: A Budgetary Perspective* (Chicago, 1979); Francis, "Warhead Politics," 25–27; William M. Evan, *Organization Theory: Structures, Systems, and Environments* (New York, 1976), 126.

12. Alfred D. Chandler, *Strategy and Structure: Chapters in the History of the Industrial Enterprise* (Cambridge, Mass., 1962), 13–17, on 14.

13. Louis Galambos, "The Emerging Organizational Synthesis in Modern American History," *Business History Review*, 44:3 (1970), 279–290, and "Technology, Political Economy, and Professionalization: Central Themes of the Organizational Synthesis," *Business History Review*, 57 (1983), 471–493; Robert H. Wiebe, *The Search for Order, 1877–1920* (New York, 1967); Alfred D. Chandler, *The Visible Hand: The Managerial Revolution in American Business* (Cambridge, Mass., 1977); David A. Hounshell, "Hughesian History of Technology and Chandlerian Business History: Parallels, Departures, and Critics," *History and Technology*, 12 (1995), 205–224; Robert D. Cuff, "An Organizational Perspective on the Military-Industrial Complex," *Business History Review*, 52:2 (1978), 250–267.

14. Alan Brinkley, 引文见 Brian Balogh, "Reorganizing the Organizational Synthesis: Federal-Professional Relations in Modern America," *Studies in American Political Development*, 5 (1991), 119–172, on 120; Cuff, "Organizational," 258–259; 另可参见 James Q. Wilson, *Bureaucracy: What Government Agencies Do and Why They Do It* (New York, 1989).

15. Wesley Shrum and Robert Wuthnow, "Reputational Status of Organizations in Technical Systems," *American Journal of Sociology*, 93:4 (1988), 882–912.

16. Thomas P. Hughes, *Networks of Power: Electrification in Western Society, 1880–1930* (Baltimore, 1983); Wiebe E. Bijker, Thomas P. Hughes, and Trevor Pinch, eds., *The Social Construction of Technological Systems: New Directions in the Sociology and History of Technology* (Cambridge, Mass., 1987).

17. AEC, *Fifth Semiannual Report to Congress* (Jan 1949), 53, 67.

18. AEC, *Second Semiannual Report to Congress* (Jul 1947), 2–3, and *Fifth Semiannual Report to Congress* (Jan 1949), 50, 77.

19. Wayne Brobeck to W. Borden, 20 Oct 1949 (JCAE III, 37/LRL); Seaborg, in GAC 47, 13–15 Dec 1955, EHC.

20. Groves to Oppenheimer, 29 Jul 1943, in Alice Kimball Smith and Charles Weiner, eds., *Robert Oppenheimer: Letters and Recollections* (Cambridge, Mass., 1980), 262–263.

21. John Warner, in GAC 66, 28–30 Oct 1959, EHC: "If Brookhaven had been located only a mile or two from LaGuardia airport, many more students would be desirous of visiting Brookhaven, and thereby the past buildup of permanent staff at the BNL would have been partially unnecessary"; Zinn, quoted in Holl, 52; site selection criteria, Nov 1965, in Westfall, "Fermilab," 426; T. A. Heppenheimer, *Turbulent Skies: The History of Commercial Aviation* (New York, 1995).

22. Norris Bradbury, "Los Alamos — The First 25 Years," in J. O. Hirschfelder, H. P. Broida, and L. Badash, eds., *Reminiscences of Los Alamos* (Dordrecht, 1980), 161–175, on 161; Weinberg, 67–71; Holl, 173–174. 另 2 个例外：尤金·魏格纳在 1947 年夏季指导克林顿实验室，拉比担任布鲁克海文的理事提升了它的地位。

23. GAC 2, 2–3 Feb 1947, EHC, seeking "a man of recognized standing in physics who would give style and inspiration" to Los Alamos; GAC, Report of Sub-

committee on Research, in Oppenheimer to Lilienthal, 3 Apr 1947, GAC 3, EHC, 提出建一个中央反应堆实验室："It may be just possible to find one man fully qualified as director; it is very uncertain that several can be found for several effective laboratories." 总咨询委员会后来担忧利弗莫尔的约克缺乏经验 (the inexperience of York at Livermore): Hewlett and Holl, 180.

24. 可参见 Robert O. Keohane, "Hegemonic Leadership and U.S. Foreign Economic Policy in the 'Long Decade' of the 1950s," in William P. Avery and David P. Rapkin, eds., *America in a Changing World Political Economy* (New York, 1982), 49–76, on 49.

25. *New York Times*, 17 Mar 1954, 1.

26. I. I. Rabi, GAC 41, 14 Jul 1954, in Hewlett and Holl, 180.

27. Strauss, 9 Feb 1949, in Seidel, "Home," 136–137.

28. James R. Newman and Byron S. Miller, "The Socialist Island," BAS, 5:1 (1949), 13–15, on 13; Edward Teller with Allen Brown, *The Legacy of Hiroshima* (New York, 1962); V. W. Hughes in AUI, Ex Comm, 20 September 1963; A. V. Crewe to M. Goldhaber, 4 Feb 1965 (BNL-HA, 33/Lab directors' meetings).

29. David A. Hollinger, "Free Enterprise and Free Inquiry: The Emergence of Laissez-Faire Communitarianism in the Ideology of Science in the United States," *New Literary History*, 21 (1990), 897–919.

1. 起源

1. 布什早在 1940 年建立了国防研究委员会（National Defense Research Committee, NDRC），它在科学研究与发展办公室中起咨询作用。Daniel J. Kevles, *The Physicists: The History of a Scientific Community in Modern America* (New York, 1978), 296–301.

2. Holl, 6.

3. Holl, 7–9; Arthur Holly Compton, *Atomic Quest* (New York, 1956), 80–81; Hewlett and Anderson, 41–43, 53–56; Richard Rhodes, *The Making of the Atomic Bomb* (New York, 1986), 397–400.

4. Hewlett and Anderson, 71–83; Holl, 7–13; Rhodes, *Atomic Bomb*, 424–428.

5. Compton, *Atomic Quest*, 110–111.

6. Holl, 13–14.

7. Hewlett and Anderson, 76–77.

8. Hewlett and Anderson, 91, 185–193; Johnson and Schaffer, 16–18.

9. Hewlett and Anderson, 198, 207, 212; Johnson and Schaffer, 18–21; Holl, 22–24, 31.

10. Hewlett and Anderson, 227–230; Oppenheimer to Robert Bacher, 10 Jun 1942, in Alice Kimball Smith and Charles Weiner, eds., *Robert Oppenheimer: Letters and Recollections* (Cambridge, Mass., 1980), 225; Rhodes, *Atomic Bomb*, 447–451.

11. David Hawkins, *Project Y: The Los Alamos Story*, vol. 1., *Toward Trinity* (Los Angeles, 1983), 3–5; Oppenheimer to J. H. Manley, 12 Oct 1942, in Smith and Weiner, *Oppenheimer*, 231; U.S. Atomic Energy Commission, *In the Matter of J. Robert Oppenheimer* (Cambridge, Mass., 1971), 12, 28; Lillian Hoddeson et al., *Critical Assembly: A Technical History of Los Alamos during the Oppenheimer Years, 1943–1945* (Cambridge, 1993), 57–58.

12. Smith and Weiner, *Oppenheimer*, 239.

13. Oppenheimer to Manley, 12 Oct 1942.

14. AEC, *In the Matter*, 12; Oppenheimer to Conant, 1 Feb 1943, in Smith and Weiner, *Oppenheimer*, 247–248; Hewlett and Anderson, 230–232; Rhodes, *Atomic Bomb*, 448, 452–455.

15. Holl, 6, 24.

16. Johnson and Schaffer, 27; Weinberg, 45.

17. George Everson to Underhill, 17 Feb 1944 (EOL, 29/38).

18. Bush to OSRD staff, 8 Aug 1944 (EOL, 29/38).

19. Holl, 32–33; Compton, in Robert W. Seidel, "Accelerating Science: The Postwar Transformation of the Lawrence Radiation Laboratory," *HSPS*, 13:2 (1983), 375–400, on 379.

20. Hewlett and Anderson, 322–323; Holl, 29.

21. Jeffries report, 18 Nov 1944, excerpts in app. A of Alice Kimball Smith, *A Peril and a Hope: The Scientists' Movement in America, 1945–47* (Chicago, 1965), 539–559; Holl, 32; Hewlett and Anderson, 323–325.

22. Groves to George L. Harrison, 19 Jun 1945, in Seidel, "Accelerating," 378; R. C. Tolman to E. O. Lawrence, 16 Sep 1944 (EOL, 29/37).

23. Nichols, Jan 1945, in Holl, 33; Hewlett and Anderson, 337–338, 344–345, 366. 另外有一个分会的议题是原子能的社会和政治影响，由詹姆斯·弗兰克 (James Franck) 牵头，该分会撰写了"弗兰克报告" (Franck report)。

24. Holl, 28.

25. T. R. Hogness to W. Bartky, 13 Jun 1945 (EOL, 29/36); A. J. Dempster to Bartky, 28 Jun 1945, ibid.

26. W. H. Zinn to Bartky, 15 Jun 1945 (EOL, 29/36).

27. Dempster to Bartky, 28 Jun 1945, and Zinn to Bartky, 15 Jun 1945 (EOL, 29/36).

28. M. D. Whitaker et al., "Organization of the National Nucleonics Program," n.d. [ca. Jun 1945] (EOL, 29/36).

29. F. H. Spedding to Hilberry, 16 Jun 1945 (EOL, 29/36); J. C. Stearns memo, 14 Jun 1945, ibid.

30. H. J. Curtis to A. H. Compton, 16 Jun 1945, and J. G. Hamilton to Hilberry, 13 Jun 1945 (EOL, 29/36). 汉密尔顿领导克罗克实验室（劳伦斯辐射实验室的附属机构），后来不久就由联邦资助。之后，柯蒂斯会领导布鲁克海文的生物部门。

31. Bartky, "Preliminary Report," 16 Jun 1945 (EOL, 29/36).

32. Hewlett and Anderson, 367–369.

33. Seidel, "Accelerating," 378. 1944 年 9 月，在德国战败时布什考虑拆分科学研究与发展办公室；Nathan Reingold, "Vannevar Bush's New Deal for Research: or, The Triumph of the Old Order," *HSPS*, 17:2 (1987), 299–344, on 319.

34. K. Priestley to MED Area Engineer, 22 Jul 1946 (EOL, 32/1); Lawrence to Groves, 13 Jul 1945 (EOL, 29/38); Seidel, "Accelerating," 379.

35. Hawkins, *Project Y*, 484–485.

36. Oppenheimer to Division and Group Leaders, 20 Aug 1945 (LANL A-84–019, 60/10).

37. Hewlett and Anderson, 627; Johnson and Schaffer, 27.

38. Norris Bradbury, "Los Alamos — The First 25 Years," in J. O. Hirschfelder, H. P. Broida, and L. Badash, eds., *Reminiscences of Los Alamos* (Dordrecht, 1980), 161–175, on 162; Norris Bradbury, "The First 20 Years at Los Alamos," *LASL News*, 1 Jan 1963.

39. Bradbury to Groves, 3 Nov 1945 (LANL WWII Director's Files, 19/4).

40. Bradbury, "First 20 Years"; Edith C. Truslow and Ralph Carlisle Smith, *Project Y: The Los Alamos Story*, vol. 2, *Beyond Trinity* (Los Angeles, 1983), 271.

41. "Some Comments on the Results of the Questionnaire," 14 Mar 1946 (LANL A-84–019, 31/5); Leslie R. Groves, *Now It Can Be Told* (New York, 1962),

378–379.

42. Weinberg, 48.

43. Johnson and Schaffer, 29.

44. Clinton Labs Research Council, minutes, 13 Feb 1946, ORNL/CF-46–2–13.

45. "History of the Activities of the Manhattan District Research Division," 15 Oct 1945–31 Dec 1946, ORO-1050, chap. 12.

46. Oppenheimer to Division and Group Leaders, 20 Aug 1945 (LANL A-84–019, 60/10).

47. Groves to Bradbury, 4 Jan 1946 (LANL WWII Director's Files, 19/4).

48. Bradbury interview by Arthur L. Norberg, 1976, TBL, 48; Bradbury, "First 20 Years"; Bradbury, "First 25 Years."

49. Minutes of Crossroads meeting, 26 Jan 1946, and Bradbury to Vice Adm. W. H. P. Blandy, 7 Jan 1946 (LANL WWII Director's Files, 23/7).

50. B. Dauben to J. H. Lawrence, 28 Jun 1946 (John H. Lawrence papers, TBL, 4/ 28).

51. Lawrence to Groves, 13 Jul 1945 (EOL, 29/38); Lawrence to Monroe Deutsch, 21 Aug 1945 (EOL, 20/11); Lawrence, "Recommended Program," 15 Sep 1945 (EOL, 22/10).

52. Groves to Lawrence, 15 Oct 1945 (EOL, 22/10); K. Priestley to Lawrence, 1 Nov 1945 (EOL, 22/4).

53. Groves to Lawrence, 28 Dec 1945 (EOL, 22/10); W. B. Reynolds to W. Norton, 12 Jan 1946, and Lawrence to R. Sproul, 31 Jan 1946 (EOL, 22/4).

54. Lawrence telex [to Cooksey], 29 Mar 1946 (EOL, 22/4).

55. Hewlett and Anderson, 627; Weinberg, 56–57.

56. "History of Activities," chap. 12; Holl, 39–40.

57. Hewlett and Anderson, 633.

58. F. Daniels, "Proposed Program for the National Nucleonics Laboratory at Argonne," n.d. [probably 21 Feb 1946], ONRL/CF-46–3–123.

59. John S. Rigden, *Rabi: Scientist and Citizen* (New York, 1987), 184.

60. G. B. Pegram to Groves, 17 Jan 1946, in Crease, 14.

61. Allan A. Needell, "Nuclear Reactors and the Founding of Brookhaven National Laboratory," *HSPS*, 14:1 (1983), 93–122, on 94, 97.

62. Ibid., 98; Crease, 14–15.

63. Pegram to Groves, 3 Mar 1946 (BNL-HA, AUI Planning Committee).

64. Crease, on 15 and 16.

65. "History of Activities," chap. 12, 4.

66. Hewlett and Anderson, 633–637.

67. Holl, 40.

68. "History of Activities," chap. 12, 4.

69. Pegram to northeastern institutions, 5 Mar 1946, in Robert W. Seidel, "A Home for Big Science: The AEC's Laboratory System," *HSPS*, 16:1 (1986), 135–175, 139n7.

70. L. A. DuBridge to Lt. Col. Stanley Stewart, 31 Dec 1946; Stewart to A. V. Peterson, 31 Dec 1946; Carroll Wilson to DuBridge, 9 Jan 1947; and DuBridge to Wilson, 13 Jan 1947 (Sec'y 47–51, 60/Nuclear Science Lab for West Coast). The initial impetus for the proposal seems to have come from Lawrence, who proposed a reactor for Berkeley in late 1945 but, according to DuBridge, suggested to Groves building it in southern California. It may also have stemmed from talk at Los Alamos of moving the weapons lab to southern California; 参见 Groves, *Now It Can Be Told*, 378–379.

71. U.S. House, 80th Cong., 1st sess., *Independent Offices Appropriation Bill for 1948*, 1477.

72. E. U. Condon to Nichols, 21 Feb 1946, and Columbia University, "Nuclear Science Research Program," 2 Mar 1946, ORNL/CF-46-3-123.

73. Crease, 15; N. F. Ramsey, "Summary of Meeting at Columbia University," 16 Feb 1946 (BNL-HA, AUI Planning Committee).

74. Clinton Labs, Research Council, minutes, 6 Feb 1946, ORNL/CF-46-2-113.

75. C. A. Thomas to Nichols, 11 Feb 1946, ORNL/CF-46-2-170; Clinton Research Council, minutes, 13 Feb 1946, ORNL/CF-46-2-13.

76. K. T. Compton to Pegram, 19 Mar 1946 (BNL-HA, AUI Planning Committee).

77. Clinton Steering Committee minutes, 4 Feb 1946, ORNL/CF-46-2-29.

78. Clinton Steering Committee minutes, 15 Feb 1946, ORNL/CF-46-2-209.

79. A. Hunter Dupree, *Science in the Federal Government* (Baltimore, 1986), 275; Rexmond C. Cochrane, *Measures for Progress: A History of the National Bureau of Standards* (Washington, D.C., 1966), 68; Kevles, *Physicists*, 66–67, 81, 189–190.

80. Cochrane, *Measures*, 332, 357–364, 377–388; Hewlett and Anderson, 25, 32, 66,

168–169, 233.

81. Deficiency Appropriation Act of 3 Mar 1901 and Joint Resolution of 12 Apr 1892, in Cochrane, *Measures*, app. C, 539–540.

82. Cochrane, *Measures*, 224–225.

83. Warren Weaver diary, 27 Oct 1939, in J. L. Heilbron and Robert W. Seidel, *Lawrence and His Laboratory: A History of the Lawrence Berkeley Laboratory*, vol. 1 (Berkeley, 1989), 475.

2. 独特性

1. Daniel J. Kevles, *The Physicists: The History of a Scientific Community in Modern America* (New York, 1978), 298–301.

2. Hewlett and Duncan, 19.

3. Holl, 8.

4. Hewlett and Anderson, 192–193; Holl, 21; Johnson and Schaffer, 18.

5. J. L. Heilbron and Robert W. Seidel, *Lawrence and His Laboratory: A History of the Lawrence Berkeley Laboratory*, vol. 1 (Berkeley, 1989), 114, 509.

6. Hewlett and Anderson, 230.

7. David Hawkins, *Project Y: The Los Alamos Story*, vol. 1., *Toward Trinity* (Los Angeles, 1983), 29–50; R. M. Underhill, interview by Arthur Norberg, 1976, TBL, 39.

8. Underhill to David Dow, 21 Dec 1944, and Lansdale to Oppenheimer, 30 Dec 1944 (LANL, WWII Director's Files, 1/8).

9. Underhill interview, 2, 18.

10. JCAE, 81st Cong., 1st sess., *Investigation into the United States Atomic Energy Project*, 304.

11. Johnson and Schaffer, 29.

12. Holl, 22, 33, 40–41, 49.

13. Report of Advisory Committee for Selection of ANL Management Agency, 16 Apr 1951, and Howard Brown to Medford Evans, 31 Jul 1950 (DBM, 17/MH&S-21: ANL).

14. Lawrence to Sproul, 17 Jan 1944 (EOL, 20/22); Robert W. Seidel, "Accelerating Science: The Postwar Transformation of the Lawrence Radiation Laboratory," *HSPS*, 13:2 (1983), 375–400, on 377–384.

15. Contract no. W-7405-eng-36, 20 Apr 1943 (LANL, WWII Director's Files, 1/7); Underhill interview, 21.

16. Gregg Herken, "The University of California, the Federal Weapons Labs, and the Founding of the Atomic West," in Bruce Hevly and John M. Findlay, eds., *The Atomic West* (Seattle, 1998), 119–135, on 121.

17. Hewlett and Anderson, 314–315.

18. Underhill to Sproul, 9 Mar 1946 (LANL A-83–0033, 15/8).

19. Oppenheimer to Monroe Deutsch, 24 Aug 1945; to Lawrence, 30 Aug 1945; to R. G. Sproul, 29 Sep 1945; and to R. T. Birge, 29 Sep 1945, in Alice Kimball Smith and Charles Weiner, eds., *Robert Oppenheimer: Letters and Recollections* (Cambridge, Mass., 1980), 295, 301, 306, 307. 奥本海默对大学的敌意也是他战后不返回学院的部分原因。

20. Underhill interview, 59, 64–65.

21. Underhill to Bradbury, 3 Jan 1946; Bradbury to Groves, 11 Jan 1946; Bradbury to Nichols, 5 Mar 1946 (LANL, WWII Director's Files, 1/8).

22. Underhill to Sproul, 9 Mar 1946 (LANL A-83–0033, 15/8).

23. Underhill interview, 78, 76.

24. C. F. Dunbar to E. C. Shoup, 13 Oct 1948 (BNL-DO, II-1).

25. Mervin Kelly, testimony in JCAE, *Investigation*, 813.

26. Atomic Energy Act of 1946, sec. 1(b)(3), sec. 3(b), in Hewlett and Anderson, app. 1.

27. Underhill, memo of phone conversation with Carroll Wilson, 10 Sep 1947 (EOL, 32/3).

28. Oppenheimer to Lilienthal, GAC 3, 3 Apr 1947, EHC.

29. J. R. Coe et al. to Lilienthal, 28 May 1947 (RRC-UT, MS-652, 10/40).

30. JCAE, *Investigation*; Hewlett and Duncan, 355–361. 该调查警示了加州大学。该校理事会已就尽早退出洛斯阿拉莫斯合同达成一致。("expressed desire that steps be taken to withdraw from the Los Alamos contract at as early a date as it is practicable to do so." UC Regents, 10 Jun 1949.)

31. AEC press seminar, 14–15 Mar 1949 (BNL-DO, II-5).

32. Director of Production, "Direct Operations by the Atomic Energy Commission," draft Sep 1949 (DBM, 31/O&M-3).

33. Ibid.

34. T. Keith Glennan to AEC and AEC staff, 29 Dec 1950 (EHC, folder "Management of National Labs").

35. Dunbar to Shoup, 13 Oct 1948 (BNL-DO, II-1).

36. J. M. Knox to Haworth, 14 Oct 1949 (BNL-DO, VII-32).

37. 该特别委员会起初称为"洛斯阿拉莫斯项目特别委员会",后于 1948 年改名。

38. Dunbar to Shoup, 13 Oct 1948 (BNL-DO, II-1); Bethe to P. M. Morse, 6 Nov 1947 (BNL-DO, I-4).

39. Carol Gruber, "The Overhead System in Government-Sponsored Academic Science: Origins and Early Development," *HSPS*, 25:2 (1995), 241–268.

40. AUI, Board of Trustees, minutes, 25 Oct 1947.

41. Lawrence to Sproul, 10 Jul 1947 (EOL, 23/19).

42. Clark Kerr to Lawrence, 2 Mar 1953 (EOL, 32/10); Kerr to UC deans et al., 27 Oct 1952 (EOL, 19/15); and UC organization charts, ca. 1954 (EOL, 19/5).

43. Peter J. Westwick, "Abraded from Several Corners: Medical Physics and Biophysics at Berkeley," *HSPS*, 27:1 (1996), 131–162, on 151–153.

44. R. T. Birge to [Dean] A. R. Davis, 12 Jul 1950, and Birge to Sproul, "Non-Academic Employees" and "Expense and Equipment," 22 Nov 1947 (Records of the Department of Physics, 1920–1962, UC Berkeley, TBL, 1/11, 1/7). The other labs, however, could envy the cheap (or free) labor of graduate students (AUI, Ex Comm, 15 Jun 1951).

45. Minutes, UC Regents, Committee on AEC Projects, 21–22 Mar 1952 (EOL, 19/37).

46. AEC, *Tenth Semiannual Report* (Jul 1951), 63, and *Eleventh Semiannual Report* (Jan 1952), 44.

47. Heilbron and Seidel, *Lawrence*, 103–113.

48. Underhill to W. B. Reynolds, 10 Aug 1949 (DC, 7/Administrative-Finance: Overhead); Underhill to A. Tammaro, 22 Jan 1952 (LANL A-83–0033, 9/1); Committee on AEC Projects, UC Regents, minutes, 21–22 Mar 1952 (EOL, 19/37); UC Regents, 25 Jul 1952, 21 Nov 52, 30 Jan 1953, and 26 Jun 1953.

49. Gruber, "Overhead," 243; Underhill interview, 33; Heilbron and Seidel, *Lawrence*, 511–512.

50. AEC, *Seventh Semiannual Report* (Jan 1950), 158.

51. Gruber, "Overhead," 265.

52. "Direct Operations."

53. Fletcher Waller to Wilson, 3 Apr 1950, and D. B. Langmuir to C. G. Worthington, 10 May 1950 (DBM, 34/Research Committee).

54. 1941 年末，哥伦比亚大学财务总管曾说："necessary for us to try again to 'educate' Dean Pegram as to what is meant by 'overhead.'" 皮格勒姆帮助建立了布鲁克海文实验室。Gruber, "Overhead," 260.

55. K. Priestley to A. P. Pollman, 26 Feb 1948 (DC, 5/Rad Lab: Budget); UCRL budget request, 21 Apr 1948 (DC, 5/Rad Lab: Budget request); C. E. Larson to A. H. Holland, 16 May 1950 (ORNL-DO, Budget-Costs).

56. Report for Selection of ANL Management.

57. AEC, "Management Fee for AUI," Jan 1952 (DBM, 18/MH&S-21: BNL).

58. Paul Green to Underhill, 18 Jul 1949, and Underhill to W. B. Harrell and J. Campbell, 20 Jul 1949 (DC, 7/Admin-Finance: Overhead).

59. AEC Research Committee, "Notes on Discussion of National Laboratory Problems," 14 Nov 1949 (EHC, Sec'y 47–51, Mgt. of national labs); AEC 317, 1 May 1950, and AEC 317/5, 21 Dec 1950 (Sec'y 47–51, 67/635.12-BNL); AEC, "Management Fee."

60. Report for Selection of ANL Management, and "Negotiations with the University of Chicago," 13 Dec 1951 (DBM, 17/MH&S-21: ANL).

61. Sumner Pike, in GAC 4, 30 May-1 June 1947, EHC.

62. Hewlett and Anderson, 66–67, 76–79, 103–104.

63. "Statement by Research Directors of C.N.L.," n.d. (RRC-UT, MS-652, 1/26).

64. Johnson and Schaffer, 50–51; Hewlett and Anderson, 122–126; Weinberg, 68–69.

65. M. D. Peterson to C. N. Rucker, 14 Jul 1948 (ORNL-DO, Research-General).

66. AUI, Ex Comm, minutes, 16 Nov 1951.

67. Glennan to AEC.

68. U.S. House, 80th Cong., 2d sess., *Supplemental Independent Offices Appropriation Bill for 1949*, 805–806; Oral Rinehart, budget instructions, May 1949 (ORNL-DO, Budget-Instructions and procedures); C. E. Larson to A. H. Holland, 16 May 1950 (ORNL-DO, Budget-Costs); Hewlett and Duncan, 420–421.

69. Harold Orlans, *Contracting for Atoms* (Washington, D.C., 1967), 55–56; Frank K. Edmondson, *AURA and Its National Observatories* (Cambridge, Mass.,

1997); Dominique Pestre, "The First Suggestions, 1949-June 1950," in Armin Hermann et al., eds., *History of CERN*, vol. 1, *Launching the European Organization for Nuclear Research* (Amsterdam, 1987), 63–95, on 89.

70. Holl, 153–174, 182–189.

71. Orlans, *Contracting*, 13–15.

72. AEC, *Ninth Semiannual Report to Congress* (Jan 1951), 41, 55–69.

73. M. Boyer to Division and Office Directors, 30 Jun 1953 (Sec'y 51–58, 174/BAF-2: 1954); Topnotch II agenda item 7, 24–28 Sep 1953 (Sec'y 51–58, 65/O&M-6: Topnotch II); AEC, response to Fay-Carpenter report, May 1954, ORO-1763.

74. Paul Foster to AEC staff, 22 Oct 1958 (Sec'y 58–66, 1423/7).

75. UC Regents, 14 Jul 1955 and 21 Nov 1958.

76. W. B. McCool to Starbird, 12 Jan 1959 (Sec'y 58–66, 1423/7).

77. UC Regents, 24 Jun 1955.

78. Orlans, *Contracting*, 4–5. 原子能委员会确实亲自运营几个小实验室，比如纽约附近布鲁克海文处的健康与安全实验室。

79. AEC, *Ninth Semiannual Report* (Jan 1951), 41.

80. 正扩张其研究力量的汉福德与桑地亚实验室是例外。

81. R. Birge to R. Sproul, 15 Dec 1945, in Westwick, "Abraded," 138; UC Regents, 23 Apr 1954.

82. Seidel, "Accelerating," 384–385.

83. Holl, 8–9, 22.

84. Organization charts for Los Alamos, ca. Aug 1943 and 22 Sep 1944, and Oppenheimer to Coordinating Council, 20 Apr 1944 (LANL, WWII Director's Files, 6/1); Hawkins, *Project* Y, 29–34.

85. Johnson and Schaffer, 55; Weinberg, 71.

86. M. E. Day to R. A. Nelson, 3 Jun 1948 (DC, 5/Personnel: Professional); Seidel, "Accelerating," 386–387, 390–391. 另请参见 Peter Galison, *Image and Logic* (Chicago, 1997), 250–255, 346.

87. Seidel, "Accelerating," 385–386; Robert W. Seidel, "From Mars to Minerva: The Origins of Scientific Computing in the AEC Labs," *Physics Today* (Oct 1996), 33–39.

88. ORNL organization charts for 1 Jul 1953 and 1 Jan 1962; Johnson and Schaffer, 70.

89. L. G. Hawkins to A. E. Dyhre, 30 Mar 1949 (LANL A-83–0033, 7/3); Necah Furman, *Sandia National Laboratories: The Postwar Decade* (Albuquerque, 1989), 277, 312–339; Leland Johnson, *Sandia National Laboratories: A History of Exceptional Service in the National Interest*, ed. Carl Mora, John Taylor, and Rebecca Ullrich (SAND07–1029, Sandia National Laboratory, 1997), 18–31.

90. Johnson and Schaffer, 63–64.

91. ORNL Policy Committee, minutes, 21 Dec 1955 (ORNL-DO, Meetings-Policy Committee).

92. P. Sandidge, "Study of Clinton Laboratories Departments and Personnel," 1 May 1947, ORNL/CF-47-5-76; comparative analyses of AEC laboratories, FY1953 (ORNL-DO, Budget Jul-Dec 1954); AEC, *Fifteenth Semiannual Report* (Jan 1954).

93. M. S. Livingston to Haworth, 20 Jan 1948 (BNL-DO, IV-19); Policy Commit-tee minutes (ORNL-DO, Meetings-Policy Committee).

94. Knox to Haworth, 14 Oct 1949 (BNL-DO, VII-32).

95. W. P. Leber to A. V. Peterson, 7 Mar 1947, ORO-1643.

96. Seidel, "Accelerating," 387n32; Johnson and Schaffer, 36.

97. Seidel, "Accelerating," 387.

98. Oppenheimer to J. H. Manley, 12 Oct 1942, in Smith and Weiner, *Oppenheimer*, 231–232; Oppenheimer to S. K. Allison, 7 Jun 1943; Allison to Oppenheimer, 19 May 1943; Oppenheimer to Groves, 13 and 27 May 1944; Nichols to Oppenheimer, 29 May 1944; Conant to Oppenheimer, 20 Nov 1942 (LANL, WWII Director's Files, 4/10).

99. Col. G. W. Beeler to L. DuBridge, 9 May 1946 (BNL-HA, University-Labora-tory Liaison); Allan A. Needell, "Nuclear Reactors and the Founding of Brookhaven National Laboratory," *HSPS*, 14:1 (1983), 93–122, 102.

100. Needell, "Nuclear Reactors," 105; Morse to Wigner, 10 Dec 1946 (BNL-DO, I-1).

101. Morse to Wigner, 10 and 13 Dec 1946, and to L. R. Thiesmeyer, 17 Oct 1946 (BNL-DO, I-1).

102. Leslie R. Groves, *Now It Can Be Told* (New York, 1962), 382.

103. Haworth to F. W. Loomis, 20 Nov 1947 (BNL-DO, I-6); H. A. Winne to Carroll Wilson, 26 Mar 1948, Wilson to Morse, 31 Mar 1948, and Morse to Wilson, 12

Apr 1948 (BNL-DO, I-5).

104. R. P. Johnson to C. N. Rucker, 9 Sep 1948 (ONRL-DO, Program-ORNL).

105. MED, Advisory Committee on Research and Development, minutes, 15 Jun 1946, ONRL/CF-46–6–229.

106. AEC, *Sixth Semiannual Report*, 113.

107. Morse to Thiesmeyer, R. A. Patterson, and L. B. Borst, 7 Mar 1947, and Morse to James H. Lum, 14 Mar 1947 (BNL-DO, I-2).

108. Westwick, "Abraded," 141.

109. Raemer E. Schreiber, interview by Arthur L. Norberg, 1976, TBL, 15, 29–30.

110. S. A. Goudsmit, memo to R. L. Cool et al., 18 May 1956, and Lawrence to M. Oliphant, 4 Apr 1956, in John L. Heilbron, "Creativity and Big Science," *Physics Today* (Nov 1992), 42–47, on 44; N. Hilberry, "Some Comments on the Objectives of the Commission's National Laboratories," 3 Jan 1958, quoted in Robert W. Seidel, "A Home for Big Science: The AEC's Laboratory System," *HSPS*, 16:1 (1986), 135–175, on 164–165.

111. William H. Whyte, Jr., *The Organization Man* (New York, 1957), 235.

112. Hewlett and Duncan, 66, 35.

113. Gale Young to Joseph Brewer, 19 Jun 1947, and Weinberg to A. Hollaender, 24 Dec 1947 (RRC-UT, MS-652, 10/83).

114. Crease, 26.

115. Crease, 33, 32.

116. C. P. Rhoads to R. D. Conrad, 11 Oct 1948 (BNL-DO, V-49); AUI, Ex Comm, minutes, 18 Jun 1948.

117. Walter W. Stagg to J. R. Abersold, 22 Jan 1946 (LANL, WWII Director's Files, 4/11).

118. Darol Froman, interview by Arthur L. Norberg, 1976, TBL, 44; Schreiber interview, 26.

119. Cabell Phillips, "Scientists Ponder Jobs on the Atomic Project," *New York Times*, 19 Sep 1948, E-7.

120. Mervin Kelly testimony in JCAE, *Investigation*, 813; M. S. Livingston to Haworth, 20 Jan 1948 (BNL-DO, IV-19).

121. I. I. Rabi, "Report of Subcommittee on Personnel Policy," 16 Apr 1946 (BNL-HA, AUI Planning Committee).

122. M. Kuper to Ad Hoc Committee on Tenure, 31 Mar, 7 Apr, and 13 May 1948; J. B. H. Kuper to Policy and Program Committee, 9 Jun 1948; Charles Dunbar to Haworth, 11 Aug 1948; and Haworth to scientific staff, 1 Sep 1948 (BNL-DO, VI-21).

123. Hollaender to Personnel Committee, 26 Jul 1949, Summary of activities of the Personnel Committee, 19 Aug 1949, and Personnel Committee minutes, 9 Nov 1949 (ORNL-DO, Meetings-Personnel Committee); ORNL Research Council minutes, 10 Nov 1949 (ORNL-DO, Meetings-Research Council).

124. Underhill interview, 65.

125. Sproul to Birge, 27 Apr 1950 (EOL, 23/20).

126. Lincoln Constance to Glenn Seaborg, 17 Dec 1959, in Westwick, "Abraded," 153.

127. Lawrence to Birge, 9 Jun 1950, Birge to Sproul, 12 Jun 1950, and Sproul to Bradbury, 17 Jul 1950 (EOL, 23/20); Raymond T. Birge, *History of the Physics Department*, vol. 5 (UC Berkeley, Physics Library, 1966), XVIII:47.

128. Report for Selection of ANL Management.

129. W. C. Parkinson to G. W. Beadle, 6 Jul 1961 (ANL-PAB, 9/Physics).

130. AUI trustees, minutes, 20 Jan 1956 and 19 Jan 1962; graphs of age of ANL staff in GAC 48, 12–13 Jan 1956; Haworth, "The Future Role of Brookhaven," 5 Dec 1955, and Weinberg, "Some Problems in the Development of the National Laboratories," Dec 1955 (BNL-DO, III-21); ANL Policy Advisory Board, minutes, 8 May 1961 and 16 Oct 1963 (ANL-PAB, boxes 3 and 4).

131. Loomis et al. to Nichols, 19 Mar 1946 (LANL A-84–019, 49/5).

132. Wilson, "Appointment of Scientific Personnel Committee," 20 May 1947 (LANL A-83–0033, 7/5).

133. Report of the Committee on Scientific Personnel (3d draft), 29 Jul 1947 (UCh-VPSP, 32/4).

134. Bradbury to Nichols, 5 Mar 1946 (LANL, WWII Director's Files, 1/8); AUI Ex Comm, minutes, 24 Oct 1946; A. E. Dyhre, "History — Business Office," 3 Jun 1948 (LANL, A-83–0033, 7/3); Los Alamos, Personnel Administrative Panel, minutes, 28 Jun 1948 (LANL A-83–0033, 8/1); Bradbury to Sproul, 26 Jan 1949 (LANL, A-83–0033, 9/1); see ORNL-DO, Meetings-Policy Committee.

135. E. R. Jette to Bradbury, 31 Jan 1947 (LANL A-84–019, 49/5); Froman to Underhill, 5 Jun 1950 (LANL A-83–0033, 14/4); Bradbury to Sproul, 10 Nov 1955 (EOL, 19/37).

136. Lawton Geiger to W. B. Harrell, table 2-A, 5 Sep 47 (UCh-VPSP, 33/4).

137. Geiger to Harrell, ibid.; conference on wage and salary increases, 23 Dec 1948 (LANL A-83–0033, 8/5); Bradbury to division leaders, 25 Apr 1949 (LANL A-83–0033, 8/4); Bradbury, interview by Arthur L. Norberg, 1976, TBL 6.

138. Westwick, "Abraded," 141.

139. Bradbury to Sproul, 26 Jan 1949 (LANL A-83–0033, 9/1).

140. AUI Ex Comm, 15 Jun 1951, 20 May 1955, 21 Sep 1956.

141. W. Reynolds to E. C. Shute, 31 Aug 1956 (EOL, 22/9).

142. AEC 811/3, 10 Oct 1956 (Sec'y 51–58, 62/O&M-6: Meetings and conferences, vol. 2); GAC 51, 29–31 Oct 1956, EHC; AUI Ex Comm, 13 Dec 1956.

143. GAC 24, 4–6 Jan 1951; GAC 36, 17–19 Aug 1953, EHC; ACBM 47, 3–4 Dec 1954, and G. Failla to Strauss, 7 Mar 1955, ACBM 47.

144. GAC, "Recommendations Relative to Administrative Policy for the AEC Research Laboratories," 8 Jan 1954, GAC 38; T. H. Johnson to managers, AEC Operations Offices, 19 Feb 1954 (BNL-DO, III-21).

145. GAC 76, 19–21 Oct 1961, and K. Pitzer to Seaborg, 21 Oct 1961 (EHC, Sec'y 58–66, O&M-7: GAC minutes).

146. ORNL, "Justification — FY1950 Budget," 25 Aug 1948, ORO-1206. The founders of Fermilab helped popularize claims to "truly national" status; see Lillian Hoddeson, "Establishing KEK in Japan and Fermilab in the US: Internationalism, Nationalism and High Energy Accelerators," *Social Studies of Science*, 13 (1983), 1–48, on 17; Catherine Westfall, "The First 'Truly National Laboratory': The Birth of Fermilab" (Ph.D. diss., Michigan State University, 1988).

147. GAC 15, 14–15 Jul 1949.

148. AEC, *Sixth Semiannual Report* (Jul 1949), 153.

149. BNL, Policy and Program Committee, 25 Nov 1947 (BNL-DO, IV-16).

150. AUI, Board of Trustees, 19 Oct 1951; Haworth to E. L. Van Horn, 8 Jan 1952 (BNL-DO, I-10); G. F. Tape to Van Horn, 26 Jun 1952 (BNL-Central Records, DO-87).

151. GAC 47, 13–15 Dec 1955, EHC, 15–16, 28; Seidel, "Home," 158; Holl, 72, 90–92.

152. 如 H. Urey to Morse, 17 Mar 1947, and Fermi to Morse, 31 Mar 1947 (BNL-DO, I-2); Morse to John von Neumann, 18 Apr 1947, and to Oppenheimer, 16 May 1947 (BNL-DO, I-3).

153. Morse to Thiesmeyer, 18 Oct 1946 (BNL-DO, I-1); Morse to Shoup, 3 Nov 1947 (BNL-DO, I-4); AUI, Ex Comm, 21 May 1948.

154. Clinton Steering Committee, minutes, 4 Feb 1946, ORNL/CF-46–2–29; Lilienthal, in U.S. Senate, 80th Cong., 2d sess., *Supplemental Independent Offices Appropriation Bill for 1949*, 94–95.

155. ORNL Policy Committee, 11 Feb 1952 (ORNL-DO, Meetings-Policy Committee); Haworth to Van Horn, 22 Mar 1954 (BNL-DO, I-12); Schreiber, in Richard Rhodes, *Dark Sun: The Making of the Hydrogen Bomb* (New York, 1995), 278; GAC 37, 4–6 Nov 1953, EHC; T. H. Johnson to managers, AEC Operations Offices, 19 Feb 1954 (BNL-DO, III-21).

156. ANL Policy Advisory Board, 21 Oct 1959 (ANL-PAB, box 2); ANL Physics Review Committee, 2 Oct 1959; Hilberry to R. W. Harrison, 10 Oct 1960; and Physics Review Committee, 20–22 May 1965 (ANL-PAB, 9/Physics).

3. 相互依存

1. David Edge, "Competition in Modern Science," in Tore Frangsmyr, ed., *Solomon's House Revisited* (Canton, Mass., 1990), 208–232.

2. Leonard S. Reich, *The Making of American Industrial Research: Science and Business at GE and Bell, 1876–1926* (Cambridge, 1985), 110, 186–191; Eliot Marshall, "Ethics in Science: Is Data-Hoarding Slowing the Assault on Pathogens?" *Science*, 275 (7 Feb 1997), 777–780; Stephen Hilgartner, "Data Access Policy in Genome Research," in Arnold Thackray, ed., *Private Science: Biotechnology and the Rise of the Molecular Sciences* (Philadelphia, 1998), 202–218.

3. Charles Coulston Gillispie, "Science and Secret Weapons Development in Revolutionary France, 1792–1804: A Documentary History," *HSPS*, 23:1 (1992), 35–152.

4. Spencer R. Weart, "Scientists with a Secret," *Physics Today*, 29 (1976), 23–30.

5. Hewlett and Anderson, 110, 170, 227–229; Holl, 25–26, 30–31.

6. K. D. Nichols to D. Cooksey, n.d. [ca. Aug 1945] (EOL, 21/18); Groves to Underhill, 14 Aug 1945, and W. B. Harrell to Underhill, 15 Aug 1945 (LANL A-83–0033, 15/8).

7. Henry DeWolf Smyth, *Atomic Energy for Military Purposes* (Stanford, 1989); Hewlett and Anderson, 368, 400–401, 406–407.

8. Hewlett and Anderson, 1–2, 647; Col. W. S. Hutchison, "The Manhattan Project Declassification Program," *BAS*, 2 (1 Nov 1946), 14–15.

9. Morse to Spedding, 12 Mar 1948; Spedding to F. Waller, 3 Nov 1947 (BNL-DO, I-5); Morse to W. Kelley, 17 Dec 1947 (BNL-DO, I-4).

10. Loomis et al. to Nichols, 19 Mar 1946 (LANL A-84–019, 49/5).

11. R. M. Underhill to Bradbury, 28 Apr 1948; Bradbury to Underhill, 6 May 1948; and Underhill, minutes of Special [Regents'] Committee on the Los Alamos Project, 27 Apr 1948 (EOL, 19/36).

12. Hewlett and Duncan, 23–26; Fields to Wilson, 25 Apr 1947 (Sec'y 47–51, Lab Directors' meetings, EHC); C. F. Dunbar to E. C. Shoup, 13 Oct 1948 (BNL-DO, II-1).

13. Louis N. Ridenour, "Secrecy in Science," *BAS*, 1 (1 Mar 1946), 3, 8; Edward Teller, "Scientists in War and Peace," ibid., 10–11; cf. Edward Teller, "The First Year of the Atomic Energy Commission," *BAS*, 4 (Jan 1948), 5–6, 其中坚称 "[atomic information] is much too dangerous to be allowed to circulate in an uncontrolled manner."

14. Hewlett and Duncan, 88–95; Holl, 62.

15. Sumner T. Pike, "A Commissioner Speaks," *BAS*, 4 (Jan 1948), 15–17; AUI, Ex Comm, 19 Dec 1947; T. H. Davies, "'Security Risk' Cases — A Vexed Question," and Stephen White, "Report on Oak Ridge Hearings" and "The Charges Presented in Oak Ridge Cases," *BAS*, 4 (Jul 1948), 193–196, on 196.

16. AUI, Ex Comm, 19 Dec 1947; Dunbar to Shoup.

17. Cooksey to J. J. Flaherty, 26 Oct 1948 (EOL, 33/1).

18. GAC 15, 14–15 Jul 1949; Pitzer to Lawrence, 21 Jul 1949, and Lawrence to Pitzer, 26 Jul 1949 (EOL, 32/6).

19. GAC 16, 22–23 Sep 1949, EHC; AUI, Ex Comm, 19 May 1950, and Board of Trustees, 21 Jul 1950 ("prime importance").

20. JCAE, 81st Cong., 1st sess., *Investigation into the United States Atomic Energy*

Project, 14, 2, 787; Hewlett and Duncan, 355–361; Holl, 81–84.

21. David P. Gardner, *The California Oath Controversy* (Berkeley, 1967), 248; R. G. Sproul to Bradbury, 5 Jul 1950 (LANL A-83–0033, 9/1); G. Chew to Birge (quote), 24 Jul 1950, in Raymond T. Birge, *History of the Physics Department*, vol. 5 (Physics Library, UC Berkeley), XIX:46; David Kaiser, "Democracy Takes a Triple Turn: Geoffrey Chew, the Theoretical Community, and Nuclear Democracy," paper delivered at annual meeting of History of Science Society, Kansas City, 1998; Peter J. Westwick, "Abraded from Several Corners: Medical Physics and Biophysics at Berkeley," *HSPS*, 27:1 (1996), 131–162, on 143. 约翰·曼利（John Manley）洛斯阿拉莫斯副主任，也是总咨询委员会秘书，尽管在1951年前都兼任这两方的职位，但也在抗议。

22. AEC, *Fourth Semiannual Report to Congress* (Jul 1948), 51.

23. GAC 15, 14–15 Jul 1949.

24. U.S. Senate, 83rd Cong., 1st sess., *Second Independent Offices Appropriations for 1954*, 11.

25. Serber in Lawrence to Tammaro, 4 Nov 1949 (EOL, 32/6); J. G. Beckerley, "Secrecy in Nuclear Engineering," *Nucleonics*, 10:1 (1952), 36–38, and "Declassification Problems in Power Reactor Information," *Nucleonics*, 11:1 (1953), 6–8.

26. Hewlett and Duncan, 332–334; Robert W. Seidel, "A Home for Big Science: The AEC's Laboratory System," *HSPS*, 16:1 (1986), 135–175, on 146.

27. AEC Program Council minutes, 24 Jun 1948 (Sec'y 47–51, 33/Program Council).

28. AEC, *Fifth Semiannual Report* (1949), 110–111; JCAE, 82d Cong., 2d sess., *Amending the Atomic Energy Act* (1952), 39; Harold Green, "The Unsystematic Security System," *BAS*, 11 (Apr 1955), 118–122, 164.

29. Oppenheimer to Dean, 30 Apr 1952, GAC 30; AEC, "Response to Fay-Carpenter Report," Mar 1954, ORO-1763.

30. Hewlett and Holl, 43–72, 119–143.

31. Ralph Lapp, "The Lesson of Geneva," *BAS*, 11 (Oct 1955), 275, 308; cf. Frederick Seitz and Eugene Wigner, "On the Geneva Conference: A Dissenting Opinion," *BAS*, 12 (Jan 1956), 23–24.

32. "News Roundup," *BAS*, 11 (Mar 1955), 102–103; Edward Shils, "Security and Science Sacrificed to Loyalty," *BAS*, 11 (Apr 1955), 106–109, 130; S. A. Goud-

smit [quote], "The Task of the Security Officer," *BAS*, 11 (Apr 1955), 147.

33. Lawrence to H. A. Fidler, 20 Oct 1954; P. L. Schiedermayer memo, 20 Oct 1954; Strauss to Lawrence, 15 Nov 1954; Cooksey to Clark Kerr, 14 Dec 1954 (EOL, 32/11).

34. GAC 39, 31 Mar and 1–2 Apr 1954, EHC; Haworth to Van Horn, 2 Aug 1955 (BNL-DO, I-13); "News Roundup," *BAS*, 12 (Feb 1956), 62.

35. G. Failla to Strauss, 7 May 1955, in ACBM 50.

36. AEC minutes, 2 Apr 1952 (Sec'y 51–58, 141/R&D-7: CTR); Joan Lisa Bromberg, *Fusion: Science, Politics, and the Invention of a New Energy Source* (Cambridge, Mass., 1982), 30–31.

37. GAC 37, 4–6 Nov 1953, EHC.

38. AEC 532/4, 8 May 1953, and AEC 532/15, 15 Jan 1954 (Sec'y 51–58, 141/R&D-7: CTR); Bromberg, *Fusion*, 38–39.

39. R. R. Wilson to T. H. Johnson, 17 Aug 1953, and AEC 532/10, 24 Sep 1953 (Sec'y 51–58, 141/R&D-7: CTR).

40. J. G. Beckerley to R. Thornton, 2 Mar 1953, and G. A. Kolstad to Thornton, 13 Mar 1953 (EOL, 32/10); GAC 37, 3–6 Nov 1953, EHC. 在希腊，该专利计划于 1954 年 1 月 1 日解密，议会成员敦促原子能委员会将文件资料从希腊拿走。Corbin Allardice to Strauss, 5 Nov 1953 (Sec'y 51–58, 141/R&D-7: CTR).

41. AEC minutes, 25 May 1955, and AEC 532/19, 18 Mar 1955 (Sec'y 51–58, 141/ R&D-7: CTR). 关于解密问题的争论，参见 Sec'y 51–58, 113/Reactor Development-1: CTR.

42. Bromberg, *Fusion*, 71–78, 89–90.

43. AEC 532/10, 24 Sep 1953 (Sec'y 51–58, 141/R&D-7: CTR).

44. "Technical Meeting, Research Staffs," 17–19 Jun 1946, ONRL/CF-46–6–247; W. P. Leber to M. D. Whitaker, 29 May 1946, ORNL/CF-46–5–507; Bradbury to Groves, 15 Jun 1946 (EOL, 19/36); Edith C. Truslow and Ralph Carlisle Smith, *Project Y: The Los Alamos Story,* vol. 2, *Beyond Trinity* (Los Angeles, 1983), 270, 430–431.

45. Handwritten notes [apparently by Lawrence], 16 Oct 1946; Wigner to A. V. Peterson, 17 Oct 1946; and Lawrence to Peterson, 29 Nov 1946 (EOL, 32/27).

46. 参见 list of information meetings (EOL, 32/27); information meeting agendas for Chicago, 21–23 Apr 1947, ORNL/CF-47-4–346; Clinton, 13–15 Oct 1947,

ONRL/CF-47–10–216; Argonne, 18–20 Oct 1948, ES-423; and Los Alamos, 5–7 May 1949, ORNL/CF-49–5–127; A. Hollaender to A. H. Holland, Jr., 12 Mar 1948, ORO-328; Hollaender to Warren, 29 Mar 1948, ORO-319.

47. AEC, *Seventh Semiannual Report to Congress* (Jan 1950), 185; JCAE, *Investigation*, 821.

48. Fields to Wilson, 25 Apr 1947 (Sec'y 47–51, Lab Directors' meetings, EHC).

49. AEC, *Seventh Semiannual Report to Congress* (Jan 1950), 164–167.

50. John R. Munkirs, *The Transformation of American Capitalism* (Armonk, N.Y., 1985), 107–118.

51. Morse to Scientific Advisory Committee, 6 Jan 1947 (BNL-DO, I-2); R. D. Conrad to Morse, 15 Sep 1947 (BNL-DO, II-15); Morse to E. Reynolds, 22 Sep and 3 Dec 1947 (BNL-DO, I-4); BNL, Policy and Program Committee, 28 Oct 1947 (BNL-DO, IV-16). 另一位不属于美国联合大学公司的科学家加入了一个分会。各分会总计有 12 名成员。

52. Report of subcommittee of AUI Trustees, "Proposed AUI Visiting Committees to BNL," 15 Jul 1949, and AUI, "Visiting Committees," 8 Nov 1949 (BNL-DO, II-16); Haworth to department heads, 1 Sep 1949 (BNL-DO, I-7).

53. R. W. Dodson to Weinberg, 11 Oct 1954 (BNL-DO, V-14); Visiting Committee for Chemistry to C. E. Larson, 29 Oct 1954 (ORNL-DO, Advisory Committees-Chemistry); ORNL Policy Committee minutes, 3 Nov 1954 (ORNL-DO, Meetings-Policy Committee); Haworth to department chairs, 23 Oct 1957 (BNL-DO, I-15); T. H. Johnson in GAC 47, 13–15 Dec 1955, EHC, 25.

54. ANL Policy Advisory Board, minutes, 17 Jul 1957 (ANL-PAB, box 2).

55. 参见如 AUI Board of Trustees, 15 Jul 1955.

56. ORNL, Research Committee, minutes, 4 Jun 1958 (ORNL-DO, Committees-Research Committee).

57. AEC, *Eleventh Semiannual Report to Congress* (Jan 1952), 46.

58. Donald J. Keirn to Fields, 14 Oct 1954; V. G. Huston (for Fields) to Bradbury and York, 22 Oct 1954; Darol Froman to Huston, 16 May 1955, in AEC 855, 19 Aug 1955 (Sec'y 51–58, 52/MR&A-5: Rocket propulsion); Raemer Schreiber, "What Happened to LASL?" draft Nov 1991, LANL VFA-1240.

59. Schreiber to Bradbury, 12 May 1955, in AEC 855, 19 Aug 1955.

60. Hewlett and Duncan, 20.

61. AEC, *Fifth Semiannual Report to Congress* (Jan 1949), 50; GAC 7, 21–23 Nov 1947, and GAC 12, 3–5 Feb 1949.

62. Nathan Reingold, "Vannevar Bush's New Deal for Research: or, The Triumph of the Old Order," *HSPS*, 17:2 (1987), 299–344, on 308, 328.

63. AEC, *Second Semiannual Report* (July 1947), 3, 5; Hewlett and Duncan, 18–21.

64. AEC, *First Semiannual Report* (Jan 1947), 6–7.

65. Alfred D. Chandler, *The Visible Hand: The Managerial Revolution in American Business* (Cambridge, Mass., 1977), 99–109.

66. Hewlett and Duncan, 33–42.

67. Report by Conant, DuBridge, and Hartley Rowe, in GAC 10, 4–6 Jun 1948, EHC.

68. Carroll Wilson to managers of directed operations, 5 Aug 1948, ORO-1547.

69. Hewlett and Duncan, 197–201; AEC, *Sixth Semiannual Report* (July 1949).

70. Hewlett and Duncan, 112–114, 251–252; AEC, *Third Semiannual Report* (Jan 1948), 34; Wilson, GM-32, "Division of Biology and Medicine," 15 Sep 1948 (RRC-UT, MS-1067, folder 2).

71. Howard Brown, "A Report on AEC Management Practices in Dealing with National Laboratories," 10 Mar 1950 (Sec'y 47–51, 60/Operation and management of national labs).

72. Ibid.; Wilson, draft GM bulletin, "Laboratory Coordinators," 9 Aug 1950 (DBM, 31/O&M-3).

73. GAC 10, 4–6 Jun 1948, EHC.

74. Hewlett and Duncan, 96–101; Paul Boyer, *By the Bomb's Early Light: American Thought and Culture at the Dawn of the Atomic Age* (New York, 1985), 107–121, 291–302; Spencer R. Weart, *Nuclear Fear: A History of Images* (Cambridge, 1988), 158–160.

75. GAC 10, 4–6 Jun 1948, EHC.

76. GAC 24, 4–6 Jan 1951; AUI, Ex Comm, 16 Nov 1951.

77. AEC 283/37, 19 Feb 1954, and Nichols to principal staff, 8 Mar 1954 (Sec'y 51–58, 57/O&M-2: General Manager).

78. GAC 39, minutes, 31 Mar and 1–2 Apr 1954, EHC; AEC, *Sixteenth Semiannual Report* (Jul 1954), ix.

79. Fred Schuldt to William D. Carey, 29 Sep 1954 (BOB, 8/Scientific Research-

General).

80. Hewlett and Duncan, 336–337; R. M. Underhill, interview by Arthur Norberg, 1976, TBL, 8–9.

81. Luis Alvarez, quoted in Daniel S. Greenberg, *The Politics of Pure Science* (New York, 1967), 132; Robert W. Seidel, "Accelerating Science: The Postwar Transformation of the Lawrence Radiation Laboratory," *HSPS*, 13:2 (1983), 375–400, on 383.

82. Shoup, in BNL, Policy and Program Committee, minutes, 24 Jul 1947 (BNL-DO, IV-16); Morse to Malcolm R. Warnock, 16 Jul 1947 (BNL-DO, I-3).

83. Hewlett and Duncan, 334–336.

84. AEC GM-Bulletin 14, 14 Jul 1948 (ORNL-DO, Budget-General).

85. "Instructions for Preparation and Submission of Project Proposal and Authorization Forms," 10 Dec 1951 (DC, 11/Finance-Admin: Budget).

86. Carroll Wilson to Managers of Directed Operations, 5 Aug 1948, ORO-1547.

87. Brown, "Report."

88. Walter J. Williams to Strauss, 5 Oct 1953 (Sec'y 51–58, 58/O&M-2: Military Application).

89. JCAE, *Investigation*, 604–616, 637–667.

90. Shoup to files, 1 Dec 1948 (BNL-DO, II-1).

91. James Grahl to files, 17 May 1950 (BOB, 1/Field trips: '47–'55).

92. Wayne Brobeck to Bill Borden, 20 Oct 1949 (JCAE III, 37/LRL).

93. Grahl to Schuldt, 29 Sep 1949 (BOB, 1/Field trips: '47–'55).

94. Williams to Strauss.

95. Haworth, in AUI, Board of Trustees, 20 Jan 1950.

96. AEC Research Committee, minutes, 10 Apr 1950 (Sec'y 47–51, 60/Oper. and mgt. of national labs); Grahl to Schuldt. 这几个实验室几乎不为原子能委员会其他部门开展研究。

97. Peter B. Natchez and Irvin C. Bupp, "Policy and Priority in the Budgetary Process," *American Political Science Review*, 67 (1973), 951–963.

98. AUI, Ex Comm, 20 Mar 1953; AEC, *Ninth Semiannual Report to Congress* (Jan 1951), 64.

99. Hewlett and Anderson, 410, 438; Brian Balogh, *Chain Reaction: Expert Debate and Public Participation in American Commercial Nuclear Power, 1945–1975*

(Cambridge, 1991), 51–56.

100. Balogh, *Chain Reaction*, 52.

101. BOB, "Atomic Energy Section," 7 Feb 1956 (BOB, 1/AEC Admin.-General).

102. AEC 533/15, 29 Sep 1952, and 533/20, 17 Dec 1952 (Sec'y 51–58, 174/BAF-2:1954); AEC 625/22, 16 Jun 1953 (Sec'y 51–58, 174/BAF-2:1955); Schuldt, "FY 54 Work program-Atomic Energy Unit," 13 Oct 1952 (BOB, 1/Work program).

103. Natchez and Bupp, "Policy and Priority"；另参见 Aaron Wildavsky, *The New Politics of the Budgetary Process* (Glenview, Ill., 1988), 77–79.

104. Mr. Shapley, "Research and Development," draft 1 May 1953 (BOB, 8/Research-FY53).

105. Schuldt to W. F. Schaub, draft 13 Jan 1954, BOB (15/Budget, General-FY55).

106. Schuldt to Carl Tiller, 7 Aug 1953 (BOB, 15/Budget, General-FY55).

107. ORNL Research Council, 21 Oct 1955 (ORNL-DO, Meetings-Research Council).

108. George T. Mazuzan and J. Samuel Walker, *Controlling the Atom: The Beginnings of Nuclear Regulation, 1946–1962* (Berkeley, 1984), 59–92.

109. "Atomic Energy Section," 7 Feb 1956 (BOB, 1/AEC Admin.-General); Harold P. Green and Alan Rosenthal, *Government of the Atom: The Integration of Powers* (New York, 1963), 76.

110. Hewlett and Anderson, 504–513, 529–530.

111. "Atomic Energy Section."

112. BOB, Military Division, "Inventory of the Organization and Management of the Atomic Energy Commission," 29 Sep 1952 (BOB, 2/Organization and personnel-FY53).

113. U.S. House, 80th Cong., 1st sess., *Independent Offices Appropriation Bill for 1948*, 1505; U.S. House, 80th Cong., 2d sess., *Independent Offices Appropriation Bill for 1949*, 820; U.S. House, 81st Cong., 1st sess., *Independent Offices Appropriation Bill for 1950*, 1081.

114. U.S. Senate, 80th Cong., 2d sess., *Supplemental Independent Offices Appropriations Bill for 1949*, 90; Wildavsky, *New Politics*, 99.

115. U.S. House, 80th Cong., 1st sess., *Independent Offices Appropriation Bill for 1948*, 1505.

116. Rep. Howard Smith, *Congressional Record*, 102 (24 Jul 1956), 14246, and Rep. Ben Jensen, *Congressional Record*, 104 (22 Jul 1958), 14655; Green and Rosenthal, *Government of Atom*, 78n15. 另请参见 Rep. Jensen, quoted in Wildavsky, *New Politics*, 74: "I am not schooled in the art"; and Rep. W. Sterling Cole, in JCAE hearings with T. H. Johnson in 1956: "Now I know what you are talking about but I do not understand it," quoted in Greenberg, *Politics of Pure Science*, 222.

117. U.S. Senate, 82d Cong., 2d sess., *Independent Offices Appropriations, 1953*, 661–664; JCAE, 84th Cong., 2d sess., *Authorizing Legislation*, 17.

118. U.S. House, 82d Cong., 1st sess., *Independent Offices Appropriation Bill for 1952*, 816. 此处 "戈尔" 不是美国前副总统, 而是其父亲。

119. Rep. Henry M. Jackson, "Joint Committee on Atomic Energy — A New Experiment in Government," *Nucleonics*, 10:8 (1952), 8–9, on 9; Gore in U.S. House, 82d Cong., 2d sess., *Independent Offices Appropriation for 1953*, 1095.

120. BOB Military Division to BOB Director, 12 Jun 1958 (BOB, 16/Post-submission-FY59); C. W. Fischer to Schaub, draft 19 Sep 1958 (BOB, 8/Research programs-FY59).

121. Green and Rosenthal, *Government of Atom*, 85.

122. W. Hamilton and K. Mansfield to Borden, 26 Jul 1950, memo of meeting of Lawrence, McMahon, Borden, Mansfield, and Hamilton, 27 Jul 1950, Borden to files, 7 Aug 1950, and J. S. Walker to files, 19 Nov 1951 (JCAE-III, 1/Accels); Walker to files, 13 Nov 1951 (JCAE-III, 38/LASL).

123. AEC minutes, 28 Feb 1958 (Sec'y 51–58, 177/BAF-2:1959 vol. 3); Green and Rosenthal, *Government of Atom*, 83–85; Wildavsky, *New Politics*, 193–195. 联合委员会在 20 世纪 50 年代曾随国会中的潮流, 倾向于由委员会对机构每年授权。

124. Green and Rosenthal, *Government of Atom*, 85.

125. AEC minutes, 5 Jun 1952 and 8 Jul 1952 (Sec'y 51–58, 173/BAF-2:1953); "The Budget Processes of the Atomic Energy Commission," 4 Nov 1958 (Sec'y 58–66, 1318/2).

126. AUI Ex Comm, 21 May 1948 and 20 Mar 1953; ORNL Policy Committee, 12 Aug 1953 (ORNL-DO, Meetings-Policy Comm.), and Research Council minutes, 25 Apr 1952 (ORNL-DO, Meetings-Research Council); Reynolds to

Pollman, 22 Dec 1948 (DC, 5/Rad Lab: Budget); AEC Research Committee, "Third Meeting to Discuss National Laboratory Problems," 17 Oct 1949 (DBM, 34/Research Committee); AEC Research Committee, minutes, 12 Jun 1950 (EHC, folder Sec'y 47–51, 635.123: Mgt. of national labs).

127. ORNL Policy Committee, 7 Sep 1955 (ORNL-DO, Meetings-Policy Committee).

128. Pollman, notes on telephone conversation with Mr. Shute, 25 Jul 1949, and Reynolds to Fidler, 27 Jul 1949 (DC, 7/Finance: Budget-1949); Reynolds to Pitzer, 24 May 1950 (DC, 7/Finance-Admin: Budget-1950); C. E. Andressen to Reynolds, 6 Nov 1950 (DC, 7/Finance-Admin: Budget-Internal corres.).

129. Luis Alvarez, quoted in Greenberg, *Politics of Pure Science*, 131; Schreiber, "What Happened to LASL?" ; Norris Bradbury, "Los Alamos — The First 25 Years," in J. O. Hirschfelder, H. P. Broida, and L. Badash, eds., *Reminiscences of Los Alamos* (Dordrecht, 1980), 161–175, on 166; Darol K. Froman, interview by Arthur L. Norberg, 1976, TBL, 52; conversation with Alvin Weinberg, 18 June 1997, Oak Ridge.

130. Johnson and Schaffer, 43.

131. Thiesmeyer to Shoup, 16 Jun 1947 (BNL-Central Records, DO-87).

132. Roy Nelson to Priestley, 20 May 1947; Priestley to Nelson, 21 May 1947; Pollman to Priestley, 18 Jun 1947; Priestley to Pollman, 29 Jul 1947 (DC, 2/AEC: Berkeley).

133. Fields to Wilson, 25 Apr 1947 (EHC, Sec'y 47–51, Lab Directors meetings).

134. Conversation with Tom Row, 10 Jun 1997, ORNL.

135. AUI Ex Comm, 14 Apr and 23 Sep 1949; AUI Board of Trustees, 15 Apr and 21 Oct 1949.

136. Reynolds to D. Saxe, 12 Apr 1950; Saxe to Reynolds, 3 May 1950; and P. M. Goodbread to Fidler, 13 Dec 1950 (DC, 7/Finance-Admin: Budget 1950).

137. Andressen to Reynolds, 6 Nov 1950 (DC, 7/Finance-Admin: Budget 1950).

138. John Bugher to Oscar Smith, 11 Sep 1953 (DBM, 31/O&M-1: 1953).

139. Response to Fay-Carpenter.

140. F. C. Vonderlage to C. E. Larson, 11 Jan 1951 (ORNL-DO, Budget-General).

141. AEC, "Additional Personnel Requirements FY57," 30 Apr 56 (Sec'y 51–58, 176/BAF-2: 1957); U.S. House, 80th Cong., 2d sess., *Supplemental Indepen-*

dent *Offices Appropriations Bill for 1949*, 781–782; U.S. Senate, 83d Cong., 1st sess., *Second Independent Offices Appropriations for 1954*, 31.

142. Hewlett and Duncan, 42; Dedication of AEC headquarters, 8 Nov 1957 (Sec'y 51–58, box 92).

143. "Biology and Medicine Program," draft, 20 Mar 1950, and AEC, Program and Budget Committee memo no. 10, 5 Apr 1950 (ORNL-DO, Budget-General).

144. U.S. House, 82d Cong., 1st sess., *Independent Offices Appropriation for 1952*, 822.

145. Hezz Stringfield to ORNL Policy Committee, 12 Aug 1953, and T. H. Johnson to Operations Office Managers, 22 Jul 1953 (ORNL-DO, Budget-General).

146. C. E. Center to S. R. Sapirie, 8 Feb 1955 (ORNL-DO, Budget-General).

147. Don Burrows to Sapirie, 14 Jan 1955, and Burrows to Managers of Operations and Division Directors, 21 Jan 1955 (ORNL-DO, Budget-General).

148. BNL, Policy and Program Committee, 2 Nov 1949 (BNL-DO, IV-16); AUI, Ex Comm, 17 Mar and 20 Apr 1950.

149. 温伯格将其演讲的文稿寄给预算局的舒尔特，有些奉承地说："In my opinion you know more about atomic energy than anybody else in the United States." Weinberg to Schuldt, 9 Nov 1961, and Schuldt to Weinberg, 6 Jul 1961 (AMW, Schuldt, F. W.).

150. Schuldt, "Draft Work Program," 30 Jan 1956, and "Summary Work Program-Atomic Energy Section," 7 Jan 1957 (BOB, 1/Work Program).

151. AEC press release, 26 Mar 1955, and AEC 868/2, 5 Dec 1955 (Sec'y 51–58, 71/ O&M-7: McKinney Panel).

152. Sapirie to Center, 12 Jan 1953 (ORNL-DO, Budget-General).

153. Froman to Weinberg, 20 Dec 1960 (AMW, Lab Directors Meetings); AUI, Ex Comm, 18 Nov 1960. Froman's complaint stemmed in part from the increasing work at Los Alamos for other divisions, including Reactor Development.

154. James Q. Wilson, *Bureaucracy: What Government Agencies Do and Why They Do It* (New York, 1989), 241–244, 258–260, 366–367.

155. U.S. House, 80th Cong., 2d sess., *Supplemental Independent Offices Appropriations Bill for 1949*, 831.

156. Response to Fay-Carpenter.

157. "Notes for Meeting with Mr. McCone," 5 Sep 1958 (BOB, 17/AEC FY60 Gen-

eral Budget).

158. Sybil Francis, "Warhead Politics: Livermore and the Competitive System of Nuclear Weapon Design" (Ph.D. diss., MIT, 1996), 149.

159. AUI Trustees, 19 Apr 1957.

160. Lilienthal to Lawrence, 7 May 1947; J. B. Fisk to Lawrence, 8 May 1947; and Lawrence to Lilienthal, 13 May 1947 (EOL, 32/2); Hewlett and Duncan, 101, 107–109.

161. 参见 penciled list of meetings on inside of folder "D.O., Lab Directors' Meetings" (BNL-HA, box 33).

162. GAC 47, 13–15 Dec 1955, EHC, 15, 21–24.

163. AEC 811/3, 10 Oct 1956 (Sec'y 51–58, 62/O&M-6: Meetings and conferences).

164. Weinberg to Haworth, 12 Jan 1959 (BNL-DO, III-21).

165. A. Weinberg, untitled draft, ca. Nov 1957, and Weinberg to Haworth, 6 Nov 1957 (BNL-DO, III-21); Haworth to Bradbury, to Weinberg, to Hilberry, to Cooksey, to Spedding, and to York, 13 Dec 1957 (BNL-DO, VII-31); Haworth to Hilberry and to Weinberg, 7 Jan 1958, and to Lawrence, 18 Jan 1958 (BNL-DO, I-16).

166. "Relationships between the Atomic Energy Commission and the National Laboratories," draft to K. E. Fields, 7 Jan 1958 (BNL-DO, III-21). See also Weinberg, untitled draft, ca. Nov 1957, and N. Hilberry, "Some Comments on the Objectives of the Commission's National Laboratories," draft, 3 Jan 1958 (BNL-DO, III-21).

167. "Relationships," draft.

168. Ibid.

169. Ibid.

170. Haworth to Lawrence, 18 Jan 1958, and Haworth to Harry S. Traynor, 18 Jan 1958 (BNL-DO, I-16).

171. Traynor and John G. Adams, "AEC Organization Study," 15 Apr 1958, 73–81, and AEC meetings 1362 and 1363, minutes, 25 Apr 1958 (Sec'y 51–58, 54/O&M-1: General Policy).

172. Loomis et al. to Nichols, 19 Mar 1946 (LANL A-84–109, 49/5); "Report of the Advisory Board on Relationships of the Atomic Energy Commission with Its

Contractors," 30 Jun 1947 (BNL-DO, III-20).

173. BOB, "Inventory."

174. Weinberg to Haworth, 12 Jan 1959 (BNL-DO, III-21).

175. Weinberg, "The National Laboratories and the Atomic Energy Commission," draft, Jan 1961 (BNL-DO, III-22; copy of second draft in BNL-HA).

176. Bradbury to Weinberg, 30 Jan 1961 (AMW, Lab Directors Meetings).

177. GAC 71, 24–26 Oct 1960; Pitzer to Seaborg, 2 May 1961, in GAC 74; GAC 75, 13–15 Jul 1961, EHC.

178. AEC press release, 11 Aug 1961 (BNL-HA, Director's Office Misc. A).

179. Charles Dunbar to AUI Trustees, 18 Aug 1961 (BNL-HA, Director's Office Misc. A); Weinberg to A. V. Crewe, 22 Jun 1962 (AMW, Lab Directors Meetings).

4. 冷战寒冬（1947 — 1954）

1. Carroll Wilson, testimony in U.S. House, 80th Cong., 1st sess., *Independent Offices Appropriation Bill for 1948*, 1481; GAC 2, 2–3 Feb 1947, EHC.

2. Richard Rhodes, *Dark Sun: The Making of the Hydrogen Bomb* (New York, 1995), 282–284; David Alan Rosenberg, "U.S. Nuclear Stockpile, 1945 to 1950," *BAS*, 38 (May 1982), 25–30.

3. Oppenheimer to Lilienthal, 30 Oct 1949, GAC 17, EHC; Peter Galison and Barton Bernstein, "In Any Light: Scientists and the Decision to Build the Superbomb, 1952–1954," *HSPS*, 19:2 (1989), 267–347; Herbert F. York, *The Advisors: Oppenheimer, Teller, and the Superbomb* (San Francisco, 1976), 1–74.

4. GAC 23, 30–31 Oct and 1 Nov 1950, EHC.

5. Holl, 95; York, *Advisors*, 76; Johnson and Schaffer, 84–85; Oppenheimer to Lilienthal, 3 Dec 1949, GAC 18.

6. Weinberg to C. N. Rucker, 6 Jan 1949 (ORNL-DO, Radiological warfare).

7. AUI, Board of Trustees, 21 Oct 1949 and 21 Apr 1950.

8. Haworth to Van Horn, 12 Jul 1951 (BNL-HA, Haworth declassified files, box 36).

9. G. F. Tape to G. B. Collins, 29 Jun 1951, and Van Horn to Haworth, 3 Aug 1951 (BNL-DO, V-1); Tape to Van Horn, 7 Aug 1951 (BNL-Central Records, DO-87); P. W. McDaniel to M. Boyer, 14 Aug 1951 (Sec'y 51–58, 139/R&D-6: BNL).

10. Tape to Van Horn, 26 Sep 1951 (BNL-Central Records, DO-87); AEC Neutron

Cross-Sections Advisory Group, minutes, 8–10 Oct 1951 (BNL-HA, Haworth declassified files, box 36); Haworth to Van Horn, 17 Dec 1951 (BNL-DO, V-1).

11. Haworth to Van Horn, 6 Jul 1950 (BNL-DO, I-8); Haworth to Van Horn, 18 Apr 1951 (BNL-HA, Haworth declassified files, box 36); BNL, "Annual Report," 1 Jul 1951; GAC 26, 8–10 May 1951, EHC; AUI, Ex Comm, 10 May, 15 Jun, and 21 Sep 1951, and Board of Trustees, 19 Oct 1951.

12. Rabi, 11 Oct 1949, in AEC, *In the Matter of J. Robert Oppenheimer* (Cambridge, Mass., 1971), 778; Alvarez, 14 Oct 1949, in Robert W. Seidel, "A Home for Big Science: The AEC's Laboratory System," *HSPS*, 16:1 (1986), 135–175, on 152–153.

13. AEC, *In the Matter*, 779; Heilbron, Seidel, and Wheaton, 63–64.

14. AEC, *In the Matter*, 782, 784–785; Seidel, "Home," 151; Hewlett and Duncan, 428–430, 552–553.

15. Heilbron, Seidel, and Wheaton, 65–75; AEC, *In the Matter*, 785; W. Hamilton and K. Mansfield to W. Borden, 26 Jul 1950, memo of meeting of Lawrence, McMahon, Borden, Mansfield, and Hamilton, 27 Jul 1950, and Borden to files, 7 Aug 1950 (JCAE-III, 1/Accels.).

16. GAC 21, 1–3 Jun 1950; GAC 22, 10–13 Sep 1950; A. H. Holland, Jr., to C. E. Larson, 7 Jun 1950, ORNL/CF-50–6–54; Rabi to Strauss, 3 Jun 1954, GAC 40 (JCAE-III, 33/GAC); Willard Libby to Clinton Anderson, 19 Apr 1955 (JCAE-III, 1/Accels.); Chronology, AEC San Francisco Operations Office (EOL, 32/33); Heilbron, Seidel, and Wheaton, 69–75.

17. Paul Forman, "Behind Quantum Electronics: National Security as Basis for Physical Research," *HSPS*, 18:1 (1987), 149–229, on 150; Daniel J. Kevles, "Cold War and Hot Physics: Science, Security, and the American State, 1945–1956," *HSPS*, 20:2 (1990), 239–264; James G. Hershberg, *James B. Conant: Harvard to Hiroshima and the Making of the Nuclear Age* (New York, 1993), 492–494.

18. York, *Advisors*, 78, 125–127.

19. Hewlett and Duncan, 414–417, 438–441, 527–528, 535–537.

20. Sybil Francis, "Warhead Politics: Livermore and the Competitive System of Nuclear Weapon Design" (Ph.D. diss., MIT, 1996), 36; Hewlett and Duncan, 541.

21. Francis, "Warhead Politics," 37.

22. GAC 27, 11–13 Oct 1951, EHC.

23. Oppenheimer to Gordon Dean, 13 Oct 1951, and Libby to Dean, 13 Oct 1951, in GAC 27, EHC.

24. GAC 28, 12–14 Dec 1951, EHC; Hewlett and Duncan, 568–571.

25. Francis, "Warhead Politics," 39, 43.

26. Dean, diary entry for 16 Apr 1952, in Roger M. Anders, ed., *Forging the Atomic Shield: Excerpts from the Office Diary of Gordon Dean* (Chapel Hill, 1987), 212–213.

27. UCRL, "Status Report on MTA," quoted in Barton Bernstein, "Lawrence, Teller, and the Quest for the Second Lab," unpublished manuscript, 20 (I thank Barton Bernstein for a copy of his manuscript); York, *Advisors*, 130–131; Herbert F. York, *Making Weapons, Talking Peace: A Physicist's Odyssey from Hiroshima to Geneva* (New York, 1987), 62–66; Hewlett and Duncan, 582; Edward Teller with Allen Brown, *The Legacy of Hiroshima* (New York, 1962), 60; Francis, "Warhead Politics," 61–62. 比较：奥本海默询问阿尔瓦雷茨和麦克米兰关于材料测试加速器（MTA）和伯克利在武器项目方面的兴趣之间的联系，他们回答称："no strong interaction, different people are involved." GAC 30, 27–29 Apr 1952, EHC.

28. GAC 30, 27–29 Apr 1952, EHC; Oppenheimer to Dean, 30 Apr 1952, GAC 30.

29. Dean, memo for file, 1 Apr 1952, in Dean diary, 208.

30. AEC minutes, 8 Sep 1952, Lawrence Livermore National Lab, Archives.

31. Francis, "Warhead Politics," 62, 63–64; York, *Making Weapons*, 67–68.

32. GAC 33, 5–7 Feb 1953, EHC.

33. Francis, "Warhead Politics," 65–66.

34. Bernstein, "Quest," 29D; see also Gregg Herken, "The University of California, the Federal Weapons Labs, and the Founding of the Atomic West," in Bruce Hevly and John M. Findlay, eds., *The Atomic West* (Seattle, 1998), 119–135.

35. Francis, "Warhead Politics," chaps. 4 and 7.

36. Ibid., 149. 1958 年时任主席、新墨西哥州参议员克林顿·安德森，质疑利弗莫尔实验室有着政治原因：他得守住洛斯阿拉莫斯选区的支持。

37. Teller, *Legacy*, 65.

38. James R. Shepley and Clay Blair, Jr., *The Hydrogen Bomb: The Men, the Menace, the Mechanism* (New York, 1954); Gordon Dean, review of Shepley and

Blair, *BAS*, 10 (Nov 1954), 357, 362; *BAS*, 10 (Sep 1954), 283, 286; LASL press release, 24 Sep 1954, and Strauss to Bradbury, 22 Sep 1954 (LASL-DO, 310.1: P-Div. History).

39. Hewlett and Duncan, 44.

40. Oppenheimer to Lilienthal, 3 Apr 1947, GAC 3, EHC.

41. Ibid.

42. Ibid.

43. Hewlett and Duncan, 44–46, 66–68.

44. GAC 4, 30 May-1 June 1947, EHC.

45. Ibid.

46. GAC 5, 28–29 Jul 1947, EHC.

47. Johnson and Schaffer, 51; Hewlett and Duncan, 126.

48. J. C. Franklin to Prescott Sandidge, 31 Dec 1947 (RRC-UT, MS-652, 10/67).

49. Weinberg to Oppenheimer, 6 Jan 1948 (RRC-UT, MS-652, 10/83).

50. GAC, special meeting, 29–30 Dec 1947, EHC.

51. Wilson to Franklin, 3 Feb 1948 (ORNL-DO, Program-ORNL).

52. C. N. Rucker to Franklin, 22 Mar 1948, ORNL/CF-48–3–336; Fisk to Franklin, n.d. [ca. Apr 1948] (ORNL-DO, Program-ORNL).

53. Weinberg to Rucker, 22 Apr 1948, ORNL/CF-48–4–331.

54. F. H. Belcher to R. W. Cook, 2 Jun 1948 (ORNL-DO, Program-ORNL); ORNL, Laboratory Research Council, minutes, 3 Jun 1948 (ORNL-DO, Meetings-Research Council).

55. Weinberg to Rucker, 16 Jun 1948, ORNL/CF-48–6–196; W. P. Bigler to Zinn, 13 May 1948 (ORNL-DO, Program-ORNL); Hewlett and Duncan, 193–197; Holl, 67–71.

56. GAC 4, 30 May-1 June 1947, EHC.

57. Zinn to Fisk, 23 Jul 1948, ORNL/CF-48–8–13.

58. Ibid.

59. Ibid.

60. Hewlett and Duncan, 197–201.

61. Weinberg to Rucker, 17 Aug 1948, ORNL/CF-48–8–212; Weinberg to Teller, 30 Aug 1948, ORNL/CF-48–8–367; Weinberg, "Proposal for ONRL Research Reactor," 1 Oct 1948, ORNL/CF-48–10–25; Hewlett and Duncan, 201–205.

62. Hewlett and Duncan, 205, 214–219, 419; Weinberg, 79.

63. Hewlett and Duncan, 500; Holl, 116–117; C. E. Larson to J. H. Roberson, 16 Aug 1950, ORNL/CF-50-8-78.

64. Hewlett and Duncan, 208–209; Weinberg, "Research Program at ORNL," 22 Mar 1949, ORO-1727.

65. "Meeting to Discuss National Laboratory Problems," 3 and 17 Oct 1949 (DBM, 34/Research Committee).

66. Richard G. Hewlett and Francis Duncan. *Nuclear Navy, 1946–1952* (Chicago, 1974).

67. Hewlett and Duncan, *Atomic Shield*, 72–74, 190, 208, 211–212, 419–420.

68. Larson to A. H. Holland, Jr., "Brief History of the Aircraft Nuclear Propulsion Project at ORNL," 16 Jun 1950, ORNL/CF-50-6-74.

69. L. R. Hafstad, "Atomic Power for Aircraft," *BAS*, 5 (Nov 1949), 309–312, on 312; James Grahl to Fred Schuldt, 29 Sep 1949 (BOB, 1/Field trips).

70. Hewlett and Duncan, 211–212; Harold P. Green and Alan Rosenthal, *Government of the Atom: The Integration of Powers* (New York, 1963), 19, 242–247.

71. Larson, "Policy Statement Concerning ORNL," 10 Jul 1950 (ORNL-DO, Program-ORNL).

72. Topnotch II agenda item 5A, 24–28 Sep 1953 (Sec'y 51–58, 65/I&M-6: Topnotch II).

73. Hafstad to R. W. Cook, 14 Sep 1950, ORNL/CF-50-9-162.

74. GAC 25, 15–17 Mar 1951, EHC.

75. Fisk to Franklin, n.d. [ca. Apr 1948], and F. H. Belcher (quote) to Cook, 2 Jun 1948 (ORNL-DO, Program-ORNL).

76. Robert W. Seidel, "Accelerating Science: The Postwar Transformation of the Lawrence Radiation Laboratory," *HSPS*, 13:2 (1983), 375–400, on 392; Hewlett and Anderson, 633–637.

77. Allan A. Needell, "Nuclear Reactors and the Founding of Brookhaven National Laboratory," *HSPS*, 14:1 (1983), 93–122, on 93–104; Crease, 15–16, 20, 110.

78. Hewlett and Duncan, 79–80; Daniel J. Kevles, *The Physicists: The History of a Scientific Community in Modern America* (New York, 1978), 352–356.

79. Glenn T. Seaborg, *Journal*, 29 Jul 1947 (Office for History of Science and Technology, UC Berkeley); Hewlett and Duncan, 79–84, 107–112; Seidel, "Ac-

celerating," 393–394.

80. Seidel, "Accelerating," 394; Crease, 123; P. M. Morse to E. L. Van Horn, 5 Mar 1947 (BNL-DO, I-2).

81. Livingston memo, 20 Oct 1947, in Crease, 125.

82. GAC 7, 21–23 Nov 1947.

83. Fisk to Lawrence, 1 Dec 1947 (EOL, 32/3).

84. GAC 8, 6–8 Feb 1948.

85. GAC 8, 6–8 Feb 1948.

86. John Blewett, quoted in Crease, 128.

87. AUI, Ex Comm, 20 Feb 1948.

88. Memorandum for record, 22 March 1948 (EOL, 26/14); Seidel, "Accelerating," 396–397.

89. U.S. House, 81st Cong., 1st sess., *Independent Offices Appropriation Bill for 1950*, 1271.

90. Seidel, "Accelerating," 397.

91. AEC, *Fourth Semiannual Report to Congress* (July 1948), 39.

92. Oppenheimer to Lilienthal, 3 Dec 1949, GAC 18.

93. "Notes on a Meeting to Discuss Countermeasures against Atomic Bombs," 21 Jan 50, in Sumner Pike to Brien McMahon, 8 Mar 1950 (JCAE III, 63/ Weapons).

94. R. T. Coiner to Lawrence, 9 Jun 1950, and Lawrence to Coiner, 14 Jun 1950 (EOL, 32/7).

95. AEC 603, 1 Dec 1952 (Sec'y 51–58, 138/R&D-6: Particle accels.). See also Jane Hall to H. A. Bethe et al., 14 Jan 1953 (LASL-DO, 410: Accelerators).

96. AEC 603/2, 26 Feb 1953 (EHC, R&D-6: Particle accels.). 另请参见 Robert W. Seidel, "The Postwar Political Economy of High-Energy Physics," in Laurie M. Brown, Max Dresden, and Lillian Hoddeson, eds., *Pions to Quarks: Particle Physics in the 1950s* (Cambridge, 1989), 497–507, on 503.

97. AEC minutes, 27 Feb and 23 Apr 1953, Dean to R. LeBaron, 12 May 1953 and AEC, status of decisions, AEC 603/2, 22 Jun 1953 (Sec'y 51–58, 138/R&D-6: Particle accels.); T. H. Johnson to K. D. Nichols, 12 Jan 1954 (Sec'y 51–58, 139/ R&D-6: Particle accels.).

98. Stuart M. Feffer, "Atoms, Cancer, and Politics: Supporting Atomic Science at the

University of Chicago, 1944–1950," *HSPS*, 22:2 (1992), 240–242.

99. 布鲁克海文从通用电气处购置了一台范德格拉夫起电加速器，布鲁克海文和阿贡从柯林斯无线电处购置了 60 英寸回旋加速器，而橡树岭从通用电气处购买了感应加速器并打算买该公司的回旋加速器。

100. Holl, 156; Feffer, "Atoms"; Fisk to Lawrence, 1 Dec 1947 (EOL, 32/3).

101. Clinton Research Council, minutes, 6 Feb 1946, ORNL/CF-46–2–113; "Proposed Program" for FY1947, ORNL/CF-46–5–294; AEC, *Sixth Semiannual Report to Congress* (July 1949), 126.

102. Weinberg to Rucker, 22 Apr 1948, ORNL/CF-48–4–331; ORNL Research Council, 20 Apr 1948 (ORNL-DO, Meetings-Research Council).

103. Johnson and Schaffer, 65–69.

104. Roberson to Larson, 7 Sep 1950 (ORNL-DO, Program-ORNL); GAC 25, 15–17 Mar 1951, EHC.

105. Larson to Roberson, 19 Oct 1950, ORNL/CF-50–10–101; Johnson and Schaffer, 68–69.

106. AEC 603/8, 19 Aug 1953, and 603/10, 19 Nov 1953 (Sec'y 51–58, 139/R&D-6: Particle accels.); GAC 37, 4–6 Nov 1953, EHC.

107. R. S. Livingston to G. B. Rossi, 25 Nov 1953; Rossi to Livingston, 14 Dec 1953; and Lawrence et al., "Acceleration of Heavy Ions by UCRL Cyclotrons," ca. 1953 (EOL, 5/18); Rossi, "Review of Literature," 12 Jul 1955 (EOL, 24/16); Seaborg, *Journal*, 4 Aug and 24–28 Aug 1953.

108. Hewlett and Duncan, 245–247, 434–435.

109. AEC 603/8, 19 Aug 1953, and 603/10, 19 Nov 1953 (Sec'y 51–58, 139/R&D-6: Particle accels.); GAC 37, 4–6 Nov 1953, EHC.

110. AEC 603/10 and GAC 37, 4–6 Nov 1953, EHC.

111. GAC 38, 6–8 Jan 1954, EHC; Seaborg, *Journal*, Dec 1952 and 1953 passim; cf. Holl, 176–181.

112. GAC 38, 6–8 Jan 1954, EHC; Rabi to Strauss, 9 Jan 1954, GAC 38; AEC 603/14, 15 Jan 1954, and AEC minutes excerpt, 20 Jan 1954 (Sec'y 51–58, 139/R&D-6: Particle accels.); Seaborg, *Journal*, 7 Jan 1954.

113. AEC 728/3, 3 Sep 1954 (Sec'y 51–58, 174/BAF-2: 1956[BP]).

114. BNL Scientific Steering Committee, minutes, 13 May 1947 (BNL-DO, IV-19); John Wheeler to Morse, 5 Jun 1947 (BNL-DO, I-4); Morse to Brig. Gen. T. C.

Rives, 13 Jul 1948 (BNL-DO, I-5); Haworth to Air Surgeon, Mitchell Field, 21 Mar 1950 (BNL-DO, V-63).

115. A. Hollaender to J. S. Putnam, 7 Oct 1947 (RRC-UT, MS-652, 9/7); "Mammalian Genetics Program," 27 Nov 1947, DOE Opennet, accession NV0707352.

116. GAC 8, 6–8 Feb 1948.

117. T. H. Johnson to Schuldt, 20 Sep 1955 (BOB, 8/Research programs-FY56).

118. "Meeting," 17 Oct 1949 (DBM, 34/Research Committee).

119. "Proposed Program for the Northeast Laboratory," 28 May 1946, in Needell, "Nuclear Reactors," 103.

120. AEC, *Second Semiannual Report to Congress* (July 1947), 9–10; U.S. Senate, 81st Cong., 1st sess., *Independent Offices Appropriation Bill for 1950*, 1216, 1217; Bradbury testimony to JCAE, 81st Cong., 1st sess., *Investigation into the U.S. Atomic Energy Project*, 816; U.S. Senate, 80th Cong., 2d sess., *Supplemental Independent Offices Appropriation Bill for 1949*, 83–84. See also Vannevar Bush, *Science, the Endless Frontier* (Washington, D.C., 1945), 2, 13–14: "Basic scientific research is scientific capital" and "the fund from which the practical applications of knowledge must be drawn."

121. GAC 4, 30 May-1 Jun 1947.

122. Ibid.

123. Oppenheimer to Lilienthal, 10 Oct 1947, in GAC 6.

124. "Plans for Clinton National Laboratory," in Wilson to Franklin, 3 Feb 1948, and Fisk to Franklin, ca. Apr 1948 (ORNL-DO, Program-ORNL).

125. Memo on Los Alamos policy, 9 Aug 1946 (LANL, A-84–019, 37/5); Farrington Daniels, "Proposed Program for the National Nucleonics Laboratory at Argonne," ca. Feb 1946, ORNL/CF-46–3–123; Thomas to Nichols, 11 Feb 1946, ORNL/CF-46–2–170.

126. "Meeting," 17 Oct 1949 (DBM, 34/Research Committee).

127. Louis Rosen to Darol Froman, 15 May 1958 (LASL-DO, 310.1: P-Div. History).

128. AEC, *Third Semiannual Report to Congress* (Jan 1948), 24, and *Fifth Semiannual Report to Congress* (Jan 1949), 67; U.S. House, 80th Cong., 1st sess., *Independent Offices Appropriation Bill for 1948*, 1490–92; U.S. House, 80th Cong., 2d sess., *Supplemental Independent Offices Appropriation Bill for 1949*,

767–768.

129. 参见如 AEC, *Fifth Semiannual Report* (Jan 1949).

130. BNL, Scientific Steering Committee, minutes, 14 Apr 1947 (BNL-DO, IV-19); GAC 1, 3–4 Jan 1947, EHC; Atomic Energy Act of 1946, Sec. 1(b)(5), in Hewlett and Anderson, 715, app. 1.

131. Oppenheimer to Lilienthal, 15 Jul 1949, and minutes, GAC 15, 14–15 Jul 1949.

132. Oppenheimer to Dean, 11 May 1951, GAC 26; GAC to Dean, 30 Apr 1952, in GAC 30; GAC 30, 27–29 Apr 1952, EHC.

133. GAC 15, 14–15 Jul 1949; AEC, *Seventh Semiannual Report* (Jan 1950), 51–54; *Ninth Semiannual Report* (Jan 1951), 11; *Eleventh Semiannual Report* (Jan 1952), 29; and *Thirteenth Semiannual Report* (Jan 1953), 29–30.

134. ORNL, gray books for FY1957, 2 Jun 1955, ORNL/CF-55-3-3 and ORNL/CF-55-3-4.

135. T. H. Johnson in U.S. Senate, 82d Cong., 2d sess., *Independent Offices Appropriations*, 1953, 93.

136. Frederick Reines, "The Neutrino: From Poltergeist to Particle," in *Les Prix Nobel: The Nobel Prizes, 1995* (Stockholm, 1996), 96–115; Peter Galison, *Image and Logic* (Chicago, 1997), 460–463; cf. Trevor Pinch, *Confronting Nature: The Sociology of Solar-Neutrino Detection* (Dordrecht, 1986), 50–57.

137. AUI, Board of Trustees, 21 Oct 1949 and 21 Jul 1950; Haworth to Shields Warren, 12 May 1950 (BNL-DO, I-8); Tape to Van Horn, 28 Dec 1950 (BNL Central Records, DO-87); Pitzer to R. W. Cook, 12 Jan 1951, in Larson to Weinberg et al., 19 Jan 1951 (ORNL-DO, Research-General).

138. AEC, *Seventh Semiannual Report* (Jan 1950), 54.

139. 对比 Forman, "Quantum Electronics," 158n14. 若加入生物医学和反应堆研究，而不计入武器项目中的研发费用，则得到研究经费占原子能委员会 1950 年预算的 12%。此文献中的公式给出结果为 4%，作者断言，这些工作几乎不构成基础研究。

140. Kevles, *Physicists*, 358–359.

141. Appropriations Committee, hearings on NSF, 17 Feb and 24 Apr 1953, in C. Grobstein, "Federal Research and Development: Prospects, 1954," *BAS*, 9 (Oct 1954), 299–304, on 303; Smyth in U.S. House, 83d Cong., 1st sess., *Second Independent Offices Appropriations for 1954*, 401.

142. Draft Executive Order, 9 Jul 1953 (BOB, 8/Scientific research-general); AEC 183/5, 15 Sep 1953; AEC 183/6, 20 Nov 1953; Strauss to Dodge, 11 Dec 1953; and Executive Order 10521, 17 Mar 1954 (Sec'y 51–58, 77/O&M-12: NSF).

143. K. Pitzer to A. Tammaro, 25 Jan 1951 (DC, 11/Finance-Admin.: Budget).

144. Kirk McVoy to S. A. Goudsmit, in Goudsmit to Haworth, 20 Oct 1958 (BNL-DO, V-64).

145. C. E. Center, "Policy Statement Concerning ORNL," 10 Jul 1950 (ORNL-DO, Program-ORNL).

146. Johnson, "Research in Physics," Jan 1951 (BNL-DO, V-63).

147. GAC 4, 30 May-1 Jun 1947, EHC; Hewlett and Duncan, 82; Kevles, *Physicists*, 69, 82–83, 191.

148. Center, "Policy Statement."

149. AEC, *Ninth Semiannual Report* (Jan 1951), 55.

150. York to J. J. Flaherty, Livermore program for CY54-FY55, 18 Dec 1953 (EHC, PLB&L-7: Los Alamos); GAC 38, 6–8 Jan 1954, EHC. Cf. Forman, "Quantum Electronics," 158n14.

5. 虚假的春天（1954 — 1962）

1. Walter A. McDougall, *The Heavens and the Earth: A Political History of the Space Age* (New York, 1985), 58, 158.

2. Cf. ibid.; Brian Balogh, *Chain Reaction: Expert Debate and Public Participation in American Commercial Nuclear Power, 1945–1975* (Cambridge, 1991), 171n4.

3. Hewlett and Holl, 65–67, 71–72, 209–211; George T. Mazuzan and J. Samuel Walker, "Developing Nuclear Power in an Age of Energy Abundance, 1946–1962," *Materials and Society*, 7 (1983), 307–319, on 309.

4. David E. Lilienthal, *The Journals of David E. Lilienthal,* vol. 2, *The Atomic Energy Years, 1945–1950* (New York, 1964), entry for 14 Feb 1950; Hewlett and Duncan, 98–101, 185–221; Paul Boyer, *By the Bomb's Early Light: American Thought and Culture at the Dawn of the Atomic Age* (New York, 1985), 109–121, 291–302.

5. Rebecca S. Lowen, "Entering the Atomic Power Race: Science, Industry, and Government," *Political Science Quarterly*, 102:3 (1987), 459–479, on 471–472.

6. Statements by Sens. Cole and Hickenlooper, and AEC chairman Dean, in JCAE,

83d Cong., 1st sess., *Atomic Power Development and Private Enterprise*, 2, 6, 64; Mazuzan and Walker, "Developing," 308–309; Lowen, "Entering the Race," 474–475; Hewlett and Holl, 113–143, 183–208.

7. Hewlett and Holl, 439; Daniel Yergin, *The Prize: The Epic Quest for Oil, Money, and Power* (New York, 1991), 488.

8. GAC 47, 13–15 Dec 1955, EHC.

9. Johnson and Schaffer, 89; Hewlett and Holl, 410, 428–429, 504–505; ORNL budget figures in *The Future Role*, 51.

10. Hewlett and Holl, 209–237.

11. AUI, Ex Comm, 17 Dec 1954 and 25 Feb 1955; Jerome D. Luntz, "An International Agency," *Nucleonics*, 12:2 (1954), 7; A. F. Andresen and J. A. Goedkoop, "Neutrons in the Netherlands and Scandinavia," in G. E. Bacon, ed., *Fifty Years of Neutron Diffraction* (Bristol, 1987), 62–71, on 66. 这三处均提及布鲁克海文被称为"麦加"。

12. "Atoms for Peace in the UN," *BAS*, 11 (Jan 1955), 24–27; G. F. Tape to Dept. Chairs, 7 Feb 1955 (BNL-DO, VII-1); Haworth to Van Horn, 9 Apr 1958 (BNL-DO, I-16); Clarke Williams to Haworth, 21 Jan 1959 (BNL-DO, V-59); Andresen and Goedkoop, "Neutrons"; Haworth to D. I. Blokhintsev, 16 Aug 1957, and Haworth to Dept. Chairs, 17 Apr 1957 (BNL-DO, I-15).

13. Holl, 135–137; "News Roundup," *BAS*, 12:1 (Jan 1956), 29.

14. Haworth to Van Horn, 21 Mar 1956 (BNL-DO, I-14); BNL, "Study for an Asian Regional Nuclear Center," 15 Nov 1956 (BNL-HA). 其中包含的国家（或地区）名有：Burma, Cambodia, Ceylon, India, Indonesia, Japan, Laos, Malaya, Nepal, Pakistan (West and East), the Philippines, Thailand, and Vietnam.

15. Glenn T. Seaborg, *Journal*, 18 Apr 1961 (Office for History of Science and Technology, UC Berkeley); AUI, Ex Comm, 20 Apr 1961.

16. Dominique Pestre, "The First Suggestions, 1949-June 1950," in Armin Hermann et al., eds., *History of CERN*, vol. 1, *Launching the European Organization for Nuclear Research* (Amsterdam, 1987), 63–95, on 89. 字母缩写的含义为 European Council (后来改为 Organization) for Nuclear Research.

17. Seaborg to Lawrence, 15 Mar 1955, Earl Hyde memo, n.d. [ca. 1955], and Lawrence to Fidler, 24 Mar 1955 (EOL, 32/12); Haworth to Van Horn, 13 Jun 1955 (BNL-DO, I-13).

18. Haworth to Van Horn, 11 Jun 1954 (BNL-DO, I-12).

19. Weinberg, "State of the Laboratory — 1955" (BNL-HA, Haworth declassified files, box 36); Zinn, quoted in Holl, 138–139; International Conference on the Peaceful Uses of Atomic Energy, Geneva, 8–20 Aug 1955, *Proceedings*, 16 vols. (New York, 1956).

20. Heilbron, Seidel, and Wheaton, 60; Johnson to Morse, 12 Jan 1948, quoted in Robert W. Seidel, "Accelerating Science: The Postwar Transformation of the Lawrence Radiation Laboratory," *HSPS*, 13:2 (1983), 375–400, on 397n60.

21. George B. Collins to Haworth, 29 Jan 1952 (BNL-DO, V-5).

22. M. Stanley Livingston, *Particle Accelerators: A Brief History* (Cambridge, Mass., 1969), 60–67; Crease, 141–147.

23. AUI, Ex Comm, 16 Sep 1952.

24. AUI Ex Comm, 16 Sep 1952, 20 Mar 1953, and 18 Sep 1953; AEC 603, 1 Dec 1952 (Sec'y 51–58, 138/R&D-6: Particle accels.); Haworth to John and Hildred Blewett, 19 Oct 1953 (BNL-DO, I-11).

25. AEC 603/9, 8 Oct 1953 (Sec'y 51–58, 139/R&D-6: Particle accels.); Hewlett and Holl, 258.

26. AUI, Ex Comm, 14 Nov 1955; Lawrence to Clark Kerr, 15 Dec 1955 (EOL, 22/8); notes on meeting of AEC and MURA representatives, 8 Nov 1955 (Sec'y 51–58, 102/PLB&L-49: Midwestern Univs.); Holl, 168–169.

27. S. K. Allison et al. to T. H. Johnson, 30 Jan 1953, and Johnson to Zinn, 16 Feb 1953 (Sec'y 51–58, 138/R&D-6: Particle accels.); Daniel S. Greenberg, *The Politics of Pure Science* (New York, 1967), 209–269; Leonard Greenbaum, *A Special Interest: The AEC, Argonne National Laboratory, and the Midwestern Universities* (Ann Arbor, 1971); Holl, 152–174.

28. AEC 827/7, 21 Nov 1955; R. W. Cook to K. E. Fields, 15 Dec 1955; Zinn to Fields, 12 Dec 1955; Fields to J. J. Flaherty, 29 Dec 1955; Zinn to Flaherty, 5 Jan and 26 Jan 1956; Flaherty to Zinn, 17 Jan 1956 (Sec'y 51–58, 102/PLB&L-49: Midwestern Univs.).

29. JCAE, 84th Cong., 2d sess., *Authorizing Legislation* (17 Feb 1956), 27.

30. V. F. Weisskopf, "International Conference on High Energy Physics," *BAS*, 12 (Sep 1956), 259; T. H. Johnson to Tammaro and Fields, 22 Jul 1957 (GM, 5673/9).

31. *The Future Role*, 4.

32. Robert W. Seidel, "A Home for Big Science: The AEC's Laboratory System," *HSPS*, 16:1 (1986), 135–175, on 171; JCAE, 86th Cong., 1st sess., *Stanford Linear Electron Accelerator*, 1–8.

33. AEC 603/53, 28 Nov 1958, and McCool to J. H. Williams, 18 Dec 1958 (Sec'y 58–66, 1424/1).

34. Schuldt, "Draft Work Program," 30 Jan 1956, and BOB, "Summary Work Program," 7 Jan 1957 (BOB, 1/Work program).

35. GAC 61, 5–7 Jan 1959, and GAC 64, 4–6 May 1959, EHC; Southern Regional Accelerator Committee, minutes ("pittance"), 27 Jul 1959 (ORNL-DO, Southern Regional Accel.).

36. Rep. Melvin Price in JCAE, 86th Cong., 1st sess., *Stanford Linear Electron Accelerator*, 36.

37. Lanfranco Belloni, "The Italian Scenario," in Hermann et al., *History of CERN*, 353–382, on 361; 另请参见，如 Dominique Pestre, "The Fusion of the Initiatives," ibid., 111–112.

38. V. F. Weisskopf, "A Theoretical Physicist at the Geneva Conference," *BAS*, 11 (Oct 1955), 278.

39. Armin Hermann, "Some Aspects of the History of High-Energy Physics, 1952–66," in Hermann et al., *History of CERN*, 41–94, on 61–63.

40. "News Roundup," *BAS*, 12 (June 1956), 229.

41. Zuoyue Wang, "The Politics of Big Science in the Cold War: PSAC and the Funding of SLAC," *HSPS*, 25:2 (1995), 329–356, on 337–340.

42. R. B. Brode to Haworth, 17 Aug 1959, and minutes, International Accelerator Study Committee, 15 Sep 1959 (BNL-DO, VIII-3).

43. John McCone and V. S. Emelyanov, memo, 24 Nov 1959 (BNL-DO, VIII-3); Hewlett and Holl, 531–536.

44. C. E. Falk, "Report on Escort of Russian High Energy Exchange Team," 5–8 Jul 1960, and "Report to U.S. and Soviet Atomic Energy Authorities," 16 Sep 1960 (BNL-DO, VIII-3); AUI Ex Comm, 23 Sep 1960.

45. AUI Ex Comm, 23 Sep 1960; George Kolstad to J. B. Adams, 26 Sep 1960 (BNL-DO, VIII-3); AUI Trustees, 27 Oct 1961; Seaborg, *Journal*, 12 Apr and 27 Jun 1961.

46. Keith Symon to Glenn Frye, 3 Jun 1960 (Sec'y 58–66, 1424/2); AUI, Ex Comm, 27 Oct 1961, 20 Sep 1963, and 15 Nov 1963; Goldhaber to Paul McDaniel, 24 Nov 1963, L. C. L. Yuan to Falk, 11 Nov 1963, and R. L. Cool to Falk, 11 Nov 1963 (BNL-HA, 31/Accelerator Dept.); Seidel, "Home," 172.

47. Weisskopf, "International," 260.

48. Wang, "PSAC and SLAC," 339.

49. Haworth to Harry S. Traynor, 11 Jul 1960 (BNL-DO, I-18).

50. W. K. H. Panofsky to Haworth, 22 Sep 1959 (BNL-DO, VIII-3).

51. Panofsky, "International Collaboration in High-Energy Physics," 26 Nov 1962 (HEP 57–64, 3/GAC-PSAC); Haworth to Jerome Wiesner, 18 May 1961 (Sec'y 58–66, 1424/2).

52. Goldhaber to McDaniel, 24 Nov 1963 (BNL-HA, 31/Accelerator Dept.).

53. Joan Lisa Bromberg, *Fusion: Science, Politics, and the Invention of a New Energy Source* (Cambridge, Mass., 1982), 13–37.

54. AEC minutes, 3 Sep and 21 Sep 1953, and AEC 532/10, 24 Sep 1953 (Sec'y 51–58, 141/R&D-7: CTR); Bromberg, *Fusion*, 37–38; Hewlett and Holl, 260–261.

55. Bromberg, *Fusion*, 30.

56. 1959 年，特勒提议在利弗莫尔的设备上使用快电子注入器，用于导弹防御。1953 年前后却没有这类应用的建议。GAC 66, 28–30 Oct 1959, EHC.

57. AEC 852/160, 16 Oct 1956 (Sec'y 51–58, 121/R&D-1: Problems and policy).

58. AEC 532/39, 15 Mar 1957 (Sec'y 51–58, 114/Reactor Dev.-1: CTR).

59. Bromberg, *Fusion*, 74–75, 81–86; Weinberg, "The State of the Laboratory, 1957," ORNL/CF-57–12–127.

60. Bromberg, *Fusion*, 78, 83.

61. Ibid., 86–88.

62. Edward Creutz, ibid., 44.

63. J. M. B. Kellogg, notes attached to Kellogg to Bradbury, 1 Nov 1956 (LASL-DO, 410: Accelerators).

64. Kellogg to Bradbury, ibid.

65. AEC, *Eighth Semiannual Report* (Jul 1950), 149–153.

66. "Radiation Instrument Does $20-Million Business in 1952," *Nucleonics*, 11:2 (1953), 78.

67. B. J. Moyer to D. Cooksey, 10 Oct 1949, and J. S. Norton to Cooksey, 21 Oct 1949 (EOL, 32/6); U.S. House, 83d Cong., 2d sess., *Independent Offices Appropriations for 1955*, 2637, 2814–17; AEC, *Sixteenth Semiannual Report* (Jul 1954), 67–72; "Where AEC's Instrument Dollar Goes," *Nucleonics*, 12:9 (1954), 85.

68. Weinberg, "On the State of the Laboratory — 1952," 30 Dec 1951, ORNL/CF-51-12-186.

69. AEC 152/23, 8 Apr 1952, and AEC minutes, 28 May 1952 (Sec'y 51–58, 139/R&D-6).

70. Topnotch II agenda item 5a, 24–28 Sep 1953 (Sec'y 51–58, 65/O&M-6: Topnotch II); Zinn, "Comment on National Laboratories," 6 Dec 1955 (EOL, 32/12).

71. GAC 27, 11–13 Oct 1951, EHC.

72. Allan A. Needell, "Nuclear Reactors and the Founding of Brookhaven National Laboratory," *HSPS*, 14:1 (1983), 93–122. 反应堆成本为 2 500 万美元，是最初 1946 年乐观预计的十倍，比 1947 年 12 月的估值高 1 000 万美元。

73. J. D. Jameson to E. C. Shoup, 22 Sep 1949 (BNL-DO, II-5).

74. AUI, Ex Comm, 18 Jan and 18 May 1951.

75. Van Horn to Tape, 7 Jul 1952, and Clarke Williams to C. R. Russell, 29 Sep 1952 (BNL-DO, V-83).

76. "Justification for an Accelerated LMFR Program," draft, ca. 25 Jul 1955, and Tape to Van Horn, 4 Aug 1955 (BNL-DO, V-83).

77. AUI, Ex Comm, 25 Feb and 21 Oct 1955.

78. Weinberg, "Some Problems in the Development of the National Laboratories," Dec 1955, and Haworth, "The Future Role of Brookhaven National Laboratory," 5 Dec 1955 (EOL, 32/12).

79. "New Industrial Association Formed to Foster Growth of Atomic Energy Industry," *Nucleonics*, 11:5 (1953), 70; Hewlett and Holl, 27.

80. Tammaro to Luedecke, 18 Sep 1959, and H. A. Stanwood to C. L. Dunham, 30 Nov 1959 (DBM-DOE, 3374/16); Francis McCune to Luedecke, 22 Oct 1959 (Sec'y 58–66, 1404/1).

81. "Wanted: Reactor Engineers," *Nucleonics*, 10:2 (1952), 10–13; Johnson and Schaffer, 74–75; Weinberg, 51–54.

82. AUI Board of Trustees, 16 Jan 1953.

83. AEC 496/23, 14 Feb 1955 (Sec'y 51–58, 69/O&M-7: JCAE).

84. Glenn Seaborg and Daniel M. Wilkes, *Education and the Atom* (New York, 1964), 5.

85. Haworth to Dunham, 23 Dec 1955 (BNL-DO, I-13), and Haworth, "Future Role."

86. Hewlett and Holl, 254, and Johnson and Schaffer, 74–75.

87. R. L. Thornton, "Long Range Objectives of the Radiation Laboratory," 30 Nov 1955 (EOL, 22/8).

88. Graduate students at UCRL [Rad Lab], 12 Aug 1958 (EOL, 19/27).

89. AUI, Ex Comm, 20 Mar 1959.

90. AEC Division of Research, "The Contract-Research Program," 10 Feb 1958 (Sec'y 51–58, 115/R&D-1: Support of basic research); GAC 65, 20–22 Jul 1959, EHC.

91. Alvin Weinberg, "A Nuclear Journey through Europe," *BAS*, 10:6 (1954), 217; "News Roundup," *BAS*, 12:8 (1956), 318; Hewlett and Duncan, 435; Holl, 147, 190.

92. GAC 29, 15–17 Feb 1952, EHC; AEC 603.

93. AEC 603/9; GAC 36, 17–19 Aug 1953, EHC; Rabi to Strauss, 24 Aug 1953, GAC 36.

94. Rabi to Strauss, 23 Nov 1954, GAC 42, and 22 Dec 1954, GAC 43 (JCAE III, 33/GAC).

95. T. H. Johnson, proposed policy, 13 Dec 1954; AEC 603/23, 3 Feb 55; AEC meeting excerpt, 23 Feb 1955; AEC 603/28, 23 Mar 1956 and AEC meeting excerpt, 13 Mar 1958 (Sec'y 51–58, 139/R&D-6: Particle accels.).

96. GAC 47, 13–15 Dec 1955, EHC.

97. AEC 815, 7 Apr 1955 (Sec'y 51–58, 139/R&D-6: Particle accels., vol. 2).

98. AEC 925, 19 Jul 1956, McCool to Davis, 3 Aug 1956, AEC meeting minutes, 13 Sep 1956 and 22 Jan 1958, and Tammaro to Davis, 29 Jan 1958 (Sec'y 51–58, 100/PLB&L-48: Laboratories).

99. J. L. Morrill et al. in AEC 311/2, Jul 1957 (Sec'y 51–58, 55/O&M-2: Chicago Operations Office).

100. AEC, summary notes of meeting with ARMU, Inc., 14 May 1962 (Sec'y 58–66, 1404/5).

101. Seidel, "Home," 169n119; Wang, "PSAC and SLAC"; Greenberg, *Politics*,

226–245.

102. Seidel, "Home," 170–171; Rebecca S. Lowen, *Creating the Cold War University: The Transformation of Stanford* (Berkeley, 1997), 177–186.

103. McCool to Davis, 12 May 1958, and Davis to Libby, 12 Jun 1958 (Sec'y 51–58, 100/PLB&L-48: Laboratories).

104. Hewlett and Duncan, 491–493.

105. Percival Brundage to Charles Wilson, 19 Oct 1956; AEC 892/10, 14 Nov 56; and AEC minutes, 14 Nov 1956 (Sec'y 51–58, 176/BAF-2: 1958).

106. AEC 445, 18 Jun 1951 (Sec'y 51–58, 178/BAF-8: Joint Participation).

107. AUI, Board of Trustees, 18 Apr 1952.

108. Berkner to E. R. Piore, 3 Jan 1952, Dunbar to Berkner, 16 Jan 1952, Van Horn to Berkner, 24 Jan 1952, Berkner to Van Horn, 31 Jan 1952 (BNL-DO, II-4); Van Horn to files, 4 Apr 1952 (DBM, 18/MH&S-21: BNL).

109. Warren to Berkner, 26 Jun 1952 (BNL-DO, II-4); AUI, Ex Comm, 16 May 1952.

110. AUI, Board of Trustees, 18 Jul 1952.

111. R. R. Entwhistle to Weinberg, 3 Aug 1959, and Weinberg to Entwhistle, 19 Aug 1959 (ORNL-DO, Neutron Physics).

112. T. A. Welton to Charles Townes, 16 Feb 1961, and J. P. Ruina to Seaborg, 29 Aug 1961 (ORNL-DO, Physics).

113. GAC 60, 30–31 Oct and 1 Nov 1958, EHC.

114. Merrill Eisenbud to Haworth, 5 Jan 1959; Clinton Anderson and Melvin Price to McCone, 3 Feb 1959; and A. R. Luedecke to Anderson, 18 Feb 1959 (BNL-DO, II-22).

115. *The Future Role*, 105, 113, 122, 130, 139, 141; Froman on Los Alamos in AEC, "Summary Notes," 19 Nov 1959 (GM, 5672/13).

116. GAC 62, 9–11 Mar 1959, EHC.

117. GAC 66, 28–30 Oct 1959, EHC; McMillan in AEC, "Summary Notes."

118. GAC 62, 9–11 Mar 1959, EHC. One factor motivating the British: a housing shortage at Harwell.

119. Stanwood to Dunham, 30 Nov 1959 (DBM-DOE, 3374/16).

120. W. Johnson to McCone, 4 Aug 1959, GAC 65; John S. Graham to Luedecke, 17 Jul 1959 (DOE-DBM, 3374/16).

121. GAC 66, 28–30 Oct 1959, EHC; *The Future Role*, 12.

122. GAC 66.

123. 在 *Oxford English Dictionary* (2d ed. s.v.) 中 "interdisciplinary" 词条的第一项引证是 1937 年的一篇社会学文章，其后是 1956 年和 1957 年的社会学与语言学参考文献。

124. Hilberry, Tape, and Weinberg in AEC, "Summary Notes," 19 Nov 1959 (GM, 5672/13); Bradbury in *The Future Role*, 141.

125. Alvin Weinberg, "Criteria for Scientific Choice," *Minerva*, 1:2 (1963), 159–171, on 166.

126. AEC Division of Biology and Medicine, "Role of AEC Laboratories," 17 Sep 1959 (DBM-DOE, 3375/1).

127. *The Future Role*, 11.

128. Haworth to G. W. Beadle, 17 Jul 1961 (ANL-PAB, 7/Review Comm.-Chem.). See also Seaborg and Wilkes, *Education and the Atom*, 36.

129. *The Future Role*, 13, 122, 161–198, 230–240.

130. Ibid., 33, 155; W. Johnson to J. T. Ramey, 14 Jun 1960, GAC 69, EHC, reprinted ibid., 243–246.

131. R. R. Coffin to files, draft 1 Jul 1960 (BOB, 12/Laboratories).

132. PSAC, "Scientific Progress, the Universities, and the Federal Government," 15 Nov 1960 (Sec'y 58–66, 1423/7).

133. GAC 81, 4–6 Oct 1962, EHC.

134. Weinberg statement in GAC 81, 4–6 Oct 1962, EHC.

135. Notes of meeting with ARMU.

136. GAC 81, 4–6 Oct 62, and GAC 82, 7–9 Jan 1963, both in EHC; Holl, 214–216.

137. R. C. Bynum, "Davis," in Verne Stadtman, ed., *The Centennial Record of the University of California* (Berkeley, 1968), 153–154.

138. Teller to McCone, 8 Mar 1960 (Sec'y 51–58, 60/O&M-2: San Francisco); "Use of the Livermore Laboratory," n.d. [ca. 1963], and Dwight Ink to John Pastore, 6 Jun 1963 (Sec'y 58–66, 1404/7); AEC 1023/22, 17 May 1963, Luedecke to Pastore, 17 Oct 1963, and A. W. Betts to AEC, 4 Dec 1963 (Sec'y 58–66, 1404/6).

139. AUI Ex Comm, 21 Sep 1962.

140. GAC 81, 4–6 Oct 1962, EHC.

141. Seidel, "Home," 171; Catherine Westfall, "The First 'Truly National Laboratory': The Birth of Fermilab" (Ph.D. diss., Michigan State University, 1988), 102–123.

142. GAC 74, 27–29 Apr 1961.

143. AUI Ex Comm, 20 Feb 1959, 16–17 Jul 1959, and 20–21 Jul 1961.

144. Weinberg quoted in Albert Teich and W. Henry Lambright, "The Redirection of a Large National Laboratory," *Minerva*, 14 (1976–77), 447–474, on 452.

145. William D. Carey, notes on meeting with PSAC, 31 May 1961, and Seaborg speech excerpts, 26 Apr and 9 Jun 1961 (BOB, 12/Laboratories).

146. GAC 73, 22–24 Mar 1961, EHC.

147. GAC 74, 27–29 Apr 1961, EHC.

6. 适应策略

1. Interview with Herbert York, 7 Nov 1997; Joan Lisa Bromberg, *Fusion: Science, Politics, and the Invention of a New Energy Source* (Cambridge, Mass, 1982), 27–28.

2. Sybil Francis, "Warhead Politics: Livermore and the Competitive System of Nuclear Weapon Design" (Ph.D. diss., MIT, 1996), 69.

3. GAC 41, 12–15 Jul 1954, EHC.

4. Thomas B. Cochran et al., *Nuclear Weapons Databook*, vol. 2 (Cambridge, Mass., 1987), app. B.

5. GAC 41, 12–15 Jul 1954, EHC.

6. Francis, "Warhead Politics," 130–131.

7. Ibid., 67–68.

8. Ibid., 116–117, 134–135.

9. Ibid., 26–27, 93, 96, 103, 135–137; GAC 49, 28–30 Mar 1956, EHC.

10. Ibid., 72–73, 98; Rabi in GAC 50, 16–18 Jul 1956, EHC.

11. JCAE, 83d Cong., 1st sess., *Atomic Power Development and Private Enterprise*, 247; Weinberg, 100–102, 109–131.

12. GAC, special meeting, 29–30 Dec 1947, EHC.

13. GAC 25, 15–17 Mar 1951, EHC.

14. ORNL, Research Committee, minutes, 3 Dec 1958 (ORNL-DO, Committees-Research Comm.).

15. AEC 532/10, 24 Sep 1953 (Sec'y 51–58, 141/R&D-7: CTR).

16. AEC minutes, 3 and 21 Sep 1953, AEC 532/15, 15 Jan 1954, and Strauss to Sterling Cole, 24 Feb 1954 (Sec'y 51–58, 141/R&D-7: CTR); Bromberg, *Fusion*, 40.

17. Bromberg, *Fusion*, 13–29, 79–81.

18. AEC 532/39, 15 Mar 1957 (Sec'y 51–58, 114/Reactor Dev.-1: CTR).

19. Bromberg, *Fusion*, 26, 28–29, 79; GAC 37, 4–6 Nov 1953, EHC, on Oak Ridge ion work.

20. W. Johnson to McCone, 6 Aug 58, GAC 1959; "Notes for Meeting with Mr. McCone," 5 Sep 1958 (BOB, 17/AEC FY60 General Budget).

21. Bromberg, *Fusion*, 117–118, 140–146, 154–167. 托卡马克装置具有环形结构，其中磁场沿轴向。

22. Donald J. Keirn to K. Fields, 14 Oct 1954; V. G. Huston (for Fields) to Bradbury and to York, 22 Oct 1954; Paul Fine to Keirn, 5 Nov 1954; York to Fields, 10 Nov 1954; AEC 855, 19 Aug 1955 (Sec'y 51–58, 52/MR&A-5: Rocket Propulsion).

23. Darol Froman to Huston, 16 May 1955, and R. E. Schreiber to Bradbury, 12 May 1955, in AEC 855.

24. York to Huston, n.d. [ca. mid-1955], in AEC 855.

25. AEC minutes, 23 and 27 Sep 1955 (Sec'y 51–58, 176/BAF-2: 1957).

26. GAC 47, 13–15 Dec 1955, and GAC 49, 28–30 Mar 1956, EHC.

27. GAC 50, 16–18 Jul 1956, EHC, and Rabi to Strauss, 30 Jul 1956, in GAC 50.

28. GAC 50, 16–18 Jul 1956, and Rabi to Strauss, 30 Jul 1956.

29. York and Bradbury to Keirn, 14 Aug 1956, in GAC 52, 17–19 Jan 1957.

30. Froman to Huston, 16 May 1955, and York to Huston, n.d. [ca. mid-1955], in AEC 855. 1956年，慢性爆炸的概念在"犁头"项目中又受到关注，并在"伴侣号"发射之后的"猎户座"计划中再次提起。York to A. D. Starbird, 15 Oct 1956 (Sec'y 51–58, MR&A-9-1: Non-military uses, EHC); Freeman Dyson, *Disturbing the Universe* (New York, 1979), 109–115, 127–129.

31. York and Bradbury to Keirn.

32. AEC minutes, 27 Sep 1955 (Sec'y 51–58, 176/BAF-2: 1957); GAC 47, 13–15 Dec 1955, EHC.

33. Froman to Huston, 16 May 1955, and York to Huston, n.d. [ca. mid-1955], in

AEC 855.

34. AEC 855/2, 31 Oct 1955 (Sec'y 51–58, 52/MR&A-5: Rocket propulsion); AEC 939/25, 7 Feb 1958 (Sec'y 51–58, 177/BAF-2: 1959); Strauss to C. Anderson, 9 Nov 1956 (Sec'y 51–58, 51/MR&A-4: ANP).

35. AEC 939/25; AEC 17/127, 10 Feb 1957 (Sec'y 51–58, 51/MR&A-4: ANP); GAC 50, 16–18 Jul 1956, EHC.

36. AEC 17/127, 10 Feb 1957, and AEC minutes excerpt, 20 Dec 1956 (Sec'y 51–58, 51/MR&A-4: ANP); AEC minutes excerpt, 4 Jan and 16 Jan 1957, Fields to Carl Durham, 5 Feb 1957, and Strauss to Warren Johnson, 27 Apr 1957 (Sec'y 51–58, 52/MR&A-5: Rocket propulsion).

37. Froman to Huston, 16 May 1955, AEC 855; Davis to Fields, 21 Jun 1957, and AEC 17/134, 26 Jun 1957 (Sec'y 51–58, 51/MR&A-4: ANP); AEC 939/25.

38. Strauss to P. Brundage, 21 Dec 1956 (Sec'y 51–58, 176/BAF-2: 1958); Davis to Fields, 21 Jun 1957, and AEC 17/134, 26 Jun 1957 (Sec'y 51–58, 51/MR&A-4: ANP); AEC 939/25; GAC 54, 9–11 Jul 1957, EHC.

39. Van Horn to Haworth, 24 Apr 1956, and G. H. Vineyard to Van Horn, 15 May 1956 (BNL-DO, V-58); Leonard Link, "History of High Flux Reactor Development at Argonne," 4 Jan 1963 (ANL-DO, 5/AARR); GAC 49, 28–30 Mar 1956, EHC.

40. Haworth to Van Horn, 8 Aug 1952 (BNL-DO, I-10); AUI Ex Comm, 16 Mar 1956; Crease, 195–199; Laurence Passell, "High Flux at Brookhaven," Oct 1985, and BNL, "High Flux Research Reactor," Jul 1958, copies courtesy of Julius Hastings.

41. GAC 49, 28–30 Mar 1956, EHC; ORNL Policy Committee, minutes, 19 Sep and 7 Nov 1956 (ORNL-DO, Committees-Policy); ORNL Research Council, 22 Aug 1958 (ORNL-DO, Committee-Research Council); Weinberg, 90–91.

42. Link et al., "The Mighty Mouse Research Reactor," Mar 1957, ANL-5688; Link and J. T. Weills to Hilberry, 1 May 1957 (ANL-DO, 3/CP-5'); Link, "History."

43. "Discussion with Walt Hughes on CP-5" [probably by Link], ca. Jun 1958 (ANL-DO, 5/AHFR).

44. AEC 998/2, 6 May 1958 (Sec'y 51–58, 178/BAF: 1960).

45. R. M. Adams to J. R. Gilbreath, 7 Jul 1958, M. B. Powers to L. A. Turner, 11 Jul 1958, and Powers to Hilberry, 30 Jul 1958 (ANL-DO, 1/AARR); "Saga of

Mighty Mouse," 26 Jun 1958 (ANL-DO, 5/AHFR).

46. Link, "History"; Link et al., "Argonne Reactor for Advanced Research (ARFAR)," 18 Nov 1958 (ANL-DO, 1/AARR).

47. L. M. Bollinger et al. to Hilberry, 27 Oct 1958 (ANL-DO, 1/AARR).

48. J. H. Williams to Hilberry, 12 Dec 1958 (ANL-DO, 1/AARR).

49. Link, "Impressions of Argonne's Status," 12 Dec 1958 (ANL-DO, 1/AARR).

50. E. C. Weber to J. R. Gilbreath, 30 Dec 1958, and W. M. Manning to Gilbreath, 5 Jan 1959 (ANL-DO, 1/AARR).

51. Link, "Impressions."

52. Manning to Gilbreath, 5 Jan 1959 (ANL-DO, 1/AARR).

53. Ibid.

54. L. J. Koch to Link, 15 Dec 1958 (ANL-DO, 1/AARR).

55. Weinberg, 92.

56. K. A. Dunbar and S. R. Sapirie to F. K. Pittman, 21 May 1959 (ANL-DO, 1/AARR); Williams to Tammaro and Luedecke, 4 Jun 1959 (Sec'y 58–66, 1318/9).

57. G. R. Ringo to Hilberry, 17 Dec 1958 (ANL-DO, 1/AARR); Ringo to Gilbreath, 11 Nov 1960 (ANL-DO, 5/AARR).

58. Crewe to G. W. Beadle, 7 Jan 1963, Crewe to Seaborg, 1 Mar and 6 Mar 1963, and Crewe to J. T. Conway [JCAE staff], 1 Mar 1963 (ANL-DO, 5/AARR).

59. JCAE, *AEC Authorizing Legislation, 1964*, 145–151; Holl, 235–241, 257–259.

60. Tammaro to Hilberry, 26 Nov 1957 (ANL-DO, 1/AARR).

61. Link, "History."

62. Link, "Mighty Mouse," 12 Mar 1957 (ANL-DO, 1/AARR); Link et al., "Mighty Mouse."

63. Dean memo, 10 Jun 1952, in Roger M. Anders, ed., *Forging the Atomic Shield: Excerpts from the Office Diary of Gordon Dean* (Chapel Hill, 1987), 265–270, on 269.

64. AEC minutes, 3 Sep 1953 (Sec'y 51–58, 141/R&D-7: CTR).

65. Hewlett and Holl, 274–276.

66. Bradbury to T. H. Johnson, 21 Nov 1955 (EOL, 32/12).

67. AEC 855.

68. Hewlett and Holl, 362, 477.

69. GAC 60, 30–31 Oct and 1 Nov 1958, EHC.

70. AEC minutes excerpt, 6 Nov 1957, and Melvin Price to Eisenhower, 24 Oct 1957 (Sec'y 51–58, 51/MR&A-4: ANP).

71. Norris E. Bradbury, interview by Arthur L. Norberg, 1976, TBL, 110.

72. GAC 24, 4–6 Jan 1951; "News Roundup," *BAS*, 13:2 (1957), 68.

73. AEC 934, 5 Sep 1956 (Sec'y 51–58, 105/PLB&L-50: Los Alamos).

74. Los Alamos press release, 9 Jan 1956 (LANL A-83–0005, 1/1); "The First 20 Years at Los Alamos," *LASL News*, 1 Jan 1963, 47–49; Bradbury interview, 79.

75. Edward Teller, "The Program of the Lawrence Radiation Laboratory at Livermore for the Period 1959–70," 26 Aug 1959 (JCAE III, 37/LRL), reprinted in *The Future Role*, 136.

76. GAC 75, 13–15 Jul 1961, EHC. The figures for 1961 come from estimates provided to the GAC; the figure for Livermore was 55 percent.

77. GAC 71, 24–26 Oct 1960; Pitzer to Seaborg, 2 May 1961, in GAC 74, and 19 Jul 1961, in GAC 75; GAC 75, 13–15 Jul 1961, EHC.

78. GAC 80, 9–11 Jul 1962, and GAC 84, 25–27 Apr 1963, EHC; Manson Benedict to Seaborg, 21 Feb 1963 (Sec'y 58–66, O&M-7: GAC corres., EHC).

79. Richard G. Hewlett and Francis Duncan. *Nuclear Navy, 1946–1952* (Chicago, 1974), 225–257; Francis Duncan, *Rickover and the Nuclear Navy: The Discipline of Technology* (Annapolis, 1990), chap. 8; William Beaver, *Nuclear Power Goes On-Line: A History of Shippingport* (New York, 1990).

80. Weinberg, "Some Problems in the Development of the National Laboratories," Dec 1955 (EOL, 32/12).

81. *The Future Role*, 37.

82. ANL Policy Advisory Board, minutes, 7–8 May 1962 and 16 Jan 1963, box 4; 16 Jul 1964, box 5; and 20 Jan 1966, box 6, ANL-PAB; C. Cohn et al., "Basic Material Resulting from ANL Rocket Study," May 1963, ANL-6656; M. Benedict to Seaborg, 24 Jul 1963, GAC 85; material for Lab Directors' meeting, May 1966 (GM, 5625/15).

83. AEC 827/7, 21 Nov 1955, and AEC 827/8, 15 Nov 1955 (Sec'y 51–58, 102/PLB&L-49: Midwestern Univs.).

84. Weinberg to A. H. Snell et al., 23 Oct 1953 (ORNL-DO, Physics Div.); ORNL, Policy Committee, minutes, 21 Apr 1954 (ORNL-DO, Meetings-Policy Comm.).

85. M. Stanley Livingston, ed., *The Development of High-Energy Accelerators* (New

York, 1966), 303–314; Heilbron, Seidel, and Wheaton, 70–71.

86. E. Creutz et al. to C. E. Larson, 8 Aug 1955 (ORNL-DO, Advisory Committees-Electronuclear); Weinberg to T. H. Johnson, 26 Mar 1956 (ORNL-DO, Physics).

87. Report of NSF Advisory Panel on High Energy Accelerators, 4 Oct 1956 (Sec'y 51–58, 139/R&D-6: Particle accels.); Holl, 196–197; Peter Galison, *Image and Logic* (Chicago, 1997), chap. 6.

88. Weinberg to T. H. Johnson, 26 Mar 1956, and to Snell and R. S. Livingston, 29 Aug 1956 (ORNL-DO, Physics); GAC 49, 28–30 Mar 1956, EHC; McCool to Johnson, 31 May 1956, and Paul McDaniel to Libby, 11 Jun 1956 (Sec'y 51–58, 139/Particle accels.).

89. Joint ORINS-ORNL Accelerator Committee, report, 8 Oct and 12 Nov 1956 (ORNL-DO, Southern Regional Accelerator).

90. Weinberg to Libby, 23 May 1957 (ORNL-DO, Southern Regional Accelerator); AEC 603/25, 31 May 1957 (Sec'y 51–58, 139/R&D-6: Particle accels.).

91. Weinberg to Johnson, 26 Mar 1956 (ORNL-DO, Physics); Southern Regional Accelerator Committee, report, 14 Feb 1958 (ORNL-DO, Southern Regional Accelerator).

92. Luis Alvarez to McMillan, 17 Sep 1957, attached to Hugh Bradner to Weinberg, 24 Sep 1957, and Snell to Alvarez, 8 Apr 1957 (ORNL-DO, Southern Regional Accelerator); Galison, *Image and Logic*, 479–482.

93. Southern Regional Accelerator Committee, minutes, 14 Oct 1957, and 14 Feb and 21 Apr 1958 (ORNL-DO, Southern Regional Accelerator); C. E. Center to S. R. Sapirie, 7 Jul 1958 (BOB, 9/HEP: FY59–61); W. Johnson to Strauss, 28 Aug 1957 (GAC 54), 14 Oct 1957 (GAC 55), and [with quote] 17 Mar 1958 (GAC 57).

94. W. Johnson to Strauss, 17 Mar 1958, GAC 57; AEC 605/53, 28 Nov 1958, and McCool to John H. Williams, 18 Dec 1958 (Sec'y 58–66, 1424/1); Williams to Weinberg, 23 Dec 1958 (ORNL-DO, Southern Regional Accelerator).

95. Heilbron, Seidel, and Wheaton, 74–75; Ruth R. Harris and Richard G. Hewlett, "The Lawrence Livermore National Laboratory: The Evolution of Its Mission, 1952–1988," report prepared for Livermore, 21 Mar 1990, 6–7; AEC 29/113, 30 Apr 1957 (O&M-7: GAC corres., EHC).

96. H. V. Argo and F. L. Ribe, "Preliminary Study of 2-Bev Synchro-Cyclotron," 27 Oct 1955, LASL-HVA-FLR-1; Darragh E. Nagle, "A Proposed Multifrequency

Accelerator," 13 Feb 1956, Los Alamos report LASL-DEN-2.

97. "Comments Arising from the Meeting of 31 October," 1 Nov 1956 (LANL A-91–011, 55/1).

98. Bradbury to K. F. Hertford, 23 Apr 1957 (LASL-DO, 410: Accelerators); L. Rosen, "Outline of the Proposal for a Meson Facility at Los Alamos," 16 Jul 1963, Los Alamos report LAMS-2935; M. Stanley Livingston, "Origins and History of the Los Alamos Meson Physics Facility," June 1972, Los Alamos report LA-5000.

99. Bradbury to Strauss, 7 Feb 1956 (LASL-DO, 410: Accelerators).

100. Nagle to John Bolton, 23 Jul and 15 Aug 1956 (LANL A-91–011, 55/1).

101. "Comments from Meeting"; Kellogg to Bradbury, 1 Nov 1956 (LASL-DO, 410: Accelerators).

102. David Hill, "Should Los Alamos Move Vigorously toward the Construction of a High Energy Accelerator?" 15 Feb 1957 (LANL A-91–011, 55/1).

103. John E. Brolley, Jr., to Froman, 28 Aug 1958 (LASL-DO, 310.1: P-Div. History).

104. H. H. Barschall to Kellogg, 27 Aug 1958 (LASL-DO, 310.1: P-Div. History).

105. Brolley to Froman, 28 Aug 1958, and Nelson Jarmie to Bradbury and Froman, 1 Dec 1958 (LASL-DO, 310–1: P-Div. History).

106. Handwritten notes, n.d. [ca. 1958] (LASL-DO, 310.1: P-Div. History).

107. GAC 60, 30–31 Oct and 1 Nov 1958, EHC.

108. Southern Regional Accelerator Committee, 27 Jul 1959, and Snell to V. E. Parker [SRAC member], 7 Dec 1959 (ORNL-DO, Southern Regional Accelerator).

109. Rosen, "Outline," and Livingston, "Origins."

110. Weinberg to McDaniel, 23 Aug 1962 (ORNL-DO, Electronuclear); Rosen, "Outline."

111. In 1965 the AEC's Division of Research divided the energy spectrum into three regions: low energy, below 50 MeV; medium energy, between 50 MeV and 1 BeV; and high energy, over 1 BeV. McDaniel to Weinberg, 25 Feb 1965 (ORNL-DO, Electronuclear).

112. *The Future Role*, 61.

113. AUI Ex Comm, 21 Sep 1956, and AUI Trustees, 17 Oct 1958.

114. AUI, Ex Comm, 18 Jan and 18 May 1951; Van Horn to Tape, 7 Jul 1952, Clarke Williams to C. R. Russell, 29 Sep 1952, and Tape to Van Horn, 4 Aug 1955 (BNL-DO, V-83).

115. AUI Ex Comm, 25 Feb 1955, and Board of Trustees, 21 Oct 1955; "Justification for an Accelerated LMFR Program," draft, ca. 25 Jul 1955, and Tape to Van Horn, 4 Aug 1955 (BNL-DO, V-83); *The Future Role*, 43; material for Lab Directors' meeting, May 1966 (GM, 5625/15).

116. Haworth, "The Future Role of Brookhaven National Laboratory," 5 Dec 1955 (BNL-DO, III-10).

117. Bradbury interview, 68–69.

118. Robert W. Seidel, "From Mars to Minerva: The Origins of Scientific Computing in the AEC Labs," *Physics Today* (Oct 1996), 33–39; N. Metropolis and E. C. Nelson, "Early Computing at Los Alamos," *Annals of the History of Computing*, 4 (Oct 1982), 348–357; Herman H. Goldstine, *The Computer from Pascal to von Neumann* (Princeton, 1972), 214–215, 225–226; AEC, *In the Matter of J. Robert Oppenheimer* (Cambridge, Mass., 1971), 654–656; Donald Mackenzie, "Nuclear Weapons Laboratories and the Development of Supercomputing," in *Knowing Machines: Essays on Technical Change* (Cambridge, Mass., 1996), 99–129.

119. Seidel, "Mars," 35–36; Rabi to Strauss, 9 Apr 1956, GAC 49; Goldstine, *Computer*, 332.

120. Tad Kishi, "The 701 at the Lawrence Livermore Laboratory," *Annals of the History of Computing*, 5 (Apr 1983), 206–210.

121. Goldstine, *Computer*, 329–330; Seidel, "Mars," 35.

122. AEC, *Seventh Semiannual Report* (Jan 1950), 86; Seidel, "Mars," 35; Holl, 122–125; Goldstine, *Computer*, 307n4; Creutz et al. to Larson, 8 Aug 1955 (ORNL-DO, Advisory Committees-Electronuclear); Johnson and Schaffer, 70–72. AVIDAC stood for Argonne's Version of the Institute [for Advanced Study]'s Digital Automatic Computer, ORACLE for Oak Ridge Automatic Computer Logical Engine.

123. Morse to Arnold N. Lowan, 3 Sep 1947 (BNL-DO, I-4); Haworth to Lowan, 22 Apr 1949 (BNL-DO, I-7); Haworth to L. Ridenour, 30 Nov 1951 (BNL-DO, V-16).

124. L. V. Berkner to files, 6 Jun 1952; Berkner to AUI Trustees, 9 Jun 1952; AUI computer conference, 11 Jul 1952; G. A. Kolstad to Haworth, 1 Aug 1952; C. F. Dunbar to Haworth, 14 Aug 1952; Haworth to T. H. Johnson, 30 Sep 1952; Johnson to Irving Kaplan, 12 Nov 1952; and Kolstad to Haworth, 21 Jan 1953 (BNL-DO, III-25); Tape to Van Horn, 26 Jun 1952 (BNL Central Records, DO-87); AUI, Ex Comm, 20 Jun, 17 Jul, and 16 Sep 1952.

125. Haworth to Kolstad, 2 Dec 1953, and Van Horn to Tape, 16 Mar 1954 (BNL-DO, III-25); Haworth to Johnson, 31 Aug 1954 (BNL-DO, V-17); AUI Ex Comm, 16 Mar 1956; Haworth to Van Horn, 2 May 1956 (BNL-DO, I-14).

126. S. K. Allison, "Visit to BNL," 16 Sep 1957; H. B. Huntington to E. T. Booth (report of visiting committee), 1 Oct 1957; and report of the visiting committee of the Physics Dept., 1959 (BNL-DO, II-23).

127. ORNL Policy Committee, 16 Feb 1955 (ORNL-DO, Meetings-Policy Comm.).

128. *The Future Role*; GAC 68, 17–19 Mar 1960, EHC; Lawrence Radiation Laboratory, "Status Fiscal Year 1962," LBL Archives and Records; "Space Science at L.A.S.L.," Feb 1964 (LANL, A-83–0006, 8/3); Larry L. Deaven and Robert K. Moyzis, "The Los Alamos Center for Human Genome Studies," *Los Alamos Science*, 20 (1992), preface; Seidel, "Mars," 36.

129. Barton C. Hacker, *Elements of Controversy: The Atomic Energy Commission and Radiation Safety in Nuclear Weapons Testing, 1947–1974* (Berkeley, 1994), 161, 177–178.

130. Holl, 101; Albert H. Holland to C. N. Rucker, 22 Jul 1949 (ORNL-DO, Health Physics); BNL, Scientific Steering Committee, minutes, 4 Aug 1947 (BNL-DO, IV-19); Morse to L. R. Thiesmeyer, 18 Dec 1947 (BNL-DO, I-4).

131. AUI Ex Comm, 21 Nov 1952 and 20 Feb 1953; W. Kelley to John Bugher, 1 Dec 1952; Bugher to Kelley, 2 Feb 1953; and Maynard Smith to Walter Claus, 19 Feb 1953 (DBM, 21/BNL-1953).

132. ANL long-range program (quotes), submitted Mar 1959, in *The Future Role*, 111–112; ANL Policy Advisory Board, minutes, 13–14 Jul 1959 (ANL-PAB, box 2); AEC 956/9, 10 Nov 1959 (GM, 5672/13).

133. U.S. House, 83d Cong., 1st sess., *Second Independent Offices Appropriations for 1954*, 460; AEC, *Fourteenth Semiannual Report to Congress* (Jul 1953), 53–54.

134. Teller in *The Future Role;* Ralph Sanders, *Project Plowshare: The Development of the Peaceful Uses of Nuclear Explosions* (Washington, D.C., 1962), 109.

135. M. B. Rodin and D. C. Hess, "Weather Modification," Dec 1961, ANL-6444.

136. H. E. Landsberg, "Climate Made to Order," BAS, 17:9 (1961), 370–374; "The Weather Weapon: New Race with the Reds," *Newsweek*, 13 Jan 1958, 54–56; see also Spencer R. Weart, "Global Warming, Cold War, and the Evolution of Research Plans," *HSPS*, 27:2 (1997), 319–356, on 335; W. Henry Lambright and Stanley A. Changnon, Jr., "Arresting Technology: Government, Scientists, and Weather Modification," *Science, Technology, and Human Values*, 14:4 (1989), 340–359.

137. Teller, "We're Going to Work Miracles," *Popular Mechanics*, 113 (Mar 1960), 97–101, 278–282.

138. York to A. D. Starbird, 15 Oct 1956, and AEC 811/4, 26 Nov 1956 (Sec'y 51–58, MR&A-9-1: Non-military uses, EHC); Hewlett and Holl, 528–530.

139. Rabi to Strauss, 9 Apr 1956, GAC 49; GAC 57, 27–28 Feb and 1 Mar 1958, EHC; W. Johnson to Strauss, 17 Mar 1958, GAC 57; GAC 58, 5–7 May 1958; W. Johnson to Strauss, 6 Jun 1958, GAC 58. MICE 代表 Megaton Ice-Contained Explosion; BATS 含义不明。亦可参见 John McPhee, *The Curve of Binding Energy* (New York, 1974), 112–113; Ronald E. Doel, *Solar System Astronomy in America: Communities, Patronage, and Interdisciplinary Science, 1920–1960* (Cambridge, 1996), 177.

140. GAC 57, 27–28 Feb and 1 Mar 1958, EHC; W. Johnson to Strauss, 17 Mar 1958, GAC 57; GAC 58, 5–7 May 1958.

141. Hewlett and Holl, 544–545. 这项测试最终在"犁头"项目下，以"土地神"测试的名义于 1961 年 12 月 10 日在新墨西哥州卡尔斯巴德的盐丘中开展。尽管不成功但它壮观，放射性的蒸气冲破了封闭结构，并从井道中形成了 300 英尺的射流。Hacker, *Elements*, 214–215.

142. GAC 60, 30–31 Oct and 1 Nov 1958, EHC.

143. Daniel Yergin, *The Prize: The Epic Quest for Oil, Money, and Power* (New York, 1991), 428–429, 694, 716–717; Report of Ad Hoc Plowshare Review Committee, 22 May 1972, GAC 120.

144. AEC 811/12, 6 Jun 1958 (Sec'y 51–58, MR&A-9-1: Non-military uses, EHC).

145. GAC 56, 21–23 Nov 1957, EHC.

146. AEC 811/12; Teller to A. D. Starbird, 15 Aug 1958, quoted in Dan O'Neill, "H-Bombs and Eskimos: The Story of Project Chariot," *Pacific Northwest Quarterly*, 85:1 (1994), 25–34, on 27. 特勒以及利弗莫尔实验室在 1969 年又重提这一计划，此次为了在普鲁德霍建港口和开采北坡的石油。Scott Kirsch and Don Mitchell, "Earth-Moving as the 'Measure of Man': Edward Teller, Geographical Engineering, and the Matter of Progress," *Social Text*, 16:1 (1998), 101–134.

147. Frank Pace to Lilienthal, 23 Apr 1948; Lilienthal to Pace, 7 May 1948; Rowland Hughes to Strauss, 2 May 1955; Strauss to Hughes, 15 Jun 1955 (Sec'y 51–58, 88/PLB&L: Design and construction).

148. Wilson K. Talley and Carl R. Gerber, "Nuclear Explosives as an Engineering Tool," in Hans Mark and Lowell Wood, eds., *Energy in Physics, War, and Peace* (Boston, 1988), 221–236; Trevor Findlay, *Nuclear Dynamite: The Peaceful Nuclear Explosions Fiasco* (Sydney, 1990), 5; Hacker, *Elements*, 236–241; Hafstad to Seaborg, 4 Feb 1966, GAC 95; David R. Inglis and Carl L. Sandler, "Prospects and Problems: The Nonmilitary Uses of Nuclear Explosives," *BAS*, 23:10 (1967), 46–52. 1963 年的《部分限制核试验条约》要求试验在封闭地下环境进行，原子能委员会将深坑试验视同地下试验。

149. GAC 60, 30–31 Oct and 1 Nov 1958, EHC; Teller, "Program of Livermore."

150. Barton C. Hacker, "A Short History of the Laboratory at Livermore," Livermore, *Science and Technology Review* (Sep 1998), 12–20, 18; Harris and Hewlett, "Livermore," 11.

151. Frederick Reines, "Are There Peaceful Engineering Uses of Atomic Explosives?" *BAS*, 6:6 (1950), 171–172.

152. Frederick Reines, "The Peaceful Nuclear Explosion," *BAS*, 15:3 (1959), 118–122.

153. GAC 71, 24–26 Oct 1960.

154. D. J. Hughes to Samuel Goudsmit, 8 Feb 1960, G. N. Glasoe to Haworth, 25 Apr 1960, and Haworth to Van Horn, 9 May 1960 (BNL-HA, 4/Project Gnome); Gerald W. Johnson, "Nuclear Explosions in Science and Technology," *BAS*, 16:5 (1960), 155–161, on 160–161.

155. AEC meeting 1336, minutes excerpt, 21 Feb 1958 (Sec'y 51–58, 60/Space Task Force); W. Johnson to Strauss, 17 Mar 1958, GAC 57; Brian Balogh, *Chain Re-*

action: Expert Debate and Public Participation in American Commercial Nuclear Power, 1945–1975 (Cambridge, 1991), 174–176. 1958 年 3 月，总咨询委员会已没有曾参与 1947 年将反应堆集中化的委员，只有一位委员，埃格尔·莫弗瑞（Eger Murphree）曾在 1951 年参加对第二个武器实验室的批评。

156. GAC 60, 30–31 Oct and 1 Nov 1958, EHC.

157. Herbert F. York, *Making Weapons, Talking Peace: A Physicist's Odyssey from Hiroshima to Geneva* (New York, 1987), 128–132, 148–150; Cochran et al., *Databook*, app. B.

158. Teller, "Program of Livermore."

159. "Subjects for Investigation in Connection with High Altitude Shots," n.d. (LASL-DO, 310.1: P-Div.).

160. Handwritten notes [ca. 1958] (LASL-DO, 310.1: P-Div.).

161. John E. Brolley, Jr., to Bradbury and Froman, 10 Mar 1958, and R. F. Taschek and W. T. Leland, 10 Apr 1958 (LASL-DO, 310.1: P-Div.).

162. H. H. Barschall to Kellogg, 27 Aug 1958, and Manley to Kellogg, 20 Nov 1958 (LASL-DO, 310.1: P-Div.).

163. "P-4 Activities since January 1958," 16 Mar 1959; Starbird to Teller, Bradbury, and Molmar, 13 Feb 1959, extract in Bradbury to Graves et al., 18 Feb 1959; R. B. Leachman to Kellogg, 7 May 1959; handwritten notes, 26 Aug 1959; and typed table of responsibility for various detectors (LASL-DO, 310.1: P-Div.).

164. 也称作 Systems for Nuclear Auxiliary Power 或 Satellite Nuclear Auxiliary Power. Johnson and Schaffer, 118–121; Harold P. Green and Alan Rosenthal, *Government of the Atom: The Integration of Powers* (New York, 1963), 267n1.

165. O. E. Dwyer to Clarke Williams, 15 Oct 1959, 7 Apr 1960, and 12 May 1960 (BNL-DO, V-59).

166. H. J. Curtis, "Limitations on Space Flight Due to Cosmic Radiations," *Science*, 133 (1961), 312–316.

167. AEC General Manager to J. T. Ramey, 11 Jul 1962 (Sec'y 58–66, 1424/3); AEC 1088, 7 Sep 1961 (Sec'y 58–66, 1424/2).

168. R. S. Livingston to Weinberg, 24 Mar 1961 (ORNL-DO, Physics-General).

169. Snell, "The Oak Ridge Mc^2 Cyclotron Program," 12 Jan 1963 (ORNL-DO, Electronuclear); ORNL, "A Proposal for the Mc^2 Isochronous Cyclotron," 1 Nov 1963, ORNL-3540.

170. Pnina Abir-Am, "Themes, Genres and Orders of Legitimation in the Consolidation of New Scientific Disciplines: Deconstructing the Historiography of Molecular Biology," *History of Science*, 23 (1985), 73–117; Evelyn Fox Keller, "Physics and the Emergence of Molecular Biology: A History of Cognitive and Political Synergy," *Journal of the History of Biology*, 23:3 (1990), 389–409; Nicolas Rasmussen, "The Mid-Century Biophysics Bubble: Hiroshima and the Biological Revolution in America, Revisited," *History of Science*, 35 (1997), 245–293; Donald Fleming, "Emigré Physicists and the Biological Revolution," *Perspectives in American History*, 2 (1968), 152–189; Peter J. Westwick, "Abraded from Several Corners: Medical Physics and Biophysics at Berkeley," *HSPS*, 27:1 (1996), 131–162, on 150–154, 159–160.

171. Westwick, "Abraded," 150–154. 实验室科学家所称"生物物理"指分子生物学，但原子能委员会将它定义为"保健物理或辐射防护"。

172. Manley to Kellogg, 20 Nov 1958 (LASL-DO, 310.1: P-Div. History).

173. Bradbury to G. J. Keto, 12 Nov 1959 (Sec'y 58–66, 3374/16).

174. BNL Biology Department, "Long Range Plans," 27 Nov 1959 (DBM-DOE, 3374/16); "Laboratory Program Forecast" for Brookhaven and Oak Ridge [ca. 1959] (DBM-DOE, 3375/6).

175. AUI Ex Comm, 16–17 Jul 1959; D. E. Koshland, Jr., "A Program in Physics and Biology for Brookhaven National Lab," 1 Mar 1961 (BNL-HA, Haworth professional files); AUI Ex Comm, 13 Dec 1963.

176. AEC 855; Rabi to Strauss, 9 Apr 1956, GAC 49.

177. Alvin Weinberg, "Impact of Large-Scale Science on the United States," *Science*, 134 (1961), 161–164. 温伯格也曾批评高能物理，如"with its absence of practical applications and its very slight bearing on the rest of science" (164).

178. Johnson and Schaffer, 118–119.

179. GAC 69, 16–18 May 1960, EHC.

7. 典型新增领域

1. Peter J. Westwick, "Abraded from Several Corners: Medical Physics and Biophysics at Berkeley," *HSPS*, 27:1 (1996), 131–162, on 132–135.

2. J. Newell Stannard, *Radioactivity and Health: A History*, ed. Raymond W. Baalman (Springfield, Va., 1988); R. S. Stone, "General Introduction to Re-

ports on Medicine, Health Physics, and Biology," in R. S. Stone, ed., *Industrial Medicine on the Plutonium Project* (New York, 1951), 1–16; Barton C. Hacker, *The Dragon's Tail: Radiation Safety in the Manhattan Project, 1942–1946* (Berkeley, 1987), 29–44; Hewlett and Anderson, 206–207; Holl, 10–12.

3. Hacker, *Dragon's Tail*, 52–54; Johnson and Schaffer, 21.

4. L. H. Hempelmann, "History of the Health Group (A-6)," 6 Apr 1946 (LANL A-84–019, 8/5); T. L. Shipman, "H Division Activities," 6 May 1969, LANL VFA-1741; Hacker, *Dragon's Tail*, 59–64.

5. S. Cantril and K. S. Cole, "Health Division Report for Month Ending September 15, 1942," quoted in Hacker, *Dragon's Tail*, 43–44; Stone to Hamilton, Cole, H. J. Curtis, K. Z. Morgan, et al., 14 Aug 1945 (EOL, 5/10).

6. Hamilton to J. W. Howland, 23 Apr 1946 (John H. Lawrence papers, TBL, 4/ 31).

7. Oppenheimer to Compton, 11 Feb 1944 ("not equipped"), HSPT-REL-94–879; Hempelmann to J. Kennedy and K. Bainbridge, 12 Apr 1944, HSPT-REL-94–175; Hempelmann to Oppenheimer, 16 Aug 1944, HSPT-REL-94–174; Oppenheimer to Hempelmann, 16 Aug 1944 ("urgent problems"), HSPT-REL-94–176; J. Kennedy et al. to Oppenheimer, 15 Mar 1945, HSPT-REL-94–187; Hempelmann to Oppenheimer, 26 Mar 1945, HSPT-REL-94–188; Oppenheimer to Col. S. L. Warren, 29 Mar 1945, HSPT-REL-94–189; Hacker, *Dragon's Tail*, 67–68.

8. Thomas L. Shipman, "H Division Activities," 6 May 1969, LANL VFA-1741; Stafford Warren, "Purpose and Limitations of the Biological and Health Physics Research Program," 30 Jul 1945 (EOL, 28/41).

9. Alice Kimball Smith, *A Peril and a Hope: The Scientists' Movement in America, 1945–47* (Chicago, 1965), app. A, 544–546.

10. Stone to Cole et al., 30 Jan 1945 (EOL, 28/41).

11. Stone, memo to files, 17 Aug 1945, in Hacker, *Dragon's Tail*, 51; Stone to Warren, 19 Jan 1946, ORO-38, and Stone to Warren, 23 Jan 1946 (EOL, 28/41).

12. H. J. Curtis and R. E. Zirkle to Stone, 10 May 1945, and P. S. Henshaw to Stone, 8 Jun 1945 (EOL, 29/36).

13. Stone to California Area Engineer, 12 Sep 1946 (EOL, 22/4).

14. Report of the Research Program Committee, 11 Jun 1945 (EOL, 29/36).

15. Hamilton to Stone, 31 Aug 1945, and to S. Allison, 11 Sep 1945 (EOL, 5/10).

16. Henshaw to Curtis, 17 Aug 1945, ES-208.

17. Paul McDaniel to T. S. Chapman, 17 Jul 1946 (EOL, 28/25).

18. E. O. Meals to District Engineer, 3 Sep 1946 (EOL, 28/25); Hamilton to Col. E. B. Kelly, 28 Aug 1946 (EOL, 28/25).

19. Groves to District Engineer, Oak Ridge, 21 Nov 1946, ORO-125; MED Medi-cal Committee, minutes, 6 Dec 1946 (Sec'y 47–51, 26/Medical Committee).

20. Warren to Col. K. D. Fleming, "Recommendations of Medical Advisory Com-mittee," 9 Sep 1946, HSPT-REL-94–557.

21. W. H. Zinn to Col. A. H. Frye, Jr., 31 Dec 1946, ORO-895; Hempelmann, "Medical Research Program of Los Alamos Scientific Laboratory," n.d. [ca. late 1946] (LANL A-84–019, 9/2); Henshaw, "Proposed Training Program in Radiobiology," 8 Oct 1946, ORO-1482.

22. E. E. Kirkpatrick to Berkeley Area Engineer, 15 Oct 1946 (EOL, 28/25); MED Medical Advisory Committee, minutes, 6 Sep 1946 (Sec'y 47–51, 26/Medical Committee).

23. Interim Medical Advisory Committee, 23–24 Jan 1947 (Sec'y 47–51, 32/Interim Medical Advisory Committee).

24. Stafford Warren, report of 23–24 Jan 1947 meeting of Interim Medical Com-mittee (Sec'y 47–51, 32/Interim Medical Advisory Committee).

25. Stafford Warren to Carroll Wilson, 7 Apr 1947, and Wilson to Warren, 30 Apr 1947, HSPT-REL-94–559 and 560; Report of the Medical Board of Review, 20 Jun 1947 (Sec'y 47–51, 64/Biol. and Med. Sciences).

26. Notes of conference at Oak Ridge, 1 Oct 1947 (UCh-VPSP, 32/5).

27. Atomic Energy Act, sec. 3(a)(1)(c) and (e), in Hewlett and Anderson, app. 1.

28. AEC, *Second Semiannual Report* (Jul 1947), 12.

29. Notes of Oak Ridge conference.

30. Report of Medical Board of Review.

31. ACBM 1, 12 Sep 1947, and ACBM 2, 11 Oct 1947 (GM, 5664/2); Wilson to AEC, 27 Jan 1948 (RRC-UT, MS-1067, folder 2); ACBM 12, 8–9 Oct 1948.

32. AEC, *Third Semiannual Report* (Feb 1948), 16.

33. AEC staff study of AEC advisory boards, 15 Mar 1955 (Sec'y 51–58, 66/ O&M-7: General).

34. Alan Gregg to Wilson, 21 Dec 1948 (Sec'y 47–51, 31/ACBM sec. 2); E. W. Goodpasture to Lilienthal, 12 Oct 1949 (Sec'y 47–51, 31/ACBM sec. 3).

35. ACBM 2, 11 Oct 1947 (GM, 5664/2).

36. Zinn to Frye, 31 Dec 1946, ORO-895.

37. "Research Program, Contract W-7405-eng-48, 1947–1948," ORO-302; Stafford Warren to Wilson, 7 Apr 1947, HSPT-REL-94–559; UCRL 1947–48 budget summary, 19 Mar 1947, ORO-1397; M. E. Day to R. A. Nelson, 3 Jun 1948 (DC, 5/Personnel: Professional).

38. Morgan, "X-10 Health Physics Program for Fiscal Year 1947," 19 Sep 1946, ORO-1478; Forrest Western to C. N. Rucker, 3 Feb 1948 (ORNL-DO, Health Physics).

39. A. Hollaender to Barnett Cohen, 8 Nov 1946 (RRC-UT, MS-652, 10/53).

40. Weinberg, 67; Waldo Cohn, interview by Leland Johnson, 11 Jul 1991 (ORNL History Project, box 1).

41. Hollaender, "Outline of Research of Biology Division," 1 Dec 1946, ORO-295; MED Medical Committee, minutes, 6 Dec 1946 (Sec'y 47–51, 26/Medical Committee); Hollaender to J. H. Lum, 18 Feb 1947 (RRC-UT, MS-652, 9/4).

42. Hollaender to Shields Warren, 4 Feb 1948, ORNL/CF-48–2–346.

43. Hollaender to C. E. Larson, 16 Mar 1950 (ORNL-DO, Budget-Divisional).

44. Committee report quoted in Shipman, "H Division Activities," 20–21.

45. Hempelmann, "Medical Research Program," n.d. [ca. late 1946-early 1947] (LANL A-84–019, 9/2).

46. Shipman, "Health, Safety, and Biomedical Research at Los Alamos," 1948, HSPT-REL-94–1560.

47. "H-Division Annual Report of Research Activities," group H-4, 1 Dec 1947–1 Dec 1948, HSPT-REL-94–255.

48. AEC 228, minutes, 4 Jan 1949; Gregg to Wilson, 21 Dec 1948; and Lilienthal to Gregg, 11 Jan 1949 (Sec'y 47–51, 31/ACBM sec. 2); ACBM 13, 10–11 Dec 1948.

49. Lee DuBridge to K. T. Compton, 13 May 1946 (BNL-HA, Planning Committee folder); E. C. Shoup to F. D. Fackenthal, 14 Jul 1949 (BNL-DO, II-5).

50. BNL, "Initial Program Report," ca. Jan 1947 (BNL-HA).

51. "Report to the Program and Policy Committee," 23 Jul 1947 (DBM, 20/ MH&S: BNL).

52. ACBM 7, 13 Mar 1948; ACBM 8, 23–24 Apr 1948; Shields Warren (quote) to E. Reynolds, 24 Mar 1948 (DBM, 20/BNL).

53. "Report of Conference of the Medical Advisory Board, BNL," 16 Jul 1947 (BNL-DO, II-12).

54. Morse to files, 29 Nov 1946 (BNL-DO, I-1).

55. AUI, Ex Comm, 16 Aug 1947; BNL, Policy and Program Committee, minutes, 22 Aug 1947 (BNL-DO, IV-16).

56. C. P. Rhoads to R. D. Conrad, 11 Oct 1948, and Conrad, "Radiobiological Institute," discussion notes, 20 Sep 1948 (BNL-DO, V-49).

57. Stuart M. Feffer, "Atoms, Cancer, and Politics: Supporting Atomic Science at the University of Chicago, 1944–1950," *HSPS*, 22:2 (1992), 233–261; Holl, 75.

58. Reynolds to Wilson, in AUI, Board of Trustees, 20 Sep 1948; AUI, Board of Trustees, 25 Oct 1947.

59. Crease, 62–66.

60. Reynolds to Shields Warren, 29 Mar 1948, and Warren to Morse, 24 Mar 1948 (DBM, 20/MH&S: BNL).

61. D. D. Van Slyke to Haworth, 26 Aug 1948 (BNL-DO, V-49).

62. Haworth, in AUI, Ex Comm, 17 Sep 1948; Lee Farr, "Proposals for Implementation," Oct 1948 (BNL-DO, V-49).

63. AUI, Board of Trustees, 14 Oct 1948; Van Slyke to Shields Warren, 10 Dec 1948 (BNL-DO, V-52).

64. Shields Warren, comments on Brookhaven, 29 Aug 1952 (DBM, 19/MH&S: BNL); Paul Pearson to files, 5 Jul 1951 (DBM, 18/MH&S-21: BNL).

65. Austin Brues to Pearson, 9 Dec 1949 (DBM, 18/MH&S-21: ANL 1950).

66. AEC, *Sixth Semiannual Report to Congress* (July 1949), 23–29, 40–46, 77, 101–109.

67. Paul Boyer, *By the Bomb's Early Light: American Thought and Culture at the Dawn of the Atomic Age* (New York, 1985), 107–121; Feffer, "Atoms" ; Nicolas Rasmussen, "The Mid-Century Biophysics Bubble: Hiroshima and the Biological Revolution in America, Revisited," *History of Science*, 35 (1997), 245–293.

68. JCAE, 81st Cong., 1st sess., *Investigation into the United States Atomic Energy Project* (1949), 876–887.

69. Lilienthal, in JCAE, 81st Cong., 1st sess., *Atomic Energy Report to Congress* (Feb 1949), 13; Strauss, in U.S. House, 83d Cong., 2d sess., *Independent Offices*

Appropriations for 1955, 2528–29.

70. U.S. House, 81st Cong., 1st sess., *Independent Offices Appropriation Bill for 1950*, 1198.

71. ACBM 5, draft minutes, 9 Jan 1948 (GM, 5664/2).

72. U.S. House, 83d Cong., 1st sess., *Second Independent Offices Appropriations for 1954*, 378–379; U.S. Senate, 83d Cong., 1st sess., *Second Independent Offices Appropriations for 1954*, 10–11.

73. Warren testimony in U.S. House, 82d Cong., 1st sess., *Independent Offices Appropriation for 1952*, 829.

74. "Atomic Medicine," *Time*, 7 Apr 1952, 64–66; John Lear, "Atomic Miracle," *Collier's*, 127 (21 Apr 1951), 15–17.

75. James T. Patterson, *The Dread Disease: Cancer and Modern American Culture* (Cambridge, Mass., 1987), 181.

76. U.S. House, 80th Cong., 1st sess., *Independent Offices Appropriation Bill for 1948*, 1538–49; Rep. Dirksen, 1539, 1540; Rep. Coudert, 1544; Rep. Andrews, 1542.

77. U.S. Senate, 80th Cong., 1st sess., *Independent Offices Appropriation Bill for 1948*, 52–53, 56–58.

78. DBM, report to GAC, 22 Nov 1947; Lilienthal to Hickenlooper, 15 Dec 1947 and 15 Jan 1948; AEC 26, 21 Jan 1948; John Z. Bowers to GAC, 29 Jan 1948; and Bowers to Strauss, 14 Jun 1948 (DBM, 16/MH&S-18: Cancer).

79. T. K. Glennan to M. Boyer, 21 Aug 1951, and T. Murray to Boyer, 23 Aug 1951 (DBM, 16/MH&S-18: Cancer).

80. ACBM 29, 27–29 Oct 1951, and Henry Smyth to Goodpasture, 28 Dec 1951, in ACBM 29; Rep. Charles Jonas in U.S. House, 83d Cong., 1st sess., *Second Independent Offices Appropriations for 1954*, 477.

81. Westwick, "Abraded," 140–141.

82. Report of the Medical Department Visiting Committee, 20–21 Sep 1951 (BNL-DO, II-21).

83. Weinberg to C. N. Rucker, 16 Jun 1948, ORNL/CF-48–6–196.

84. ANL, financial and operating statement, month of Jan 1950 (DBM, box 17).

85. UCRL, budget report FY1950 (DC, 3/Rad Lab: Budget); A. Tammaro to Pitzer, 4 Jan 51 (DC, 11/Finance-Admin.: Budget Biol. and Med.); W. B. Reynolds to

L. W. Tuttle, 5 Jun 1950 (DBM, 22/Berkeley).

86. P. Sandidge, "Program for Fiscal Years 1948, 1949, 1950," 20 Sep 1947, ORNL/CF-47-10-28.

87. Form AEC-189s in "ORNL Research and Development Program from Fiscal Year 1954," ORNL/CF-52-4-50.

88. Form AEC-189s in "Program 6000, Biology & Medicine, U.C. Radiation Laboratory" (DBM, 22/Berkeley 1953).

89. Form AEC-189s in BNL Central Records, box MED-39, folders 1951, 1952, 1953.

90. John Gofman to Reynolds, 7 Jan 1950 (DC, 8/Gofman's program); Gofman to Warren, 21 Jan 1950, and John Derry to A. Saxe, 13 Feb 1950 (DBM, 22/Berkeley, Jan-Mar 1950); J. S. Robertson to Jones, 7 Aug 1950; Jones to Robertson, 14 Aug 1950; and Gofman to Robertson, 1 and 5 Sep 1950 (BNL Central Records, MED-12/BNL corres.).

91. J. Lawrence to Warren, 5 Apr 1950; C. L. Dunham to Lawrence, 11 Apr 1950; transcript of phone conversation, Gofman with C. J. Van Slyke, 4 May 1950; and Lawrence to Van Slyke, 4 May 1950 (DBM, 22/Berkeley).

92. C. E. Andressen to Reynolds, 6 Nov 1950 (DC, 7/Finance-Admin.: Budget, Internal Correspondence).

93. E. O. Lawrence to William Borden, 9 Aug 1950 (EOL, 32/26).

94. U.S. House, 82d Cong., 1st sess., *Independent Offices Appropriation Bill for 1952*, 833.

95. Gofman, interview by Sally Smith Hughes, 1985, TBL, 98.

96. Spencer R. Weart, "The Solid Community," in Lillian Hoddeson et al., eds., *Out of the Crystal Maze: Chapters from the History of Solid-State Physics* (New York, 1992), 617-669; Bernadette Bensaude-Vincent, "The Construction of a Discipline: Materials Science in the United States," *HSPS*, 31:2 (2001), 223-248.

97. GAC 24, 4-6 Jan 1951; Oppenheimer to Dean, 11 May 1951, in GAC 26.

98. GAC 44, 2-4 Mar 1955, EHC; Rabi to Strauss, 2 Apr 1955 (Sec'y 51-58, R&D-7); GAC 49, 28-30 Mar 1956, EHC; GAC 50, 16-18 Jul 1956, EHC; GAC 51, 29-31 Oct 1956, EHC; W. Johnson to Strauss, 28 Aug 1957, GAC 55; AEC 17/145, 18 Dec 1957 (Sec'y 51-58, 51/MR&A-4: ANP); Johnson to Strauss, 20 Feb 1958 (Sec'y 51-58, 139/R&D-6: Particle accels); AEC 152/92, 29 May 1958

(Sec'y 51–58, 113/Reactor Development-1: Policy).

99. Donald K. Stevens, "Fundamental Materials Research in the AEC," briefing for AEC, 9 Apr 1959 (Sec'y 58–66, 1423/9); GAC 62, 9–11 Mar 1959, EHC.

100. L. W. Nordheim to E. J. Murphy, 3 May 1946, ORNL/CF-46–5–83; Sandidge, "Program"；Sidney Siegel, "Clinton Laboratories Physics of Solids Research," 13 Nov 1947, ORNL/CF-47–11–361.

101. Bill Thompson, "ORNL — 1951," 17 Mar 1950 (ORNL-DO, Program); Frye to Weinberg, 15 Aug 1950; Weinberg to ORNL staff, 1 Nov 1950; and Weinberg to staff, 11 Jan 1952 (AMW, Metallurgy); Mike Wilkinson, "The Solid State Division, Oak Ridge National Laboratory: A Brief History, 1952–1995," n.d. [ca. 1996], ORNL Archives.

102. R. W. Dodson et al. to Weinberg, 2 Nov 1956 (ORNL-DO, Adv. Comm.-Chemistry); R. F. Christy et al. to Weinberg, 25 Aug 1956 (ORNL-DO, Adv. Comm.-Physics); Weinberg, "State of the Laboratory — 1957," 30 Dec 1957, ORNL/CF-57–12–127.

103. Solid State Division, research personnel, 1 Jan 1960–13 Jan 1964 (ORNL-DO, Solid State Div.); G. M. Slaughter, H. W. Hayden, and W. D. Manly, "A History of the Metals and Ceramics Division at Oak Ridge National Laboratory," *Advanced Materials & Processes* (Jan-Feb 1995), reprints in ORNL Archives.

104. BNL, "Initial Program Report," n.d. [ca. early 1947] (BNL-HA); T. H. Johnson to Morse, 6 Oct 1947 (BNL-DO, V-63); Dodson to Morse, 27 Jun 1947 (BNL-DO, V-14).

105. Crease, 152–164, 177–181; "Researches of the Physics Department," Oct 1950 (BNL-DO, V-63).

106. AUI, Ex Comm, 15 Feb 1952; J. C. Slater, interview by C. Weiner, 7 Aug 1970, AIP.

107. "Proposal for Annealing," 4 Sep 1953 (BNL-DO, V-71); Crease, 177–181.

108. AUI, Ex Comm, 15 Feb 1952; list of programs, Physics Department, 28 Jan 1955, and "Research of Interest to AEC Research Division — Physics," n.d. [ca. 1957] (BNL-DO, V-64); AUI, Trustees, 27 Oct 1961.

109. G. J. Dienes to S. A. Goudsmit, 8 Sep 1958 (BNL-DO, V-64).

110. G. Vineyard, "Solid State at BNL," Jan 1962 (BNL-HA, Physics Dept. 1966–71); "Report of the Visiting Committee for the Physics Dept. for

1962–63" (BNL-HA, Physics Dept. Visiting Committee).

111. P. W. Levy to L. Parsegian, 17 Feb 1954, and H. B. Huntington to Goudsmit, 1 Apr 1957 (BNL-DO, V-64); AUI, Trustees, 27 Oct 1961.

112. Goudsmit to Haworth, 18 Apr 1957 (BNL-DO, V-64); Haworth to R. F. Bacher, 26 Nov 1958 (BNL-DO, I-16); AUI, Ex Comm, 15 Apr 1960; author interview with Gen Shirane, BNL, 1 Nov 1996.

113. ANL, Chemistry Division organization, 1 Jan 1947, Apr 1947, Jul 1947, and 8 Dec 1948, Chemistry Division files, NARA-GL; Oliver Simpson, interview by Krzysztof Szymborski, 13 Aug 1982, AIP.

114. Jürgen Teichmann and Krzysztof Szymborski, "Point Defects and Ionic Crystals: Color Centers as the Key to Imperfections," in Hoddeson et al., *Crystal Maze*, 236–316, on 279–280.

115. ANL, Chemistry Division organization, 1 May and 1 Aug 1949, 1 Feb 1950, Chemistry Division files, NARA-GL; Simpson, interview by Szymborski, 13 Aug 1982, AIP; Charles Delbecq and Philip Yuster, joint interview by Szymborski, 24 Mar 1982, AIP.

116. 见 ANL Metallurgy Program files, NARA-GL.

117. ANL, Metallurgy and Solid State Review Committee, 6 Jan and 6 Jul 1959 (ANL-PAB, 10/Solid State-Metallurgy).

118. ANL, Policy Advisory Board, minutes, 21–22 Jan 1959 (ANL-PAB, box 2).

119. ANL Policy Advisory Board, minutes, 15 Apr 1959 and 13–14 Jul 1959 (ANL-PAB, box 2); Solid State and Metallurgy Review Committee, 7 Jul 1960 (ANL-PAB, 10/Solid State-Metallurgy).

120. ANL, Physics and Applied Math Review Committee to Kimpton, 2 Oct 1959 (ANL-PAB, 9/Physics).

121. Paul Leurgans, "Formation of a Solid State Group," n.d. [ca. 1955] (LASL-DO, 310.1: P-Div.).

122. Handwritten notes [ca. 1958?] (LASL-DO, 310.1: P-Div.).

123. David L. Hill, "Should Los Alamos Move Vigorously toward the Construction of a High Energy Accelerator?" 15 Feb 1957 (LANL A-91–011, 55/1); H. H. Barschall to J. M. B. Kellogg, 27 Aug 1958, and J. H. Manley to Kellogg, 20 Nov 1958 (LASL-DO, 310.1: P-Div. History). Hill put solid-state physics, in addition to accelerators, at the forefront.

124. Manley, "Physical Research at Los Alamos," June 1960 (LASL-DO, 310.1-P-Div. History).

125. Reynolds to T. H. Johnson, 21 Jan 1955, and R. L. Thornton, "Long Range objectives of the Radiation Laboratory," 30 Nov 1955 (EOL, 22/8); "Statement of Long Range Objectives, Berkeley Chemistry Division," 3 Nov 1955 (EOL, 24/13); UCRL, physical research program book, 1 Jun 1956 (EOL, 22/9).

126. Robert W. Seidel, "A Home for Big Science: The AEC's Laboratory System," *HSPS*, 16:1 (1986), 135–175, on 159; GAC 44, 2–4 Mar 1955, EHC.

127. GAC 80, 9–11 Jul 1962, EHC. 高能物理学的实验方向有 96 位博士和 74 位研究生，理论方向有 23 位博士和 25 位研究生。

128. Haworth to Van Horn, 28 Feb 1950 and 29 Jun 1950 (BNL-DO, I-8).

129. Haworth to Bradbury, 29 May 1958 (BNL-DO, I-16); John Yarnell to Kellogg, "Solid State Physics in P-2," 12 Nov 1958 (LASL-DO, 130.1: P-Div. History).

130. Simpson to D. Nagle, 27 Oct 1961 (LANL A-91–011, 55/1); ANL Review Committee for Solid State and Metallurgy, 10–11 Apr 1962 (ANL-PAB, 10/Solid State-Metallurgy).

131. Seaborg, "The Value of the Interdisciplinary Laboratory," remarks at the dedication of the Inorganic Materials Research Laboratory, 16 Jul 1965 (author files).

132. T. Lauritsen to G. W. Beadle, 28 Jun 1963 (ANL-PAB, 9/Physics).

133. ANL Policy Advisory Board, minutes, 15 Apr 1959 (ANL-PAB, box 2).

134. ANL Policy Advisory Board, transcript minutes, 21–22 Jan 1959 (ANL-PAB, box 2).

135. John Willard to Winston Manning, 12 Feb 1959, and Fred Wall to Manning, 27 Feb 1959 (ANL-PAB, 7/Rev. Comm.-Chem.); H. R. Crane to L. R. Kimpton, 2 Oct 1959, and W. C. Parkinson to Beadle, 6 Jul 1961 (ANL-PAB, 9/Physics).

136. GAC 44, 2–4 Mar 1955, EHC; AEC 872, 17 Oct 1955, and AEC meeting 1158, minutes excerpt, 20 Dec 1955 (Sec'y 51–58, 66/O&M-7: Committees and Boards); GAC 49, 28–30 Mar 1956, and GAC 50, 16–18 Jul 1956, EHC; Rabi to Strauss, 9 Apr 1956, GAC 49; Rabi to Strauss, 30 Jul 1956, GAC 50.

137. Stevens to J. H. Williams, 11 Feb 1959, in AEC 102/33, 27 Feb 1959, and W. B. McCool to Williams, 12 Feb 1959 (Sec'y 58–66, 1423/7); AEC 851/8, 2 Apr 1959 (Sec'y 58–66, 1385/O&M-7: Committees and Boards, vol. 1); Federal Council for Science and Technology (FCST), Coordinating Committee on

Materials Research and Development, 28 Apr 1959, in AEC 1023, and R. N. Kriedler to Williams, 11 May 1959 (Sec'y 58–66, 1404/3); K. A. Dunbar to Williams and F. K. Pittman, 22 Jun 1959 (ANL-DO, 1/AARR).

138. AEC minutes, 12 May 1959, AEC 1023, 18 Jun 1959, McCool to Williams, 23 Jun 1959, AEC 1023/2, 11 Aug 1959 (Sec'y 58–66, 1404/3); Ames Laboratory, "Special Report on the Ames Laboratory Materials Research Program," Nov 1960 (Sec'y 58–66, 1404/8).

139. BOB Military Division to Elmer Staats, 31 Mar 1960, and Hugh Loweth to Staats, 29 Jul 1959, 6 Aug 1959, and 4 Apr 1960 (BOB, 8/Research programs-FY60).

140. R. R. Coffin to files, 11 Apr 1960, J. W. Clark to Staats, 25 Apr 1960, and FCST, minutes, 26 Apr 1960 (BOB, 8/Research programs-FY60); AEC 1023/18, 24 Apr 1962 (Sec'y 58–66, 1404/5).

141. ORNL, physical research program for FY1958, ORNL/CF-56–3–4.

142. Author interview with Gen Shirane, 1 Nov 1996, BNL.

8. 尾声（1962 — 1974）

1. Shields Warren, quoting ACBM 12, to Carroll Wilson, 14 Oct 1948 (Sec'y 47–51, 31/ACBM); Fred Schlemmer to R. C. Muir, 17 Sep 1948, in ACBM 11.

2. Stu Hight, Feb 1954, in Necah Furman, *Sandia National Laboratories: The Postwar Decade* (Albuquerque, 1989), 638, 667–678.

3. GAC 60, 30–31 Oct and 1 Nov 1958, EHC.

4. GAC 69, 16–18 May 1960, EHC.

5. GAC 82, 7–9 Jan 1963, and GAC 84, 25–27 Apr 1963, both in EHC.

6. Thomas B. Cochran et al., *Nuclear Weapons Databook*, vol. 2, *U.S. Nuclear Warhead Production* (Cambridge, Mass., 1987), 19.

7. Sybil Francis, "Warhead Politics: Livermore and the Competitive System of Nuclear Weapon Design" (Ph.D. diss., MIT, 1996), 155–156.

8. Richard T. Sylves, *The Nuclear Oracles: A Political History of the General Advisory Committee of the Atomic Energy Commission, 1947–1977* (Ames, 1987), 266–268; Harold Orlans, *Contracting for Atoms* (Washington, D.C., 1967), 23–26; Michele Stenehjem Gerber, *On the Home Front: The Cold War Legacy of the Hanford Nuclear Site* (Lincoln, Neb., 1992), 140.

9. AEC, *Atomic Energy Commission Research and Development Laboratories: A National Resource*, TID-26400 (Sept 1973).

10. S. L. Fawcett to Weinberg, 4 Jan 1967 (AMW, National laboratories).

11. AEC, *Laboratories*.

12. GAC 85, 18–20 July 1963, EHC.

13. "A-Installation Demanded for Midwest," *Washington Post*, 21 Sep 1965, A4.

14. Joan Lisa Bromberg, *Fusion: Science, Politics, and the Invention of a New Energy Source* (Cambridge, Mass, 1982), 3, 140–142, 173–174.

15. Charles G. Manly, "Notes of Meeting with ANL Officials," 12 Feb 1968 (GM, 5624/12).

16. J. J. Liverman, remarks for Program Directors' meeting, 13 Feb 1973 (BNL-HA, 33/Laboratory Directors' meetings).

17. Robert W. Miller, *Schedule, Cost, and Profit Control with PERT* (New York, 1963), 3–4, 28; Harry F. Evarts, *Introduction to PERT* (Boston, 1964), 1.

18. AEC, *Annual Report for 1962* (Washington, D.C., Jan 1963), 87–88.

19. Miller, *Control with PERT*, 7–10, 12.

20. John M. Jordan, *Machine-Age Ideology: Social Engineering and American Liberalism, 1911–1939* (Chapel Hill, 1994); David F. Noble, *America by Design: Science, Technology, and the Rise of Corporate Capitalism* (Oxford, 1977), 257–320. See also Stephen P. Waring, *Taylorism Transformed: Scientific Management Theory since 1945* (Chapel Hill, 1991); and Robert Lilienfeld, *The Rise of Systems Theory* (New York, 1978).

21. Herbert A. Simon, *The New Science of Management Decision* (New York, 1960); Thomas P. Hughes, *Rescuing Prometheus* (New York, 2000), 141–166; Walter A. McDougall, *The Heavens and the Earth: A Political History of the Space Age* (New York, 1985), 307.

22. 另请参见 Peter Galison, *Image and Logic* (Chicago, 1997), 606–609.

23. L. C. Teng, "Report of Progress on the Zero Gradient Synchrotron," 16 Oct 1962 (ANL-PAB, 9/PAB and HEP); Donald Hagerman, "Interim Report on the Construction of the LAMPF" (LANL A-91–011, 69/13); M. Stanley Livingston, "Origins and History of the Los Alamos Meson Physics Facility," LA-5000 (June 1972), 37–41.

24. Bradbury to lab directors, 27 May 1963 (AMW, Lab Directors' Meetings);

Bradbury to lab directors, 4 Mar 1970, and Bradbury to Goldhaber, 20 Jan 1967 (BNL-HA, 33/Lab Directors' Meetings).

25. George Vineyard to R. S. Hansen, 9 May 1973, and Weinberg to R. B. Duffield, 5 Apr 1972 (AMW, Lab Directors' Meetings).

26. Sylves, *Oracles*, 48–49, 90.

27. U.S. Census Bureau, *Statistical Abstracts of the United States* (1999), 882.

28. Johnson and Schaffer, 126.

29. Johnson and Schaffer, 129; Albert H. Teich and Mark E. Rushefsky, "Diversification at Argonne National Laboratory," unpublished manuscript (May 1976), 9; AEC *Laboratories*, 5. I thank Albert Teich for a copy of his manuscript and permission to cite it.

30. AEC 102/39, 4 Mar 1964 (Sec'y 58–66, 1423/8).

31. Daniel J. Kevles, *The Physicists: The History of a Scientific Community in Modern America* (New York, 1978), 393–409; Spencer R. Weart, *Nuclear Fear: A History of Images* (Cambridge, Mass., 1988), 309–374; Brian Balogh, *Chain Reaction: Expert Debate and Public Participation in American Commercial Nuclear Power, 1945–1975* (Cambridge, 1991), 221–301; Thomas Raymond Wellock, *Critical Masses: Opposition to Nuclear Power in California, 1958–1978* (Madison, 1998).

32. Johnson and Schaffer, 126.

33. Barton C. Hacker, "A Short History of the Laboratory at Livermore," Livermore, *Science and Technology Review* (Sep 1998), 12–20, on 18.

34. Crease, 358.

35. Holl, 271, 309.

36. Vineyard to National Science Board, 1976, quoted in Teich, "Bureaucracy and Politics in Big Science: Relations between Headquarters and the National Laboratories in AEC and ERDA," in U.S. House, 95th Cong., 2d sess., *The Role of the National Energy Laboratories in ERDA and Department of Energy Operations*, 380.

37. Darol Froman to Alfred D. Starbird, 4 May 1959, in Francis, "Warhead Politics," 153.

38. John Lewis Gaddis, *Strategies of Containment: A Critical Appraisal of Postwar American National Security Policy* (Oxford, 1982), 198–236.

39. Thomas Cochran et al., *Nuclear Weapons Databook*, vol. 1., *U.S. Nuclear Forces and Capabilities* (Cambridge, Mass., 1984), 8–13; Francis, "Warhead Politics," fig. 2. 关于支出，见 fig. 1.1 in Cochran et al., *Databook 2*:3. 直到里根总统任期的最后几年，预算才接近 1960 年左右的水平（以不变美元计算）。

40. GAC 125, minutes, 9–11 June 1973.

41. L. Hafstad to Seaborg, 13 Jan 1965, GAC 91.

42. Joan Lisa Bromberg, *The Laser in America, 1950–1970* (Cambridge, Mass., 1991), 214–218, 238–243; Ruth R. Harris and Richard G. Hewlett, "The Lawrence Livermore National Laboratory: The Evolution of Its Mission, 1952–1988," report prepared for Livermore, 21 Mar 1990, 17–18. 对于激光同位素分离，利弗莫尔使用原子蒸气，而洛斯阿拉莫斯用六氟化铀分子。

43. AEC, *Annual Report to Congress for 1964*, 74–77.

44. AEC, *Laboratories*, 17, 39.

45. AEC, *Annual Report for 1961*, 25–29, and AEC, *Annual Report for 1964*, 90.

46. Holl, 265–280.

47. Holl, 270.

48. AEC 99/39, 25 Jun 1965 (Sec'y 58–66, 1402/10); Division of Reactor Development and Technology, evaluation of Los Alamos, 1967 (GM, 5627/20).

49. Holl, 234, 244.

50. Johnson and Schaffer, 135–138; Weinberg, 125–131; Holl, 333, 340, 354–355.

51. AEC, Division of Research, discussion paper on Ramsey panel report, draft 14 May 1963 (HEP 57–64, 3/GAC-PSAC:1–5/63).

52. Catherine Westfall, "The First 'Truly National Laboratory': The Birth of Fermilab" (Ph.D. diss., Michigan State University, 1988). 伯克利在 2 000 亿电子伏设备采用保守设计可能反映了其加速器领域高级实验室的地位，好比武器领域的洛斯阿拉莫斯和反应堆领域的阿贡。

53. Crease, 365–367.

54. Alexander Zucker and Arthur H. Snell, "Meson Factories?" n.d [ca. late 1962] (HEP 57–64, 3/GAC-PSAC: 1–5/63); L. Rosen, "Nuclear Physics Applications of a High-Flux Meson Facility," 2 Dec 1963 (Los Alamos report LAMS-3030).

55. ORNL, "A Proposal for the Mc^2 Isochronous Cyclotron," 1 Nov 1963 (ORNL-3540).

56. Rosen to J. M. B. Kellogg, 16 May 1962 (LANL, A-91–011, 204/4); Rosen,

"Outline of the Proposal for a Meson Facility at Los Alamos," 16 Jul 1963 (Los Alamos report LAMS-2935).

57. Snell to Edward Reynolds, 9 Apr 1964 and 5 May 1964, Leon Lederman to Reynolds, 14 Apr 1964, and Reynolds to Snell, 27 and 28 Apr 1964 (ORNL-DO, Physics-General); High Energy Study Group, report to AUI Trustees, 2 Jan 1964 (LANL, A-91–011, 57/4); AUI Trustees, 18 Oct 1963, 17 Jan and 17 Apr 1964; AUI Ex Comm, 20 Mar 1964.

58. Midwestern Universities Research Association, "The MURA 10-BeV FFAG Accelerator as a Pion Factory," 22 Mar 1963 (HEP 57–64, 5/MURA-1963).

59. Weinberg to P. W. McDaniel, 1 June 1964; Bradbury to McDaniel, 24 June 1964; Weinberg to McDaniel, 27 Aug 1964 (ORNL-DO, Physics-General).

60. D. Nagle, G. Wheeler, J. P. Blewett, and L. Smith to G. Kolstad, 3 Dec 1963; Kolstad to Nagle et al., 6 Jan 1964; Nagle to Kolstad, 10 Feb 1964; Blewett to Kolstad, 6 Apr 1964; McDaniel to Blewett, 22 Apr 1964; minutes of Linac Coordinating Committee, 7–8 May 1964 and 17 Jun 1964 (LANL, A-91–011, 57/4).

61. "Meson Factories," report of Bethe panel, Mar 1964 (LANL, A-91–011, 57/5); Livingston, "Origins of LAMPF."

62. Wright H. Langham and David E. Groce, "A Proposal for a Biomedical Addition to the Los Alamos Scientific Laboratory's High-Flux Meson Physics Facility," July 1970 (Los Alamos report LA-4490P).

63. "The Los Alamos Meson Facility Proposal," n.d. [ca. 1963] (LANL, A-91–011, 204/4); Rosen, presentation for Rep. Craig Hosmer, 20 Jan 1967 (ibid., 141/4); Lawrence Cranberg, "The Utilization of Neutrons from a Proton Linac Beam Dump," 24 May 1968, and D. R. F. Cochran to Cranberg, 26 Jun 1968 (ibid., 55/4); L. Agnew, summary of telephone conversation with F. Tesche, 25 Aug 1969 (ibid., 133/5); Ralph R. Fullwood, "Uses for the Weapons Neutron Research Facility," app. 2 to Rosen, statement to JCAE, 3 Mar 1970 (ibid., 141/5).

64. "Meson Facility Proposal."

65. Rosen et al., "Proposed Organization for the Management of LAMPF as a National Facility," 10 Aug 1966; G. A. Kolstad to Rosen, 10 Aug 1966; V. Telegdi, "Comments on Kolstad's Memorandum," 14 Sep 1966 (LANL, A-91–011, 57/4). 斯坦福直线加速器也面向外部用户，它将约 60% 的机时给斯坦福的研

究人员。(GAC 125, 9–11 Jul 1973).

66. Weinberg to McDaniel, 14 Jan 1969 (ORNL-DO, APACHE-1969); ANL, "Midwest Tandem Cyclotron: A Proposal for a Regional Accelerator Facility," June 1969 (ANL-7582).

67. "Summary of Chapter 3 of the Apache Proposal (Plus 2 Remarks about ORNL and ANL)," n.d. (ORNL-DO, APACHE); ANL, FY1971 budget (ANL-DO, Program Budgets).

68. Snell to J. L. Fowler et al., "Design Optimization for a Medical Heavy-Ion Accelerator," 7 July 1971 (ORNL-DO, Neutron Physics).

69. R. F. Taschek to H. M. Agnew, 3 Apr 1972; Snell, handwritten memo to Weinberg [quote], 30 Jun 1972; Snell to Weinberg, 17 Jul 1972; Weinberg to Daniel Miller, 20 Jul 1972; Taschek to Miller, 7 Aug 1972; Snell to Weinberg, 22 Jul 1972; Snell to Miller, 5 Sep 1972 (ORNL-DO, National Heavy Ion Lab).

70. E. G. Pewitt (Argonne) and McDaniel in Notes of Coordination Meeting, 28 Apr 1965 (BNL-HA, 31/14′ bubble chamber).

71. R. R. Wilson to Goldhaber, 19 Dec 1968; E. Goldwasser to Goldhaber, 31 July 1970; Goldwasser to Shutt, 26 Aug 1979; and Wilson to Shutt, 28 Aug 1970 (BNL-HA, 6/Director's Office-NAL).

72. AUI Trustees, Committee on BNL, 1 Apr 1969.

73. Richard Wilson to Goldhaber, 13 Jul 1970; Norman Ramsey to V. Weisskopf, 6 Aug 1970 (BNL-HA, 33/High energy research policy).

74. AUI Ex Comm, 16 Apr 1970; "BNL Policy for High Energy Research at Other Laboratories," 1970 (BNL-HA, 33/High energy research policy).

75. AEC 102/39, 4 Mar 1964; S. G. English to AEC staff and field offices [quotes], 28 Apr 1964; English, memo for Commissioners, 13 Jun 1964; AEC 102/41, 26 Oct 1964 (Sec'y 58–66, 1423/8).

76. Weart, *Nuclear Fear*, 325; Rachel Carson, *Silent Spring* (Boston, 1962), 37.

77. Weinberg, 150.

78. Albert H. Teich and W. Henry Lambright, "The Redirection of a Large National Laboratory," *Minerva*, 14 (1976–77), 447–474, on 463.

79. Ibid., 464–465.

80. Stanley I. Auerbach, "A History of the Environmental Sciences Division of Oak Ridge National Laboratory," n.d. (ORNL/M-2732); G. D. Kerr et al., "A

Brief History of the Health and Safety Research Division at Oak Ridge National Laboratory," July 1992 (ORNL/M-2108).

81. Teich and Rushefsky, "Diversification," 11.

82. Ibid.; Holl, 246–257.

83. AUI Trustees, 20–21 Oct 1966 and 20 Apr 1967.

84. GAC 125, 9–11 Jul 1973; Heilbron, Seidel, and Wheaton, 104.

85. AEC, *Laboratories*, 20; Harris and Hewlett, "Livermore," 15.

86. David J. Rose, "New Laboratories for Old," *Daedalus*, 103:3 (1974), 143–155, on 145.

87. Senate bill S. 3410, in Teich and Lambright, "Redirection," 464.

88. JCAE, *Authorizing Appropriations for the Atomic Energy Commission for Fiscal Year 1971*, quoted in Rose, "New Laboratories," 145–156.

89. Rose, "New Laboratories," 146. 建设环境科学实验室的提案在参议院通过但在众议院被否决，且尼克松总统曾放言否决它。

90. Holl, 282–284; Daniel Yergin, *The Prize: The Epic Quest for Oil, Money, and Power* (New York, 1991), 588–632.

91. AEC, *Annual Report to Congress* (1972), 3.

92. Teich and Rushefsky, "Diversification," 35–37; Holl, 287–288.

93. Ralph G. Scurlock, ed., *History and Origins of Cryogenics* (Oxford, 1992), esp. Scurlock, "Introduction," 1–47, on 39–44, and F. G. Brickwedde, E. F. Hammel, and W. E. Keller, "The History of Cryogenics in the U.S.A., Part I — Cryo-engineering," 357–468, on 400–410; G. Seaborg to John Conway, 9 Feb 66 (Sec'y 58–66, 1424/5).

94. E. B. Forsyth, ed., "Report on Superconducting Electrical Power Transmission Studies," Dec 1971 (BNL 16339), BNL and AUI, "Superconducting Electrical Power Transmission System," proposal to NSF, 1 May and 1 Oct 1972 (BNL-HA, Haworth files, box 8); AEC, *Laboratories*, 13, 40, 43.

95. Holl, 476–480.

96. Teich and Rushefsky, "Diversification," 38–39; Holl, 312–314.

97. AEC, *Laboratories*, 26.

98. Teich and Rushefsky, "Diversification," 33–35; Holl, 288–289.

99. J. T. Ramey to John Pastore, 23 Sep 1964, and Roger Revelle to Donald Hornig, 23 Mar 1964, in JCAE, 88th Cong., 2d sess., *Use of Nuclear Power for the*

Production of Fresh Water from Salt Water, on 10–11, 39; AEC, *Annual Report to Congress for 1964*, 104–106; Teich and Lambright, "Redirection," 454–457.

100. G. W. DePuy and L. E. Kukacka, eds., "Concrete Polymer Materials," Dec 1973 (BNL 50390); AUI and BNL, "Work for Other Federal Agencies," 1971 (BNL-HA, Haworth files, 10/ "Financial support").

101. Weinberg, 144–147; "Water to Cool the Middle East," *Life*, 18 Aug 1967, 4.

102. R. F. Hibbs to Manson Benedict, 27 May 1974 (ORNL-DO, A0.6.3-Advisory Council).

103. English, memo for Commissioners.

104. H. G. Vesper to J. Schlesinger, 24 Aug 1972, GAC 121.

105. Kevles, *Physicists*, 411.

106. AUI Ex Comm, 18 Sep 1969.

107. Crease, 350.

108. Teich and Rushefsky, "Diversification," 2, 42–44.

109. AUI, "Summary of Financial Support from Other Organizations," 30 Jun 1970, and "Work for Other Federal Agencies," 1971 (BNL-HA, Haworth files, 10/ Financial support).

110. Elmer Staats to Chairmen, House and Senate Committees on Appropriations and Armed Services, 29 Sep 1976 (JPL 150, 1/10, Jet Propulsion Laboratory Archives, Pasadena).

9. 结语：策略与结构

1. Alfred D. Chandler, *Strategy and Structure: Chapters in the History of the Industrial Enterprise* (Cambridge, Mass., 1962), 13–17.

2. Paul Forman, "Behind Quantum Electronics: National Security as Basis for Physical Research," *HSPS*, 18:1 (1987), 149–229, on 229, 153–154. See also Stuart W. Leslie, *The Cold War and American Science: The Military-Industrial Complex at MIT and Stanford* (New York, 1993).

3. Daniel J. Kevles, "Cold War and Hot Physics: Science, Security, and the American State, 1945–1956," *HSPS*, 20:2 (1990), 239–264, on 262.

4. Forman, "Behind Quantum Electronics," 219.

5. Raemer Schreiber, "What Happened to LASL?" draft, Nov 1991, LANL VFA-1240; Louis Rosen to Darol Froman, 15 May 1958 (LASL-DO, 310.1: P-Div.).

6. GAC, 3–4 Jan 1947, quoted in Robert W. Seidel, "A Home for Big Science: The AEC's Laboratory System," *HSPS*, 16:1 (1986), 135–175, on 142.

7. Richard T. Sylves, *The Nuclear Oracles: A Political History of the General Advisory Committee of the Atomic Energy Commission, 1947–1977* (Ames, 1987), 226.

8. Ibid., 228 and 290n33. 芝加哥大学的沃伦·约翰逊是阿贡实验室的支持者。他在承认自己不够客观之后，也参与了同一场关于加速器的讨论。

9. Warren Johnson to John McCone, 15 May 1959 (KP, 11/GAC May 1959), and McCone to Johnson, 10 Jul 1959 (KP, 11/GAC July 1959).

10. Alvin Weinberg, "Oak Ridge National Laboratory," *Science*, 109 (11 Mar 1949), 245, 248.

11. Franz Simon in 1932, quoted in J. L. Heilbron and Robert W. Seidel, *Lawrence and His Laboratory: A History of the Lawrence Berkeley Laboratory*, vol. 1 (Berkeley, 1989), 36; David E. Nye, *American Technological Sublime* (Cambridge, Mass., 1994).

12. 以杜邦公司为例，1951 年在研发方面投入了约 7 200 万美元，在各地雇用了 3 376 位专业科研人员，其中过半是为生产和销售的技术支持服务，而不从事研究工作。David A. Hounshell and John Kenly Smith, Jr., *Science and Corporate Strategy: Du Pont R&D, 1902–1980* (Cambridge, 1988), 328, 335.

13. Michael Crow and Barry Bozeman, *Limited by Design: R&D Laboratories in the National Innovation System* (New York, 1998), 80.

14. Report of the Visiting Committee for Physics, 1952 (BNL-DO, II-23); AUI, Ex Comm, 18 Jun 1954.

15. See also John Krige, "The Ppbar Project, II: The Organization of Experimental Work," in John Krige, ed., *History of CERN*, vol. 3 (Amsterdam, 1996), 251–274, on 255.

16. John L. Heilbron, "Creativity and Big Science," *Physics Today* (Nov 1992), 42–47, on 45; Owen Hannaway, "Laboratory Design and the Aim of Science: Andreas Libavius versus Tycho Brahe," *Isis*, 77 (1986), 585–610; cf. Jole Shackelford, "Tycho Brahe, Laboratory Design, and the Aim of Science: Reading Plans in Context," *Isis*, 84 (1993), 211–230.

17. Charles Coulston Gillispie, "Science and Secret Weapons Development in Revolutionary France, 1792–1804: A Documentary History," *HSPS*, 23:1 (1992),

35–152, on 37.

18. A. Hunter Dupree, *Science in the Federal Government* (Baltimore, 1986), 275; Rexmond C. Cochrane, *Measures for Progress: A History of the National Bureau of Standards* (Washington, D.C., 1966), 68; David Cahan, *An Institute for an Empire: The Physikalisch-Technische Reichsanstalt, 1871–1918* (Cambridge, 1989), 223; Edward Pyatt, *The National Physical Laboratory: A History* (Bristol, 1983), 220; Daniel J. Kevles, *The Physicists: The History of a Scientific Community in Modern America* (New York, 1978), 66–67, 81, 190; Robert W. Seidel, "Editor's Foreword," *HSPS*, 18:1 (1987).

19. Alex Roland, *Model Research: The National Advisory Committee for Aeronautics, 1915–1958*, 2 vols. (Washington, D.C., 1985); Harold Orlans, *Contracting for Atoms* (Washington, D.C., 1967).

20. Nathan Reingold, "The Case of the Disappearing Laboratory," in *Science, American Style* (New Brunswick, N.J., 1991), 224–246; Ronald C. Tobey, *The American Ideology of National Science, 1919–1930* (Pittsburgh, 1971), 53–58.

21. Alfred D. Chandler, *Scale and Scope: The Dynamics of Industrial Capitalism* (Cambridge, Mass., 1990), 15.

22. V. Telegdi, "Comments on Kolstad's Memorandum of August 10, 1966," 14 Sep 1966 (LANL A-91–011, 57/4); AUI, Ex Comm, 15 Mar 1963 and 15 Oct 1964; H. G. Vesper to J. Schlesinger, 24 Aug 1972, GAC 121; J. Fowler to McDaniel, 6 May 1971 (ORNL-DO, Physics); A. Zucker to Weinberg, 17 Nov 1972 (ORNL-DO, National Heavy Ion Lab).

23. J. B. Ball et al. to A. H. Snell, 5 Feb 1971 (ORNL-DO, Physics); Weinberg to A. K. Kerman, 6 Oct 1971 (ORNL-DO, PES 18.5, 1974–75); ANL Chemistry and Physics Divisions, "Midwest Tandem Cyclotron: A Proposal for a Regional Accelerator Facility," June 1969, ANL-7582. Oak Ridge later renamed it the Holifield Heavy Ion Research Facility, after Chet Holifield, the chairman of the congressional Joint Committee.

24. Weinberg to Sen. Howard Baker, 4 Apr 1972 (ORNL-DO, National Heavy Ion Lab).

25. Arnold Kanter, *Defense Politics: A Budgetary Perspective* (Chicago, 1979); Sybil Francis, "Warhead Politics: Livermore and the Competitive System of Nuclear Weapon Design" (Ph.D. diss., MIT, 1996), 25–27; William M. Evan, *Organiza-*

tion Theory: Structures, Systems, and Environments (New York, 1976), 126.

26. Margaret Gowing, *Britain and Atomic Energy, 1939–1945* (London, 1964), 321–338, and *Independence and Deterrence: Britain and Atomic Energy, 1945–1952* (London, 1974), 2:203–261. 英国决定自行建造核武器后，建立了里斯利的反应堆实验室和位于奥尔德马斯顿的武器实验室（相当于英国的洛斯阿拉莫斯），但这些实验室都始终是集中化的并只关注单个项目，见 Gowing, *Independence*, 2:442–454.

27. Lloyd Berkner, in AUI Trustees, 17 Oct 1952.

28. Spencer R. Weart, *Scientists in Power* (Cambridge, Mass., 1979), 219–239.

29. Cf. Sharon Traweek, *Beamtimes and Lifetimes: The World of High Energy Physicists* (Cambridge, Mass., 1988), 126–156, 将竞争性而自由放任的美国高能物理学家和日本同行间互相尽责和代际依靠的师承模式做比较。

30. C. E. Falk, in notes of Coordination Meeting, 28 Apr 1965 (BNL-HA, 31/14′ bubble chamber)

31. Robert Galvin et al., *Alternative Futures for the Department of Energy National Laboratories* (Washington, D.C., 1995). Crow and Bozeman, *Limited by Design*, app. 2, 列出了 1975 年以后关于国家实验室的 19 份评议报告。

注释中出现的缩写词释义

ACBM x　Advisory Committee for Biology and Medicine, meeting number x, in DBM

AIP　Niels Bohr Library, Center for History of Physics, American Institute of Physics, College Park,Maryland

AMW　Alvin M.Weinberg papers, Children's Museum, Oak Ridge, Tennessee

ANL-DO　Argonne National Laboratory, Director's Office Project Files, 1955–1970, AEC records, RG 326, NARA-GL

ANL-PAB　Argonne National Laboratory, Records of Policy Advisory Boards, 1957–1967, AEC records, RG-326, NARA-GL

AUI　Associated Universities, Inc., minutes of Board of Trustees and Executive Committee (abbreviated as Ex Comm) meetings, Brookhaven National Laboratory

BAS　*Bulletin of the Atomic Scientists*

BNL-DO　Brookhaven National Laboratory, Director's Office Files, in History

Office; microfilm at AIP (Roman numerals indicate series number)

BNL-HA　Brookhaven National Laboratory, Historical Archives, History Office

BOB　Office of Management and Budget Subject Files, Records of the Military Division re: Budgetary Administration in Certain Independent Agencies, RG 51, series E-57, NARA II

Crease　Robert P. Crease, *Making Physics: A Biography of Brookhaven National Laboratory, 1946–1972* (Chicago, 1999)

DBM　Division of Biomedical and Enviromental Research [formerly Division of Biology and Medicine], Central Subject File, RG 326, NARA II

DBM-DOE　Division of Biology and Medicine files (Record Group 326–1132), DOE

DC　Donald Cooksey files, LBL

DOE　Department of Energy, History Division, Germantown,Maryland

EHC　Energy History Collection, DOE

EOL　Ernest O. Lawrence papers, The Bancroft Library, UC Berkeley

ES　records on epidemiology studies, DOE Public Reading Room, Oak Ridge Operations Office

The Future Role　U.S. Congress, Joint Committee on Atomic Energy, 86th Cong., 2d sess., *The Future Role of the Atomic Energy Commission Laboratories* (Washington, D.C., 1960)

GAC x　General Advisory Committee meeting number x, AEC, minutes and reports of the GAC, 1947–1974, RG 326, series E-70, NARA II; declassified copies for most meetings in EHC and some in JCAE

GM　AEC, records of the General Manager, DOE

Heilbron, Seidel, and Wheaton　J. L. Heilbron, Robert W. Seidel, and Bruce R.Wheaton, *Lawrence and His Laboratory: Nuclear Science at Berkeley, 1931–1961* (Berkeley, 1981)

HEP 57–64　AEC, Correspondence Relating to High Energy Physics, 1957–1964, RG 326, series E-39, NARA II

Hewlett and Anderson　Richard G. Hewlett and Oscar E. Anderson, Jr., *A History of the United States Atomic Energy Commission*, vol. 1, *The New World, 1939–1946* (University Park, Pa., 1962)

Hewlett and Duncan　Richard G. Hewlett and Francis Duncan, *A History of the United States Atomic Energy Commission*, vol. 2, *Atomic Shield, 1947–1952*

(University Park, Pa., 1969)

Hewlett and Holl   Richard G. Hewlett and Jack M. Holl, *Atoms for Peace and War, 1953–1961: Eisenhower and the Atomic Energy Commission* (Berkeley, 1989)

Holl   Jack M. Holl, *Argonne National Laboratory, 1946–96* (Urbana, Ill., 1997)

HREX   Human Radiation Experiments database, available through DOE, Office of Human Radiation Experiments Web site, http://www.ohre.doe.gov

HSPS   Historical Studies in the Physical and Biological Sciences

HSPT   Human Studies Project Team, released documents, LANL

JCAE   records of the Joint Committee on Atomic Energy, unclassified general subject file, RG 128, NARA I

JCAE III   records of JCAE, Appendix III: Declassified Records from Classified General Subject File, RG 128, NARA I

Johnson and Schaffer   Leland Johnson and Daniel Schaffer, *Oak Ridge National Laboratory: The First Fifty Years* (Knoxville, Tenn., 1994)

KP   Kenneth Pitzer papers, The Bancroft Library, UC Berkeley

LANL   Los Alamos National Laboratory, Archives

LASL-DO Los Alamos Scientific Laboratory, Director's Office files of Norris Bradbury (B-9 files), LANL

LBL   Lawrence Berkeley National Laboratory, Archives and Records

NARA I   National Archives and Records Administration I, Washington, D.C.

NARA II   National Archives and Records Administration II, College Park, Maryland

NARA-GL   National Archives and Records Administration, Great Lakes Region, Chicago

ORNL/CF   Oak Ridge National Laboratory, Central Files, Laboratory Records

ORNL-DO   Oak Ridge National Laboratory, Director's Office Files, Laboratory Records

ORO   records on human radiation experiments, DOE Public Reading Room, Oak Ridge

RRC-UT   Radiation Research Collection, Special Collections, Hoskins Library, University of Tennessee, Knoxville

MS-652 and MS-1261   Alexander Hollaender papers

MS-982   Arnold H. Sparrow papers

MS-1067   AEC records

MS-1167　Charles L. Dunham papers

MS-1709　ORNL Biology Division records

Sec'y 47–51　AEC, records of the Secretariat, 1947–1951, RG 326, series E-67A, NARA II

Sec'y 51–58　AEC, records of the Secretariat, 1951–1958, RG 326, series E-67B, NARA II

Sec'y 58–66　AEC, records of the Secretariat, 1958–1966, DOE

TBL The Bancroft Library, University of California, Berkeley

UC Regents　University of California Regents, Committee on AEC Projects, minutes, University of California Office of the President, Oakland

UCh-VPSP　Office of Vice President for Special Projects, 1940–1969, records, Regenstein Library, Special Collections, University of Chicago

Weinberg　Alvin Weinberg, *The First Nuclear Era: The Life and Times of a Technological Fixer* (New York, 1994)

科学新视角丛书

《深海探险简史》

[美] 罗伯特·巴拉德 著 罗瑞龙 宋婷婷 崔维成 周 悦 译

本书带领读者离开熟悉的海面，跟随着先驱们的步伐，进入广袤且永恒黑暗的深海中，不畏艰险地进行着一次又一次的尝试，不断地探索深海的奥秘。

《不论：科学的极限与极限的科学》

[英] 约翰·巴罗 著 李新洲 徐建军 翟向华 译

本书作者不仅仅站在科学的最前沿，谈天说地，叙生述死，评古论今，而且也从文学、绘画、雕塑、音乐、哲学、逻辑、语言、宗教诸方面围绕知识的界限、科学的极限这一中心议题进行阐述。书中讨论了许许多多的悖论，使人获得启迪。

《人类用水简史：城市供水的过去、现在和未来》

[美] 戴维·塞德拉克 著 徐向荣 译

人类城市文明的发展史就是一部人类用水的发展史，本书向我们娓娓道来 2500 年城市水系统发展的历史进程。

《万物终结简史：人类、星球、宇宙终结的故事》

[英] 克里斯·英庇 著 周 敏 译

本书视角宽广，从微生物、人类、地球、星系直到宇宙，从古老的生命起源、现今的人类居住环境直至遥远的未来甚至时间终点，从身边的亲密事物、事件直至接近永恒以及永恒的各种可能性。

《耕作革命——让土壤焕发生机》

[美] 戴维·蒙哥马利 著 张甘霖 译

当前社会人口不断增长，土地肥力却在不断下降，现代文明再次面临粮食危机。本书揭示了可持续农业的方法——免耕、农作物覆盖和多样化轮作。这三种方法的结合，能很好地重建土地的肥力，提高产量，减少污染（化学品的使用），并且还可以节能减排。

《与微生物结盟——对抗疾病和农作物灾害新理念》

[美] 艾米莉·莫诺森 著 朱 书 王安民 何恺鑫 译

亲近自然，顺应自然，与自然合作，才能给人类带来更加美好的可持续发展的未来。

《理化学研究所：沧桑百年的日本科研巨头》

[日] 山根一眞 著 戎圭明 译

理化学研究所百年发展历程，为读者了解日本的科研和大型科研机构管理提供了有益的参考。

《纯科学的政治》

[美] 丹尼尔·S.格林伯格 著 李兆栋 刘 健 译 方益昉 审校

基于科学界内部以及与科学相关的诸多人的回忆和观点，格林伯格对美国科学何以发展壮大进行了厘清，从中可以窥见美国何以成为世界科学中心，对我国的科学发展、科研战略制定、科学制度完善和科学管理有借鉴意义。

《大湖的兴衰：北美五大湖生态简史》

[美] 丹·伊根 著 王 越 李道季 译

本书将五大湖史诗般的故事与它们所面临的生态危机及解决之道融为一体，是一部具有里程碑意义的生态启蒙著作。

《一个人的环保之战：加州海湾污染治理纪实》
[美] 比尔·夏普斯蒂恩 著 杜 燕 译
从中学教师霍华德·本内特为阻止污水污泥排入海湾而发起运动时采取的造势行为，到"治愈海湾"组织取得的持续成功，本书展示了公民活动家的关心和奉献精神仍然是各地环保之战取得成功的关键。

《区域优势：硅谷与128号公路的文化和竞争》
[美] 安纳李·萨克森尼安 著 温建平 李 波 译
本书透彻描述美国主要高科技地区的经济和技术发展历程，提供了全新的见解，是对美国高科技领域研究文献的一项有益补充。

《写在基因里的食谱——关于基因、饮食与文化的思考》
[美] 加里·保罗·纳卜汉 著 秋 凉 译
这一关于人群与本地食物协同演化的探索是如此及时……将严谨的科学和逸闻趣事结合在一起，纳卜汉令人信服地阐述了个人健康既来自与遗传背景相适应的食物，也来自健康的土地和文化。

《解密帕金森病——人类200年探索之旅》
[美] 乔恩·帕尔弗里曼 著 黄延焱 译
本书引人入胜的叙述方式、丰富的案例和精彩的故事，展现了人类征服帕金森病之路的曲折和探索的勇气。

《性的起源与演化——古生物学家对生命繁衍的探索》
[美] 约翰·朗 著 蔡家琛 崔心东 廖俊棋 王雅婧 译 卢 静 朱幼安 审校
哺乳动物的身体结构和行为大多可追溯到古生代的鱼类，包括性的起源。作为一名博学的古鱼类专家，作者用风趣幽默的文笔将深奥的学术成果描绘出一个饶有兴味的进化故事。

《巨浪来袭——海面上升与文明世界的重建》
[美] 杰夫·古德尔 著 高 抒 译
随着全球变暖、冰川融化，海面上升已经是不争的事实。本书是对这场即将到来的灾难的生动解读，作者穿越12个国家，聚焦迈阿密、威尼斯等正受海面上升影响的典型城市，从气候变化前线发回报道。书中不仅详细介绍了海面上升的原因及其产生的后果，还描述了不同国家和人们对这场危机的不同反应。

《人为什么会生病：人体演化与医学新疆界》
[美] 杰里米·泰勒（Jeremy Taylor）著 秋 凉 译
本书视角新颖，以一种全新而富有成效的方式追溯许多疾病的根源，从而使我们明白人为什么易患某些疾病，以及如何利用这些知识来治疗或预防疾病。

《法拉第和皇家研究院——一个人杰地灵的历史故事》
[英] 约翰·迈里格·托马斯（John Meurig Thomas）著 周午纵 高 川 译
本书以科学家的视角讲述了19世纪英国皇家研究院中发生的以法拉第为主角的一些人杰地灵的故事，皇家研究院浓厚的科学和文化氛围滋养着法拉第，法拉第杰出的科学发现和科普工作也成就了皇家研究院。

《第 6 次大灭绝——人类能挺过去吗》

［美］安娜莉·内维茨（Annalee Newitz） 著　徐洪河　蒋　青　译

本书从地质历史时期的化石生物故事讲起，追溯生命如何度过一次次大灭绝，以及人类走出非洲的艰难历程，探讨如何运用科技和人类的智慧，应对即将到来的种种灾难，最后带领读者展望人类的未来。

《不完美的大脑：进化如何赋予我们爱情、记忆和美梦》

［美］戴维·J. 林登（David J. Linden） 著　沈　颖　等译

本书作者认为人脑是在长期进化过程中自然形成的组织系统，而不是刻意设计的产物，他将脑比作可叠加新成分的甜筒冰淇淋！并以这一思路为主线介绍了大脑的构成和基本发育，及其产生的感觉和感情等，进而描述脑如何支配学习、记忆和个性，如何决定性行为和性倾向，以及脑在睡眠和梦中的活动机制。

《国家实验室：美国体制中的科学（1947—1974）》

［美］彼得·J. 维斯特维克（Peter J. Westwick） 著　钟　扬　黄艳燕　等译

本书通过追溯美国国家实验室在美国科学研究发展中的发展轨迹，使读者领略美国国家实验室体系怎样发展成为一种代表美国在冷战时期竞争与分权的理想模式，对了解这段历史所折射出的研究机构周围的政治体系及文化价值观具有很好的参考价值。